U0275516

中国科学院科学出版基金资助出版

现代化学专著系列·典藏版　33

微乳相萃取技术及应用

刘会洲　郭　晨　余　江　　著
邢建民　常志东　官月平

科学出版社

北 京

内 容 简 介

本书以萃取分离为主线，运用界面科学及化工分离原理，提出了微乳相（microemulsion phase）的概念和定义，阐述了微乳相体系的特点、分类以及表征方法，揭示总结了微乳相萃取的特征、规律及相互关系，全面系统地介绍了胶团、反胶团、三相等典型微乳相萃取技术的发展以及微乳相体系在制备功能纳米材料方面的应用。

本书可供从事化工、医药、材料、环保、化学等领域的研究人员及相关专业的高等院校师生参考。

图书在版编目（CIP）数据

现代化学专著系列：典藏版/江明，李静海，沈家骢，等编著. —北京：科学出版社，2017.1

ISBN 978-7-03-051504-9

Ⅰ.①现… Ⅱ.①江… ②李… ③沈… Ⅲ.①化学 Ⅳ.①O6

中国版本图书馆 CIP 数据核字（2017）第 013428 号

责任编辑：杨　震　吴伶伶/责任校对：宋玲玲
责任印制：张　伟/封面设计：铭轩堂

科学出版社 出版
北京东黄城根北街 16 号
邮政编码：100717
http://www.sciencep.com
北京厚诚则铭印刷科技有限公司印刷

科学出版社发行　各地新华书店经销

＊

2017 年 1 月第 一 版　开本：720×1000 B5
2017 年 1 月第一次印刷　印张：19
字数：352 000

定价：7980.00 元（全 45 册）

（如有印装质量问题，我社负责调换）

本书所反映的研究成果是通过下列基金资助项目取得的,特此致谢!

国家杰出青年科学基金项目(批准号 29925617)

国家自然科学基金项目(批准号 20273075)

国家自然科学基金项目(批准号 20406021)

国家自然科学重点基金项目(批准号 29836130)

国家自然科学重点基金项目(批准号 20236050)

国家自然科学基金委员会重大基金项目(批准号 20490200)

国家高技术发展计划(863)项目(批准号 2002AA302211)

国家自然科学基金委员会创新研究群体科学基金(批准号 20221603)

序 1

在化工、石化、冶金、生化等各种过程工业中,一般均包含原料准备、化学反应及分离多种共存物质等三个重要过程。随着要求分离的产品含量越来越低、纯度要求越来越高,且产品易被氧化或易被降解等情况下,对分离方法及过程的要求十分苛刻,如要求分离的时间短、温度低等。许多生物技术的产品,常常是需要的产品含量很低,而副产物含量既高又有多种物质存在。因此发展新的分离方法与过程是一项十分重要的任务。

正如青霉素在 20 世纪 20 年代虽已发现,但直至第二次世界大战末期,研究出青霉素从发酵液中的分离技术后,青霉素才能为人类疾病服务,挽救了成千上万的生命。如没有适当的分离方法,就不可能得到合格的医药产品。化学工程已经发展了许多分离过程的单元操作,如蒸馏、蒸发、萃取等。很多新产品更需要发展出新的分离方法及过程,才能符合人类的需要。为了发展新技术,需要有高纯度产品的分离方法及技术。

近年来许多化学及化工科技工作者,致力于研究及发展微乳液(或微乳相)分离技术,并取得较好的进展,这项技术具有分离速度快等许多优点。中国科学院过程工程研究所的分离科学与工程实验室在刘会洲研究员领导下,长期开展微乳相分离的应用基础等方面的研究,取得了多项有重大意义及应用价值的研究成果。现在很高兴刘会洲研究员及他实验室的同事们将这方面的科研工作整理成书,名为《微乳相萃取技术及应用》,这将对微乳相分离的原理、方法、应用及发展起到十分重要的推动作用,我将十分高兴地期待该书的早日出版。

陈家镛

序 2

有幸看到中国科学院过程工程研究所刘会洲研究员等著的《微乳相萃取技术及应用》的初稿,感到非常高兴。微乳相萃取化学和技术是介乎萃取化学、胶体化学、结构化学、配位化学、溶液理论、软物质凝聚态物理学等自然科学,与化学工程、石油炼制、生物技术和生物产品的提纯、药物制造、环境工程、湿法冶金、材料合成等过程工程技术科学之间的新生交叉学科。它是介乎宏观与微观之间的液相纳米科学技术。其应用范围覆盖稀有金属、有色金属、稀土和核燃料的萃取分离,蛋白质的分离,抗生素等药物和生化产品的分离和纯化,环境污染物的分离和回收,纳米材料的化学合成等许多领域,应用前景十分广阔。

刘会洲和他的同事们、博士后以及研究生等组成的研究团队,长期从事微乳相萃取的研究和开发,已有十余年历史,是和微乳萃取化学和技术这门年轻的分支学科同步成长的。该书总结了他们十余年来的大量研究成果和积累的资料,是国内外关于微乳萃取技术的第一本专著。它的出版对于微乳萃取这一新的学科分支的形成和发展具有十分重要的意义。

微乳相的概念是为了解决油漆的分散问题,在1943年由Hoar和Schulman首先提出来的,随后在石油的三次深度采油工艺中得到应用。在萃取过程中微乳现象的新概念则是刘会洲博士在20世纪80年代初期的导师,北京大学的吴瑾光教授最先提出来的。20世纪70年代,北京大学萃取化学组从事稀土萃取分离和环烷酸萃取分离高纯氧化钇的研究,发现环烷酸或其他酸性萃取剂如P204、P507等要先皂化后才能有效萃取稀土,并观察到用浓氨水皂化酸性萃取剂 仲辛醇 磺化煤油体系时,部分水相可以进入有机相,使后者的体积增加达20%~50%之多,但有机相仍然透明清亮。为什么这么多的水相能进入有机相?这个问题深深困惑着我们。

我请吴瑾光教授研究这个问题。她凭借自己的结构化学和胶体化学的深厚基础,预感到这可能是水在有机相中的分散体系,并用多种谱学方法和电导、黏度测定等方法证明有机相不是真溶液,而是W/O微乳液,用激光散射法测定分散微粒的尺度为10~100nm,小于可见光波长的1/4,不能散射可见光,因而外观和真溶液一样清亮透明,和常规的乳状液不同。

1980年,她的研究成果在比利时召开的国际萃取化学会议上报告时,大部分参加会议的代表并不相信,提出许多质疑。因为在1980年以前,从事萃取研究的化学家和化工专家从来没有想过透明清亮的有机相不是真溶液。但过了七八年后,微乳萃取的新概念已为国际同行所接受,并成为萃取化学的前沿领域之一,吴的论文被广泛引用。

刘会洲的博士论文就是研究萃取微乳相结构,是微乳萃取早期的重要研究成果。所以,他在微乳相萃取化学方面奠定了深厚的基础,获得博士学位后到中国科学院过程工程研究所(原化工冶金研究所)师从萃取化工专家陈家镛院士,领导过程工程研究所的一个朝气蓬勃的分离科学与工程青年实验室,通过对微观结构尺度深化萃取机理的基础研究,从利用和调控萃取中的微乳相结构的角度,系统地研究了微乳相的形成以及相互关系,并在蛋白质、细胞色素 c 和其他生物过程以及药物分离化工和纳米材料制备等领域开展了大量研究和开发工作,取得了丰硕成果,从而奠定了他在微乳相萃取化工及应用方面的深厚基础,并且培养了一支富有创新能力和敬业精神的研究团队。现在他们又写出《微乳相萃取技术及应用》这本专著,为创建和发展微乳相萃取化学和技术做出积极贡献。这是值得庆贺的一件大事。

另外,北京大学的稀土萃取组发现并抓住了皂化酸性萃取剂微乳相的另一特性,就是它在几百级的串级分离中,多达十几个组分的稀土元素混合物的混合萃取比(即稀土总量的萃取比)在各级萃取器中是恒定的。利用混合萃取比和相邻稀土间的分离系数恒定两个假设,建立了“串级萃取理论”,以及“一步放大”的专家设计软件包,可以完全摆脱传统的小试、中试和工业试验等程序,根据不同的料液组成和产品的纯度要求,计算出优化、经济的工艺方案和工艺参数,直接用于生产。20年来,这一理论和新工艺已在全国普遍推广应用,迫使美国、日本稀土分离厂停产,法国稀土分离厂减产,使我国单一高纯稀土的产量和外贸占世界的 75％ 以上。在金川 Ni-Co 分离也采用了微乳相萃取分离技术。

所以,微乳相萃取化学和技术这一新的分支学科,是在中国这片土地上创建和广泛应用的。但从该书引用的参考文献来看,国内发表的基础研究文章还不够多,从事表面活性剂研究和萃取研究的专家还没有很好地结合起来。衷心希望该书的出版能大大促进这一多学科交叉领域的基础和应用研究,保持和发展在这一领域的领先地位。同时希望该书翻译成英文出版,扩大国际影响。

前　言

　　化工分离技术是一个面对经济建设,广泛应用于多种工业的技术基础学科,是过程工程的核心技术之一。化工、石化、冶金、医药等所谓"过程工业"一般均包括三大工序,即原料准备、反应与分离。化工分离技术与设备已经广泛应用于化工、石油、冶金、生物、医药、材料、食品等工业以及环境保护等领域中。分离即负担反应后未反应物料与产物的分离,也包括目标产物与副产物间的分离、排放到环境中的废气、水、固体物料与有用产物的分离,以及原料中杂质的分离等。随着高新技术的发展,成千上万种新的化合物被发现、设计和合成,尤其是产物的多样化及深度加工,环境保护的严格标准的实施,都对化工分离技术提出了新的任务和更高要求。例如,大部分生物技术产品以低浓度存在于水溶液中,需要发展在低温条件下的高效分离并富集的方法。随着关系到国计民生和战略储备的矿产资源的枯竭,处理贫矿、复杂矿和回收利用二次资源将成为必然趋势,从而对分离技术的要求越来越高。此外,包括我国在内的世界各国对环境保护日益重视,对废气、废水、废渣的排放制定出越来越严格的标准。国外报道,过程工业总投资的 $50\%\sim90\%$ 用于分离设备,操作费用的 60% 以上用于分离工序。因此,国内外均对分离科学与工程的发展十分重视。随着化学工程科学的发展,不仅其共性应用基础研究扩展为过程工程,而且将研究目标提升为产品工程。分离技术的研究是过程工程的关键性和前沿性的项目之一。把握分离过程的基本规律,吸取和发展化工学科交叉的特点,拓宽分离技术的辐射领域,是分离科学与技术发展的根本所在。近年来,国外对分离科学、分离工艺和分离工程的研究十分活跃,除一般的化工、化学杂志不断介绍分离方面的研究成果外,国际性的分离专业杂志不下十余种。每年还举办大量各种分离技术的国际会议。

　　萃取是重要的化工分离技术,它通过两个不互溶的液体经密切接触进行传质的过程,通常一个液体是以液滴的形式与另一液相进行相对运动而进行传质。萃取不但可用于金属离子分离,也用于石油产品的分离及润滑油的精制以及生物发酵产品的分离。近年来,生物技术的革新,如发酵工程、酶工程、基因工程的发展使得生化技术产品的大规模分离纯化已成为生物技术工程的核心问题。由于产物的多样性使分离过程机理复杂,反应较难控制,给纯化分离带来很大困难,由此,萃取技术派生出数种新的相关分离技术,如微乳相萃取分离技术包括反胶团萃取、双水相萃取、胶团萃取等。

　　微乳相萃取技术是近 20 年来国际上取得迅速发展的化工分离新技术,在化工、生物、医药、环境等领域有广泛的应用前景。国内外从事与微乳相有关的研究越来越多,近年来关于微乳的基础理论专著很少。这主要是由于微乳体系繁多,组成复杂,难以进行系统研究。国内在微乳方面的研究领域广泛,所用译名也很多,如微乳、微团、胶束等,目前仍缺乏统一的认识,特别是缺乏从分子水平上的认识。微乳体系应用性强,已取得一系列工业应用成果。在国内,历经十余年的实验研究和应用开发,微乳相萃取技术已逐渐从研究阶段走向工业化,其应用前景受到广泛关注。面对21世纪可持续发展对我国新型工业和清洁生产的挑战,促进微乳科学与技术的基础研究和实际应用,提升我国微乳技术在国际上的竞争力,满足广大科技人员和有关高等院校师生的需要,作者将从最近十多年在微乳相萃取技术的研究中积累的相关资料编著成《微乳相萃取技术及应用》一书。本书重点评述十余年来在微乳相萃取领域的进展,这些领域包括:反胶团萃取、胶团萃取、三相萃取、微乳相在制备纳米颗粒及超顺磁性分离载体中的应用等方面的研究简况。本书共分6章,具体分工如下:第1章由刘会洲研究员撰写,扼要介绍微乳相萃取现状、特点和展望;第2章由余江副研究员撰写,介绍微乳相的一些基本概念、微乳相的形成和微乳相的物理化学;第3章由郭晨副研究员撰写,主要介绍胶团化机理以及胶团萃取的概念和应用;第4章由邢建民副研究员撰写,介绍反胶团萃取的概念、研究进展和生化分离中的应用;第5章由常志东副研究员撰写,主要介绍三相体系的形成和分类以及在复杂体系分离中的应用;第6章由官月平副研究员撰写,介绍微乳相体系的利用以及在制备纳米颗粒及超顺磁性分离载体方面的应用和展望。

　　本书的出版得到了徐光宪院士和陈家镛院士的热情帮助和支持,他们提出了许多建设性修改意见,并欣然为本书作序,特此向他们致以诚挚的谢意!

　　本书资料信息来源主要是作者所在研究室十余年来培养的博士和硕士的研究报告和发表的论文,以及众多的期刊文献,由研究室主要成员负责收集、归纳和概括。从微乳相体系的特点和分类出发,编写重点是微乳相萃取技术的萃取机理和实际应用。

　　由于资料来源的不同,加之作者水平有限,疏漏、错误之处在所难免,敬请广大读者批评指正。

目　　录

第1章 绪 论

1.1 微乳相萃取技术的发展

微乳相萃取是近年来提出的新概念,它突破了传统萃取体系中水相和有机相的概念,是利用溶液体系微相结构和特性发展起来的化工分离新技术,包括胶团萃取、反胶团萃取、双水相萃取及三相萃取等,是与微乳相结构有关的萃取分离新技术的统称。萃取过程中的微乳现象最先于 20 世纪 80 年代初由我国徐光宪和吴瑾光教授等提出,他们从研究萃取体系中水的存在形态入手,发现典型的环烷酸⁻仲辛醇⁻煤油萃取体系如果不经过预处理基本上不能有效地对稀土离子进行萃取,只有将萃取剂用碱液皂化后才能定量萃取稀土离子。加入氨水可以使有机相的体积增加 50%,此时水并不析出,却形成了外观透明的溶液。通过一系列实验证实萃取剂的皂化过程实际上是形成油包水(W/O)型微乳液的过程,由于这种乳液中存在微小的水滴,因而亲水性的被萃物可以很容易地以络合物形式溶解于微乳液乳滴内核中而进入有机相[1,2]。此工作 1980 年发表在比利时召开的国际溶剂萃取会议上,受到世界各国萃取专家的高度重视。此后,美国的 Neuman 教授和 Osseo-Asare 教授等对溶剂萃取过程中微乳液的形成机理也进行了广泛研究[3,5~7]。我们对典型的有机磷类萃取剂和胺类萃取剂的萃取除铁机理进行研究,首次从形成微乳液的角度提出一些新的萃取机理,使有关混合体系高酸萃取、低酸反萃的现象得到了比较圆满的解释[8~10,14]。到 20 世纪 90 年代已有不少研究者从各方面研究萃取过程中的微乳现象[4,13],同时也应用这一微乳相的特性发展一些新型分离技术,如国际上在 20 世纪 80 年代初开始研究用反胶团萃取分离蛋白质[11,12],其中发展比较快的还有胶团萃取、双水相萃取等微乳相萃取技术[14,15]。但与传统的萃取技术相比,微乳相萃取技术发展尚不完善,至今仍没有大规模工业化应用的实例,对其形成与稳定机理的研究有待加强。从微乳相的形成角度,系统研究这些新型微乳相萃取分离技术之间的相互关系,从而达到调控微相结构,强化萃取分离的目的,实现其工程应用具有重要的指导意义[16,17]。

1.2 微乳相萃取过程简介

萃取是通过两个不互溶的液体经密切接触进行传质的过程,通常一个液体是以液滴的形式与另一个液相进行相对运动而进行传质。萃取不但可用于金属离子分离,也用于石油产品的分离及润滑油的精制以及生物发酵产品的分离等。微乳相萃取分离则是利用萃取体系不同的微相结构,提高对特定的被萃物质分离的选择性和高效性。在这类工艺过程中,溶液中待分离的物质与形成微乳相的萃取剂或表面活性剂作用,从而使其转移至萃取相中。影响微乳相萃取的主要因素是表面活性剂的特性、水溶液 pH、离子强度等,调节这些因素,可达到最佳分离效果。

1.3　微乳相萃取技术特点与展望

1.3.1　特点

(1) 具有广泛的适应性。由于微乳相结构的多变性,可以根据不同分离体系和分离物质特性进行相应的调整,从而提出具有高效适用的微乳相萃取分离技术。

(2) 可以实现规模化、连续操作。微乳相萃取继承了传统萃取技术在工业化应用方面的优点,便于快速、连续和安全操作。

(3) 分离工艺流程简单。生产能力大、设备投资少。

(4) 分离过程基本上在常温、常压下完成。分离效率高、能耗低。

(5) 易与其他分离技术耦合,可以实现分离过程强化。

1.3.2　展望

传统的萃取偏重于萃取络合物的组成和结构的研究。这种方法通常假定萃取剂在萃取有机相中以单分子状态存在。但事实上,很多萃取剂的结构与典型的表面活性剂的结构类似,即既含有亲水性的极性头部分,又含有疏水性的碳氢链部分,萃取剂从广义上讲也是一种表面活性剂。萃取过程存在着复杂的界面现象,要深入了解萃取过程必须研究萃取体系的界面现象。在 1990 年国际萃取会议上已将表面化学问题列为溶剂萃取的一个新方向。因此,萃取机理的研究应从界面化学的角度分析萃取剂在溶液中的聚集行为——微乳相结构。目前,对微观结构尺度的微乳相萃取机理以及复杂的生物和环境体系缺乏深入的了解。从界面现象出发,研究微观结构尺度微乳相萃取机理,开发微乳相萃取分离新技术在生物技术工程和环境工程上的应用对促进我国生物技术工程的发展,改善我国的环境状况都将具有十分重要的意义。如微乳相中分散相质点的半径通常在 $1\sim1000\text{nm}$ 之间,因此微乳相也称纳米乳液。微乳相的超低界面张力以及随之产生的超强增溶和乳化作用是微乳相应用的重要基础。微乳相中每个细小的乳滴,类似一个个“水池”,为待分离提取的物质提供了一个富集的微环境,可使反胶团中的蛋白质和酶能保持活性,从而有利于生物产品的分离。微乳相在结构上的一个特点是其质点大小或聚集分子层厚度接近纳米级,可以提供有“量子尺寸效应”的超细颗粒的合成场所与条件,可控制合成超细颗粒的尺寸,应用微乳相制备纳米材料已成为当今的研究热点[18,22]。

最近几年,随着化学、物理、数学和计算技术的进步以及先进实验分析测试技术的发展,人们对结构的认识水平有了明显的提高,尤其是复杂性科学的兴起,认识结构形成机理、量化各种结构变化出现了新机遇[21]。先进测试技术如 LDV(激光多普勒测速仪),PIV(激光成像测速仪),工业 CT 等的应用使化工研究从宏观、平均向微观、瞬时发展,为乳液系统多层次、多尺度的研究提供了条件;多尺度模拟技术的发展,如量子力学、分子动力学、反应动力学中的 Monte-Carlo 及计算流体力学等适用于不同尺度范围的计算方法的推广,为纳微尺度工艺、过程的可控化提供了新的有力的工具。总之,对乳液结构的研究一直是众多化学家的重要任务,特别是微乳的真正结构。可以说,对乳液微观/介观结构的透彻了解,特别是实现对微乳相结构的预测和调控,必将是科学史上的重大突破,并将对众多学科的发展起重要的推动作用。在过去的 20 多年中,国际上在微乳相萃取分离领域投入大量研究工作,并在医药和生物产品的分离方面取得了很多有价值的应用成果,引起广泛关注。但微乳相萃取并没有被人们广泛认同,没有像有些人所期望的那样取代传统的分离方法,特别是近几年来发展趋势渐缓,没有新的、有影响力的工业化应用实例。究其原因,微乳相萃取过程需要正确选择合适的萃取剂、助表面活性剂、油和水(或电解质水溶液),体系相对比较复杂;微乳相萃取分相慢、易乳化,导致萃取和反萃之间的优化困难;微乳相萃取过程用于生物产品分离时,没有合适的分离设备与之相配套也在一定程度上限制了工业上的应用和推广。因此,开展微乳相萃取技术在化工分离以及生物分离中的应用,首先必须解决两相界面问题,保证两相传质和分离能够稳定有效地进行。将界面化学的原理用于萃取过程,发展一些新的微乳相萃取技术和专用设备是目前分离科学与技术领域研究开发的重要方向[19,20]。结合宏观动力学和微观动力学研究,揭示微乳相分离装置的结构变量、操作变量和操作模式对特定目标产物的影响策略,从而达到化工分离过程强化的目的。微乳相萃取分离技术是一项有发展前景的化工分离方法,化工过程技术概念上的一次革命是将集成化概念引入化工分离领域,形成了"过程强化"这个新概念,对微乳相体系分离过程强化的研究将成为化学和化工领域研究的重点之一[23~25]。

参 考 文 献

1 Wu C K, Kao H C, Chen T, King T C, Li S C and Hsu K H. Microemulsion Formation in Some Extractants and its Effects on Extraction Mechanism, Scientia Sinica,1980,23 (12):1533~1544

2 Wu C K, Kao H C, Chen T, Li S C, King T C and Hsu K H. Microemulsion Formation in the Organic Phase of Some Important Extractants and Its Effects on the Extraction Mechanism, Proceedings of International Solvent Extraction Conference (ISEC'80),1980,80—23:1~11

3　Osseo-Asare K, Zheng Y. The Solubilization of an Aliphatic Hydroxyoxime by Dinonylnaphthalene Sulfonic Acid Reversed Micelles, Colloid and Surfaces,1987,28: 9017

4　沈兴海,高宏成.萃取过程的量热研究(I)——有机相中反向胶束的形成及对萃取的影响.高等学校化学学报,1990,11(12):1410~1414

5　Neuman R D, Zhou Naifu, Wu Jinguang et al. General Model for Aggregation of Metal-Extractant Complexes in Acidic Organophosphorus Solvent Extraction Systems, Separation Science and Technology,1990,25(13~15): 1655~1674

6　Neuman R D, Jones M A, Zhou Naifu, Photon Correlation Spectroscopy Applied to Hydrometallurgical Solvent Extraction Systems, Colloid and Surfaces,1990,46: 45~61

7　Osseo-Asare K. Aggregation, Reversed Micelles and Microemulsions in Liquid-Liquid Extraction: The Tri-n-Butyl Phosphate-Diluent-Water-Electrolyte System, Advances in Colloid and Interface Science, 1991, 37: 123~173

8　刘会洲,于淑秋,陈家镛.P204-正辛烷萃取和反萃 Fe(III)机理的研究.化工学报,1991,3, 283~288

9　刘会洲,于淑秋,陈家镛.伯胺(N1923)-正辛烷在硫酸体系中萃取和反萃 Fe(III)机理的研究.金属学报,1991,27(4):B228~B231

10　刘会洲,于淑秋,陈家镛.P204-伯胺混合体系萃取和反萃 Fe(III)机理的研究.化工冶金,1992,13(3): 244~252

11　Chang Q L, Liu H Z, Chen J Y. Fourier Transform Infrared Spectra Studies of Protein in Reverse Micelles: Effect of AOT/Isooctane on the Secondary Structure of α-Chymotrypsin: Biochim. Biophys. Acta, 1994, 1206:247~252

12　Chang Q L, Liu H Z, Chen J Y. Extraction of Lysozyme, α-Chymotrypsin and Pepsin into Reverse Micelles Formed using an Anionic Surfactant, Isooctane and Water: Enzyme Microb. Technol.1994,16:970~973

13　Szymanowski J, Tondre C, Kinetics and Interfacial Phenomena in Classical and Micellar Extraction Systems, Solvent Extraction and Ion Exchange,1994, 12(4): 873~905

14　刘会洲,李文光,陈家镛.负荷铁有机相的微观结构研究:I. 伯胺(N1923)-正辛烷体系.化工冶金, 1994,15:303~308

15　汪家鼎,费维扬.溶剂萃取的最新进展.化学进展,1995,7(3):219~224

16　吴瑾光,施蔚,周维金等.萃取与界面化学—I. 萃取过程中的微观界面现象.自然科学进展,1997,7(3): 257~265

17　Moulik S P, Paul B K. Stucture, Dynamics and Transport Properties of Microemulsions, Advances in Colloid and Interface Science, 1998, 78, 99~195

18　Hao J. Effect of the Structures of Microemulsions on Chemical Reactions. Colloid Polym. Sci. 2000,278: 150~154

19　刘会洲,陈家镛.过程工业中重要分离技术的新进展.化工学报,2000, 51(Suppl.):29~34

20　汪家鼎,陈家镛.溶剂萃取手册,北京:化学工业出版社,2001

21　Schlossman M L. Liquid-Liquid Interfaces: Studied by X-ray and Neutron Scattering, Current Opinion in Colloid & Interface Science, 2002, 7: 235~243

22　连洪洲,石春山.用于纳米粒子合成的微乳液.化学通报,2004, 5:333~340

23　刘会洲,郭晨,常志东等.过程强化:从概念到实践.第一届全国化学工程与生物化工年会论文集,南京, 2004

24　Charpentier J C, McKenna T F. Managing complex systems: some trends for the future of chemical and process engineering;Chemical Engineering Science,2004, 59(8~9): 1617~1640

25 刘会洲,郭晨,常志东.展望 21 世纪的化学工程——第三章学科前沿和重大需求:乳状液和微乳状液.北京:化学工业出版社,2004,130~137

第 2 章　微乳相的形成及结构特性

2.1　微乳相简介

微乳相（microemulsion phase）是胶体化学、结构化学及溶液理论中诸理论问题和现象的综合，是比较复杂的物理化学理论课题，也是微乳相萃取技术工业应用的关键。自从微乳液被发现以来，一直受到人们关注，其应用包括提高原油采收率、燃烧、化妆品、医药、农业、金属切削、润滑、食品、酶催化、有机和生物有机反应、纳米材料的化学合成、化工分离新技术等。真正对微乳相研究起始于微乳液，主要是为了解决油漆或石蜡体系的分散问题。具有开拓性的工作是 Hoar 和 Schulman[1] 在 1943 年开始的，他们的主要贡献是在阳离子表面活性剂所稳定的乳液体系中加入一定量中等链长的醇，从而使体系得到澄清。

2.1.1　微乳相的定义

1985 年，Leung 等[2] 对"微乳液"给出了如下的定义：两种相对不互溶的液体的热力学稳定、各向同性、透明或半透明的分散体系。

微观上由表面活性剂界面膜所稳定的一种或两种液体的微滴构成了一种更广泛意义上的微乳液体系，包括胶团溶液、反胶团溶液和一般的微乳液等。这种分散体系具有分散相质点粒径小（10～100nm）、超低界面张力、增溶量大、热力学稳定等特点。萃取中的微乳相液滴粒径大小一般在 1～1000nm 之间，其胶团、反胶团、微乳液、真溶液、乳状液、悬浊液与微乳相之间大小的关系如图 2-1 所示。

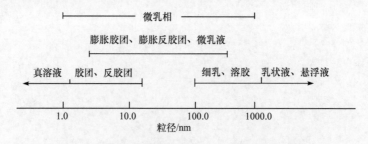

图 2-1　微乳相液滴粒径大小与相关体系间的关系

最初人们认为微乳相是一种"特殊的乳剂"。随着对微乳相性质的不断认识，发现微乳相与普通乳状液间存在着本质区别。在外观上，普通乳状液为乳白色不透明液体，而微乳相是透明或半透明的液体，且黏度远小于普通乳状液。因此，定义微乳相的较好标准可能是它的流动性。宏观乳液和悬浮液的黏度随着液滴大小的降低而增加,乳液可以是很小的液滴,内相组成超过 20%～30%。一个单分散体系的黏度是很高的,此时一般将高黏度体系称为凝胶乳液或细乳液,以避免与单相微乳液混淆。

无论是 O/W(水包油)或 W/O(油包水)型,搅动两相体系都可以得到宏观乳液体系,其构成与水油比相关,取决于分散相的组成。作为一个普遍规律,可以说搅动复相体系甚至是剧烈搅拌也不可能产生准微米级的液滴,但是在微乳相中其是自发生成的。

一些物化因素,如在过饱和体系中非稳定性因素能够在一相中产生非常小的颗粒分散在另一相中,两个互不相溶的两相组成的宏观乳液中可能含有 10nm 左右的非常小的液滴。如此细小的宏观乳液即是细乳液。虽然不具有热力学稳定性,但因有很大的熵变($-T\Delta S$),从而降低了自由能,并且凝聚动力学的延迟现象使其能够表现出稳定的性质。大量的这种微型乳液在科学和技术文献上也称为微乳,这种乳液可以用其外相稀释而不失去稳定性,而微乳液却不可以无限稀释。

在组成上,微乳相所含的表面活性剂的量显著高于普通乳状液,占 5%～30%,通常还需要加入助表面活性剂;在结构上,微乳相中的质点粒径均匀,一般在 1～1000nm 之间,而普通乳状液的粒径在 1～100μm 之间,且分布不均匀;在体系的稳定性上,普通乳状液热力学不稳定,制备时需要外力做功,离心后分层,而微乳相是热力学稳定体系,只要各组分比例适当,不需外力做功即可形成,且与油、水相的加入顺序无关,在一定范围内既能与油相混匀又可与水相混匀,长期放置或离心均不分层。微乳相的稳定性很高,长时间放置不分层、不破坏,用普通离心机不能使之分层,故一般可用离心机鉴定、区分微乳相和乳状液,而且微乳相体系油/水界面张力低至不可测量。表 2-1 总结了普通乳状液和微乳相的性质。

表 2-1　普通乳状液、微乳相的性质比较

性质	普通乳状液	微乳相
外观	不透明	透明或近乎透明
质点大小	大于 100nm,一般为多分散体系	1～1000nm,一般为单分散体系
质点形状	一般为球状	球状、棒状、层状等
热力学稳定性	不稳定,用离心机易于分层	稳定,离心机不能使之分层
表面活性剂用量	少,一般无需助表面活性剂	多,一般需加助表面活性剂
与油、水混溶性	O/W 型与水混溶,W/O 型与油混溶	与油、水在一定范围内可混溶

因此,微乳相可以定义为外观清亮、透明或半透明,没有 Tyndall 效应,在可见光下,用超显微镜观察系统的各部分呈同向、均匀一致、流动性好的热力学稳定单

相分散系统,其分散微粒的尺度在纳米量级。

2.1.2　微乳相与其他自组装结构体系的区别

在双亲分子和互不相溶的油–水相组成的三元体系中,"水"一词是指含有电解质和其他加和物的极性溶液相,只要它们表现出一个相的形式。"油"一词是指基本不与水混溶的有机相,相对呈非极性。可以是指碳氢化合物、部分或全部氯取代或氟取代的碳氢化合物、单链醇如十二烷醇、甘油三酸酯、天然油脂或聚环胆固醇。最典型的油相是正烷烃,可以用它的链长或烷基来表征。"双亲"一词"amphiphile"由 Winsor 将 *amphi*(两边,环绕)和 *philos*(连接)组合而定义一种对极性基团和非极性基团相亲的物质。

在离子型表面活性剂中,极性头基团很小,非极性基团通常含有 10 或更多甲基的长碳链。每个表面活性剂的甲基和有机碳氢链节中的一个相似基团之间的相互作用比极性基团之间的相互作用弱 10 倍以上。因此,需要基团的多样性来平衡极性与非极性之间的两种趋向。这意味离子型表面活性剂在相互作用过程中有某种几何不对称性,而非离子型表面活性剂没有,因此,用离子型表面活性剂制备微乳相在大多数情况下需要助表面活性剂。

通常胶团是指在一定浓度(胶团临界浓度)下,含有离子或极性基团与疏水基团的双亲表面活性剂在水相溶液中的有序组装。特别是在有机相中,表面活性剂的有序组装成反胶团,核心部分的水分子被表面活性剂的极性基团所包围,而疏水性基团碳链直接指向非极性有机本体溶液。由于其核心可以提供多样的反应场所,又称为微反应器。直到 1987 年,几乎所有的胶团增溶分析技术均采用普通的胶团体系。

如何区分微乳相与由双亲分子和互不相溶的油–水相的三元体系的自组装结构体系呢?

比较微乳相与胶团,微乳相是一种具有同向性且光学透明的水包油(O/W)或油包水(W/O)的分散相。"微乳"的名称来源于 O/W 体系中的油滴或 W/O 体系中的水滴,大小一般只有 $50\sim500\text{Å}$。如胶团一样,微乳相可以作为独立分离的环境,并且能够适度或显著加速反应。与胶团相比,微乳相是多功能的,因为各自隔离的腔室的尺寸可以通过控制添加剂的用量来改变,它们是水或油中表面活性剂分子形成的热力学稳定的胶体溶液。表面活性剂可以通过降低界面张力而容易乳液化,并且由于在分散颗粒之间引入双层作用力和(或)溶解力而得以稳定。

图 2–2 是典型的双亲分子–油–水三元体系相图,在 AW 的左侧和 AO 右侧,单相区域从 100% 的双亲分子到 100% 的水或油,这意味着双亲分子与油和水全溶,在 OW 近侧有一个溶解区域隔离带,因为油和水的组分不兼容,它们的混合物发生相分离。溶解隔离带的宽度随双亲分子含量的增加,其宽度越来越小,最终达

到双线处双亲分子浓度的地方消失。在
此浓度以上,水和油相在单一相中共溶,
表现出大量的水和油相,可能是微乳相或
液晶结构。

在多相区的左右两侧(靠近 OW 一侧
的尽头),单相区域扩展到纯的水或油相组
分。在左侧角落,双亲水相含有胶团,可能
最终增溶少量的油(窄带部分)。在右侧角
落,油相中反胶团最终溶解部分水。在大
多实例中 WO 的溶解隔离带从小于 1% 延
伸到大于 99% 的油相。然而可混溶性隔

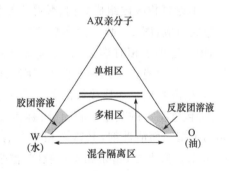

图 2 - 2　典型双亲分子-油-水三元
体系相图

离带随双亲分子含量的增加而变窄,两边的胶团区域表现出某种锲形,它们的宽度
随双亲分子含量的增加而增大。这意味着油在水相胶团中的溶解能力增加。因为
表面活性剂的用量与胶团的表面积有关,且其溶解能力与胶团核心体积相关联,胶
团体积与胶团表面积之比与胶团的半径成正比。

由于双亲分子含量的增加形成越来越多的膨胀胶团,根据所谓的浸透或聚集
现象以及电导法研究反胶团体系,此处将达到一个相互作用点。通常当胶团体积
达到总体积的 20% 时就可以发生,但如果电荷波动促进了相邻液滴的相互作用也
可以在一个较低比例的情况下发生。高于 20% 的体积时,分散相的结构不再是一
个独立的片段,可以使用"渗滤微乳相"或"双连续微乳相"一词。

如果在形成拐点处没有限制,微乳相区域可以由左到右从多相区伸展,除了靠
近 AW 和 AO 一侧的窄带部分,这里没有足够的溶解的油或水能形成二元体系而
更非三元体系。这种情况下,可以称非常细的分散相和独立的液滴为 O/W 或 W/
O 微乳相(图 2 - 3)。但此时胶团内核中增溶相的量小于表面活性剂的量,属于低
增溶容量。

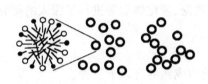

图 2 - 3　分散结构的 O/W 型微乳相

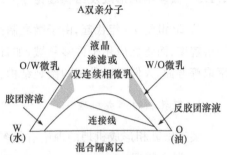

图 2 - 4　形成微乳相的区域

不论复相区内组成如何,最终都要成为平衡的两相,连接线的两个端点表示其响应的组成(图 2－4)。大多数情况下,连接线是斜的,即其中一相是富含有机相的,因为它位于相对靠近 A 或远离 OW 一侧。如果它也位于远离 AW 和 AO 一侧,那么它含有大量的油水两相(阴影部分)。靠近图 2－4 中连接线的上端,属于 O/W 型微乳相。在连接线的另一端靠近 OW 一侧和接近端点的组分(图 2－4 中 O 点)包含基本的其中一相组分,称为富余相,属于富油相。在大多数情况下,尤其是离子型表面活性剂,其富余相中含有非常少的双亲分子,大约是临界胶团浓度(CMC)。换言之,富余相不含胶团,富余相中不会发生其他相的胶团增溶的结果。

自组装体系的实际结构取决于表面活性剂的分子结构。例如,双端双亲分子,硫代琥珀酸类(sulfosuccinate)表面活性剂能形成以水为内核的 W/O 型微型乳液和微乳相。如果太多的水存在,这种表面活性剂在容纳油核中的支链型双尾端结构的不稳定性后可能导致更复杂结构,如胶囊,其中表面活性剂双分子层互相靠近,如图 2－5 所示。

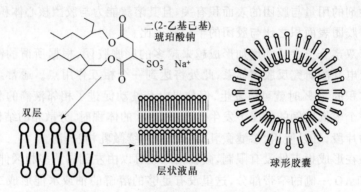

图 2－5　双端基表面活性剂形成的微观结构

2.1.3　微乳相的形成及结构理论

从 20 世纪 70 年代起,由于微乳制剂可提高水难溶性有机物和脂溶性化合物的溶解度,而将之应用于许多领域,如日用化工、三次采油、酶催化作用、生物分子萃取等方面,人们对微乳相的微观结构、形成理论、理化性质等进行了深入的研究。

1. 微乳相的形成机理

关于微乳相形成机理的理论有很多种,较为成熟的有以下三种。

1) 混合膜理论

混合膜理论即混合膜具有负界面张力的理论,以 Schulman[3,4]和 Prince[5,6]为代表。Schulman 和 Prince 等从表面活性剂和助表面活性剂在油水界面上吸附形成第三相的混合膜出发,认为混合吸附膜的存在使得油水界面张力可降至超低值,甚至瞬间达负值。由于负界面张力不能存在,从而体系自发扩大界面形成微乳相,界面张力升至平衡的零或极小的正值。因此微乳相形成的条件为

$$\gamma = \gamma_{0/w} - \pi < 0 \qquad\qquad (2-1)$$

式中:γ 是微乳相体系平衡界面张力;$\gamma_{0/w}$ 是纯水和纯油的界面张力;π 是混合吸附膜的表面压。油-水界面张力 $\gamma_{0/w}$ 一般约在 $50\,mN \cdot m^{-1}$,吸附膜的 π 达到这一数值几乎不大可能。因此,将 $\gamma_{0/w}$ 视为在有助表面活性剂存在时的油水界面张力 $\left[\gamma_{0/w}\right]_a$,则式(2-1)变为

$$\gamma = \left[\gamma_{0/w}\right]_a - \pi < 0 \qquad\qquad (2-2)$$

事实上,在助表面活性剂存在时可极大地降低油-水界面张力。图 2-6(a)是对同一种表面活性剂增加助表面活性剂用量时油-水界面张力变化示意图。图 2-6(b)为实际体系图。实际体系为 $0.3\,mol \cdot L^{-1}$ NaCl 水溶液-环己烷,表面活性剂为十二烷基硫酸钠(SDS),助表面活性剂为戊醇。根据式(2-2)可知,助表面活性剂的作用是降低 $\left[\gamma_{0/w}\right]_a$ 和增大 π,使得 $\gamma < 0$,并在形成微乳相后 $\gamma = 0$。此外,助表面活性剂参与形成混合膜对提高界面柔性使其易于弯曲形成微乳相起到重要作用。

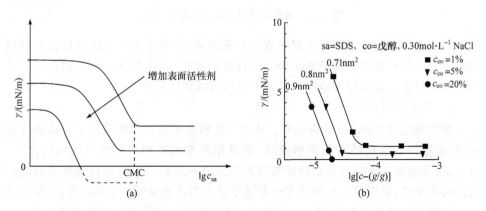

图 2-6 油-水界面张力与表面活性剂 sa、助表面活性剂 co 浓度关系示意图和实际体系的结果

混合膜作为第三相介于油、水相之间,膜的两侧面分别与油、水接触,形成两个界面,各有其界面张力和表面压。总的界面张力或表面压为二者之和。当混合膜两侧表面压不相等时,膜将受到剪切力而弯曲,弯曲的程度取决于平界面膜总表面压与总界面张力之差。图 2-7 是微乳相形成过程界面弯曲示意图,图中界面膜两侧的膜压分别为 π_0' 和 π_w',总膜压为 π_{go}',π_0' 与 π_w' 之差是使界面弯曲的驱动力,π_R' 与界面张力 $(\gamma_{0/w})_a$ 之差决定了界面弯曲的程度。弯曲界面两侧的表面压分

别为 π_0 和 π_W,总表面压为 π_{go}。显然,微乳相形成后 $\pi_0 = \pi_W$ 或 $\pi_g = (\gamma_{O/W})_a$。

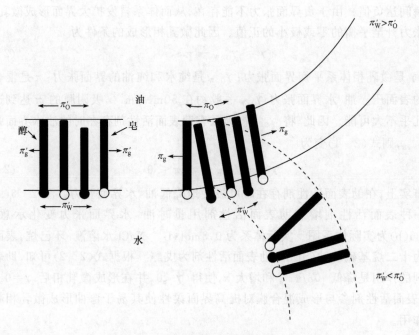

图 2-7　微乳形成过程界面弯曲示意图

界面张力和表面压都是宏观物质的界面性质,从分子水平上进行讨论有难以理解之处。负界面张力说只能作为一种合理的推想,至今尚无任何实验证据。这些因素又促进了混合膜理论以及其他微乳相形成理论的发展。

2) 增溶作用理论

增溶理论以 Shinoda 等为代表。认为微乳相是油相和水相增溶于胶团或反胶团中,溶胀到一定粒径范围内形成的,增溶作用是微乳相自发形成的原因之一。Shinoda 等关于非离子型表面活性剂微乳相的进一步研究表明混合膜并非微乳形成的必要条件,只要选用结构适宜的非离子型表面活性剂和一定的温度,不加入助表面活性剂也能形成微乳相。但此理论无法解释为何只要表面活性剂的浓度大于临界胶束浓度即可产生增溶作用,而此时并不一定形成微乳相[7]。

Shinoda 和 Friberg 等通过对相图的分析,认为表面活性剂胶团(或反胶团)溶液增溶油(或水)后可形成膨胀胶团,增溶量大到一定程度就可形成 O/W(或W/O)型微乳相,图 2-8 是在含 10% 的壬基酚聚氧乙烯醚非离子型表面活性剂的水、油三组分体系,油水组成与温度关系的相图。在水含量高的一侧,温度最低时,表面活性剂溶液增溶少量的油,过量的油可被乳化为 O/W 型粗乳状液(coarse emulsion)。温度升高,油的增溶量增加,在一定温度范围内形成 O/W 型微乳相;温度继续升高超过表面活性剂浊点时,将出现油水两相分离或形成 W/O 型粗乳状液。在油含量多的一侧有相反的过程,即在一定温度范围内可以形成单相的 W/O 型微乳液。即使在单相微乳液区域内也含有连续过渡的一般胶团(或反胶团)。在一定的油水组成区域和较窄的温度范围内存在一个三相区,在此三相区内表面活性剂相与含少量表面活性剂的油相及水相共存。三相区内的界面张力极低。在用非离子型表面活性剂制备微乳时常不需助表面活性剂,这就从一个侧面支持了微乳相是膨胀胶团溶液的看法。

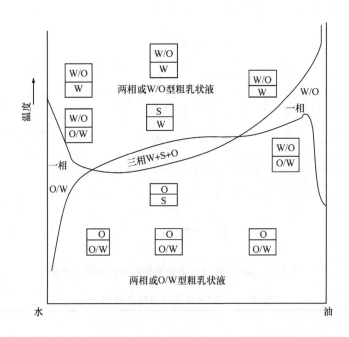

图 2-8　含 10% 壬基酚聚氧乙烯醚的水、油三组分体系相行为随温度的变化
(图中 S 表示表面活性剂相)

3) 热力学理论

第三种微乳相的形成机理是热力学理论,它从热力学角度研究微乳相形成的条件,参见 2.3.4 节"微乳相热力学特征"部分。

2. 微乳相的结构类型及其理论

微乳相有三种基本结构类型:①W/O 型微乳相,细小的水相颗粒分散于油相中,表面覆盖一层表面活性剂和助表面活性剂分子构成的单分子膜。分子的非极性端朝向油相,极性端朝向水相,W/O 型微乳相可以和多余的油相共存;②O/W 型微乳相,其结构与 O/W 型微乳相相反,可以和多余的水相共存;③双连续微乳相,即任一部分的油相在形成液滴被水相包围的同时,也可与其他油滴一起组成油连续相,包围介于油相中的水滴。油水间界面不断波动使双连续型微乳也具有各向同性。微乳相的结构类型由配方中各组成本身的性质和比例决定[8]。

关于微乳相结构类型的理论主要也有三种不同的看法：

1）R 值理论

和微乳相的形成的理论相比，R 值理论从最直接的分子间相互作用出发，认为表面活性剂和助表面活性剂与水和油之间存在相互作用。表面活性剂是双亲分子。在油-水界面,双亲分子膜内各部分的相互作用情况可由图 2-9 表示。为清楚起见,图 2-9 中各种作用能列于表 2-2 中。

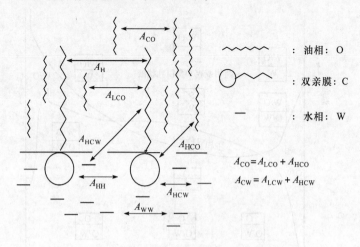

$$A_{CO} = A_{LCO} + A_{HCO}$$
$$A_{CW} = A_{LCW} + A_{HCW}$$

图 2-9　油-水界面双亲分子膜内各部分相互作用

表 2-2　油-水界面双亲膜内各作用能

作用能符号	说　　明
A_{CO}	表面活性剂亲油基与油分子间的内聚能
A_{OO}	油分子间相互作用能
A_{LL}	双亲分子疏水链间相互作用能
A_{CW}	亲水基与水之间的作用能
A_{LCO}	油分子与双亲分子疏水链间作用能
A_{WW}	水分子间作用能
A_{HH}	双亲分子极性头间作用能
A_{HCW}	水分子与双亲分子极性头间作用能
A_{LCW}	双亲分子疏水链与水分子间作用能
A_{HCO}	双亲分子极性头基与油分子间作用能

表 2-2 中 A_{LCW} 和 A_{HCO} 两项显然是很小的,可近似忽略。所以,表面活性剂整体(极性头基和疏水链)与油、水的相互作用分别为

$$A_{CO} = A_{LCO} + A_{HCO} \approx A_{LCO}$$

$$A_{CW} = A_{HCW} + A_{LCW} \approx A_{HCW}$$

Bourrel 和 Schechter 在 Winsor 思想的基础上[9~11],提出 R 值,其表达式为

$$R = \frac{A_{CO} - A_{OO} - A_{LL}}{A_{CW} - A_{WW} - A_{HH}}$$

其中

$$A_{OO} = a(ACN)^2$$

$$A_{LL} = bn^2$$

$$A_{CO} = cn(ACN)$$

式中:a、b、c 均为常数;n 是双亲分子疏水链中的碳原子数;ACN 为油(烷烃)的碳原子数。

图 2-10 是 R 值与微乳相结构的关系图。当 $R \ll 1$ 时,随着 R 值的增大,胶团 S_1(下相微乳相)膨胀,微乳相形成 O/W 型结构,并且微乳相液滴将随着 R 的增大而增大,油的增溶量增加,直至形成液晶相结构;当 $R \gg 1$ 时,随着 R 值的减小,反胶团 S_2(上相微乳相)膨胀成为 W/O 型微乳相,并且水的增溶量增大,液滴半径

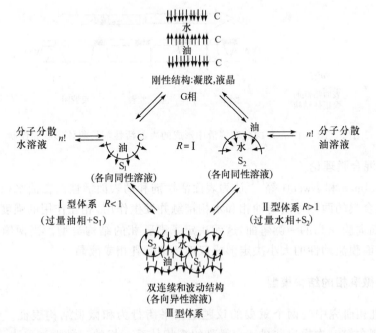

图 2-10　R 值与微乳结构关系图

增大,直至 $R=1$,体系形成双连续相结构(中相微乳相)。上述三种微乳相分别又称为 Winsor Ⅰ 型、Winsor Ⅱ 型和 Winsor Ⅲ 型微乳相。

2) 几何排列理论

几何排列理论是从形成微乳相界面膜的表面活性剂和助表面活性剂的几何形

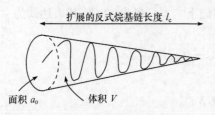

图 2‑11　表面活性剂分子头基面积 a_0、
碳氢临界链长 l_c 和碳氢体积 V

状出发预示形成微乳的类型,其最重要参数是填充系数。为此,Israelachvili 和 Ninham 等[12,13]对表面活性剂分子定义了一个填充系数(图 2‑11)即为 $V/a_0 l_c$,其中 V 为表面活性剂碳氢链部分的体积,a_0 为其极性头基的面积,l_c 为其碳氢链长度。对于有助表面活性剂参与的体系,上述各值为表面活性剂和助表面活性剂相应量的平均值,显然,

填充系数反映了表面活性剂亲水基与疏水基截面积的相对大小。当 $V/a_0 l_c > 1$ 时碳氢链截面积大于极性基的截面积,有利于界面凸向油相,即有利于 W/O 型微乳相形成。当 $V/a_0 l_c < 1$ 时则应有利于 O/W 型微乳相形成。$V/a_0 l_c \approx 1$ 时,界面是平的,不优先向任何一相弯曲,有利于生成双连续相结构(图 2‑12)。通过深入分析几何填充理论还能解释表面活性剂、助表面活性剂结构特点、油相的性质、电解质的加入及温度等因素对形成微乳相的结构与类型的影响。

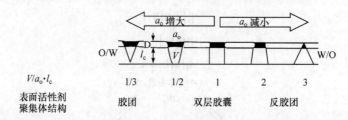

图 2‑12　$V/a_0 l_c$ 参数对溶液中形成的表面活性剂聚集体形状的控制

3) 混合膜理论

Schulman 和 Bwcott 等[14]认为表面活性剂和助表面活性剂在油水相间形成混合膜,混合膜的两侧分别与油相和水相接触并发生作用,相互作用的强度即膜压决定了界面向膜压高的一侧弯曲,这就决定了微乳相的结构类型。当两侧膜压相等时,由界面膜流动性的大小决定形成双连续型微乳相或液晶。

2.1.4　微乳相的结构模型

微乳相研究中的两个重要的议题是相平衡行为和微观结构表征。Winsor 根据实验现象第一次提出并描述含微乳的多相体系。相的三种类型取决于组成、温

度和盐度。根据 Winsor 的分类,萃取体
系中的微乳相一般可能有如下四种不同
的独特类型(图 2-13)[15,16]。

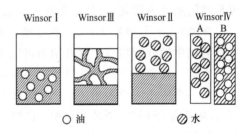

　　Winsor Ⅰ型:在油水两相中,上相
为有机相,下相为水包油型微乳相(包括
胶团相)。

　　Winsor Ⅱ型:在油水两相中,下相
为水相,上相为油包水型微乳相(包括反
胶团相)。

图 2-13　萃取体系中微乳相的结构模型

　　Winsor Ⅲ型:在油水两相中形成第三相——中间微乳相(有时称为双连续相)。

　　Winsor Ⅳ型:油水两相完全混合形成均一单相,此微乳相可能包括胶团相、反
胶团相、膨胀相和双连续相等的复杂体系。

　　早期 Winsor 将双亲分子-油-水体系的相行为与描述物化特性结构参数的变
量相关联,即组成体系不同组分的自然属性。图 2-14 是根据 Winsor 标注符号的
不同相行为与自组装结构的关系,其在 20 世纪 70 年代的强化油品回收驱动方面
得到众多研究者的重复补充与验证。

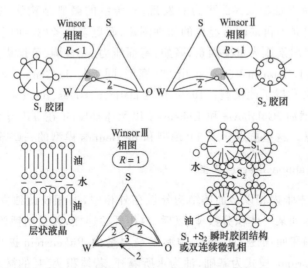

图 2-14　根据 Winsor 标注符号所表明的相行为、R 值和结构类型之间的关系

　　Ⅰ型相行为中 S_1 型的胶团体系(当溶胀胶团发生或如果大量油相在胶团核心
增溶得到渗滤微乳相时,它可以扩展到 O/W 型微乳相)与几乎纯油相平衡。这正
是所谓的 Winsor Ⅰ三元体系在复相区表现出的相行为。这种相行为标记为 $\underline{2}$,因
为它表现出含富表面活性剂的水相或下相的两相;反之亦然,一个 Winsor Ⅱ相图
和相行为标记为 $\overline{2}$,对应于在一个反向胶团有机溶液 S_2 组成的复相平衡(最终溶

解足够的水成为微乳相)与一个基本纯水相体系平衡。

在 Winsor Ⅰ 型和 Winsor Ⅱ 型微乳中,多相体系中连接线水平时表明双亲分子在两相中的分配均等。这种情形可以发生在醇类双亲分子,但不包括所有的表面活性剂。在表面活性剂中可形成 Winsor Ⅲ 型相图及相行为,取代由三个两相区包围的一个三相区的多相区域。这种体系组成中的三相区分割成一个富表面活性剂区(阴影部分)和两个过饱和相,它们基本上是纯水相和纯油相。这种微乳相称为中间相,因为它的密度位于油相与水相中间,与两个过饱和相平衡。它不可以用水或油稀释,它既非水也非油连续相而是双连续相,有时平衡的中间相也称为"表面活性剂相"或"中程微乳",通常是薄层。一个溶致中间相可与高表面活性剂浓度区的微乳相平衡,因此,Winsor Ⅲ 的微乳组成具有很低的界面张力和指定量表面活性剂中油和水的最大溶解量。此体系可以说是最优化的。为了探索三相区,如何改变温度、盐度、pH、水/油、化学组成以及分子几何学(如接枝或改变烷基链上碳原子数目或表面活性剂的端基基团)等参数来实现相行为之间的转变已成为研究重点。在某些情况下,Winsor 报道单相区域(称 Winsor Ⅳ 型行为)可能含有片层或其他结构的液晶结构。

人们通过仔细分析微乳相的统计力学模型,对微乳相的微观认识有了很大的进展[17~20],特别是超低界面张力的发现,对传统的微乳结构认识带来冲击,统计力学模型的建立不再局限于经典的物理图象,而更多地考虑界面上各种效应,一些原来认为次要因素成为重要因素,诸如:弯面压力、混合熵、范德华力等。

1982 年,Talmon 和 Prager 提出 TP 模型,同年与 de Gennes 又提出补充模型。其后 Widon 又发展了此模型。1986 年,Andelman、Gates、Roux 和 Safran 又提出了 AGRS 模型,然后,Golubovic 和 Lubensky 以及 Kahlweit 在 TP 模型基础上也提出了一些新观点。这里重点介绍 TP 模型和 de Gennes 模型的一些基本观点。

1. TP(Talmon-Prager)模型

TP 模型主张内相以多面体结构分散在外相中,内相彼此独立,是有一定体积的集团。当达到某一体积分数 ϕ_p 以后,内相开始连接,并呈纺锤体形。TP 模型主要考虑构形熵和曲面压力。虽然构形熵最早是由 Rukenstein 提出,但很难计算。TP 模型以 Voronoi 模式为基础,油为水所隔开,若体积为 V 的微乳液,内有 N 个泊松点,每个点为一多面体区域。V_0 和 V_w 为油和水的体积分数。

TP 模型对于曲面压力的处理是:由于它的存在相对地降低了在界面上表面活性的含量,应当把表面活性剂含量乘上一—$(1-\beta\lambda)$ 的因子,其中 λ 为单位表面积上边长。表面活性剂浓度为 σ,在 N 个点的体系内,$c \equiv N/c$,即泊松点的浓度。用 Voronoi 的多面体模式计算,则表面活性剂浓度的表示为

$$\sigma = 5.82\,\alpha c^{1/3}\,V_0\,V_w(1-3\beta c^{1/3})$$

这种表示法可以正确处理三相平衡体系。与众不同的 TP 模型,既简单又新颖。虽然这种模式与实际体系有些出入,但是与在界面上的表面活性剂分子性质却比较接近。要指出的是,TP 模型忽略了一些关键性问题,诸如:①微乳液内部体系的范德华力;②界面张力接近于零状态下的相平衡;③界面层薄膜的几何状态应当是皱起来的,可是对界面层的弯曲性质了解甚微。针对这些不足之处,de Gennes 利用 Ising 模型,运用统计方法,解决了界面层的弯曲性质。

2. de Gennes 模型

(1) 从每个表面活性剂所占有界面积来讨论在超低界面张力情况下的微乳相液性质若体系总的面积为 a,表面活性剂的分子数为 n_S,每个分子所占面积为

$$\Sigma = a / n_S$$

这里的表面活性剂分子不溶于水或油,不同部位间的界面相互吸引力可以忽略,在忽略了界面弯曲能情况下,体系的自由能为

$$f = f_{\text{体}} + \gamma_{\text{ow}} \cdot a + n_S \, G(\Sigma)$$

式中:第二项是在没有表面活性剂 T_1 的自由能;$G(\Sigma)$ 是活性剂的自由能,它依赖于 Σ,也含活性剂分子之间的斥力。在 $\gamma = 0$ 时,也就是界面积完全由表面活性剂的分子数 n_S 所占有

$$a^* = n_S \Sigma^*$$

在此情况下,不能忽略这些因素:①油和水之间的混合熵;②静电吸引力和范德华力;③膜的弯曲性质和曲面能。

(2) 界面膜的自然弯曲性质和刚性。Schulman 最初讨论各种能量时,并不涉及曲面能,因为它太小了,只有当 $\gamma \rightarrow 0$ 时,曲面效应才开始占有重要地位。Helfrich 指出,当曲率为 $1/R$ 时,每单位面积的能量贡献为

$$F = \gamma - \frac{K}{R_0 \, R} + \frac{K}{2} \frac{1}{R^2}$$

$1/R_0$ 为自由曲率,它的符号可变动,指向胶束方向为正,否则为负。刚性参数 K 是具有能量的因次,称为界面膜的刚性或弯曲弹性常数。从各种表面活性剂的结构以及混合表面活性剂,来讨论和确立 R_0 和 K,表面膜的厚度 L 远小于 R 和 R_0。

(3) 界面膜的涨落现象。当 $\gamma = 0$ 时,界面膜的形状会产生涨落现象。这里的自然曲率予以忽略,即 $1/R \rightarrow 0$。若固定一参比平面 (x, y),平面与界面之间距离为 $\xi(x, y)$。我们注意到平面的表面上定向区域,取一单位矢量 n 则

$$n_x = -\partial \xi / \partial x; \quad n_y = -\partial \xi / \partial y; \quad n_3 \approx 1$$

这里注意到界面上两点 $(0, \gamma)$ 之间角度相互关系。对于 θ 不大的情况下,可以表

示为

$$\langle\cos\theta\rangle\approx\langle1-\frac{\theta^2}{2}\rangle\approx\exp\left[-\frac{\langle\theta\rangle^2}{2}\right]=\left[\frac{a}{\gamma}\right]^{(kT/2\pi K)}$$

在整个数值中,取 $\langle\cos\theta\rangle=1/e$ 可得

$$\xi_K=\alpha\cdot\exp[2\pi K/(kT)]$$

从式中可见 ξ_K 与刚性常数 K 有密切关系。Helfrich 认为常见的简单单分子膜,即热致液晶,则 $K\approx10^{-20}$ J,相应 $2\pi K/kT\approx12$。因此,$\xi_K\approx10^3 a$,界面是平直的。如果加入适当的助表面活性剂,$K\approx2\cdot10^{-21}$ J,于是 $\xi_K\approx10a\approx10$ nm,那么如果界面上的 γ 大于 10nm,界面会强烈皱起来。显然,这是选择无序结构的一个重要条件。

2.2　微乳相的形成和特性

2.2.1　微乳相的组成配方

作为应用体系物种的载体,微乳相首先应符合一般载体的要求,即具有良好的相容性、不影响物种的稳定性。另外由于微乳相自身的特性,它对各配方组成还有特殊的要求,如作为药物载体时,对药物应有较强的增溶能力并能在较大范围内形成稳定的微乳相。Schulman 曾给出形成微乳的三个基本必要条件:油水界面上短暂的负表面张力、高度流动性的界面膜、油相与界面膜上表面活性剂分子之间的渗透与联系。

表面活性剂是微乳相形成所必需的物质,其主要作用是降低界面张力形成界面膜,促使微乳相形成。如何选择表面活性剂取决于所形成的微乳相的特性和使用目的。HLB 值在 1～10 的表面活性剂可制备 W/O 型微乳相,HLB 值在 10～40 内的表面活性剂可制备 O/W 型微乳相,而当 HLB 值约为 10 时将形成含有中间相的三相体系,如图 2‑15 所示。

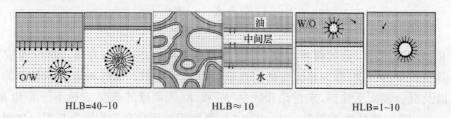

HLB=40~10　　　　　　HLB≈10　　　　　　HLB=1~10

图 2‑15　表面活性剂 HLB 值与微乳相形成的关系

表面活性剂的类型和性质(如摩尔体积、几何学、偶极矩、浓度等)对微乳相形成过程有着重要的影响。如图 2‑16 所示,增加表面活性剂的极性头部即增加水溶性,有利于形成水包油型微乳相(包括胶团相);增加表面活性剂的疏水链长即增加疏水性,有利于形成油包水型微乳相(包括反胶团相)。

图 2-16　表面活性剂性质对微乳相结构的影响

　　除 HLB 值外还应考虑它们的离子性,阳离子表面活性剂大多为胺或季铵盐,在 pH 3～7 内适用;阴离子表面活性剂如脂肪酸盐、脂肪醇磺酸盐等,要求介质的 pH 在 8 以上;非离子型表面活性剂在 pH 3～10 内均适用,受离子强度、无机盐、酸、碱的影响较小,本身毒性刺激性小,能与大多数药物配伍,应用最广。其中最常用的有吐温类,如吐温 80 常用作高 HLB 值的表面活性剂,其他如聚乙二醇甘油酯,Aerosol AOT 类,司盘类,聚氧乙烯脂肪醇醚等也常有报道。如有常用的聚氧乙烯脂肪醇醚制备的 O/W 型微乳相大大提高了难溶性药物丙酸睾酮的溶解度,从而提高其生物利用度。此外还有一些天然的两性表面活性剂,如卵磷脂,无毒、无刺激性,生物相容性好,有一定的营养作用,是制备口服及注射用微乳相的主要辅料。

　　产生微乳相的第一个方法就是升高温度,这种方法普遍使用在非离子表面型活性剂上,但是也可以使用在一些离子型表面活性剂上。最常用的方法是添加醇类助表面活性剂,导致双重效应。第一,醇分子镶嵌在表面活性剂分子之间,促使它们分开,对应于使极性作用和硬度降低;第二,醇分子由于链短的缘故表现出很低的相互作用。用作共溶剂的最佳醇类是能够被大量吸附在界面上或位于单元结构的外层上。因此,助表面活性剂的参与,协助表面活性剂降低油水间界面张力,降低表面活性剂的相互排斥力及电荷斥力,促使界面膜具有很好的柔顺性和流动性,减少微乳相生成时所需的界面弯曲能,使微乳相易于形成。常用的助表面活性剂有低级醇、有机胺、烷基酸、单双烷基酸甘油酯以及聚氧乙烯脂肪酸酯等。一般认为,碳链较短的助表面活性剂被吸附入表面活性剂极性端的一侧,碳链较长的助表面活性剂则嵌入表面活性剂的碳链中[21]。助表面活性剂的效果一般是直链优于支链,长链优于短链。当助表面活性剂链长等于表面活性剂的碳链长时效果最佳[22]。但也有文献报道表面活性剂的链长 l_s,助表面活性剂的碳链长 l_a 与油的链长 l_o 之间存在以下关系 $l_a + l_o = l_s$ 时,W/O 型微乳相具有最大的载水能力;$l_a + l_o < l_s$ 时,W/O 型微乳相与过量的水相共存,可在下层分离出双折射水相;$l_a + l_o > l_s$ 时,可在上层分离出过量的油相。

　　微乳相中所使用的油相应与界面膜上表面活性剂分子之间保持渗透和联系,并易于与表面活性剂形成界面膜。Warisnoicharoen 等[23]在 25℃ 和 37℃ 下考察了不同分子大小的油相对微乳相图的影响。大分子油相如豆油、三辛酸癸酸甘油酯和油酸乙酯的增溶能力小于小分子油相如丁酸乙酯、辛酸乙酯。它们都是非离子型表面活性剂,对温度变化较敏感,25℃时大分子油相的增溶能力达到最大。原因在于大分子油相不易嵌入表面活性剂中,而小分子油相可以像助表面活性剂一样容易嵌入表面活性剂中形成界面膜,这就意味着油相分子的大小对微乳的形成较为重要。一定范围内,油相分子体积越小,对药物的溶解力越强,油相分子体积过大则不能形成微乳。为了增加药物的溶解度,增大微乳形成的区域,应选用短链油相。常用的油相有花生油、豆油、月桂酸异丙酯、肉豆蔻酸异丙酯、中等脂肪链长度($C_8 \sim C_{18}$)的甘油三酯类。

2.2.2　微乳相体系中的相行为

1.表面活性剂-水-油体系相图

理论上能够区别水-油-表面活性剂三元体系的自组装体系中独立或连续结构单元的微观结构(图2-17),但目前的技术难以区分独立的单一相和双连续相。第一种证实双连续相存在的是自扩散研究。对大多数表面活性剂体系而言,微乳相能够在油水扩散体系中任意区域存在,类似于单一纯液体。

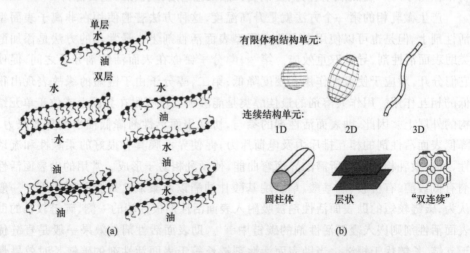

图2-17　表面活性剂-油-水体系中油和水的聚集体的结构

(a)单层和双层表面活性剂薄膜;(b)表面活性剂自组装形成的分立结构及宏观空间距离上形成的
一维、二维和三维结构

其中典型的表面活性剂-水-油三元体系相图可以由图2-18来表示。随着组分的比例发生变化,将形成多种相变结构。实际上,控制各相临界曲线参数将随表面活性剂体系的不同而发生相应的变化。如在图2-19三元非离子型表面活性剂受温度变化组成的相图中,对非离子型表面活性剂而言,温度控制临界曲线,从零上低温变化为零下高温,表面活性剂薄膜曲线趋向油相。对其他体系,盐度(对离子型表面活性剂体系)、混合体系中的表面活性剂组成、助表面活性剂和助溶剂浓度是控制参数。一般情况下,它们的结构变化与临界曲线的关系仍如图 2-19 所示。在明显的正值临界曲线时有独立溶胀油相的胶团或油滴;在明显的负值临界曲线时有独立的水溶胀的反胶团或水滴。在临界曲线零值时,有最小表面活性剂聚集体,它们在较大的范围内都是无序的。这种无序的属性和特征目前仍然没有能够完全表征,位于分离液滴和完全双连续相之间的中间相结构还需要进一步研

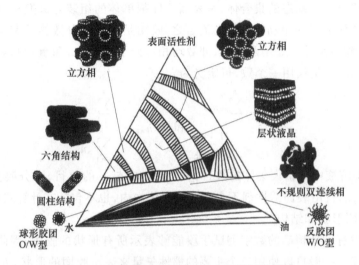

图 2-18　表面活性剂-水-油三元相图示意图

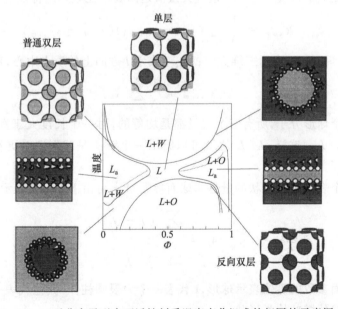

图 2-19　三元非离子型表面活性剂受温度变化组成的相图的示意图

究。但是随着临界曲线的变化发生连续过渡变化；液滴在生长过程中逐渐连接起来，然后，双连续结构破裂变成分立的颗粒。

2. 胶团体系的聚集行为

1) 胶团相对分子质量

胶团尺寸通常以聚集数 n 表示，表示组成胶团的表面活性剂单体的数目。但是因为胶团是一个动态的集合体，是表面活性剂单体的组装与逃逸达到一个平衡的状态，因而 n 是一个动态数。总而言之，胶团是一个多分散体系和聚集数的分配。因此，胶团尺寸最好用两个数，即数均相对分子质量 n_{no} 和重均相对分子质量 n_{wt} 来表示，而不是仅用一个数，可定义为

$$n_{no} = \frac{\sum_{m=1}^{M} n_m}{M} \quad 和 \quad n_{wt} = \frac{\sum_{m=1}^{M} n_m^2}{\sum_{m=1}^{M} n_m}$$

式中：M 是溶液中大量聚集体的数目；n_m 是聚集体 m 的数目，多分散指数 Ip 定义为 n_{wt}/n_{no}，自由表面活性剂不考虑在聚集体之内，也不包括在计算式中。

2) 胶团形状和结构

目前没有一个精确的数字测试手段能够表示所有形状的胶团，因此胶团的形状很难表征。一般可以使用三个主要的惯性矢量来表示胶团的形状，I_1、I_2 和 I_3。I_1 是最大的，而 I_3 是最小的。这些矢量值是回旋半径矩阵的特征值，定义为

$$R_{x_i, x_j}^2 = \frac{1}{N} \sum_{k=1}^{N} (x_{i,k} - x_{i,c,m})(x_{j-k} - x_{j,c,m})$$

式中：$x_i (1 \leqslant i \leqslant 3)$ 表示三维方向；$x_{i,c,m}$ 表示 I 方向上的质点中心，定义为

$$x_{i,c,m} = \frac{1}{N} \sum_{k=1}^{N} x_{i,k}$$

对一个球形分子，所有三个矢量都是均等的，对一个长度大于直径的圆柱体，则 $I_1 = I_2 > I_3$。这样，I_2/I_3 值就可以给出一个胶团是球形还是更符合圆柱体的形状的判断。

另一个表征胶团形状的量是非球面参数 A_s，可由下列方程表示

$$A_s = \frac{\sum_{i>j=1}^{3} (I_i - I_j)^2}{2\left[\sum_{i=1}^{3} I_i\right]^2}$$

非球面参数的零值表示球形，1 代表一个无限圆柱体，其他代表一个类球体和其伸长形状的椭球体类形状。

3) 分配系数

在油分子低浓度情况下,用模拟条件确定溶解程度很有用,可以用分配系数 K 来表示。如果胶团被认为是一个独立的相(如胶团化的相分离模式),那么水相和胶团相中溶质的浓度能够表示为

$$c_{mic} = \frac{增溶溶质的数目}{聚集体的体积}, \quad c_{aq} = \frac{没有增溶的溶质数}{水相体积}$$

$$K = \frac{c_{mic}}{c_{aq}}$$

聚集体的体积由聚集体中的表面活性剂和溶质占据的体积决定,但不包括包裹的溶剂。水相体积就是总体积减去聚集体的体积。

3. 微乳相中的微观结构[24]

1) 球体和非球体结构

微乳相代表了一类重要的自组装双亲体系类别。它们是热力学稳定结构,至少宏观上是三种组分的均匀混合体:极性和非极性液相(通常是水和油)及一种表面活性剂,而在微观上是形成一种薄膜,隔离开两种互不兼容的液体,构成次级相结构。微乳相形成结构完全类似表面活性剂-水(或油)的二元体系。相比于胶团体系,微乳相最明显的特性,就是体系中存在大量的油。胶团体系中疏水介质最大厚度的限制不复存在,因为疏水区域现在被油相溶胀了。微乳相结构的多样性取决于化学组成、温度和组成元素的浓度。不同的表面活性剂稳定不同的微结构。

2) 双连续微乳

相比独立分离的胶团聚集体,双连续结构更常见,可以在微乳相、中间相和甚至在较稀的表面活性剂溶液中存在。浓缩的双亲体系的结构主要取决于界面膜的特性。大多数微乳相结构是油和水通道的双连续排布,而且仅需要少量的表面活性剂就可稳定微乳相结构。第一次的 NMR 自扩散研究实验表明微乳相结构可能确实是双连续结构。

3) 局部薄片层结构

通过增加分散相的体积分数,经常会遇到界面膜重组造成的聚集现象。在分散相中间浓度发生的结构很不清楚,且研究的也很少。此外,一个局部薄片层结构可以表征含长亲水头基的寡聚表面活性剂的聚集体和油连续相强相互作用。但是,应注意的是,在寡聚状态时,没有内水核形成,可导致不同的热行为。

4. 单相微乳体系的相行为

由前面的表述可知,一个微乳相可能与过量的油相平衡(Winsor Ⅰ),或与水平衡(Winsor Ⅱ),或与水和油两者都平衡(Winsor Ⅲ)的中间相。除了这些两或

三相平衡,双亲分子的相图还包含一个单相微乳区(Winsor Ⅳ)。

1) 双亲因子

宏观各方同性的一般模式对长链(强)和短链(弱)非离子型表面活性剂是一样的。微观上,一个长链表面活性剂能够形成分子定向排布的单层结构,成为分离的水和油相区域。这样,表面活性剂分子使得这些区域有序形成各种形式的结构。短链双亲分子随链长度的降低其分子在界面上有序排列的能力而降低,直到微观结构完全消失,而且所有组分均成为单个分子分散在没有界面膜的溶液本体中。

表示微乳相中的结构可以用一个双亲因子 f_a 来量化一个独立体系中双亲的强度。图 2-20 反映了双亲因子 f_a 与微观结构的关系。对一个非常强的双亲体系 f_a 通常接近 -1,相图主要由 L_a(薄层液晶)组成。略微负值的 f_a 表征为结构非常好的微乳相。因此,双亲因子对理解微乳结构是重要的,同时也表明双亲因子可以作为一个归纳分类表面活性剂,如聚集参数或亲水-亲油平衡(HLB)值的另一种方法。

2) 浓溶液中双亲体系结构

(1) 薄层相 L_a。薄层相 L_a 由多个平面双层(有时称为膜)相互堆积而成,被溶剂层阻隔开,通常水和有序结构相互平行。双层中的表面活性剂的疏水尾部位于薄层相的中心位置,分子的亲水基团与溶剂层相结合。此体系表现出沿层状结构垂直方向的准长程固体类有序结构,和其他两个平面方向的液体状态共存,溶剂和表面活性剂分子可以在此平面自由运动(图 2-21)。二元和多元组成体系相图

$$f_a \equiv \frac{c_1}{\sqrt{4a_2c_2}}$$

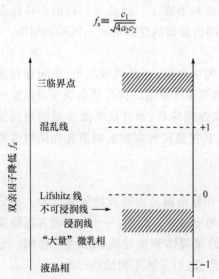

图 2-20 微乳相体系与双亲因子关系图

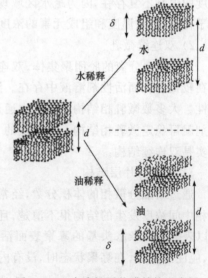

图 2-21 水溶性层状膜结构示意图

此层状结构能够与水(亲水溶剂)或油(疏水溶剂)溶胀,形成直接或反向双层结构。膜厚为 δ, d 为近晶重复单元之间的相互距离

的浓缩区域中均有稳定的薄层结构存在。

已知的薄层相至少存在两种构型。除了平面或连续的薄片层结构，双分子层能够有序地以片状和层片状的相与有序的双分子层共存于同中心的壳体中。后者所在的相的结构单元类似"葱形"的一个多层胶囊（图 2-22），或 L_4 相。当采用非离子和阴离子型表面活性剂在很高盐度条件下制备时，葱形结构即使在低表面活性剂时也是稳定的。

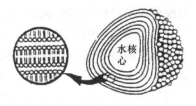

图 2-22　一个脂质体（胶囊）的结构示意图

总而言之，静电排斥使离子体系中薄片层相保持稳定，但是熵减保持薄片层结构在非离子体系或离子体系在非极性溶剂或高离子强度的水溶液中的稳定。合适的共表面活性剂（通常是醇）可以增加膜的柔性，能够促进稀薄层相的形成，例如，盐-SDS-戊醇或盐-SDS-戊醇-十二烷体系。

（2）六角（边）形相。如果流体表面活性剂聚集体是由不确定的长圆柱体而不是双分子层组成的，那么将形成二维流体相。最为简单和最易形成的这种结构就是标准（H_I）和反向（H_{II}）的六角（边）相。在 H_I 相中，表面活性剂分子聚集成圆柱形胶团群六角网格，圆柱形胶团之间的体积均由连续的水相填充。在 H_{II} 相中，圆柱形胶团含有被表面活性剂极性头基包围的水核，以及完全由烷基链节填充的剩余体积（图 2-23）。理论上 H_I 相能在每个分子界面积没有明显变化的情况下发生溶胀，但是 H_{II} 相的网格的溶胀必然引起每个分子截面积增加。对 H_I 相而言，水核整体是一个真溶剂。尽管某种意义上讲，它是一个结构上的流体，但是它能够自由填充未被表面活性剂极性头基占据的极性容积区域。对 H_{II} 相而言，这种状态不是

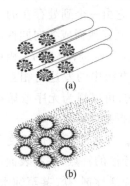

图 2-23　普通（H_I）(a) 和反向（H_{II}）六角相的拓扑学(b)

必然存在，因为碳链被牵制在表面活性剂头基极性界面的一端，并且碳链的构型部分决定疏水区域是否被整体填充而致使 H_{II} 相能够形成。研究表明，部分碳链伸缩以致完全填充疏水区域而消耗自由能以阻止 H_{II} 的形成。或许，这也是为什么在二元非离子型表面活性剂混合体系中没有反胶团聚集体的原因。

（3）立方相。有两种不同的立方相。一种是双连续立方结构，其中一个单双分子层的表面活性剂将空间分割成水相互交织的连续网状结构（对油连续相，属于 II 型体系，但对 I 型体系，水和表面活性剂的位置是相反的），这样此相在水和表面活性剂中均为连续的。另一种是胶团型立方结构，由分离的胶团聚合体排列成立方晶格结构。至今，只有六立方相或七立方相已经得以确定。

（4）液晶相。在某种条件下，液晶序列（有方向性而非定位）可以在相对较小

的胶棒相中或碟片相中观察到,它们分别与低温状态下的六角相和薄层相相关联。

　　3) 稀溶液中的结构

　　丰富的多层结构尽管是浓双亲溶液中的典型结构,但也可以在稀溶液中观察到。在稀溶液体系中,聚集体内部之间的平均距离相对增大,这样通过散射手段难以表征它们的结构。另外,聚集体内部的弱相互作用很难影响观察到的形态结构的热力学稳定性。

　　(1) "巨型"胶团。球状(大多为离子型)胶团可以是一维模式生长,由此形成很大的、柔软的虫形聚集体,称为"巨型"或"线状"或"虫形"胶团。可以通过增加表面活性剂来促进胶团伸长,而胶团的成长经常由加盐或醇来诱发。加盐或醇能够屏蔽双亲分子带电基团之间的屏蔽作用,降低胶团中碳氢化合物与水界面上每一个端基的最优面积。

　　(2) 反常各向同性(海绵型) L_3 相。海绵型各向同性 L_3 相能够在非离子型表面活性剂和离子型表面活性剂‐水的二元体系中以及非离子型表面活性剂‐醇‐水和离子型表面活性剂‐醇‐盐体系的三元体系中观察到。它由一个到处存在的无限的双层结构和一个鞍形曲线结构结合而成。由此自身相互连接而成各向同性的宏观上为三维的空间结构,与薄层相 L_a 中每个膜仅与其自身连接,胶囊 L_4 相中双层构成一个整体或多层球形聚集体完全不同,但是与立方相中的发达的相互连接的双层结构相似。然而,由于 L_3 相中缺少长程有序结构,可以视为无序或熔融的立方相。 L_3 相的黏度非常低,在低浓度区域表现出流动折射的特点。

　　(3) 囊泡。囊泡是一种封闭的双层结构,有两种类型。在表面活性剂浓度低时是一个单一的薄层结构,表现出一种多分散性的胶体悬浮液的特点,在高表面活性剂浓度时,形成小的多层微胶囊结构,也称为颗粒,在表面活性剂‐盐(甚至纯水‐醇)的体系中就可以观察到。

2.3　微乳相的组成和过程影响因素

　　表面活性剂由于其本身的特性,在两相中都可发生不同程度的聚集而形成微乳相。其聚集的动力主要来自分子间的氢键,一般认为不同聚集程度的分子间存在一种动平衡。表面活性剂的类型与溶液的物化特性是微乳相形成的重要影响参数。

2.3.1　表面活性剂的类型对微乳相组成的影响[25]

　　微乳相的配方设计就是研究怎样使用最少量的表面活性剂而增溶最大量的油和水,即微乳相达到最佳的增溶量: $SP_0 = SP_w = SP^*$ (其中 SP^* 表示单位质量的表面活性剂对油和水的相同增溶量)。在研究微乳相的配方设计时,可以把 R 值理论作为主要的理论工具[26]来分析和解释各种因素对微乳相相行为的影响。在设计微乳相的配比时,表面活性剂可以选用离子型表面活性剂、非离子型表面活性剂和混合型表面活性剂。

1. 离子型表面活性剂微乳相

离子型表面活性剂包括阴离子型和阳离子型表面活性剂,在离子型表面活性剂微乳相中,对微乳相相行为影响较大的因素有电解质、pH、表面活性剂的亲水基和亲油基种类、助表面活性剂醇类。无机电解质的加入导致微乳相离子强度增加,相应地导致 R 值增大,反离子的加入使表面活性剂的电离程度减小,从而单位面积上电荷数减少,引起表面活性剂和水相的相互作用减小,电解质中的高价阳离子对阴离子型表面活性剂的影响比低价阳离子的影响更为显著[27]。有机反离子对微乳相 R 值及相行为的影响更大,它的影响随其相对分子质量的增大而增大,最终发生如图 2-24 中的相变化过程,即混合体系中疏水相与亲水相的相互转变。

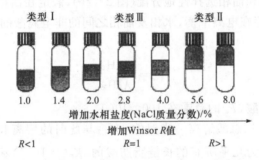

图 2-24　2%阴离子型表面活性剂-49%盐-49%烷基体系相行为随盐度变化的转变

酸性表面活性剂微乳相作为一类典型的离子型表面活性剂在得到广泛应用的同时,对其特性研究也具有很好的代表性。pH 对酸性表面活性剂微乳相的影响较大,尤其在处理生物产品方面,经常含有有机羧酸或其他如脂肪胺或烷基铵杀菌剂的 pH 敏感物质。脂肪酸-脂肪酸盐在水相中的平衡可以表达为

$$AcH \rightleftharpoons Ac^- + H^+$$

$$K_a = \frac{[Ac_W^-][H_W^+]}{[AcH_W]}$$

亲水性脂肪盐类与疏水的碳酸类化合物的相对数量将取决于 pH 的变化

$$\frac{[Ac_W^-]}{[AcH_W]} = \frac{K_a}{[H^+]}$$

增加 pH 有利于亲水类物种,混合体系将在某点从疏水体系转变成亲水体系。结果增加 pH 将产生 $R > 1 \sim R = 1 \sim R < 1$ 的变化规律。

但是如果通过填加 NaOH 升高 pH，那么，Na^+ 的浓度也增加，在同一点可能发生反向变化，产生如图 2-25 所示的相转变规律。但不论何种情况，两种反向效应发生时均可出现图 2-25 的情况。

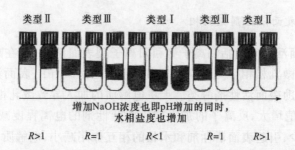

图 2-25　在脂肪酸-油-水体系中氢氧化钠浓度增加引起的相转变行为

如果是水相和油相中含对 pH 敏感的体系，由于离子的电离和非离子基团的非电离作用在水相和油相选择性地分配（图 2-26），假定在油相中 $[Ac\overline{o}]$ 中电离的盐可以忽略不计，存在电离平衡，水相及油相之间的非电离酸的分配系数可以定义为

$$P_a = \frac{[AcH_O]}{AcH_W}$$

对长碳链脂肪酸，P_a 的范围在 $100\sim1000$。

若水油比等于 1，总酸解离一半时的 $pH_{1/2}$ 与此时的解离和分配系数 $pH_{1/2} = \lg(P_a/K_a)$ 相关，因为几乎所有的长链脂肪酸的 $K_a(\approx 10^{-6})$ 基本上是一样的，以 $\lg(P_a/K_a)$ 解释的 $pH_{1/2}$ 的变化与分配系数 P_a 的对数呈线性关系，非常接近形成三相时的 pH^*。

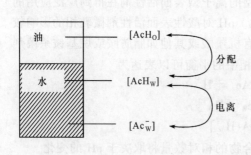

图 2-26　水相中酸-盐的电离平衡及油-水两相之间非电离物质的分配平衡

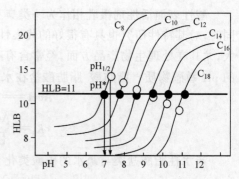

图 2-27　三相行为的最佳 pH^* 和半酸电离 $pH_{1/2}$ 的关系

由图 2-27 可知 $pH_{1/2}$ 和 pH^* 之间的对应关系基本上是由于 HLB-pH 曲线形状的影响,在解离区表现出几乎垂直的变化规律。这就是为什么实际 pH^* 不会受其他结构组成变化参数强烈影响的缘故,即是水和油的自然属性。

pH^* 的变化与酸碳链的长度非常相关,如 HLB 属于双亲分子的一个特性参数一样,最佳结构组成与双亲碳链长度的变化呈线性关系类似,pH^* 与油相种类、水相盐度及醇含量呈线性关系(图 2-28)。

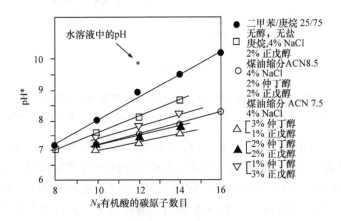

图 2-28　不同脂肪酸-油-水-醇体系中三相行为的 pH^*

2. 非离子型表面活性剂微乳相

非离子型表面活性剂微乳相中,表面活性剂一般指脂肪酸聚氧乙烯醚和烷基酚聚氧乙烯醚系列,以及烷氧基嵌段共聚物类化合物。在该微乳相中,表面活性剂不带电荷,对电解质的敏感性较差,但是电解质的加入可以使非离子的水溶性下降,油溶性增加。温度对非离子型表面活性剂微乳相的影响相比较离子型表面活性剂微乳相要大得多。当温度升高时,表面活性剂的水溶性下降,油溶性增强。非离子型表面活性剂的亲水性可以改变,通过增加或减少加成的亲水基数,可以在很大程度上改变表面活性剂的亲水性,导致 R 值的改变。对非离子型表面活性剂来说,减少亲水基团,增加烷基链长,加入电解质和升高温度对相行为的影响是等价的[28]。

水溶液中嵌段共聚物因其广泛应用,其在水中的相行为得到大量的研究。嵌段共聚物的溶解特性随温度的升高而降低,高于某一温度时,相分离发生,称为"浊点"(cloud point)。在聚合物浓度高时,溶液中聚合物碳链的缠绕导致均相和类凝胶等结构。第一个类凝胶结构通常是立方结构,由球状胶团有序堆积而成。继续增加聚合物浓度,将在疏水和亲水区域发生重排而形成六角或片层结构。在六方和片层区域之间也可能观察到双连续立方结构,如图 2-29 所示[29]。

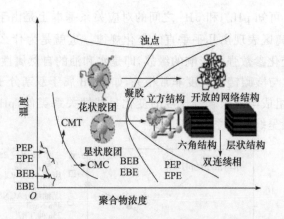

图 2‑29 水相 EBE 和 BEB 三嵌段共聚物相行为示意图

CMT. 临界胶团温度;CMC. 临界胶团浓度;E. 聚氧乙烯;P. 聚氧丙烯;B. 聚氧丁烯

例如,Alexandridis[30]的 P84/水/对二甲苯三元体系(图 2‑30)研究表明,室温条件下,至少有 9 个不同的相可以确定:普通(水包油)胶团溶液 L_1,立方相 I_1,六方相 H_1,双连续立方相 V_1,反胶团(油包水)溶液 L_2,立方相 L_2,六方相 H_2,双连续立方相 V_2 和片层结构 L_a。这 9 个相的分类代表了三元体系中的所有相。

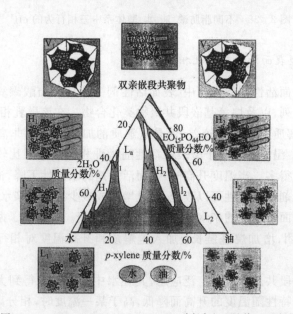

图 2‑30 Pluronic P84(E19P44E19)/水/对二甲苯三元相图

3. 混合型表面活性剂微乳相

阴阳离子表面活性剂的混合物似乎是含有一定数量的阴阳离子等物质的量缔

合物,其亲水性远低于体系的组成物。换言之,10mol 的阳离子型表面活性剂和 90mol 的阴离子型表面活性剂的混合体系事实上表现为 80mol 阴离子型表面活性剂和 10mol 阴阳离子缔合物组分的体系。很明显,阴阳离子混合型表面活性剂提供更好的增溶特性,如提高洗涤能力,并且降低混合体系的临界胶团浓度,增加胶团聚集数。

　　在实际应用中,由于混合表面活性剂具有良好的协同效应,如吸附量增加,CMC(临界胶团浓度)降低,γ_{CMC}^{-1}下降等,而在增溶、洗涤和去污等方面得到广泛的应用[31,32]。混合一般包括理想混合和非理想混合,如非离子/非离子,阴离子/阴离子,阳离子/阳离子为理想混合;阴离子/阳离子,阴离子/非离子,阳离子/非离子为非理想混合。

　　在阴阳离子型表面活性剂混合体系的微乳相中,阴阳离子表面活性剂的混合物中的反应可以表示为以下平衡式

$$A^- + C^+ \Longrightarrow AC$$

式中:A^-为双亲分子阴离子;C^+为双亲阳离子;AC 为二者的缔合物,即所谓的阴阳离子结构,表现出一些两性或非离子结构特性。AC 阴阳离子化合物实际上比其分离的状态含有更少的离子。实验表明,这种表面活性剂混合物在水溶液中会有沉淀发生,或产生液晶或囊泡结构。

　　有关阴阳离子表面活性剂的相行为及微乳的形成报道较少。当其中一种表面活性剂比另一种表面活性剂的比例低得多时(比如,低于 10% 或 20%),那么就会形成某种兼容特性。图 2-31 是阴离子型表面活性剂(SDS)和阳离子型表面活性剂十四烷基三甲基溴化铵(TTAB)混合物在大量醇存在的情况下的最佳三相行为

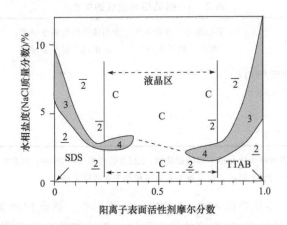

图 2-31　阴离子表面活性剂和阳离子表面活性剂与油-水-醇体系混合体系的相行为
SDS-TTAB 混合物 1% 正庚烷;WOR＝1 2% 体积分数正戊醇＋2% 体积分数仲丁醇

结构组成。当 NaCl 浓度在 5％～10％时,两种表面活性剂在大约相同盐度的条件下形成微乳￣油￣水三相体系。随着阳离子表面活性剂不断加入到阴离子表面活性剂中,阴影部分的三相行为逐渐降低(从左至右),反之亦然。进一步增加其中一种表面活性剂的量,变成与液晶相(如数字 4 所示区域)共存在,当表面活性剂的量在大约 20％左右时三相消失。最后在相图的中心位置,被一个结晶沉淀所取代(如字母 C 表示)。

2.3.2　溶液无机盐特性对微乳相形成过程的影响

溶液化学特性对微乳相的影响是通过溶剂和溶质相互反应来改变表面活性剂分子的偶极￣偶极间的反应,通过控制溶剂的性质(分子的几何结构、偶极矩、介电常数、溶解度参数等)和温度等主要参数实现如图 2￣32 所示的相变化规律。

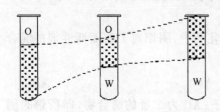

图 2￣32　溶液化学特性对微乳相形成过
程的影响

1. 微乳相态的变化

微乳相中液滴被表面活性剂和醇的混合膜所稳定,中相微乳液的形成对采油过程中提高驱油效率有重要意义,最终需要破坏其稳定性,使得表面活性剂分子所携带的污染物由溶液中分离出来,所以研究微乳液的稳定性影响因素具有重要意义。水相盐度对离子表面活性剂微乳相行为的影响说明无机盐是微乳相变化的重要影响因子。表 2￣3 是无机盐与微乳相关系的研究结果[33～35]。

表 2￣3　微乳相与盐度的关系

微乳相体系	下相微乳相和剩余油相的二相平衡/%	中相微乳相和剩余油相、水相的三相平衡/%	上相微乳相和剩余水相的二相平衡/%
2.0％溴代十六烷基吡啶(CPB)/4.0％丁醇/正庚烷/NaCl 盐水	<1.0	1.0～2.3	>2.3
0.4％石油磺酸盐/3％正丁醇/正癸烷/NaCl 盐水	<0.38	0.38～0.45	>0.45

注:下相微乳相是指与剩余油相相平衡的微乳相;中相微乳相是与剩余油相、剩余水相相平衡的微乳相,它几乎含有全部表面活性剂;上相微乳相是指与剩余水相相平衡的微乳相。

微乳相类型的变化受体系中 NaCl 浓度变化影响。微乳相的聚集数增加导致油的增溶量变大;另外 NaCl 浓度的增大可进一步压缩微乳相液滴的双电层,降低液滴间斥力,有利于液滴接近和聚结,凝聚的增加导致以上现象的出现。郝京城等[36]对阴离子型表面活性剂双十八烷基二甲基氯化铵(DODMAC)和溴代癸基吡啶(DPB)复配时中相微乳相的形成和特性做了研究,发现形成中相微乳相盐宽($\Delta 5$)和最优含盐度(S^*)与表面活性剂的复配比有关。最优含盐度定义为在微乳相中油水具有相同的加溶作用,可用来定量相性质的变化。Morten 等[37,38]研究了阴离子型表面活性剂 SDS 和 AAS 系统的相态,结果表明二价离子要比一价离子的最优含盐度低,不同离子引起的最优含盐度如下:$Na^+ > K^+ > Mg^{2+}$。这种现象的产生是化合价和水合半径共同作用的结果,化合价升高及水合半径降低都会使最佳盐度降低;检测不同离子的分布,发现 Na^+ 和 Cl^- 更易于分布于过量水相中,而 K^+、Ca^{2+}、Mg^{2+} 则更易于进入微乳液相中的水。

2. 对流变性质的影响

流变性质是液相传质乃至反应动力学的计算参数之一,表面活性剂溶液体系的流变性质对传质过程有重要影响。Shigeyoshi 等[39]认为 NaCl 浓度较低时,表面活性剂溶液黏度几乎不受影响;只有当 NaCl 浓度达到域值附近时,黏度才受其影响急速上升。盐类可使微乳相的稳态黏度下降,盐离子浓度很低时能压缩微乳相界面上的扩散双电层,使扩散层变薄,同时又减少了溶剂化性能,使体系黏度下降;另外高价金属离子对表面活性剂的破乳作用也是降低黏度的一个因素。盐类还有利于负触变性的增强,如盐可降低油酸钾在水中的溶解度,并增强羧酸基之间及羧酸和醇之间的缔合;对负触变性的影响程度还与水油比及盐的价态有关。徐桂英等对流变性研究时发现,含无机盐的石油碳酸盐胶团溶液显示出假塑性特性,盐使体系的非牛顿性增强。

3. 对临界胶团浓度(CMC)的影响

临界胶团浓度及相变特征与水的混凝、水的过滤——膜过程的关系非常密切。Shigeyoshi 等[39]的研究结果表明 CMC 值随 NaCl 浓度升高而降低,NaCl 含量较低时,$\lg(CMC)$ 与 $\lg(N_a)$ 之间存在线性关系,且几种表面活性剂的斜率绝对值表明 NaCl 对 CMC 有盐析效应。当氨基酸表面活性剂的浓度比额氨酸大时,胶团生长及胶团间相互作用开始时的 NaCl 浓度随着氨基酸基长度的增加而降低。

4. 无机盐对非离子型表面活性剂溶液浊点的影响

在一些使用萃取及其他相转移或相变的水处理技术中,温度控制需要相变理论的指导。表面活性剂非均相混合物体系,在温度低于某点又变为均相时的温度称为浊点,浊点升高意味着盐溶,它对某些具有较低 CMC 值的非离子型表面活性剂来讲是很重要的。Hans[40~42]对非离子型表面活性剂(TX-100)溶液的浊点受无机盐离子的影响进行了研究。浊点随着离子序列高的阴离子物质的量浓度的升高出现一最大值,上升部分代表盐溶,是浊点温度升高与此类溶液离子对水结构破坏

的共同作用;下降部分代表 Na^+ 的盐析作用。几种溶液离子提高浊点的能力如下

$$SCN^- > I^- > [Fe(CN)_5NO]_2^- > ClO_4^- > BF_4^-$$

非常弱的 Lewis 碱却能降低浊点并与其物质的量浓度成正比,可能是它加强了水的结构并在所有浓度都存在盐析。Hans 认为,多数过渡金属离子比较平均化的弱盐溶能力是由表面活性剂醚群和水对其共同位置的竞争作用造成的。除了银之外,所有用到的过渡金属硝酸盐都形成了含有 3~9 个水分子的稳定水合物固体,这种现象表明了阳离子与水具有很高的亲和性。只有 $AgNO_3$ 不能形成稳定的水合固体,Ag^+ 与水的低亲和性导致了其与表面活性剂上醚群相对较高的亲和性。

2.3.3 表面活性剂聚集体的流变性质

1. 胶团溶液的流变性质

表面活性剂胶团稀溶液属于牛顿流体,一般通过测定相对黏度、增比黏度、比浓黏度、特性黏度等来表征其流变性质。表面活性剂浓度小于临界胶束浓度(CMC)时,溶液中表面活性剂分子主要以单体状态存在,分子的疏水基被有序的水分子所环绕,而且表面活性剂的极性基团与水分子还存在着相互作用,从而导致溶液的黏度随表面活性剂浓度的升高而增大。当溶液中的表面活性剂分子开始形成球状胶束时,有序的水分子被释放出来,自由水分子增多,溶液黏度下降。浓度达到 CMC 时,黏度最小。然后,表面活性剂的浓度进一步增加,导致溶液中的球状胶束增多,胶束间的相互作用增强,黏度再次升高。当浓度达到第二临界胶束浓度(CMC)时,胶束结构发生转变,由球状变为棒状或盘状,则溶液黏度进一步增加。

2. 微乳相的流变性质

一般认为,W/O 型微乳相的黏度随含水量的增加而增加,O/W 型微乳相的黏度则随含水量的增加而降低。它们多表现为牛顿流体行为。其黏度可根据"硬球模型"得到

$$\frac{\eta}{\eta_0} = \left[1 - \frac{\phi}{\phi_m}\right]^{-[\eta]\phi_m}$$

式中:η_0 为溶剂黏度;ϕ、ϕ_m 分别为分散相的体积分数和最大堆积密度;$[\eta]$ 为特性黏度,对"硬球模型",其值为 2.5。

双连续微乳相或 Winsor Ⅲ 相微乳相,则多表现为非牛顿流体,几乎没有剪切稀释性,黏度一般在 $10mPa \cdot s$ 左右,但根据表面活性剂浓度的不同也有所区别。当表面活性剂浓度较小时,微乳相主要由网络结构控制其流动状态,流型较简单;浓度较高时,流动则由网络结构和分散相的体积效应共同决定,甚至后者占主导地

位,流变曲线就比较复杂了。

3. 表面活性剂溶致液晶的流变性质

表面活性剂溶致液晶一般分为层状液晶、六角状液晶和立方状液晶,表面活性剂溶致液晶的流变性质一般表现为非牛顿流体行为、有应力屈服值和较高的黏弹性。

目前研究的液晶体系主要有非离子型表面活性剂 C_mE_n 的水体系[43]和 SDS[44]、AOT[45]、C_xC_yAB[46]等离子型表面活性剂的三元或四元体系。层状液晶的流变曲线显示塑性流体行为,其黏度在所有剪切速率范围内一般都要低于六角状液晶和立方状液晶,但其应力屈服值相对比较大,而且随助表面活性剂的含量增加(固定表面活性剂浓度时)而增大,黏度较高时表现为弹性体。一般认为,层状液晶的流变行为与层状结构在剪切作用下的定位有密切关系。没有外加应力时,区域定位由层与层之间的相互作用决定;加上剪切应力后,定位则由层与层相互作用和黏度效应共同决定。

4. 表面活性剂囊泡的流变性质

囊泡在生物膜模拟和药物载体中起着重要作用[18～20],囊泡的尺寸不是均一的,粒径十几纳米到几百纳米不等,通常较大的囊泡中间有许多小的囊泡。这样,每一个囊泡都可以认为是存在于被其他囊泡结构包围的"笼"中。它不能通过简单的扩散过程逃出这个"笼",除非囊泡的外壳发生较大形变。关于表面活性剂囊泡的流变研究,目前主要提出了以下几个模型[17]。

(1)静电模型。实验发现,流体的弹性模量 G_0 随囊泡表面电荷密度的增加而增大,当应力加到溶液中时,囊泡可能发生变形,带电层的压缩会导致囊泡更加紧密地堆积。渗透压 π 即可表征囊泡的平台模量。但实验表明,π 比 G_0 要大许多。因此,G_0 不能只用电荷密度解释,它还与其他因素有关。

(2)网格模型。假设囊泡可以形成网格结构,借鉴虫状胶束的流变性质,能够求出囊泡的平台模量。用此模型求出的 G_0 比实验值要小许多,需要进一步完善。

(3)弯曲能模型。实验发现,如果囊泡被破坏,其内核也被破坏,因而模量与囊泡的弯曲能有关,由此得到的 G_0 与实验值接近。

(4)硬球模型。囊泡体系可以作为许多硬球粒子的分散体,与球状微乳液滴类似,由此求出的平台模量值为几十帕,与实验基本一致。

2.3.4　微乳相热力学特征

从传统的热力学角度,微乳相是由油、水、表面活性剂、助表面活性剂和电解质组成的多元混合物。但是传统的混合物与微乳相之间存在重大差别。混合物是分子级别上的混合,但是微乳相中的油或水是以大小在 1～1000nm 直径大小的球形分散在水或油中。表面活性剂和助表面活性剂大部分均位于两相界面上,而且在两种介质中达到分配平衡。在传统的混合物中,组分物种的尺寸是固定的,而在微乳相中,球形颗粒的尺寸并不确定,取决于热力学平衡条件[47]。

1. 均一相微乳相

1) 基本方程

假设微乳相中含有尺寸均一的球形小液滴,它们在连续相中的扩散是一个体系的熵增的过程。单位体积微乳相的 Helmholtz 自由能 $f(f = F/V$,其中 V 是微乳相的体积)可以记为冷冻无作用自由能 f_0 和由于液滴在微乳相中的扩散引起熵增的相互作用而导致的自由能 Δf 之和,即

$$f = f_0 + \Delta f \qquad (2-3)$$

Gibbs 热力学对 df_0 的解释为

$$df_0 = \gamma dA + C_1 dc_1 + C_2 dc_2 + \sum \mu_i dn_i - p_2 d\phi - p_1 d(1-\phi) \qquad (2-4)$$

式中:γ 为表面张力;C_1 和 C_2 分别为与曲率 c_1 和 c_2 对应的张力;A 为微乳相中两个媒介之间的单位体积上的界面积;μ_i 和 n_i 分别为化学位(压力 p_1 对应连续相中的物种;压力 p_2 对应分散相中的物种);i 为单位体积中物种分子数目;ϕ 为分散相的体积分数(包括液滴界面的表面活性剂和助表面活性剂);p_1 为冷冻无作用体系的连续相的压力,完全不同于微乳相的连续相中的压力。

对球形液滴,$c_1 = c_2 = 1/\gamma$ 和 $C_1 = C_2 = C/2$,由式(2-3)和式(2-4),得

$$df = \gamma dA + Cd\left[\frac{1}{r}\right] + \sum \mu_i dn_i - p_2 d\phi - p_1 d(1-\phi) + d\Delta f \qquad (2-5)$$

式中:r 为小水珠半径(包括吸附在液滴表面的表面活性剂和助表面活性剂)。

微乳相平衡态完全取决于 n_i、温度和压力 p。因此,r 和 ϕ 的值由 f 最小时求得。因为对球形水珠

$$A = 3\phi/r \qquad (2-6)$$

则可得

$$\gamma = \frac{r^2}{3\phi}\left[\frac{\partial \Delta f}{\partial r}\right]_\phi - \frac{C}{3\phi} \qquad (2-7)$$

和

$$p_2 - p_1 = \left[\frac{\partial \Delta f}{\partial \phi}\right]_r + \frac{r}{\phi}\left[\frac{\partial \Delta f}{\partial r}\right]_\phi - \frac{C}{r\phi} \qquad (2-8)$$

由微乳相与周围环境之间的机械平衡条件可得 p_2 和 p_1 的另一关系。在 N_i $(= n_i V)$ 和 T 不变时,考虑微乳相变量 dV,有

$$\gamma \mathrm{d}(AV) + VC\mathrm{d}(1/r) - p_2\mathrm{d}(V\phi) - p_1\mathrm{d}[V(1-\phi)] + \mathrm{d}(V\Delta f) - p\mathrm{d}V_e = 0 \tag{2-9}$$

因为环境体积变量 $\mathrm{d}V_e$ 等于 $-\mathrm{d}V$，合并式(2-7)～式(2-9)，可得

$$\frac{3}{r}\frac{\phi}{}\gamma - (p_2 - p_1)\phi + (p - p_1) + \Delta f = 0 \tag{2-10}$$

由式(2-8)和式(2-10)，得

$$p_2 = p + \Delta f + (1-\phi)\left[\frac{\partial \Delta f}{\partial \phi}\right]_r - \frac{C}{\phi r} + \frac{r}{\phi}\left[\frac{\partial \Delta f}{\partial r}\right]_\phi \tag{2-11}$$

和

$$p_1 = p + \Delta f - \phi\left[\frac{\partial \Delta f}{\partial \phi}\right]_r \tag{2-12}$$

式(2-10)表明，冷冻无相互作用体系(自由能为 f_0)的连续介质中压力 p_1 与 p 是不同的，p 是压力 p_1 和由自由能 Δf 产生的渗透压的总和。压力 p 在微乳相和微乳相的连续介质中均起作用。

2) 基本方程的派生

从传统热力学的角度，微乳相是一个多元组分的热力学平衡体系。温度固定时的 Helmholtz 自由能可表示为

$$\mathrm{d}F = \sum \mu_i^* \mathrm{d}N_i - p\mathrm{d}V \tag{2-13}$$

式中：μ_i^* 和 N_i 分别为微乳相中的化学位和物种 i 的物质的量；V 为微乳相的体积。

假设微乳相是水中油滴和油中水滴的分散液，表面活性剂和助表面活性剂平衡分布于分散相和微乳相的连续相及它们的界面之间。假定液滴为半径均一的球体，则 $\mathrm{d}F$ 可以表示为

$$\mathrm{d}F = \gamma\mathrm{d}[AV] + CV\mathrm{d}\left[\frac{1}{r}\right] + \sum \mu_i\mathrm{d}N_i - p_2\mathrm{d}[V\phi]$$
$$- p_1\mathrm{d}[V(1-\phi)] + \mathrm{d}[V\Delta f] \tag{2-14}$$

因为 Δf 仅与 r 和 ϕ 相关

$$\mathrm{d}\Delta f = \left[\frac{\partial \Delta f}{\partial r}\right]_\phi \mathrm{d}r + \left[\frac{\partial \Delta f}{\partial \phi}\right]_r \mathrm{d}\phi \tag{2-15}$$

式(2-14)可以改写成

$$\mathrm{d}F = \left[\frac{3\phi\gamma}{r} - p_1(1-\phi) + \Delta f\right]\mathrm{d}V + \left[\frac{3\gamma V}{r} + p_1 V - p_2 V + \left[\frac{\partial \Delta f}{\partial \phi}\right]_r\right]\mathrm{d}\phi$$
$$+ \left[-\frac{3\phi\gamma V}{r^2} - \frac{CV}{r^2} + V\left[\frac{\partial \Delta f}{\partial r}\right]_\phi\right]\mathrm{d}r + \sum \mu_i\mathrm{d}N_i \tag{2-16}$$

在极端条件下，式(2-13)和式(2-16)中的自由能变化是一样的，与变量 V、

ϕ、r 和 N_i 无关，各系数乘以 dV、$d\phi$、dr 和 dN_i 是相等的。只有当压力 p_1 不受影响时，ϕ、r、V 和 N_i 才是独立变量。确定 ϕ 取决于物种 i 的物质的量 N_i 在两个微乳相介质和它们界面之间的分配平衡、N_{is}、V、半径 r 以及压力 p_1 和 p_2。如果压力 p_1 受影响，根据机械平衡条件：

$$\frac{3\phi\gamma}{r} - p_1(1-\phi) - p_2\phi + \Delta f = -p \qquad (2-17)$$

式中：p_2 为 ϕ 和 r 的函数，而且 N_i、V、ϕ 和 r 不再是独立变量。但是当前情况下，p_1 仅有热力学平衡影响（就 ϕ 而论的自由能 F 的最低值）。因此，ϕ、r、V 和 N_1 是独立变量。结果

$$\frac{3\gamma}{r} + \left(p_1 - p_2\right) + \left(\frac{\partial \Delta f}{\partial \phi}\right)_r = 0 \qquad (2-18)$$

$$\frac{-3\phi\gamma}{r^2} - \frac{C}{r^2} + \left(\frac{\partial \Delta f}{\partial r}\right)_\phi = 0 \qquad (2-19)$$

$$\mu_i\left(p_1 \text{ 或 } p_2\right) = \mu_i^*\left(p\right) \qquad (2-20)$$

式(2-20)表明，在压力 p 条件下的微乳相的化学位等于冷冻无相互作用体系的化学位。

3) γ 和 C 之间的关系

式(2-7)提供了给定 ϕ 条件下的微乳相中水珠的半径。由式(2-11)和式(2-12)可以计算 p_2 和 p_1，但需要有 Δf、γ、C 的计算表达式。传统热力学仅有 C 的计算公式。在 $1/r$、γ、μ_i、p_2 和 p_1 不变的条件下，对式(2-5)积分，得

$$f = A\gamma + \sum n_i\mu_i - p_2\phi - p_1(1-\phi) + \Delta f \qquad (2-21)$$

而微分则得

$$df = Ad\gamma + \gamma dA + \sum n_i d\mu_i + \sum \mu_i dn_i - p_2 d\phi - p_1 d(1-\phi) - \phi dp_2$$
$$- (1-\phi)dp_1 + d\Delta f \qquad (2-22)$$

分散相和连续相的 Gibbs-Duhem 方程可以为

$$\sum n_i^d d\mu_i - \phi dp_2 = 0 \qquad (2-23)$$

和

$$\sum n_i^c d\mu_i - (1-\phi)dp_1 = 0 \qquad (2-24)$$

式中：上标 d，c 分别为微乳相中的分散和连续介质。式(2-22)减去式(2-23)和式(2-24)，由式(2-5)可得

$$d\gamma + \sum \Gamma_i d\mu_i = \frac{rC}{3\phi}d\left(\frac{1}{r}\right) \equiv -\frac{C}{3\phi r}dr \qquad (2-25)$$

此处，$\Gamma_i = \dfrac{n_i - \left(n_i^d + n_i^c\right)}{A}$，是组分 i 的表面过剩量。由式(2-25)可以导出

$$C = \frac{3\phi}{r}\left[\frac{\partial \gamma}{\partial(1/r)}\right]_{\mu_i} \equiv -3\phi r \frac{\partial \gamma}{\partial r} \tag{2-26a}$$

和

$$\frac{\partial \Gamma_i}{\partial r} = \frac{1}{3\phi r}\frac{\partial C}{\partial \mu_i} \tag{2-26b}$$

表面活性剂在低曲率界面上分布愈紧凑表明$\partial \gamma/\partial r < 0$,且从此 C 是一个正值。随水珠半径的增加,表面的富余量也随之增加。这意味着$\partial C/\partial \mu_i$ 也是一个正值。

2. 微乳相与一个富余分散相共存

1) 相平衡

微乳相中物种 i 的化学位可以定义为:在体积和温度不变的条件下,F 对 N_i 的偏微分

$$\mu_i^* = \left[\frac{\partial F}{\partial N_i}\right]_{V,T} \tag{2-27}$$

用来计算 μ_i^* 的式(2-14)表明,F 不仅取决于 N_i,而且也取决于 r 和 ϕ。因为 $\partial F/\partial r=0$ 和 $\partial F/\partial \phi=0$,则式(2-27)可以替换为

$$\mu_i^* = \left[\frac{\partial F}{\partial N_i}\right]_{V,T,r,\phi} \tag{2-28}$$

由方程(2-14)可推出

$$\mu_i^*(p) = \mu_i(p_1 \text{ 或 } p_2) \tag{2-29}$$

因此,微乳相中任何物种的化学位等于冷冻无相互作用体系中物种的化学位。

因为富余分散相的组成与分散相的组成一样,化学位的等同性意味它们的压力也具有等同性。分散相的化学位如式(2-5)在压力 p_2 的表达式,而富余分散相的压力与施加于微乳相和富余相的外部压力 p 相等,则平衡条件下

$$p_2 = p \tag{2-30}$$

与式(2-11)结合,可得

$$\Delta f + (1-\phi)\left[\frac{\partial \Delta f}{\partial \phi}\right]_r - \frac{C}{\phi r} + \frac{r}{\phi}\left[\frac{\partial \Delta f}{\partial r}\right]_\phi = 0 \tag{2-31}$$

微乳相与富余分散相平衡体系中的 r 和 ϕ 可由式(2-7)和式(2-31)求得。

忽略水珠之间的相互作用可以计算 Δf。Ruckenstein 和 Chi[48] 基于网格模型,假定格点的体积等于连续相中水分子的体积 ν_c,推导出连续相中水珠分散的熵的表达式。但仅能获得连续相中半径为 r 和体积分数为 ϕ 的球形水珠的分散过程熵的上下界限。对应于熵的上界限,自由能 Δf 可表示为

$$\Delta f = -\frac{3\phi k T}{4\pi r^3}\left\{-\frac{1}{\phi}\ln(1-\phi)+\ln\left[\frac{4\pi r^3}{3\nu_c}\left(\frac{1-\phi}{\phi}\right)\right]\right\} \tag{2-32}$$

对应于熵的下界限,自由能 Δf 为

$$\Delta f = -\frac{3\phi k T}{4\pi r^3}\ln\left\{\frac{4\pi r^3}{3\nu_c}\left[\left(\frac{0.74}{\phi}\right)^{1/3}-1\right]\right\}^3 \tag{2-33}$$

式中: k 为 Boltzmann 常量。

Carnaham 和 Starling[49]基于分子动力学建立了硬球的经验公式

$$\Delta f = -\frac{3\phi k T}{4\pi r^3}\left[1-\ln\phi-\phi\frac{4-3\phi}{(1-\phi)^2}+\ln\left(\frac{4\pi r^3}{3\nu_c}\right)\right] \tag{2-34}$$

式(2-34)可提供两个界限之间的值(接近于上界限)。

合并式(2-7)、式(2-31)及式(2-34),得

$$\gamma = \frac{k T}{4\pi r^2}\left[\ln\left(\frac{4\pi r^3}{3\nu_c\phi}\right)-\frac{8\phi-5\phi^2}{(1-\phi)^2}+\phi\right] \tag{2-35}$$

和

$$C = \frac{3\phi k T}{4\pi r^2}\left[2\ln\left(\frac{4\pi r^3}{3\nu_c\phi}\right)+\frac{6\phi^2-5\phi-\phi^3}{(1-\phi)^2}\right] \tag{2-36}$$

由式(2-35)和式(2-36)可得出 γ 和 C 的数值,如图 2-33 和图 2-34 所示。随 r 的增加, γ 和 C 均显著减小, $r\rightarrow\infty$ 时,两者趋向于零。相比 $C/3\phi$, 2γ 不能够被忽略。

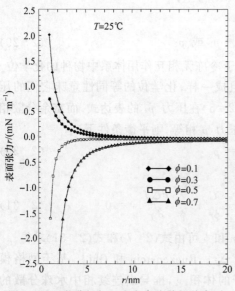

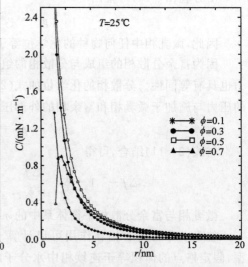

图 2-33　微乳相与一个富余分散相共存时　　　图 2-34　微乳相与一个富余分散相共存时
表面张力 γ 与水珠半径 r 的关系图　　　　弯曲压力 C 与水珠半径 r 的关系图

2) 微乳相与富余分散相之间的界面张力

化学位不变的情况下,对式(2-25)积分,可获得

$$\gamma_\infty - \gamma = \int_r^\infty \frac{rC}{3\phi} d\left(\frac{1}{r}\right) \equiv -\int_r^\infty \frac{C}{3\phi r} d r \tag{2-37}$$

此时,由于表面活性剂的化学位与微乳相和富余相之间的界面和水珠的表面上的化学位相等,可以视 γ_∞ 为微乳相与富余分散相之间的界面张力。如前所述,C 是正数,因而 $\gamma > \gamma_\infty$。

3. 微乳相与双富余相共存体系

当微乳相的连续相的化学位与富余相连续相的化学位相等时,微乳相能够与富余连续相共存。因为微乳相连续相中的化学位等于冷冻无相互作用体系,以压力 p_1 表示,富余相连续相以外压 p 表示,由化学位等同性得

$$p_1 = p \tag{2-38}$$

合并式(2-4)和式(2-38),得

$$\Delta f - \phi\left[\frac{\partial \Delta f}{\partial \phi}\right]_r = 0 \tag{2-39}$$

比较式(2-34)的 Δf,可以得出当富余连续相与微乳相共存时的水珠半径的偏差。而且由式(2-34)、式(2-35)和式(2-37),可得

$$p_2 - p_1 = \frac{3\phi kT}{4\pi r^3}\left[\frac{1 + \phi + \phi^2 - \phi^3}{[1-\phi]^3}\right] \tag{2-40}$$

式(2-40)表明,$r \to \infty$,则

$$p_2 - p_1 = 0 \tag{2-41}$$

换言之,富余连续相不能与微乳相独立共存,因为 $p_1 - p = 0$ 包含了 $p_2 = p_1 = p$ 的含义,则微乳相与双富余相共存。

以前的热力学平衡条件包含分散相的曲率在由两相过渡到三相时变为零。在中间相微乳相中,因为两介质界面的不稳定性,压力 p_1 和 p_2 随时间和空间而波动。式(2-38)和式(2-41)能够用平均值来取代,则零曲率条件可以被以时间为参照的平均曲率而取代。

有两种结构与零平均曲率相匹配:一种是平面结构;另一种是双连续相结构。相比较而言,目前的处理方法,零平均曲率几乎是一种热力学平衡的自然结果。由于极低的表面张力[式(2-35)表明此种情况下的表面张力极低],两种介质之间的界面对热效应极其不稳定,结果界面不能固定,但或许有复杂的振荡,并伴随破裂和凝聚引起的扰动行为。当前考虑解释实验现象中明显波动行为接近此种观点[50],而且此行为的原因与临界点存在的现象相似。

2.4　微乳相的表征技术

　　物化表征微观均相表面活性剂自组装体系的关键是：相稳定性和相行为；微结构和局部分子排布、相互作用及动力学。与宏观乳液相比，微乳相是热力学稳定的单相体系。它们各向同性，类似胶团溶液。表面活性剂自组装体系的微结构表现出一个很大程度的多形态结构，可以从三个方面归纳如下（图2－35）：①含有长程有序和周期变化及没有涉及的相；②单层和双层结构；③含有分离的表面活性剂自组装结构的相和具有一维、二维或三维无限结构的自组装体系相行为。

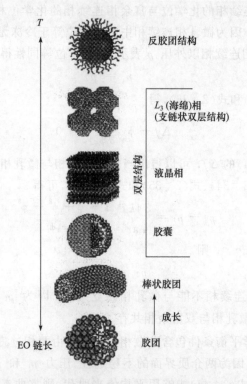

图2－35　温度及碳链长度变化对溶液中非
离子表面活性剂双亲体系的形态变化

　　对于丰富结构的聚合物本体以及其所形成的纳米结构材料需要一个广泛的物理技术去表征分子尺度到微米尺度范围的复杂结构。这些物理技术包括在真实空间观察结构的各种显微技术、观察循环空间结构的散射技术以及观察分子尺度范围的结构及相互作用的各种谱学。

2.4.1　分子光谱法

分子光谱分析是一门应用广泛、多学科的综合性的光谱技术。近年来,分子光谱分析在理论和技术方面都有很大的发展,尤其是 FT-IR(傅里叶变换红外光谱)、FT-Raman(傅里叶变换拉曼光谱)以及荧光分析法已经成为现代科学研究中常用的测试手段。分子的吸收光谱是由于分子中基团的振动和转动能级跃迁引起的,故也称振转光谱;分子的荧光光谱是在紫外线或可见光照射下,电子跃迁至单重激发态,并以无辐射弛豫方式回到第一单重激发态的最低振动能级,再跃回基态或基态中的其他振动能级所发出的光。微乳相的许多重要性质和结构都可以用上述分子光谱分析得到。

1. FT-IR 和 FT-Raman 光谱

红外光谱是研究波长为 $0.7\sim1000\mu m$ 的红外光与物质的相互作用;拉曼光谱是研究波长为几百纳米的可见光与物质的相互作用。它们统称为分子振动光谱,是表征物质的化学结构和物理性质的一种重要工具。红外光谱和拉曼光谱都是反映物质分子的振动和转动特征的,但两者又有区别。简单地说,分子在振动过程中极化率发生变化才有拉曼光谱,分子在振动过程中偶极矩发生变化而极化率没有变化的,只有红外谱线而没有拉曼谱线。红外光谱和拉曼光谱不仅可以提供被测物质的宏观信息而且可以提供整个分子以及它们的各种基团在结构和动力学上的微观信息。红外光谱和拉曼光谱适于测量溶液体系中物质的构象结构状态,对溶液体系的测量优势是不破坏溶液中待测化合物原有的存在形式和结构,能原位反映溶液体系中物质的存在结构。

1) 微乳相体系水分子状态研究

因为 $10^{-14}\sim10^{-12}$ s 的观察时间能够很好地与水分子相互交换的时间间隔 $10^{-17}\sim10^{-11}$ s 相匹配,因而红外光谱和拉曼光谱适合检测胶团界面上不同类型的水分子[51~53]。只要振动能量之间的差别足够大,不同环境中的水分子就可以表现出分裂的谱带。胶团增溶的水分子的 IR 和 Raman 的数据分析可以采用 HOD 的 OD 或 OH 振动峰的去卷积将 H_2O 的 ν_{OH} 和 D_2O 的 ν_{OD} 解析成对应的特征振动峰[54~56]。

油包水型微乳相中的水结构由于与表面活性剂极性头基强烈的相互作用而显示出与纯水不同的结构。在微乳相的水结构研究中 Jain 等[54]提出的三组分模型较为著名,即将微乳相中的水划分为三种:分散于表面活性剂之间的自由水,存在于水核中心的本体水和存在于界面层的束缚水。三组分模型有两大缺陷:第一,其三组分模型是建立在对水分子 OH 伸缩振动吸收峰的三组分高斯曲线拟合基础上的。这种在不借助于任何分辨率增强技术(傅里叶退卷积或二阶导数谱)情况下的曲线分峰拟合随意性较大,是一种简单的数学处理。第二,研究发现微乳体系中水分子受表面活性剂阳离子的强烈影响[57]。有认为此时的微乳液水核处于一种"超浓溶液"状态[58]。

(1) 微乳相中水分子 OH 伸缩振动的傅里叶退卷积处理。傅里叶退卷积技术是 20 世纪 80 年代以来发展起来的一种分辨率增强技术。其优点在于相比于二阶导数技术较少受水汽和噪声干扰[59]。图 2-36 是运用傅里叶变换红外光谱分析水/KDEHP-二(2-乙基己基)磷酸(HDEHP)-KDEHP(钾盐)/正庚烷微乳相[57]。在 $W_0=15$ 时,微乳相中水分子 OH 伸缩振动吸收峰的退卷积谱(宽度$=162cm^{-1}$和 $K=2.2$)。此时傅里叶退卷积谱上存在 4 个吸收峰,这 4 个峰被指认为水分子的 4 种不同存在状态。

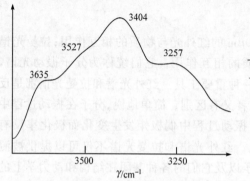

图 2-36　微乳体系水分子 OH 伸缩振动吸
收峰的退卷积谱

$W_0=15$,宽度$=162cm^{-1}$和 $K=2.2$

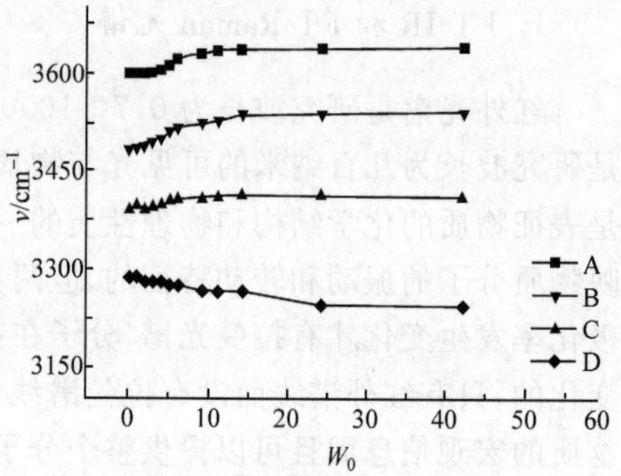

图 2-37　微乳体系中各拟合峰位随
加水量的变化情况

A—自由水,B—磷酸根结合水,
C—本体水,D—K$^+$结合水

(2) 微乳相中各组分水吸收峰位随加水量的变化规律。微乳体系的各种物理化学性质随加水量的变化而变化。因此微乳体系中各组分水的结构也应随加水量的不同而不同。Jain 等提出的三组分理论模型未探讨各组分水结构随加水量的变化情况,是一种"静态"的三组分模型。而微乳相中各组分水的吸收峰位随加水量不同而变化是一种"动态"的四组分模型。在水/HDEHP-KDEHP/正庚烷微乳相中[57],如图 2-37 所示,微乳相中各拟合峰位随加水量的变化情况。由图可见,离散于表面活性剂疏水链之间的水吸收峰值随加水量增大向高频移动,造成这一现象的原因可能是当水含量较小时,碳氢链排列较为规整,支链化的表面活性剂分子疏水链的空间阻碍作用使水分子不易游离于碳氢链远端而处于碳氢链近端,从而与酯基氧形成氢键而使伸缩振动吸收峰处于较低波数,水量增大时碳氢链排列疏松,水分子易于游离于碳氢链远端而与周围环境无相互作用,此时其伸缩振动吸收峰处于高波数。另一明显变化趋势在于与表面活性剂阴阳离子相互作用的两种组分水吸收峰位随加水量增大分别向高频和低频方向移动。对这一现象的解释应从水化进程的角度来考虑。低水含量时表面活性剂阳离子与阴离子均未完全水化，此时水分子在界面层可能以图 2－38 中的 Ⅰ 和 Ⅲ 结构存在的居多。水含量较高时，阴阳离子水化完全，此时与阴阳离子相互作用的水分子以 Ⅲ 和 Ⅳ 结构存在者居多。对于与阴离子作用的水，在水含量低时水分子通过两个 OH 与磷酸根阴离子发生作用（Ⅰ结构），而水含量高时每个水分子通过一个 OH 与阴离子发生作用。另一个 OH 与酯基氧作用（Ⅰ结构），前一种情况 OH 被削弱得更厉害，体现在红外光谱上，OH 吸收峰频率应较低。所以随着水含量的增加，与阴离子作用的水由 Ⅰ 结构过渡到 Ⅱ 结构，其 OH 子峰峰位也由低到高移动。对于与阳离子结合的水，从水化程度随加水量变化的角度考虑，低水含量时这部分水主要以 Ⅰ 结构存在，而高水含量时主要以 Ⅳ 结构存在，由于没有百分之百的离子键，结构 Ⅰ 时的钾离子的电正性为磷酸根部分中和，此时其对水作用较弱，高水含量时钾离子完全水化而摆脱磷酸根的束缚，此时其对结合水作用较强，因此随水含量增加这部分水的 OH 伸缩振动位移由高向低移动。微乳相中的金属离子与水的物质的量比远远高于普通的浓盐水溶液，因此微乳相中的水实际上处于一种"超浓"状态。位于微乳相水核中心的本体水虽然与表面活性剂阴阳离子没有直接的氢键或配位相互作用，但处于这种"超浓"状态的本体水的性质仍然与纯水显著不同，其 OH 吸收峰位在低水含量时的波数比纯水低，当体系中水量达到最大时，其吸收峰位才与纯水基本一致。这说明在微乳相这种"超浓"状态中本体水的氢控制缔合形式很可能与纯水中不同。

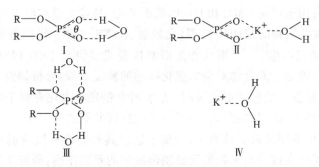

图 2－38 微乳相中可能的水合模式

2）微乳相体系中各组分基团相互作用研究

振动光谱特征对各种功能基团的构象、分子链间的堆积、分子链内及链间的相互作用以及链的柔性非常敏感。已经有许多研究者使用分子光谱技术研究低相对分子质量表面活性剂在水溶液中的胶团化过程中分子间和分子内的相互作用以及基团构象的变化,对低相对分子质量表面活性剂的胶团化过程有了较为深入的了解[60~64]。Wang 等[65]用 FT-IR 光谱研究了 30％十六烷基三甲基溴化铵-水体系从凝胶到胶团的相转变过程,发现在 300K 时发生凝胶相到胶团相的转变。在凝胶相,甲基链互相平行地堆积在一起而末端甲基倾向于 *trans-gauche* 构象,其中含有一些纠结的 *gauche-trans-gauche* 缺陷。极性头的旋转受到极大的限制,因而处于一种固定的状态。在胶团相,则存在着 *gauche-trans-gauche* 和双-*gauche* 构象的缺陷。Giordano 等[66]报道了用 FT-IR 光谱及 SANS 研究戊醇分子作为助表面活性剂对 Zn(AOT)$_2$/H$_2$O/d-环己胺微乳液结构的影响,—OH 伸缩振动区域的FT-IR 谱图对由于胶团表面极性头的极化作用和戊醇的加入导致的水的结构变化非常敏感。Turco 等[67]用 FT-IR 光谱研究了水/AOT/n-庚烷微乳液体系中水的结构,分析了水/AOT/n-庚烷微乳液体系的红外光谱中 O—H 伸缩振动区域随水/AOT 的物质的量比和胶团相质量比的变化。

由于高分子表面活性剂含有有机基团,故可以用振动光谱分析基团的变化从而得到表面活性剂体系的相关性质。近年来,有研究者将 FT-IR 光谱及拉曼光谱用于高分子表面活性剂聚集行为的研究。Zhao 等[68]用红外光谱和拉曼光谱研究了己二酸磺基琥珀酸酯(SDOSS)表面活性剂分子 styrerie/n-丁基丙烯酸聚合物和混合乳液中的行为,确定了乳胶层中 SDOSS 表面活性剂分子层,分析了界面处乳胶组成的影响。Inoue 及其合作者[69~71]使用变温 FT-IR 光谱,结合示差扫描量热、电子自旋共振和核磁共振研究了 C$_{12}$E$_7$-水二元体系的相图,揭示了相变过程中烷基和聚氧乙烯链构象的变化。在水溶液中,升高温度导致了 PEO-PPO-PEO 嵌段共聚物聚集形成胶团是其重要的物理化学性质,多种实验技术,如表面张力、荧光光谱、光散射用于测量 CMC 和 CMT,核磁共振、拉曼光谱和红外光谱研究 PEO-PPO-PEO 嵌段共聚物的胶团化机理,光散射、SAXS、SANS 研究嵌段共聚物胶团的结构。Liu 研究小组[72~80]用红外光谱和拉曼光谱研究 PEO-PPO-PEO 嵌段共聚物聚集行为,确定了聚合物对构象变化敏感的特征谱带;分析研究了嵌段共聚物在水溶液中依赖温度的胶团形成过程,认为 PPO 链段去水化有利于嵌段共聚物聚集形成疏水微环境(胶团内核),得到了一系列嵌段共聚物的 CMT。分析了嵌段共聚物在水溶液中胶团形成的热力学;考察了嵌段共聚物在有机溶剂中的反胶团形成过程,揭示了水在嵌段共聚物的反胶团形成中的重要作用;研究了盐的加入对嵌段共聚物胶团形成的影响。

2. 荧光分析法

荧光物质发生荧光的过程可以较详细地分为 4 个步骤:①处于基态最低振动能级的荧光物质的分子受到紫外光的照射,吸收和它具有相同特征振动频率的光线,跃迁到第一电子激发态的各个振动能级;②被激发到第一电子激发态的各个振动能级的分子,通过无辐射跃迁,降落到第一激发态的最低振动能级;③降落到第一激发态最低振动能级的分子,继续降落到基态的各个不同的振动能级,同时发出相应的光量子,这就是荧光;④到达基态各个不同振动能级的分子,再通过无辐射跃迁最后回到基态的最低振动能级。由此可见,发生荧光的第一个必要条件是物质的分子必须具有和照射光线相同的频率。发生荧光的第二个条件是:吸收了与其本身特征频率相同的能量之后的分子,必须具有高的荧光效率。有机分子的荧光通常是发生于具有刚性结构和平面结构的 π-电子共轭体系的分子中,随着 π-电子共轭度和分子平面度的增加,荧光效率也将增大。

近年来,荧光探针法广泛用来研究胶团、反胶团、微乳液体系的结构参数。胶团的黏合常数、CMC、胶团聚集数、探针和猝灭分布已经通过各种探针测试得到[81]。Almgren 及 Swarup[82]用荧光猝灭聚集数测定法和傅里叶变化核磁共振脉冲场梯度自旋回波研究了在添加了各种添加剂的情况下胶团大小和组成。他们指出极性头基的比表面积是胶团生长的重要制约因素。Balasubramanian 等[83]用渗透水探针,如吖啶和 1-甲基吲哚,从 NMR 化学位移的数据推出,这些探针不但在胶团内部还在极性头和水的界面处探测到水。Behera 等[84]用各种烷基链长度的苯乙烯基吡啶染料研究了 SDS 胶团的微环境。Su 等[85]用荧光光谱技术探讨了盐对 PEO-PPO-PEO 嵌段共聚物聚集行为的影响,并得到了盐对嵌段共聚物在水溶液中胶团化过程中的热力学参数。Moulik 及其合作者[86,87]用盐基性红色染料作为探针得到了 SDS 及各种非离子表面活性剂[TX-100、Tween(20)、Tween(40)、Tween(60)、Tween(80)]的聚集数。Selinger 及其合作者[88]研究了芘在阳离子、阴离子和非离子胶团中的荧光光谱和时间依赖的光谱强度来探讨胶团内动力学和胶团大小改变的方式。

对反胶团结构的研究主要集中在对胶团内核诱捕水的研究上。研究表明,在反胶团中存在四种微环境:自由水池、结合水区、界面和环绕的碳氢。Kando 等[89]将反胶团内核的水分为两类:靠近胶团界面的水分子,它们被牢固地绑在表面活性剂的离子头上;没有和表面活性剂直接作用的分子和自由水类似。他们用芘探针表征了阳离子表面活性剂 CTAC(十六烷基三甲基氯化铵)和阴离子表面活性剂AOT(2-乙基己基磺基琥珀酸钠)在氯仿中的胶团聚集数。他们认为探针在双水相中的分布依赖于他们的静电引力和胶团内核之间的斥力。Rodenas 和 Perez-Benito[90]用 4-(1-芘基)丁酸作为探针、CPC 作为猝灭剂,通过静态荧光猝灭技术研究了 SDS 反胶团在 1-六醇和 1-辛醇中的聚集数和大小。他们的研究表明反胶团中水池的半径除受水/表面活性剂和表面活性剂/醇的影响外,主要由水含量决定。聚集数主要依赖于混合物中表面活性剂的含量。Hasegawa 等[91,92]用黏度敏感的荧光探针,碱性槐黄 O-(AuO),测定了 AOT 反胶团随 R_w 的变化黏度的变化。他们观察到,当增溶在 AOT 反胶团内核(水池)中时,AuO 荧光光子产率随溶剂黏度的增加而增加,探针停留在界面附近。AOT 反胶团内核的微黏度在 $R_w < 10$ 时降低很快,当 $R_w = 50$ 时,溶液变浑浊,微黏度的变化趋缓。他们提出,水池主要包括结合水和自由水,这和 Kondo 提出的反胶团模型相符。

芘及其衍生物作为荧光探针分子已经被用来研究微乳液的微环境。在极性发生变化时这些聚合物最大吸收峰值发生变化。Behera 等[93]研究了 Schiff 碱在 SDS 和 CTAB 的微乳液中水富集区和油富集区的吸收谱图,研究表明 Schiff 碱在微乳液中出现在四个区域:①水连续区域;②含水和异丁醇的离子状态区;③己烷和异丁醇区;④油相连续区域。

2.4.2　核磁共振 NMR 法

NMR 技术已经证明是研究胶体体系的有力工具。NMR 技术在近年来有了快速发展。早期的应用主要是化学位移的测定,但是当今分子的自扩散以及四极裂分得到广泛应用。表面活性剂体系可以提供大量的 NMR 活性同位素研究。长期以来,由于 ^1H 的高灵敏特性,一直是应用频率最高的同位素。

研究 ^1H 的使用是因为表面活性剂通常由非极性烷基碳链构成,尽管预先氘代可以使烷基碳链产生 ^2H,但烷基碳链的信号的分辨率仍可能产生问题,因此,^{13}C 在大多数情况下是更适合 NMR 研究的核子。如果表面活性剂是氟化的,也可以使用 ^{19}F。随离子(或极性)基团的属性不同,有多种方法可供选择研究 NMR。如羧基上的 ^{13}C、氨基上的 ^{14}N、磷酸根上的 ^{31}P 等,以及对应的匹配离子,如 Li、F、Na、Mg、Cl、Ca、Br、Rb 和 Cs 都是 NMR 活性,且能够被检测。

水相可以用质子 NMR 和 ^{17}O-NMR 研究。对表面活性剂体系,特别是微乳相,NMR 的动力学参数的收集可以提供大量信息。表面活性剂具有与分子运动相关联的一些特殊特性,在设计分子重新定向时必须考虑到。由表面活性剂聚集成液体形状的聚集体所产生的分子运动经常处于不同的时间尺度上。球形胶团通常显示出两个不同的时间区域。当胶团重新定向时局部运动是非常快的,仅 $1 \sim 40$ps,而围绕胶团发生的分子扩散运动比较慢,通常发生在纳秒级[94]。

脉冲梯度自旋-回波(PGSE)方法能测量一个或两个组分自扩散系数差异大到两个数量级的体系的自扩散系数[95]。在此基础上,发展起来的傅里叶变换脉冲梯度自旋-回波(FT-PGSE)技术,能在标准 FT-NMR 谱仪上较准确地测量多组分体系中各个组分的自扩散系数。

微乳相的自扩散系数一直显示非常有价值的信息。Hahn 1950 年将这种技术称为所谓的 NMR 自旋-回波(spin-echo)[97]。图 2-39 是一个自旋-反复 NMR 实验,脉冲秩序有两个无线频率脉冲,一个 90° 和一个 180° 的脉冲被时间 τ 所隔开,在 2τ 时间时产生一个回波。为了测量自扩散,磁场梯度被应用为等长的两个短脉冲。一个脉冲应该在 90°~180° 之间,另一个在 180° 和自旋-回波之间。如果被

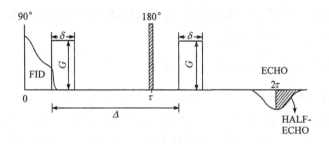

图 2-39　脉冲梯度回旋脉冲结果

90°和180°为两个 RF 脉冲。在180°之前和180°之后再聚焦脉冲时应用两个场梯度脉冲的强度 g，

时间长度 δ 和间隔 Δ[96]

研究的分子在两个场梯度脉冲之间扩散，自旋-回波的振幅与没有场梯度条件下相比将降低。图 2-39 中的回波振幅如式（2-42）所示，T_{2i} 是核 i 的横向弛豫时间，y 为旋磁比，D_i 是分子（包括 i）的自扩散系数，G 是梯度强度，δ 是场梯度脉冲的长度，A 是脉冲之间的距离，$A(0)$ 是无梯度场时的回波振幅。

$$A(2\tau) = A(0)\exp\left[\frac{-2\tau}{T_{2i}}\right]\exp\left[-\gamma^2 G^2 \delta^2 \left(\Delta - \frac{\delta}{3}\right)D_i\right] \qquad (2-42)$$

通过 NMR 自扩散的测量手段，可以勾画出分子的长程平移运动。如果分子被限定在一个封闭的结构区域或者处于一个宏观延伸的区域，这些分子的特性是非常不同的。很明显，溶液结构决定自扩散。通过测定组分自扩散系数，可获得有关下列信息[98]：①自缔合平衡；②分子有序组合体大小、形状、组合体间相互作用；③分子有序组合体结构；④分子有序组合体增溶平衡等。

测量自扩散系数研究微乳液的结构原理是胶团中增溶的烃类分子的运动速率（平动、重新取向、链段弯曲等）差不多和液态时烃分子一样快。同样，增溶在反相胶团中的水分子和反离子与水溶液中水分子和反离子具有同样很快的活动性。在层状液晶中沿平行层面方向运动的所有分子速率都很大，而在垂直方向的运动分子速率则比较慢。对于表面活性剂体系来说，如果在该体系中有畴存在，则分子和离子在畴内的运动是自由的（畴，domain，即性质均匀的一相）。一般而言，由表面活性剂和水形成的许多体系，其亲水和憎水畴之间有着相当明显的区域。分子或离子很难在两个不同区域之间通过，自扩散很慢，因此，自扩散系数大小可反映体系内部的结构。O/W 体系中，亲水组分自扩散较快，憎水细分较慢而 W/O 体系则相反；如果体系是双连续结构，无明显的内部界面，亲水和憎水分子的自扩散系数较接近。浓度对扩散系数的影响很大，O/W 体系中，增加油的浓度，由于聚集体的体积分数增加，产生阻碍效应，水的自扩散将减小。但由于聚集体的静电相互作用增加，油的自扩散系数也减小。在 W/O 体系中，亲水和憎水物种的自扩散系数随水浓度增加而减小。

微乳相各组分自扩散系数测定,可阐明微乳液的结构动力学,特别对微乳相结构认识是一种有用的研究方法。

1. NMR 方法确定表面活性剂溶液相图

表面活性剂溶液相图是进行物理化学性质研究的前提。表面活性剂体系相图通常包括一些单相体系、两相或多相体系。多组分体系中,一般有两个各向同性的溶液相:一个富水;另一个富油。有些体系中二者相连接,形成一个大范围的溶液区。一般应用 NMR 方法中四极裂分或化学各向异性提供关于相图的详细和明确的信息。

四极裂分方法确定相结构的原理是四级原子核(I: $1,3/2,5/2,7/2$ 等的 ^2H、^{19}F 和 ^{31}P)在电场梯度下,产生四极相互作用。NMR 技术可明确区分各向异性相与各向同性相。对于光学各向同性液晶(溶液),四极相互作用的结果是 NMR 波谱中产生尖锐单峰;对于各向异性液晶相,NMR 波谱中产生强度相等双裂分峰。四极裂分的量值 Δ,由核子四极偶合常数 X 与序参数 S 的乘积决定,即[99]

$$\Delta = 31\, XS1/4\, I(2I-1)$$

$$S = 1/2(3\cos^2\theta - 1)$$

式中:θ 是四极张量的主铂与液晶对称铂之间的夹角。从上式可知,裂分的幅度取决于液晶相的各向异性程度,对光学各向异性的液晶相(层状相与六角状相),有

$$\Delta(^2H)_{层状} = \Delta(^2H)_{六角}$$

在图 2-40 $Ca(C_8H_{17}SO_4)_2/C_{10}H_{21}OH/D_2O$ 体系相图中[100],不同区域样品的典型 ^2H-NMR 波谱的重水 ^2H-NMR 波谱为:①一个各向同性相区域的单峰;②一个各向异性液晶相双峰;③一个各向同性相单峰和一个各向异性相双峰;④两个处于平衡状态的各向异性液晶相构成的两相区两条双峰(层状相由于对称的原因分裂程度约为六方晶相的 2 倍);⑤一个各向同性相和两个各向异性相构成的三相区一个单峰和两条双峰;⑥一个各向同性相和一个各向异性相的两相区一条窄单线和一条宽单线,其中各向异性相中的微晶太小,没有显示清晰的分裂。

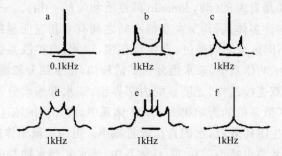

图 2-40　$Ca(C_8H_{17}SO_4)_2/C_{10}H_{21}OH/D_2O$ 体系相图中不同区域样品的典型 ^2H-NMR 波谱

2. NMR 方法研究表面活性剂溶液的增溶作用

水溶液中表面活性剂浓度超过 CMC 时,能使不溶或微溶于水的有机化合物的溶解度增加,即胶团(或微乳相)的增溶作用。应用高分辨的 NMR 波谱可对增溶物本身的自扩散进行研究,从而确定增溶过程的平衡常数,即增溶热力学平衡[96]

$$A_n + S_{aq} \Longleftrightarrow A_n S$$

式中:A_n 为胶团;S_{aq} 为增溶物水溶液。胶团中增溶物的分数,可写为

$$P = c_{胶团} / c_{总体} = \frac{D_{单体} - D_{胶团}}{D_{单体} + D_{胶团}} \tag{2-43}$$

式中:c 为浓度;D 为自扩散系数。

根据式(2-43)可求得增溶平衡常数

$$K = c_{胶团} / c_{单体} = \frac{\left[\dfrac{P}{1-P}\right]}{\dfrac{V_{水相}}{V_{胶团}}}$$

式中:$V_{水相}$ 和 $V_{胶团}$ 分别为水相和微乳相的溶液体积。

应用高分辨 NMR 方法可准确确定增溶物在表面活性剂聚集体中的位置,即增溶物在聚集体不同部位之间的分布。Eriksson 等[101]研究了芳族化合物苯、苯基二甲胺、硝基苯、异丙基苯和环己烷在 CTAB 胶团溶液中的增溶作用,应用苯环对磁场的屏蔽效应(环流位移)证明了苯、苯基二甲胺、硝基苯在 CTAB 胶团溶液中优先增溶于胶束内核。图 2-41[102]是 CTAB 胶团中 1-甲基萘增溶作用的 ^{1}H-NMR波谱及增溶 1-甲基萘后的化学位移-甲基萘浓度变化曲线。从图 2-41 可知,极性端基区域中,[1]H 核信号较之其他[1]H 核信号的位移要大得多。

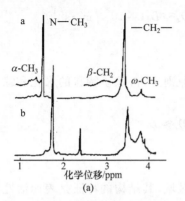
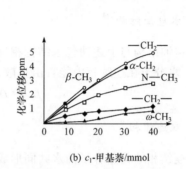

图 2-41　^{1}H-NMR 波谱

(a)40mmol CTAB 溶液;(b)增溶了 30mmol 1-甲基萘和 CTAB 质子的 NMR 化学位移

3. 表面活性剂自组装

几种 NMR 参数在单体和自组装状态存在明显的不同,因此可以用来表征表面活性剂的自聚集过程。NMR 可以便利地用于临界胶团浓度的测定,而分析浓度变化时的 NMR 数据能够获得额外的信息。采用自扩散用于测定简单和复杂表面活性剂体系的自由单体浓度,假设两种状态,在常规快速交换条件下,可以有

$$D = p_M D_M + p_{free} D_{free}$$

式中:p_M 为胶团中表面活性剂分子分数;$p_{free}(=1-p_M)$ 为单体分数,相分离模型为

$$C < CMC: \qquad D = D_{free}$$

$$C > CMC: \qquad D = D_M - \frac{CMC}{C}(D_M - D_{fee})$$

表面活性剂自扩散系数可以直接假设两态模型来分析

$$D = \frac{C_M D_M + C_{free} D_{free}}{C}$$

因为 D_{free} 和 D_M 能够分开测定或很好地估计,上式可以计算自由和自组装表面活性剂的浓度。

4. 油包水结构[94]

当限定在一个封闭的结构中,水分子的运动将受到限制,而且它们的扩散将很慢,几乎等于一个液滴的扩散。如果所有的表面活性剂分子均位于 W/O 界面,它们也将等同于液滴的扩散。因为油相是连续的,碳氢化合物分子的扩散很快。碳氢化合物分子的扩散的唯一限制就是液滴,以及表面活性剂烷基链之间的相互作用。预期的扩散结果是

$$D_0(\propto 10^{-9} \, m^2 \cdot s^{-1}) \gg D_w \approx D_g \approx D_d(\propto 10^{-11} m^2 \cdot s^{-1})$$

5. 水包油结构[94]

水包油结构与上述油包水结构相反。原则上讲,除了特殊的水化和综合的阻碍效应,水分子在连续相中能自由扩散,有

$$D_w \gg D_0 \approx D_s \approx D_d$$

6. 双连续相[94]

双连续相结构包含了油水共同形成的区域,其结构的特征是表面活性剂位于界面上。结果是水和碳氢组分能够在宏观上自由扩散,而且它们的自扩散系数很高,达到 $10^{-9} m^2 \cdot s^{-1}$ 的数量级,仅有障碍物和渗透/水化效应能够降低分子扩散。

表面活性剂处于液晶相中

$$D_s \approx 10^{-10} \, \mathrm{m^2 \cdot s^{-1}}$$

很多模型的双亲体系已经通过自扩散 NMR 方法描绘出来,且对应的结构已经确定。

2.4.3　散射技术

如何揭示微乳相的复杂结构已经成为实验工作者和理论工作者的挑战。散射技术作为一种谱学技术具有多功能性及无破坏性,能够探测普通意义上的微观多相体系以及特殊的微乳体系。结合实验所得的结果,目前建立了如图 2-42 所示的相关散射模型。透射电镜连带冷冻蚀刻已经成为揭示胶体结构的新兴技术。但是这种技术复杂,对常规测试而言仍然是很贵的[94]。目前使用的主要有静态光散射(LS)、小角中子散射(SAN)、小角 X 射线散射(SAXS)以及准弹性光散射(QELS)或光子关联谱(PCS),已经成为研究微乳相结构的标准方法。

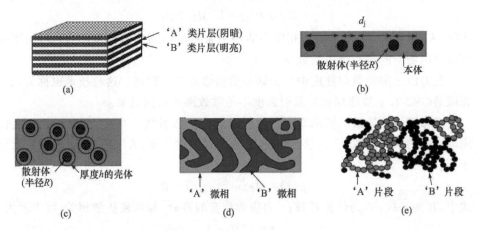

图 2-42　各种散射模型示意图[103](a[104]　c[105]　d[106]　e[107])

(a) 理想片层模型;(b) 变形一维网格(Zernike-Prins)模型;(c) 类液体(Percus-Yevick)模型;

(d) 无规周期模型(Teubner-Strey);(e) 弱片段模型

LS、SANS 或 SAXS 技术主要涉及散射强度和散射角 θ 之间的关系,可以定义"散射矢量"为

$$Q = (4\pi n/\lambda)\sin(\theta/2)$$

式中:n 为散射媒介的折射指数。实验极限表明中子的($\lambda = 5.2 \text{Å}^{-1}$)$Q$ 为 0.015Å^{-1} 的数量级(对应散射角度范围 $0.75° \sim 7.38°$,静态光散射的散射矢量的值为 0.001Å^{-1})。

胶体或微乳相的测试散射强度可以定义为

$$I(Q) = A \cdot P(Q) \cdot S(Q) \tag{2-44}$$

A 是实验技术的一个常数(LS、SANS 或 SAXS),因子 $P(Q)$ 称为形状因子或颗粒内结构因子,并且依赖于散射颗粒的形状。例如,对一个半径为 R 的球形颗粒,因子 $P(Q)$ 可表述为

$$P(Q) = |F(Q)|^2 = (3\{\sin(Q \cdot R) - \cos(Q \cdot R)\} / Q^3 R^3)^2$$

对其他形状如圆柱体、椭球体等的 $P(Q)$ 的方程如文献所示。量数 $S(Q)$ 称为结构因子,表示散射颗粒之间的距离。散射技术的优势在于区分颗粒内和颗粒间结构因素,SANS、SAXS 和 LS 技术可在一个很宽的范围内测量 $I(Q)$,并且可测试液滴间势能的 $S(Q)$ 的各种定量模型,如硬球模型(难以渗透的,不相互影响的)是由液态理论导出来的,即

$$S(Q) = 1 + \frac{4\pi n}{Q} \int_0^\infty [g(r) - 1] r \sin Q r \, dr$$

式中:$g(r)$ 为颗粒分布函数;r 为颗粒中心之间的距离。

Debye 将光散射实验中的式(2-44)变换成

$$(K_i c) / I(0) = 1 / M + 2Bc$$

式中:K_i 是与式(2-44)中 A 相联系的一个常数。不同液滴浓度的 $I(Q)$ 的测量可以给出物质的量和维里系数 B。

在 QELS 实验散射强度中自关联函数能够直接观察到。这种技术也称为光子关联谱(PCS),主要原理就是散射强度不是常数而随时间波动。

因布朗运动导致的波动取决于散射液滴的扩散系数。事实上,对于无相互作用的颗粒的无序扩散,自关联函数 $g(t)$ 为波动散射强度,$I_s(t)$ 是时间的指数衰变函数。

$$g(t) = A \exp(-t / \tau) + B$$

式中:B 为基线;A 为仪器常数;τ 为指数衰变的寿命,与颗粒扩散相关,可表示为

$$\tau = (2 D_0 q^2)^{-1}$$

式中:q 为散射矢量;D_0 为扩散系数。对含有相互作用的颗粒或液滴散射强度的自关联函数 $g^2(q, t)$ 与间并散射电场关联函数 $g^1(q, t)$ 通过 Siegert 方程相关联

$$|g^2(q, t)| = B[1 + A |g^1(q, t)|^2]$$

式中:B 和 A 分别为基线和仪器常数;$g^1(q, t)$ 与动态结构因素 $S(q, t)$ 相关[108]

$$S(q, t) = S(q, 0) |g^1(q, t)|$$

考虑一个两物体之间相互作用,与 q 相关的扩散系数与 D_0 之间的相互关系[109]

$$D_{app}(q) = D_0 \{1 + \phi_H [S_1(q) + H_1 + H_2(q)]\}$$

式中:$S_1(q)$、H_1 和 $H_2(q)$ 分别为相互作用能的复杂函数;ϕ_H 为流体动力学体积部分,等于 $4/3\pi n R_H^3$;n 为溶液中液滴的数目密度。根据 Stokes-Einstein 方程,D_0

与流体力学半径 R_H 和溶剂黏度 η 有关,如

$$D_0 = k_B T / (6\pi\eta R_H)$$

式中:k_B 为 Boltzmann 常量;T 为热力学温度。散射强度自相关函数 $g^2(q,t)$ 能够用非线性最小二乘法拟合程序拟合成多项式方程[110]

$$\ln|g^2(q,t)| \approx \Gamma_0 - \Gamma_1 t + \Gamma_2(t/2!) + \cdots$$

式中:Γ_0 为理想零值,第一项累积值 Γ_1 等于 $2q^2 D_{app}(q)$,在没有分子间相互作用的情况下,第二项累积值 Γ_2 与颗粒粒度分布相关。

1. 油包水结构[94]

水滴(直径>50Å)分散在油连续相中,由表面活性剂和助表面活性剂形成的膜是稳定的,离子头基插入液滴核心,由于水核心的不渗透性造成的硬球排斥力和水核心的范德华力决定了液滴的结构和体系的稳定性。但是在液滴数目浓度很高时,液滴碳氢端基的相互溶解特性可能导致额外的短程相互作用力。

SANS 的结果表明在低水组分时此类体系中的液滴是球形和单分散的。随水组分的增加,液滴大小增加,且变成多分散性的,结果符合 Percus-Yevick 近似计算中的硬球结构模型。这种微乳相的 QELS 测量能够给出表观上的流体动力学半径。用在散射角 $90°$ 时测量的归一化强度自相关函数的对数与水体积分数作图,在水量低时呈线性关系,但在水量高时,由于多分散性和液滴与液滴之间的相互作用增加而偏离线性。假定散射来自硬球,这些相互作用能够理论上进行模拟,而且宏观扩散系数能够在不同 q 值时与实验值相比较。由 QELS 计算的流体动力学半径能够与适当修正的由 SANS 计算的数均半径相比较。对 W/O 微乳相,"水池"半径和水与表面活性剂比值的水含量'W'之间有一个半经验关系,这种关系已经由 SANS 和 SAXS 证实。

2. 水包油结构

在水包油的微乳相中油滴是分散在水连续相的媒介中,表面活性剂和共表面活性剂分子的分布方式是离子头基位于液滴的表面。自然离子液滴将通过屏蔽库仑势能强烈相互作用,在使用 SANS 模型时应该考虑其相互作用。对含有盐的水包油微乳相,液滴假定椭球结构轴比为 3:1。在此体系中盐分的存在明显屏蔽掉表面电荷,因此增强了相邻液滴的相互作用而导致球形结构的变形。QELS 能够计算 q 和共扩散系数,结果也支持椭球液滴的形成。从 QELS 和 SANS 可知,随碳氢链体积分数的增加,液滴大小将线性增加。

3. 双连续结构

当微乳相含有大量水和油时,适当条件下,体系能够自组装成双连续相结构。

这种体系能够以相区域的特征厚度 ξ 来表征

$$\xi = (\phi_0 \phi_w) / c_s \Sigma$$

式中：c_s 为表面活性剂浓度；Σ 为单个表面活性剂分子的面积。

　　SANS 很难提供此类体系的有用信息，但是通过假定 Q 值对应 SANS 的关联峰值，可以提取一个相关联长度的近似值。Q_{max} 与相关联长度有关，$\xi = 1 / Q_{max}$。改变水或油的体积分数，由 Q_{max} 所得的特征长度保持不变。此类体系中 QELS 的结果也证实表观扩散系数在此区域没有变化，而且 QELS 研究证实在此区域形成零平均曲率的结构。

2.4.4　电子显微技术

　　微乳相和大多数稀溶液中的表面活性剂及分散液自组装的微观结构有：球形或"虫状"结构、膨胀胶团、囊泡和脂质体。透射电镜是表征微观结构的重要手段，因为它能够提供高分辨率的影像和抓拍任何共存结构状态和微结构的过渡态。但是，TEM 不容易对微乳相微观结构直接成像，这是因为：①微乳相的高蒸汽压不适合显微装置中的低压状态（$<10^{-5}$ torr[①]）；②电子可能诱发微乳相发生化学反应，而改变微乳相的微观结构，尤其含有高有机成分的微乳相；③微观结构和它周围的环境对比度太差。目前几种样品制备技术已经能够克服此类难题，但是技术本身也引入了一些新的问题。这是因为样品制备本身改变了样品的结构，模糊了原有的微观结构。这就需要开发新的技术研究微乳，以能够直接获得高分辨且无人为干扰的图像。

　　电子显微技术主要是检测物种表面（SEM）或物种本体溶液（TEM）。TEM 样品的厚度应小于 100nm，否则微观结构重叠影响 TEM 的分析。SEM 研究物种的多功能性源于主光束与物种之间发生的相互作用。弹性、非弹性、后向散射，二级和俄歇电子，X 射线中子、在可见，紫外区和红外区的长波长电磁辐射，光子以及核子之间的相互作用能够用来获取与物种的形状、组成、晶体结构、电子结构以及内部电场或磁场等特性的信息。

　　散射和电子显微这两个重要技术的发展为获得稳定直观的微乳相结构打下了基础。首先，能够在无晶体形成的前提下降低液态水的蒸汽压。主要是将液态薄膜（$<1\mu m$）浸入处于冷冻点的冷冻剂乙烷或丙烷中，其冷冻速度非常快，达到 $10^4 \sim 10^5 \ K \cdot s^{-1}$，以至水成玻璃化。此时，水分子不能够如通常情况一样慢速降温发生重排而成结晶状态。水的玻璃化是微观结构完整性的重要标志。第二个进展就是能够在环境腔室中制备样品薄膜，并且能够控制温度和周围蒸汽的化学活性直到在毫秒级的时间内完成水的玻璃化，因此，避免了人为因素而改变浓度和温

---

① torr 为非法定单位，1torr＝1.333 22×10² Pa，下同。

度。这种技术可以用于囊泡和柱形胶团的成像,如 CTAB 溶液中球形或圆柱形胶团,以及高分子-表面活性剂之间的相互作用。

TEM 样品制备有两个特点是:①样品厚度在 $100\sim200nm$ 范围内,以透过大量的光束;②在低温光谱条件下,为了防止冰结晶的破坏作用必须实现化水相玻璃化。对于大量样品,必须选取截面,其在检测前是干燥的或是冷冻水化状态。如果研究对象很小,譬如大分子、膜片段、病毒、颗粒、高分子,它们可以置于稀的液体悬浮液中,在用 TEM 测试前能够快速冷冻。

电子显微技术中的样品制备通常采用化学或热固定法来实现样品固定化。

1) 化学固定化

化学固定化是在样品中添加化学药品,以化学反应改变样品状态,同时由于除掉了一种或多种组分而导致大量组分的变化。这种技术包含下列一种或几种方式:化学稳定性、染色和干燥和(或)聚合稳定性。可以采用普通的 TEM 方法操作检测。

化学稳定性的方法步骤包括固定化、脱水、埋藏、薄片切片和染色。文献很好地综述了这方面的实验技巧。固定化的目的就是在化学和结构上稳定样品结构。已有很多种不同的固定化剂,如四氧化锇、戊二醛、钌红、甲醛,在不同的样品体系中使用不同的固定化剂。譬如,四氧化锇能够有效地固定液膜,也可以起到染色的作用。为了获得最佳实验效果,固定化剂可以联合使用。样品固定化后必须除掉样品中的水分和其他液体。可以将样品置于一种溶剂中以除去固定化剂。典型的脱水剂有丙酮、乙醇、二甲氧基丙烷、水溶性树脂如甲基丙烯酸乙二醇酯。在脱水之后,将样品埋藏于树脂中以提高其机械稳定性而承受微切片的压力。埋藏是通过以树脂交换的方式植入样品直到以新树脂取代脱水溶剂。树脂在聚合时能够生成固体块而将样品埋藏其中。大多数树脂能够在紫外光或热致催化剂活性激发下发生聚合反应。聚合反应结束后将树脂块从模具中取出并切片,控制厚度在 $70nm$ 左右。切片可以干燥,通常被染色以增强影像对比度。染色是将某种重金属赋予样品中的组分。通常铀酰乙酯与碳酸、柠檬酸铅与一级或二级胺、四氧化锇与碳-碳双键发生反应。染色时只是将液体样品与一滴染色液溶液混合,然后置于盖有薄膜的格栅上干燥。染色剂可以分为阳性和阴性。在待检测区,阳性染色剂与放置的重金属原子反应,阴性染色剂通过与相邻区域的反应而突显待检测区域,使其比周围区域显示更高的亮度。

聚合稳定性:聚合稳定性应用于液体微结构,主要是交联组成微结构的分子产生更加稳定的排布而保持未聚合微结构的形貌和几何结构。这种技术需要微结构的分子含有反应性官能团。微结构能够在紫外光、γ 射线辐射、热或催化剂的作用下发生聚合,具体取决于分子中的反应物种。

2）热固定法

在研究微结构流体、水化生物物种及填充液体的空介质等体系时热固定法比较合适。热固定法有多种优点。首先，热固定法不需添加新物种而且比化学固定法快，因为热传递比传质快，而且化学反应比限定了化学固定法中的速率；第二，热固定化前与固定化后样品的组成保持不变。快速固定化降低了相分离过程的可能性，如成核与长大的时间。如果热固定化足够快，样品中的液相能够玻璃化。玻璃化就是一个流体相转变成一个没有结晶的固定相。热固定化的目的就是使液相玻璃化，而保持所有组分原子、分子、离子的相对位置。

能够采用热固定化技术玻璃化样品而将微结构的变化程度降到最低是低温显微镜法使用的基础。水或稀水相悬浮液玻璃化的冷却速率必须达到 $10^5 \sim 10^{10}$ $\mathrm{K \cdot s^{-1}}$。表 2－4 是冷冻液在大气压条件下临近熔点时的热力学物化特性。

表 2－4　大气压条件下冷冻液在临近熔点时的热力学物化特性

液体	熔点/K	沸点/K	密度/(g·cm⁻³)	比热容 /(J·g⁻¹·K⁻¹)	热电导 /(W·cm⁻¹·K⁻¹)×10³	黏度/(10²P)
He	2.2ᵃ	4.2	0.147	4.0	0.181	0.0029
H₂	14.1	20.4	0.077	7.3	1.08	0.0022
N₂	63.1	77.3	0.868	2.0	1.53	0.27
丙烷	83.3	230.9	0.8	1.92	1.9	8.7
乙烷	89.7	184.4	0.655	2.27	2.4	0.9
甲烷	90.5	109.0	0.451	3.29	2.23	0.18
Freon12	113.0	232.5	1.72	1.07	1.52	2.15
Freon11	115.0	243.2	1.77	0.83	1.38	2.38

注：1P＝10^{-1}Pa·s，下同。

有两种用 TEM 技术测试流体样品，一种是低温冷冻 TEM（Cryo-TEM）测试法，在样品经快速冷冻和破裂之后直接观察成像；另一种就是 FFTEM（Freeze-Fracture TEM Imaging of Microemulsion）技术，其中测试物种经"复制"后在室温条件下成像。研究结果表明，低温显微镜分析方法提供了一种新的研究微乳相形貌、微结构及微结构的进化趋势等的手段。微乳相微结构最好采用 Cryo-TEM 图像。但由于电子束诱导的辐射损失或微乳相中油水相两大界面之间的增强作用，直接采用 Cryo-TEM 技术仍然有许多难以把握的东西。实验中，FFTEM 影像已经证实了微乳相微结构的具有"中程微乳"的结构——非连续球状或双连续类网格结构。目前，FFTEM 成为广泛使用的表征微乳相微结构的直接工具，如图 2－43 微乳相微结构的 FFTEM 直接图像。

图 2-43 温度升高,由水珠向双连续结构过渡的 FFTEM 图像

2.4.5 电导法

对于微乳相的结构性能,电导性能可提供有价值的信息。早期,电导方法被用来测定连续相的性质。可以预期一个微乳相具有相当高的电导性,而 W/O 微乳相的电导性很弱。

大多数微乳相的电导测定是在 W/O 微乳相中进行的。如以电导率 κ 对水液滴的体积分数 ϕ_w 作图,可看到两种趋势。

第一种体系(图 2-44)[111]说明在某一临界体积分数值以上,κ 会迅速升高,而第二种体系显示出低得多的电导率,并在两个体积分数(ϕ_w' 和 ϕ_w'')时,具有最大和最小值。第一种情况下,κ-ϕ_w 曲线可以使用电导率渗滤理论来分析[112]。该理论最初是用来解释导体-绝缘体复合材料中的导电行为的。在这种模型下,当导体体积分数小于某一临界值 ϕ^p 时,有效电导率实际上是零,这一临界值称为渗滤域值,随着 ϕ^p 的增加而迅速增加,这种条件下,

$$当 \phi_w > \phi_w^p, \quad \kappa \approx (\phi_w - \phi_w^p)^{8/5} \qquad (2-45)$$

$$当 \phi_w < \phi_w^p, \quad \kappa \approx (\phi_w - \phi_w^p)^{-0.7} \qquad (2-46)$$

把电导率数据拟合入式(2-45),ϕ_w^p 与理论值一致,是 0.176 ± 0.005。

第二种体系(图 2-45)不适用于渗滤理论,认为是一种非渗滤的微乳相。最初,κ 随 ϕ_w 增加是由于当增加水时表面活性剂的增溶作用加强所致[113]。或者可以说,水的增加是表面活性剂的解离增加,从而导致 κ 值的增加[114]。当超过 κ 的最大值后,水的加入主要会引起胶团的溶胀,即一个有限量的水中心(微乳相液滴)开始形成。这可看作一个稀释过程导致的电导率的下降。另外,超临界点后 κ 值的降低可能是由于水合表面活性剂-醇的聚集体被微乳相液滴所代替。在图 2-45

中，κ 在超过最低点后的迅速增加肯定与某种促进离子转移的途径有关。由于溶胀胶团的聚集形成了非球形微粒，而后这些聚集体之间的相互连接，表明体系正经受一个稳定性遭破坏形成晶体结构的过程。

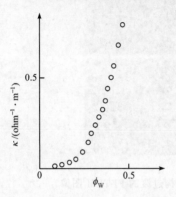

图 2－44　水／甲苯／油酸钾／丁
醇微乳液相的 κ-φ_W 曲线

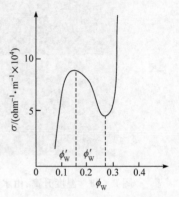

图 2－45　水／十六烷／油酸钾／己
醇微乳相的 σ-φ_W 曲线

　　电导法被 Clausse 等[112] 用来研究助表面活性剂的影响。如图 2－46 所显示的电导率（σ 随 φ_W 的变化）。可以看出，助表面活性剂分为两种情况。第一种主要是乙醇、丙醇和（一定程度上）戊醇，是一种渗滤体系，在临界体积分数 φ 值以上导电性增长很慢。后者代表了"真正的"微乳相，即具有有限水核存在，因而是非渗滤体系。

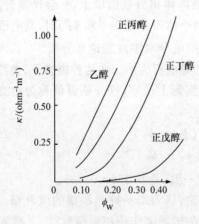

图 2－46　醇链长对电导率-体积分
数曲线的影响

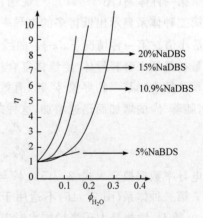

图 2－47　水／二甲苯／十二烷基苯
磺酸钠／己醇微乳相的 η-φ_{H_2O} 曲线

2.4.6 黏度法[116]

用黏度法可定量地获取微乳相流体力学半径的信息。图 2‑47 给出了水/二甲苯/NaDBS/己醇体系的相对黏度 η 对水体积分数 ϕ_w 作图的曲线。变化趋势与浓分散体系类似。一定 ϕ 值以上 η 迅速增长,这是由于液滴‑液滴相互作用增强的结果。这些数据可以用 Moonrey 方程来拟合:

$$\eta = \exp\left[\frac{a\phi}{1-k\phi}\right] \tag{2-47}$$

式中:a 是固有黏度(对于硬球理论是 2.5);k 是所谓的拥挤因子(理论上是1.35～1.91)。

使用计算分析,图 2‑47 中的结果可按式(2‑47)来拟合,从而得到 a 和 k 值。从表 2‑5 可以看出,k 近似于一个常数,并在理论计算值的范围内,但 a 却比理论值(2.5)大得多。由于表面活性剂层和其他溶剂层的存在,微乳相液滴的有效体积 ϕ_{eff} 比水核心体积分数 ϕ_w 大,这一结果并不意外。通过对比 a 与理论值 2.5,可以看出体积分数比 $V(\phi_{\text{eff}}/\phi_w)$ 明显增加。乳状液在有吸附层时的有效体积 V_δ 可以从吸附层的厚度 δ 与液滴半径 R 的比例由简单的几何学算出,即

$$V_\delta = \frac{\phi_{\text{eff}}}{\phi} = \left[1+\left[\frac{\delta}{R}\right]\right]$$

表 2‑5 中给出了 V_δ 和 δ/R 值,如所预料的那样,δ/R 值随 NaDBS 浓度的增加而增加,表明了表面活性剂浓度的增大导致液滴半径的减少。

表 2‑5 表面活性剂浓度对 k, V_δ, δ/R 值的影响

NaDBS/%	a	k	V_δ	δ/R
5	3.3	1.9	1.3	0.10
10.9	3.0	1.4	1.2	0.07
15	4.0	1.6	1.6	0.17
20	6.0	1.4	2.4	0.35

2.5 微乳相应用原理

微乳相是具有独特特性的分离介质,如纳米尺度的球形或双连续结构,快速聚并又再分离的动力学结构和增溶特性。微乳相能够用作准一相溶剂或由微乳相和水相(或)有机相组成。在两相体系中,体相溶液之间的分配平衡及通过界面的传质受单相现象影响。在金属离子或蛋白质的萃取动力学过程中,单层界面的结构及物化特性也受到重要的影响。溶质在非均相体系中界面上的分配和吸附取决于

化学反应特性和分离机理。纳米尺度结构导致微乳相中的比界面面积显著增加。这样,微滴表面发生的界面吸附成为增溶特性的显著因素。

如前所述,含微乳相的多相体系的类型取决于体系的组成、温度和盐度。Winsor Ⅰ 和 Winsor Ⅱ 为两相体系,分别对应于与油相共存的 O/W 微乳和与富水相共存的 W/O 型微乳。当表面活性剂能够在一个中间相富集,并与油相和水相共存的 Winsor Ⅲ 体系。Winsor Ⅲ 和 Winsor Ⅱ 一直应用于金属离子和生物质的溶剂萃取。

2.5.1　微乳相分配与反应

微乳相中的特有溶剂效应,如报道的酸、碱的稳定性以及金属离子的反应性,十分有利于把微乳相作为一种介质,发展多种分离方法。在微乳相液滴的内部界面含有细小且各自分立的由表面活性剂形成的有序的油和水区域。这种微观分配在很大程度上影响溶解和反应特性。微乳相中的水核被表面活性剂和助表面活性剂所组成的单分子层界面所包围,故是一个个"微型反应器",尺度小且彼此分离,并且拥有很大的界面,在其中可以增溶各种不同的化合物,是理想的化学反应介质。微乳液的水核尺寸是由增溶水的量决定的,随增溶水量的增加而增大。化学反应就在水核内进行成核和生长[117]。

1. 纳米材料制备[118]

在微乳相中制备纳米材料的方法,被用来进行催化剂、半导体、超导体、磁性材料等的制备。Kishida 等[119]报道了用微乳法制备 Rh/SiO_2 和 Rh/ZrO_2 载体型催化剂的方法,Rh 的粒径仅为 3.2nm,且粒度均匀,通过加氢反应发现采用该方法制备的催化剂活性比传统浸渍法高得多。采用 AOT-水-烷烃体系[120]合成出了单分散的 AgCl 和 AgBr 纳米粒子。磁性 $\gamma\text{-}Fe_2O_3$ 粉末可以用于信息储存、成像材料、磁性流体等,采用微乳体系可以制备粒度在 $22\sim25nm$ 之间的窄分布的 $\gamma\text{-}Fe_2O_3$。采用微乳法制备的超导体具有比其他方法更高的密度和均匀性,例如 Bi-Pb-Sr-Ca-Cu 超导体和 Y-Ba-Cu 超导体。微乳法操作上的简易性和应用上的适用性为纳米微粒的制备提供了一条简单便利的制备途径,其优越性已引起了人们极大的兴趣,粒子尺寸的可控性使其具有很大的发展潜力。

2. 有机化学反应

有机合成经常面临着水溶性的无机物和油溶性的有机物相互反应的问题。靠搅拌混合物进行反应的效率极低。若在微乳相中进行反应,微乳相含有亲水亲油的表面活性剂,可以使大量的水溶性和油溶性的化合物同时处在一个微乳相的分散体系中,由于油相和水相之间高度"互溶",接触面积增大,反应速率显著加快。

包括酸、碱、氧化、还原、水解、硝化、取代等一些有机或无机反应都可以在微乳相下进行。

通常有机反应中有副反应发生,生成物往往不止一种,不易控制得到某一产品,而在微乳相的油-水界面上,能使极性的反应物定向排列,从而可以影响反应的区域选择性。例如,在水中,硝化苯酚的邻位、对位产品比例为 1∶2,而在 AOT 组成的 O/W 微乳相中,可提高到 4∶1[120]。与简单溶剂中的有机反应相比,在微乳相介质中,反应产物的分离需要通过改变温度来实现相分离,如对于非离子表面活性剂,在反应温度时能保持微乳液稳定使反应进行下去。反应结束后,提高温度使表面活性剂析出,引起微乳相破坏使产物从介质中分离出来。

3. 催化反应

通过试剂和产物的分隔和浓缩,在微乳相中可以催化或者抑制化学反应,研究表明,微乳相催化在反应过程中的效果是非常好。Menger[121]研究了微乳体系中三氯甲苯水解成苯甲酸盐的反应,发现在 CTAB(十六烷基三甲基溴化铵)作用下,水解只需要 1.5h 即可完成,但无表面活性剂时需要 60h 才能完成反应。在金属咔啉的合成中,采用微乳相体系作为反应介质可以显著提高反应速度。例如,在对硝基苯二磷酸酯的碱性水解反应中,阳离子型表面活性剂构成的微乳相具有良好的催化效果。

4. 高分子聚合

微乳相结构的特殊性决定了可以在微乳相中聚合得到高分子纳米粒子,即高分子超微粉体,这种超微粉体比表面积大,出现了大块材料所不具有的新性质和功能,目前已引起了广泛关注。制备的聚合物微乳液体(微胶乳)具有高稳定性、高固含量、粒径小、均一以及速溶的特性,广泛用于化妆品、黏合剂、燃料乳化、上光蜡等方面。自 20 世纪 80 年代以来,微乳相乳液聚合有了飞速的发展,国内外已经研究了 O/W 微乳相、W/O 微乳相液的聚合,中相微乳相的聚合研究也在逐步开展。

以双连续微乳相和 W/O 微乳相制备多孔材料一直是微乳相乳液聚合研究的热门课题,也是最具应用前景的领域。与其他制备多孔材料的方法相比,此法具有非常显著的特点,即孔尺寸和形态在理论上可精确地通过调节微乳相的配方来调控,且用 γ 射线或紫外光可以十分方便地实现原位聚合。微乳相聚合可以合成具有特定孔结构的有机聚合物材料,并且所得聚合物的形态和孔结构相当规则。Cheung 等[120]报道了甲基丙烯酸甲酯(MMA)用烯酸甲酯(MAA)十二烷基磺酸钠(SDS)微乳相中的共聚合成,通过聚合反应可以得到机械强度良好的聚合物,双连续型微乳相经聚合可以得到开放型孔结构的聚合物。微乳相乳液聚合提供了将无机物均匀地分散到高分子材料中的途径,可以制成多孔的膜用于气体或者液体分离,并且所得的聚合物具有特殊的性能。

微乳相是通过自发乳化来制备的,体系需消耗大量乳化剂(＞5％),这就使得微乳相乳液聚合时聚合物粒子表面含有大量乳化剂,在后处理中难以脱除干净,从而给产品性能带来很多不利影响。超声波、微流态均化器、高压均化器和微射流乳化器等高效乳化设备的使用[123],可以大大降低体系中所需乳化剂的用量,目前已得到人们的广泛关注。随着乳化设备和乳化技术的发展,微乳相的制备将会被大大地简化,从而使得微乳相乳液聚合更适应工业化生产的需求。

2.5.2　微乳相溶剂萃取

微乳相比普通乳状液的分散度大得多,分散相处于纳米尺寸范围,比表面积非常大,因此微乳相作为一种分离介质具有非常高的分离能力。非离子和阴离子型微乳相在金属离子、有机物和生物物质的提取、分离方面有很多实际用途[124]。

1. 非离子型微乳相

1) 非离子型微乳相萃取分离金属离子

制备非离子型微乳相所使用的表面活性剂一般是聚氧乙烯类非离子型表面活性剂,适当配比下与油-水-助表面活性剂能自发形成微乳相。微乳相用于水相的

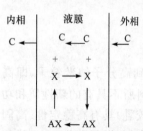

图 2-48　液膜分离 Ⅱ 型
促进迁移机理

分离介质必须在 Winsor Ⅱ 体系中进行,即 W/O 型微乳相 与 水 相 的 两 相 平 衡 体 系。1992 年,Wienoek 和 Qutubuddin[125] 在组成(体积分数)为:65.5％癸烷,26.4％H_2SO_4,6.5％DNP-8(双壬基酚聚氧乙烯醚)和 1.6％苯甲酰酮的非离子型微乳相中添加流动载体并作为液膜用于含 Cu^{2+} 的水相中的分离与富集,并与普通乳状液膜体系作了对比。这种含流动载体的微乳相膜对金属离子(Cu^{2+})的分离机理与普通乳状液膜是相同的,属于图 2-48 所示的 Ⅱ 型促进机理,其实质是流动载体在膜内外两个界面间来回穿梭地传递被迁移的物质。

研究表明,微乳相作为液膜技术的拓展,不仅具有液膜分离技术高效、节能、操作简便等优点,而且还具有以下独特优点:①微乳相界面张力低,液滴小,比表面积大,传质速率更快;②一定温度下,微乳相是热力学稳定体系,操作过程中无相分离现象,在不使用醇作为助表面活性剂的情况下,泄漏很少,而普通乳状液膜是热力学不稳定体系,液滴较大,易聚集而分层,导致内相泄漏或溶胀现象;③微乳相在一定条件下可自发形成,因此制乳容易。对于非离子型微乳相液膜,升高温度时,微乳相液膜易发生相分离,所以破乳容易。普通乳状液膜制乳时需提供较高能量,膜强度高,破乳难。非离子型微乳液提取稀土离子的研究,提取速率和提取率均

很高。

2) 非离子型微乳相萃取分离生化物质

对于生化物质的分离,要求不能破坏其生物活性。由于这个特殊的要求,一些常用的化工单元操作如精馏、蒸馏、蒸发、干燥等常不能采用,因为它们常在高温下操作,会破坏生物活性。同时由于生化物质(生物产品)一般有相当大的黏度,应用过滤和超滤等方法也会有困难。传统的液-液萃取也不适合生化产品的分离,因为蛋白质、酶等与有机溶剂接触时会变性而丧失其生物功能。W/O 型微乳相液可以克服这些缺点,因为 W/O 型微乳相中纳米级的小水滴由一层表面活性剂分子包围,该小水滴又称"水池",蛋白质、酶等通过与表面活性剂作用而进入该"水池"中并受到水壳层的保护,从而使蛋白质、酶的生物活性不会改变。这是微乳相萃取分离生化物质的显著优点,也是其诱人之处。

用于生化物质分离的微乳相可以是离子型的,也可以是非离子型的。Qutubuddin 和 Wienoek[126]进行了用非离子型微乳相提取分离血红蛋白的研究,其所采用的三个微乳相体系如表 2-6 所示。

表 2-6　实验所采用的微乳相体系

微乳体系	质量分数 (表面活性剂)/%	质量分数 (离子交换剂)/%	c(水相 NaCl) /(mol·L^{-1})	φ(微乳相水溶液) /%
I Aliquat 336	9.7	2.6	0.1	28
II 苯甲酰酮	9.7	2.6	0.1	10
III 离子交换树脂	10.0	—	1.0	4

注:Aliquat 336 是一种季铵盐氯化物。

实验结果表明,影响微乳相提取蛋白质的因素主要有 pH、盐浓度、离子交换剂种类等。

2. 阴离子型微乳相

1) 阴离子型微乳相萃取分离金属离子

形成阴离子型微乳相所采用的表面活性剂是阴离子型的,常用的有 AOT、SDS 等。在阴离子型微乳相中可以加也可以不加萃取剂而达到萃取分离的目的,主要是通过阴离子型表面活性剂与金属离子的静电作用。

Ovejero-Escudero 等[127]最早报道了用阴离子型 Winsor II 微乳相萃取二价金属离子。Vijayakshmi 报道[128,129]了用阴离子型 Winsor II 微乳体系萃取分离单一或混合金属离子,并给出了静电作用模型。其萃取过程是:先将 AOT 溶于异辛烷中形成反胶团溶液($m_{AOT}/m_{异辛烷}=0.25$),然后将该反胶团溶液以不同体积比与一定浓度的 CuSO$_4$ 溶液混合,在室温下至相分离后形成 Winsor II 微乳相,实验可观察到上相为鲜艳的蓝色,下相为浅蓝色水溶液,说明 Cu^{2+} 已被萃入上相 W/O 型微乳相中。当将 AOT/异辛烷反胶团溶液与一定浓度的 Cr(NO₃)₃ 溶液混合,室温下至相分离时,发现形成了 Winsor Ⅲ 体系,即油相¯中相微乳相¯水相三平衡体系。通过红外光谱分析表明上相为异辛烷,下相为含 NO₃¯ 的水溶液,中相微乳相则含有 Cr³⁺,说明在 Winsor Ⅲ 微乳相中 Cr³⁺ 与 NO₃¯ 得到了有效的分离。

由于阴离子型表面活性剂与金属离子之间的静电作用是客观存在的,没有选择性,只是这种静电作用有强弱差别,因此对于混合金属离子的萃取分离效果比不上含选择性萃取剂的非离子型微乳相,此外阴离子型微乳相萃取离子后需要反萃或加 NaOH、HCl 等强电解质加以破坏,影响分离后的内相纯度,这又是阴离子型微乳相用于萃取分离时的又一不足之处。严格地讲,阴离子型微乳相萃取属于反胶团萃取。

2) 阴离子型微乳相萃取蛋白质

与萃取金属离子一样,阴离子型微乳相也可以通过阴离子型表面活性剂与蛋

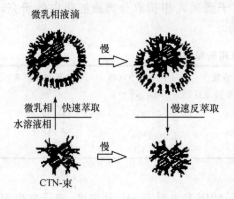

图 2-49　微乳相对 CTN 的萃取机理示意图

白质的静电作用萃取水相中的蛋白质,然后进行反萃。图 2-49 是异辛烷-AOT-水微乳相(W/O 型)对糜蛋白酶(CTN)(α-chymotrypainogen A)的萃取机理示意图[130]。萃取时是 AOT 分子通过静电作用吸附于 CTN 表面致使 CTN 由亲水状态变成亲油状态,从而被较快地萃入异辛烷-AOT-水微乳相中。而当过量的 AOT 吸附于 CTN 表面时,则会使 CTN 表面由亲油性变为亲水性而发生 CTN 的反萃过程。与此相似,若根据蛋白质的等电点调节水相的 pH,也可以用阴离子型微乳相萃取蛋白质[131]。有关微乳相萃取生化物质的报道很多,但更多的研究者把它们纳入反胶团萃取之中。

目前,微乳相作为分离介质在溶剂萃取中的应用研究处于起步阶段,有许多问题需要进一步研究和解决,但微乳相在溶剂萃取中将会得到很好应用。

2.5.3　金属络合物的微乳相萃取

使用 W/O 型微乳有机相(Winsor Ⅱ 体系)从水相中萃取金属离子可以明显提高萃取速率和改善萃取特性。增加萃取速率是由于 W/O 型微乳相中微界面表面积显著增加,以及球状微乳相中金属离子从水相到有机相的传质分配,这样反应都可以在宏观和微观界面发生。有机相中微液滴中金属离子的一个直接驱动或反向传质也可由于界面表面活性剂薄膜的凝聚而可能发生。

用于液¯液萃取中的酸性萃取剂,皆具有典型的双亲性分子结构,显示出较高

的表面活性。液-液萃取是通过被吸附于油-水界面上的酸性萃取剂分子与水溶液中的金属离子相络合,然后转移至有机相,形成聚合物。聚集体的行为对萃取过程至关重要。

有机酸性萃取剂分子的双烃链,环烷酸分子的饱和五元环,皆可满足自组装形成反向胶团或 W/O 型微乳相的要求。关于液-液萃取中的酸性萃取剂的聚集问题,Neuman 等[132]曾建议简化模型,称为"普适模型",即随着金属-萃取剂络合物浓度的增加,最初形成的金属-萃取剂络合物(核心)通过线性生长,继而结构重组成环状或柱状聚合物,进而形成如像反向胶团或 W/O 型微乳相那样的聚集体系。结构重组和生长是期盼被萃取的聚集物能生成含有"水池"的 W/O 型微乳相。但这一步骤是有条件的。

液-液萃取体系中的聚集作用主要决定于被萃取的金属离子的配位结构。助表面活性剂通过参与反向胶团的自组装以及改变单分子吸附层的极性对微乳相的形成起到促进作用。在 W/O 型微乳相的水池中,含有与酸性萃取剂等当量的(或更多)的金属正离子,它们对水的增溶扮演着重要作用。聚集物极性集团以及正离子的水化应当被考虑为形成"水池"的推动力[133,134],但正离子的作用长期以来被忽视。金属离子萃取过程中的聚集行为并不是单一的自组装,而需同时考虑化学反应和聚集物的化学结构。

参 考 文 献

1　Hoar T P, Schulman J H. Transparent water in oil dispersions: the oleopathic hydromicelle. Nature, 1943, 152: 102～103

2　Leung R, Hou M J, Manohar C, Chun P W and Shah D O. Reaction Kinetics as a Probe for the Dynamic Structure of Microemulsion, ACS Symposium Series, 1985, 272: 325～344

3　Bowcott J E, Schulman J H. Z. Electrochem., 1955, 59: 283

4　Schulman J H, Stoeckenius W, Prince L M. Mechanism of formation and structure of microemulsions by electron microscopy. J. Phys Chem., 1959, 63: 1677～1680

5　Prince L M. A theory of aqueous emulsions I. Negative interfacial tension at the oil/water interface. J. Colloid Interface Sci., 1967, 23: 165～173

6　李干佐,郭荣. 微乳液理论及其应用. 北京:石油工业出版社,1995

7　Shinoda K, Araki M, Sadaghian A. Lecithin base microemulsion: phase behavior and microstructure. J. Phys. Chem., 1991, 95: 989～993

8　吴顺芹,李三鸣,赵国斌. 微乳及其在药剂学中的应用. 沈阳药科大学学报, 2003, 20(5): 381～385

9　Winsor P A. Solvent Properties of Amphiphile Compounds, Butterworth, London, 1954

10　Beerbower A, Hill M W. McCutcheon's Detergents and Emulsifiers, Allured Publishers, Ridgewood, 1971. p223

11　Bourrel M, Schechter R S. Microemulsion and Related System: Fomulation, Solvency and Physical Properties, Chapter 1, Surfactant Sciences Series, Vol.30, Marcel Dekker, Inc., New York and Basel, 1988

12　Robbins M L. Micellization Solubilization and Microemulsion. New York: Plenum Press, 1977

13　Michell D J, Ninham R W. Micelles,Vesicles and Microemulsions. J. Chem Soc., Faraday Trans., 1981, 2(77):601~629

14　Prince L M. Microemulsion Theory and Practice. Academic Press, New York, 1977

15　Moulik S P, Paul B K. Structure, dynamics and transport properties of microemulsions. Adv. Colloid Interface Sci., 1998, 78:99~195

16　Nagarajan R, Ruckenstein E. Molecular theory of microemulsions. Langmuir, 2000, 16:6400~6415

17　陈宗淇,郭荣.微乳液的微观结构.化学通报,1994,(2):22~25

18　Zipfel J, Lindner P, Tsianou M, Alexandridis P. Richtering, Shear-induced formation of multilamellar vesicler("Onions") in block copolymer. Langium, 1999,15:2599~2602

19　Gradzielski M, Maller M, Bergnaeier M et al. structural and macroscopic characterization of gel phase of densely packed macrodisperse, unilamellar vesicle. J. Phys. Chem. B, 1999, 103:1416~1424

20　Horbaachek K, Hoffmann H, Hao J C. Classic La phase as opposed to vesicle phase in cationicanionic surfactant mixture. J. Phys. Chem. B, 2000, 104:2781~2784

21　张正全,陆彬.微乳给药系统研究概况.中国医药工业杂志,2001,32(3):139~142

22　Schechter R S.Microemulslons and Related Systems. New York, Marcel Dekker,1998, 1~200

23　Warisnoicharoen W,Lansley A B,Lawrence M J.Nonionic oil-in-water microemulsions: the effect of oil type on phase behavior. Int. J. Pharm, 2000, 198:7~27

24　Hellweg T. Phase structures of microemulslons. Current Opinion in Colloid & Interface Science, 2002, 7: 50~56

25　邵庆辉,古国榜,章莉娟,沈培康.微乳液系统的研究和应用现状与展望.江苏化工,2002, 30(1):18~24

26　Bourred M, Schechter R S. Surfactant Sciences Series. Plenum Press, New York, 1988

27　Peacock J M, Matijevic E. Precipitation of alkylbenzene sulfonates with metal ions. J. Colloid Interface Sci., 1980, 77:548~554

28　Mohammed L C, Tony L W. Preparation of stable multiple W/O/W emulsion using pluronic (poloxamper) poly(acrylic acid) complexes. J. Colloid Interface Sci., 1995, 175(2):281~288

29　Liu T B, Burger C, Chu B. Nanofabrication in polymer matrices. Prog. Polym. Sci., 2003, 28:5~6

30　Alexandridis P, Olsson U, Lindman B. A Record Nine Different Phases (Four Cubic, Two Hexagonal, and One Lamellar Lyotropic Liquid Crystalline and Two Micellar Solutions) in a Ternary Isothermal System of an Amphiphilic Block Copolymer and Selective Solvents (Water and Oil). Langmuir, 1998, 14: 2627~2638

31　张兰辉,谯静.无机盐对正负表面活性剂混合体系性质的影响.物理化学学报,1993,9(4):478~483

32　赵国玺,肖进新.正、负离子表面活性剂混合胶团棒—球转变模型.物理化学学报,1994,10(7):577~580

33　朱延美,王栋,吴军见.水相中表面活性剂与盐类的物理化学关系及其在水处理过程中的作用,辽宁化工, 2002, 31(2):70~74

34　李干佐等.阳离子表面活性刑中相微乳液的形成和特性(Ⅱ).日用化学工业,1995, 2:9~12

35　陈咏梅等.石油磺酸盐体系中相微乳液研究.物理化学学报, 2000, 16(8):724~728

36　郝京城.阴离子型表面活性剂中相微乳液形成和特性.日用化学工业,1997, 3:1~3

37　Morten G A, Harald H, Arne S. Phase behavior and salt partitioning in two-and three-phase anionic surfactant microemulsion systems: Part 1, Phase behavior as a function of temperature. J. Colloids Interface Science. 1999,215(2):206~215

38　Morten G A, Harald H, Arne S. Phase behavior and salt partitioning in tow-and three-phase anionic surfactant microemulsion systems: Part Ⅱ, Partitioning of salt. J. Colloids Interface Science. 1999, 215(2): 216～225

39　Shigeyoshi M, Wataru A, Takashi H, Tsuyoshi A. Effect of NaO on aggregation number, microviscosity, and cmc of N-dodecanoyl amino acid surfactant micelles. J. Colloid Interface Sci., 1996, 184(2):527～534

40　Hans S. Effect of inorganic additives on solution of nonionic surfactants Ⅷ, Effect of ahaotropic anionic on the cloud point of octoxynol 9(triton x-100). J. Colloid Interface Sci., 1997, 189 (1):117～122

41　Hans S. Effect of inoragnic additives on solution of nonionic surfactant XV. Effect of transition metal salts on the cloud point of octoxynol 9(triton x-100). J. Colloid Interface Sci. 1997, 192(2):458～462

42　Hans S. Effect of inoragnic additives on solution of nonionic surfactant X. Micellar properties. J. Colloid Interface Sci., 1995, 173(1):265～277

43　Passch S, Schambil F, Schruger M. Rheological properties of lamellar lyotropic crystals. Langmuir, 1989, 5:1344～1346

44　Zipfel J, Berghauson J, Linder F et al. Influence of shear on lyotropic lamellar phase with different membrane defects. J Phys. Chem B, 1999, 103:2841～2849

45　Robles-Vasquer O, Soltero J F A, Puig J E et al. Rheology of lyotropic liquid crystals of Aerosol OT, Ⅲ. effect of salt and nydrocarbone. J. Colloid Interface Sci., 1994, 163:432～436

46　Soltero J F A, Bautistsa F, Pecina E et al. Rheological behaving in the didodecyklimethyldimethylammonium bromide/water system. Colloid Polym. Sci., 2000, 278:37～47

47　Ruckenstein E. Thermodynamic Approaches to Microemulsions. J. Colloid Interface Sci., 1998, 204:143～150

48　Ruckenstein E, Chi J.Stability of microemulsions. J. Chem. Soc. Faraday Trans., 1975, 71: 1690～1707

49　Carnaham N F, Starling K E. Equation of State for Nonattracting Rigid Spheres. J. Chem. Phys., 1969, 51: 635

50　Cazabat A M, Langevin D, Meunier J, Pouchelon A. Critical behavior in microemulsions. Adv. Colloid Interface Sci.,1982,16: 175～199

51　Onori G, Santucci A. IR investigations of water structure in aerosol OT reverse micellar aggregates. J. Phys. Chem., 1993, 97: 5430～5434

52　Michele D A, Freda M, Onori G, Santucci A. Hydrogen Bonding of Water in Aqueous Solutions of Trimethylamine-N-oxide and tert-Butyl Alcohol: A Near-Infrared Spectroscopy Study. J. Phys. Chem. A, 2004, 108(29): 6145～6150

53　Christopher D J, Yarwood J, Belton P S et al. A Fourier transform infrared study of water-head group interactions in reversed micelles containing sodium bis(2-ethylhexyl) sulfosuccinate (AOT). J. Colloid Interface Sci., 1992, 152:465～472

54　Jain T K, Varshney M, Maitra A.A Structural studies of Aerosol OT reverse micellar aggregates by FT-IR spectroscopy. J.Phys. Chem., 1989, 93:7409～7416

55　Maitra A, Jain T K, Shervani Z. Interfacial water structure in lecithin-oil-water reverse micelles. Colloids Surf., 1990, 47: 255～267

56　Luzia P N, Omar A E S. A Fourier transform Infrared study on the structure of water solubilized by reverse aggregates of sodium and magnesium bis(2-ethylhexyl)sulfosuccinates in organic solvents, J. Colloid Interface Sci., 1998, 202: 391～398

57 马刚，翁传甫，吴瑾光. KDEHP-HDEHP 微乳体系中水结构的 FT-IR 研究. 光谱学与光谱分析，1999，19(2)：168～171

58 Wu J G, Li L M, Gao H C, Chen D, Jin T Z, Xu G X et al. NMR studies on the hydration of ions in microemulsion the naphthenic acid soap-alcohol-kerosine-water microemulsion system, Scientia Sinica(Series B), 1982, 25(11): 1159～1164

59 Kauppinen J K, Moffatt D J, Mantsch H H et al. Fourier self-deconvolution: a method for resolving intrinsically overlapped Amid I band. Appl. Spectroscopy, 1981, 35:271～276

60 Wong P T T, Mantsch H H. Effect of internal and external pressureo on the structure and dynamics of micelles: A FT-IR study of sodium and potassium decanoates in D_2O. J. Colloid Interface Sci., 1989, 129: 258～269

61 Yang P W, Mantsch H H. The critical micellization temperature and its dependence on the position and geometry of the double bond in a series of sodium octadecenoates. J. Colloid Interface Sci., 1986, 113: 218～224

62 Kawai T, Umemura J, Takenaka T, Kodama M, Seki S. Fourier transform infrared study on the phase transitins of an octadecylmethylammonium chloride-water system. J. Colloid Interface Sci., 1985, 103: 56～61

63 Umemura J, Cameron D G, Mantsch H H. FT-IR study of micelle formation in aqueous sodium n-hexanoate solutions. J. Phys. Chem., 1980, 84: 2272～2277

64 Scheuing D R, Weers J G. A Fourier transform infrared spectroscopy study of dodecyltrimethylammonium chloride/sodium dodecyl sulfate surfactant mixtures. Langmuir, 1990, 6: 665～671

65 Wang W, Li L, Xi S. A Fourier transform infrared study of the coagel to micelle transition of cetrytrimethylammonium bromide. J. Colloid Interface Sci., 1993, 155:369～373

66 Bardez E, Giordano R, Jannelli M P, Migliardo P, Wanderlingh U. Hydrogen-bond effects induced by alcohol on the structure and dynamics of ionic reverse micelles. J. Mol. Struc., 1996, 383:183～190

67 Giammona G, Goffredi F, Turco L V, Vassallo G. Water structure in water/AOT/n-heptane microemulsions by FT-IR spectroscopy. J. Colloid Interface Sci., 1992, 154:411～415

68 Zhao Y P, Urban M W. Phase Separation and Surfactant Stratification in Styrene/n-Butyl Acrylate Copolymer and Latex Blend Films. 17. A Spectroscopic Study. Macromolecules, 2000, 33:2184～2191

69 Inoue T, Matsuda M N Y, Misono Y, Suzuki M. Phase Behavior of Heptaethylene Glycol Dodecyl Ether and Its Aqueous Mixture Revealed by DSC and FT-IR Spectroscopy. Langmuir, 2001, 17: 1833～1840

70 Inoue T, Kawamura H, Matsuda M, Misono Y, Suzuki M. FT-IR and ESR Spin-Label Studies of Mesomorphic Phases Formed in Aqueous Mixtures of Heptaethylene Glycol Dodecyl Ether. Langmuir, 2001, 17: 6915～6922

71 Zheng L, Suzuki M, Inoue T. ^{13}C NMR Study of Mesomorphic Phases Formed in Aqueous Mixtures of Heptaethylene Glycol Dodecyl Ether. Langmuir, 2001, 17: 6887～6892

72 Guo C, Wang J, Liu H Z, Chen J Y. Hydration and Conformation of Temperature-Dependent Micellization of PEO-PPO-PEO Block Copolymers in Aqueous Solutions by FT-Raman. Langmuir, 1999, 15: 2703～2708

73 Guo C, Liu H Z, Wang J, Chen J Y. Conformational Structure of Triblock Copolymers by FT-Raman and FT-IR Spectroscopy. J. Colloid Interface Sci., 1999, 209: 368～373

74 Guo C, Liu H Z, Chen J Y. A Fourier Transform Infrared Study of the Phase Transition in Aqueous Solutions of Ethylene Oxide-Propylene Oxide Triblock Copolymer. olloid Polym. Sci., 1999, 277: 376～381

75 Guo C, Liu H Z, Chen J Y. A Fourier Transform Infrared Study on Water-Induced Reverse Micelle Formation of Block Copoly(oxyethylene-oxypropylene-oxyethylene) in Organic Solvent. Colloid Surf. A., 2000,

175;193~202

76　Su Y L, Wang J, Liu H Z. FT-IR Spectroscopic Investigation of Effects of Temperature and Concentration on PEO-PPO-PEO Block Copolymer Properties in Aqueous Solutions. Macromolecules, 2002, 35: 6426~6431

77　Su Y L, Wang J, Liu H Z. Formation of Hydrophobic Microenvironment in Aqueous PEO-PPO-PEO Block Copolymer Solutions Investigated by FT-IR Spectroscopy. J. Phys. Chem. B, 2002, 106: 11823~11828

78　Su Y L, Wang J, Liu H Z. FT-IR Spectroscopy Study on Effects of Temperature and Polymer Composition on the Structural Properties of PEO-PPO-PEO Block Copolymer Micelles. Langmuir, 2002, 18: 5370~5375

79　Su Y L, Liu H Z, Wang J, Chen J Y. Study of Salt Effects on the Micellization of PEO-PPO-PEO Block Copolymer in Aqueous Solutions by FT-IR Spectroscopy. Langmuir, 2002, 18: 865~871

80　Su Y L, Wang J, Liu H Z. Melt, Hydration and Micellization of the PEO-PPO-PEO Block Copolymer Studied by FT-IR Spectroscopy. J. Colloid and Interface Sci., 2002, 251: 417~423

81　Behera G B, Mishra B K, Behera. P K, Panda. M. Fluorescent probes for structural and distance effect studies in micelles, reversed micelles and microemusions. Adv. Colloid Interface Sci., 1999, 82;1~42

82　Almgren M, Swarup S. Size of sodium dodecyl sulfate micelles in the presence of additives. 2. Aromatic and saturated hydrocarbons. J. Phys.Chem., 1982, 86: 4212~4218

83　Ganesh K N, Mitra P D. Balasubramanian, Solubilization sites of aromatic optical probes in micelles. J. Phys. Chem. 1982, 86;4291

84　Mishra A, Behera R K, Mishra B K, Behera G B, Dye-surfactant interaction: chain folding during solubilization of styryl pyridinium dyes in sodium dodecyl sulfate aggregates. J. Photochem. Photobiol. A, 1999, 127: 63~73

85　Su Y L, Wei X F, Liu H Z. Effect of sodium chloride on association behavior of PEO-PPO-PEO block copolymer in aqueous solutions. J. Colloid Interface Sci., 2003, 264: 526~531

86　Bhattacharya S C, Das H, Moulik S P. Visible and fluorescence spectral studies on the interaction of safranine T with surfactant micelles. J. Photochem. Photobiol. A: Chem., 1993, 74(2~3): 239~245

87　Bhattacharya S C, Das H, Moulik S P. Effects of solvent and micellar environment on the spectroscopic behavior of the dye safranine T. J. Photochem. Photobiol. A: Chem., 1994, 79: 109~114

88　Khuanga U, Selinger B K, McDonald R. Aust. J. Chem., 1976, 29;1

89　Kando H, Miwa I S. Biphasic structure model for reversed micelles. Depressed acid dissociation of excited-state pyranine in the restricted reaction field. J. Phys. Chem., 1982, 86: 4826~4832

90　Rodenas E, Perez-Benito W. Sizes and aggregation numbers of SDS reverse micelles in alkanols obtained by fluorescence quenching measurements. J. Phys. Chem., 1991, 95: 4552~4556

91　Hasegawa M, Sugimura T, Suzaki Y, Shindo Y, Kitahara A. Microviscosity in Water Pool of Aerosol-OT Reversed Micelle Determined with Viscosity-Sensitive Fluorescence Probe, Auramine O, and Fluorescence Depolarization of Xanthene Dyes. J. Phys. Chem., 1994, 98: 2120

92　Hasegawa M, Sugimura T, Kuraishi K, Shindo Y, Kitahara A. Microviscosity in AOT reverse micellar core determined with a viscosity sensitive fluorescence probe. Chem. Lett., 1992, 7: 1373~1380

93　Dash P K, Mishra B K, Behera G B. Solubilization of Schiff bases having built-in hydrophobic cleft in microemulsions. Spectrochim. Acta A, 1996, 52: 349~361

94　Sjöblom J, Lindberg R, Friberg S E. Microemulsions-phase equilibria characterization, structures, applications and chemical reactions. Adv. Colloid Interface Sci., 1996, 65;125~287

95　Broxton T J, Christie J R, Sango X. Micellar catalysis of organic reactions. 20. Kinetic studies of the hydrolysis of aspirin derivatives in micelles. J. Org. Chem., 1987, 52;4814~4817

96　Lindman B, Siiderman O, Wennerstrom H. In; Zana R (Ed.), Surfactant Solutions, New Methods of Investigation. Surf. Sci. Ser., Vol. 22, Dekker, New York, 1987, 295

97　Hahn E. Spin echoes. Phys. Rev., 1950, 80;580~594

98　Stejskal E O, Tanner J E. Spin diffusion measurements; Spin echoes in the presence or a time-dependent field gradient. J. Chem. Phys.,1965, 42;288~292

99　Halle B, Wennerstrom B. Interpretation of magnetic resonance data from water nuclei in heterogeneous systems. J. Chem. Phys., 1981, 75;1928~1943

100　Khan A, Fontell K, Lindblom G, Lindman B. Liquid crystallinity in a calcium surfactant system. Phase equilibriums and phase structures in the system calcium octyl sulfate/decan-1-ol/water. J. Phys. Chem., 1982, 86; 4266~4271

101　Eriksson J C, Gillberg G. NMR studies of the solubilisation of aromatic compounds in cetyltrimethylammonium bromide solution. Acta Chem Scand, 1966, 20;2019~2027

102　Ulmius J, Lindman B, Lindblom G, Drakenberg T. ^{1}H, ^{13}C, ^{35}Cl, ^{81}Br NMR of aqueous hexadecyltrimethylammonium salt solutions; solubilization, viscoelasticity and counterion specificity. J. Colloid Interface Sci., 1978, 65; 88~97

103　Laity P R, Taylor J E, Wong S S, Khunkamchoo P, Norris K, Cable M, Andrews G T, Johnson A F, Cameron R E. A review of small-angle scattering models for random segmented poly(ether-urethane) copolymers. Polymer, 2004, 45;7273~7291

104　Hamley I W. The physics of block copolymers. Oxford, Oxford University Press, 1998

105　Percus J K, Yevick G J. Analysis of classical statistical mechanics by means of collective coordinates. Phys. Rev., 1958, 110;1~13

106　Teubner M, Strey R. Origin of the scattering peak in microemulsions. J. Chem. Phys. 1987, 87;3195~3200

107　Leibler L. Theory of microphase separation in block copolymers. Macromolecules, 1980, 13;1602~1617

108　Yan Y D, Clarke J H R. In-situ determination of particle size distributions in colloids. Adv. Coll. Int. Sci., 1989, 29; 277~318

109　Lemaire B, Bothorel P, Roux R. Micellar interaction in water-in-oil microemulsions. 1.Calculated interaction potential. J. Phys. Chem., 1983, 1023~1028

110　Koppel D E. Analysis of macromolecular polydispersity in intensity correlation spectroscopy; The method of cumulants. J. Chem. Phys., 1972, 57; 4814~4820

111　Cazabat A M, Langevin D. Diffusion of interacting particles; Light scattering study of microemulsions. J. Chem. Phys., 1981, 74, 3148~3158

112　Boned C, Clausse M, Lagourette B, McClean VER, Clean VERCM, Sheppard RJ, Detection of structural transitions in water-in-oil microemulsion-type systems through conductivity and permittivity studies. J. Phys. Chem., 1980, 84;1520~1525

113　Kirkpatrick S. Percolation and Conduction. Rev. Mod. Phys., 1973, 45; 574~588

114　Baker R C, Florence A T, Ottewill RH et al. J. Colloid Interface Sci., 1984,101;332

115　William R A, Xie C G, Bragg R et al. Experimental techniques for monitoring sedimentation in optically opaque suspensions. Colloids Surfaces, 1990, 43; 1~32

116　梁文平.乳状液科学与技术基础.北京:科学出版社,2001

117　王延平,孙新波,赵德智.微乳液的结构及应用进展.辽宁化工,1994,33(2):96~98

118　Li G L, Wang G H. Synthesis of nanometer-sized TiO₂ particles by a microemulsion method, Nanostructured Materials, 1999, 11(5): 663~668

119　Kishida M, Fujita T, Umakoshi K et al. Chem. Commun. 1995, 763

120　Palaniraj W R, Sasthav M, Cheung H M. Polymerization of single-phase microemulsions dependence of polymer morphology on microemulsion structure. Polymer, 1995, 36:26~37

121　森田正道. 油化学,1991,51:58

122　Wiencek J M, Qutubuddin S. Micoemulsion liquid membranes. I. Application to acetic acid removal from water. Sep. Sci. Technol., 1992, 27(10): 1211~1228

123　张瑞华. 液膜分离技术. 南昌:江西人民出版社,1984, 16

124　唐艳霞, 李成海, 龚福忠. 微乳液在溶剂萃取中的应用研究. 膜科学与技术, 2002, 22(1):44~48

125　Wienoek J M, Qutubuddin S. Microemulsion liquid membranes Ⅱ. Copper ion removal from buffered and unbuffered aqueous feed, Sep Sci Technol., 1992, 27(11):1407~1422

126　Qutubuddin S, Wienoek J M, Nabi A et al. Hemoglobin extraction using cosufactant-free nonionic microemulsion. Sep. Sci. Technol., 1994, 29(7):923~929

127　Ovejero-Escudero F J, Angelino H, Casematte G. Microemulsions as adaptive solvents for hydrometallurgical purposes: a preliminary report. Dispersion Sci Technol., 1987, 8(1):89~108

128　Vijayakshmi C S, Annapragada A V, Gulari E. Equilibrium extraction and concentration of multivalent metal ion solution by using Winsor Ⅱ Microemulsion. Sep. Sci. Technol., 1994, 29(6):711~727

129　Vijayakshmi C S, Gulari E. An improved model for the extraction of multivalent metals in Winsor Ⅱ Microemulsion systems. Sep. Sci. Technol., 1991, 26(2):291~299

130　Watarai H. Microemulsions in separation sciences. J. Chromatography A, 1997, 780(1-2): 93~102

131　Mario J P, Joaquim M S. Liquid-liquid extraction of a recombinant protein with reverse micelle. J. Chem. Biotechnol., 1994, 61: 219~224

132　Neuman R D et al. General model for aggregation of metal-extract complexes in acidic organophosphorus solvent extraction systems. Sep. Sci. Technol., 1990, 25(13-15):1665

133　Wu J G, Zhou N F, Shi N, Zhou W J, Gao H C, Xu G X. Extraction and surface chemistry: microscopic interfacial phenomena in solvent extraction (Part Ⅰ). Prog. Nat. Sci., 1997, 7(3):257~264

134　Wu J G, Zhou N F, Shi N, Zhou W J, Gao H C, Xu G X. Extraction and surface chemistry: microscopic interfacial phenomena in solvent extraction (Part Ⅱ). Prog. Nat. Sci., 1997, 7(4):385~388

第3章　胶团微乳相萃取技术

3.1　概　述

3.1.1　胶团的结构

微乳相是一种热力学稳定的体系,它是由油⁻水(或电解质水溶液)⁻表面活性剂⁻助表面活性剂组成的,是具有热力学稳定和各向同性的、透明的多分散体系。微乳相的结构分为水包油(O/W)和油包水(W/O)两个类型。水包油型是表面活性剂在水溶液中形成的微乳相,一般称为胶团。微乳相体系与胶团和反胶团的相关性如图3‑1所示。

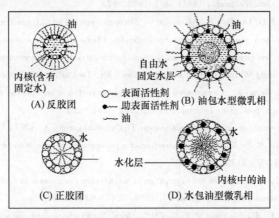

图3‑1　微乳相与胶团、反胶团相关性示意图[1]

1. 胶团的内核

水相中的正胶团具有一个与液态烃相似的内核。认为胶团内部是液态的依据是:胶团与单体之间的平衡非常快,同时胶团对不同结构的憎水分子都有良好的溶解能力。胶团的热容和压缩比与液态烃相似。表面活性剂溶液的偏摩尔体积测定还表明,胶团内核中的碳氢链比一般的液态烃的碳氢链还要松散一些。

2. 胶团内核中渗入水

相当多的证据说明,表面活性剂邻近极性基的 CH_2 与远离极性基的 CH_2 不同,前者周围仍然有形成结构的水存在。此种 CH_2 基团并未加入到液态的碳氢链胶团内核中,而是作为非液态胶团外壳的一部分。一方面表面活性剂分子垂直于球形胶团"表面",定向排列,从几何因素考虑,接近表面的碳氢基团不可能排列紧密,因而有水分子渗入的可能;另一方面极性基团必然结合相当量的水(水化水),其水化作用有利于水分子渗入邻近极性基的 CH_2。

3. 胶团-水"界面"

胶团-水"界面"包括表面活性剂极性基团。对于离子型表面活性剂,胶团-水"界面"由双电层的最内层组成(Stern 层),不仅有表面活性剂的极性头基,还固定有一部分结合的反离子和离子的水化水。结合的反离子,有些插入表面活性剂极性头基之间。聚氧乙烯非离子表面活性剂胶团的外壳是一层相当厚的聚氧乙烯外壳,此外壳可包容大量的水化水(水分子与聚氧乙烯的醚键结合)。

4. 扩散双电层

对于离子型表面活性剂胶团,为维持整个体系的电中性,在胶团-水"界面"之外,还有扩散双电层作为胶团的一部分。

3.1.2　表面活性剂的胶团化

当表面活性剂溶液的浓度增大时,表面活性剂将缔合,形成胶团。由于溶剂可以是水或油,因而胶团有两类:水相中的胶团,即通常所称的正胶团;油相中的胶团,通常称为反胶团或逆胶团。开始形成胶团时的表面活性剂浓度称为临界胶团浓度(critical micellization concentration),简称为 CMC。当浓度低于 CMC 时,表面活性剂以分子或离子态存在,称为单体(monomer);当浓度超过 CMC 时,表面活性剂主要以胶团状态存在。由于表面活性剂聚集为胶团,溶液的许多物理化学性质,如表面张力、当量电导、渗透压、密度、增溶性能等,在一个很窄的浓度范围内呈现不连续变化。

胶团与单体之间存在热力学平衡[2,3]。虽然整个胶团是热力学稳定的,但就单个胶团来说,它不是一个静态的聚集体,而是一个具有一定寿命的动态聚集体。胶团的动态特征表现在两个方面:其一是胶团中的单个表面活性剂分子与溶液中的单体不断地进行交换;其二是整个胶团始终处于形成-瓦解的动平衡中。因此胶团溶液有两个弛豫时间 τ_1 和 τ_2,分别表示单个表面活性剂分子在胶团中的寿命和整个胶团的寿命。τ_1 通常在 $10^{-8} \sim 10^{-6}$ s,而 τ_2 通常为 $10^{-3} \sim 1$ s。两者相差 3 个数量级以上。因此,不应把胶团看作是持久的、具有清晰的几何形状的整体,而应视为统计性质上的动态聚集体。

一个胶团所包含的表面活性剂分子数称为胶团的聚集数,不是溶液中所有的胶团都具有相同的聚集数,胶团的聚集数存在分布。胶团的聚集数不是表面活性剂的本征性质。尽管胶团的聚集数确与表面活性剂的结构有关,但当溶液中存在电解质或极性有机物等添加剂,或者改变温度等外部条件时,都会引起聚集数的变化。

表面活性剂在正胶团内部的排列方式是以亲油基相互靠拢构成胶团的内核,亲水基朝向水构成胶团–水界面。胶团一般为对称的球状;随着浓度的增大或者电解质的加入,胶团聚集数增大,球形胶团可能转变为不对称的棒状和层状,也可能形成囊泡或双层胶团。

3.1.3　胶团形成热力学

胶团的形成是自发的,所以胶团化的自由能变化是负值。表面活性剂的亲油基总是试图脱离与水的接触,亲油基的这种趋势是胶团化的推动力。对离子型表面活性剂而言,胶团–水界面形成了双电层,表面活性剂的离子头因相互靠近使得静电排斥力增加,从而又阻碍了胶团的形成。关于胶团形成的热力学,主要有两种处理方法:一种是把胶团看作是相分离,称为相分离模型;另一种是应用质量作用定律,把胶团形成看作是单个离子或分子与胶团处于缔合–解离平衡之中,称为质量作用模型。

1. 相分离模型

离子型表面活性剂形成胶团,可以考虑下列平衡

$$jC^+ + jA^- \rightleftharpoons M$$

式中:C^+ 和 A^- 分别为表面活性剂的阳离子和阴离子;M 为胶团;j 为聚集数。胶团作为一相,由 j 个表面活性剂离子的聚集体和在其周围的反离子氛组成。胶团化的标准自由能变化为

$$\Delta G_{ps}^{\ominus} = -\frac{RT}{j}\ln\frac{a_m}{a_+^j a_-^j} \tag{3-1}$$

式中:脚注 ps 表明是相分离模型;a_m、a_+ 及 a_- 分别为胶团、正离子和负离子的活度。当胶团作为一相存在时

$$a_m = 1$$

$$a_+^j a_-^j = (a_+ a_-)^j = (f_+ x_+ f_- x_-)^j = (f_\pm^2 x_+ x_-)^j$$

式中:f_+、f_- 及 $f_\pm$ 分别为正负离子的活度系数和平均活度系数;x_+ 及 x_- 分别为正负离子浓度(以摩尔分数表示)。于是,式(3-1)可写为

$$\Delta G_{ps}^{\ominus} = RT\ln f_\pm^2 x_+ x_- \tag{3-2}$$

对于表面活性剂溶液,形成胶团时的浓度往往很小,可以假设为 $f_\pm \approx 1$、$x_+ = x_- = CMC$(以摩尔分数表示),于是得到

$$\Delta G_{ps}^{\ominus} = 2RT\ln\mathrm{CMC} \tag{3-3}$$

若应用 Gibbs-Helmholtz 公式

$$\frac{\partial}{\partial T}\left[\frac{\partial G}{T}\right] = -\frac{\Delta H}{T^2} \tag{3-4}$$

得到胶团化的标准热熔变化为

$$\Delta H_{ps}^{\ominus} = -2RT^2\left[\frac{\partial\ln\mathrm{CMC}}{\partial T}\right]_p \tag{3-5}$$

胶团化的标准熵变化则为

$$\Delta S_{ps}^{\ominus} = (\Delta H_{ps}^{\ominus} - \Delta G_{ps}^{\ominus})/T = -2RT\ln\mathrm{CMC} - 2RT\left[\frac{\partial\ln\mathrm{CMC}}{\partial T}\right]_p \tag{3-6}$$

对于非离子型表面活性剂溶液中的胶团形成,可用以下平衡式表示

$$j\mathrm{N} \rightleftharpoons \mathrm{M}$$

式中:N 为非离子表面活性剂分子(单体);M 为其缔合物(胶体)。在此"相"平衡中,胶团化的标准自由能变化为

$$\Delta G_{ps}^{\ominus} = -\frac{RT}{j}\ln\frac{a_m}{a_n^j} \tag{3-7}$$

式中:a_n 为非离子表面活性剂单体在溶液中的活度。采用与离子表面活性剂相同的处理方法,可近似得到

$$\Delta G_{ps}^{\ominus} = RT\ln\mathrm{CMC} \tag{3-8}$$

$$\Delta H_{ps}^{\ominus} = -RT^2\left[\frac{\partial\ln\mathrm{CMC}}{\partial T}\right]_p \tag{3-9}$$

$$\Delta S_{ps}^{\ominus} = -RT\ln\mathrm{CMC} - RT\left[\frac{\partial\ln\mathrm{CMC}}{\partial T}\right]_p \tag{3-10}$$

2. 质量作用模型

质量作用模型是把胶团形成过程看成是一种缔合过程,将质量作用定律应用到此平衡中。对于离子型表面活性剂在溶液中的缔合平衡,采用下式表示,

$$j\mathrm{C}^+ + (j-z)\mathrm{A}^- \rightleftharpoons \mathrm{M}^{z+}$$

胶团 M^{z+} 是 j 个表面活性剂正离子和($j-z$)个紧密结合的反离子的聚合体。平衡常数为

$$K_m' = \frac{F[\mathrm{M}^{z+}]}{[\mathrm{C}^+]^j[\mathrm{A}^-]^{j-z}} \tag{3-11}$$

式中:$F = f_m/f_c^j f_a^{j-z}$。如溶液浓度较稀,F 接近于常数,则式(3-11)可写为

$$K_m = \frac{[\mathrm{M}^{z+}]}{[\mathrm{C}^+]^j[\mathrm{A}^-]^{j-z}} \tag{3-12}$$

胶团形成的标准自由能变化为

$$\Delta G_{\mathrm{ma}}^{\ominus} = -\frac{RT}{j}\ln K_{\mathrm{m}}' = -\frac{RT}{j}\ln\frac{F[\mathrm{M}^{z+}]}{[\mathrm{C}^+]^j[\mathrm{A}^-]^{j-z}} \tag{3-13}$$

式中:下角 ma 表明是质量作用模型。未加电解质形成胶团时,$[\mathrm{C}^+]\approx[\mathrm{A}^-]=$ CMC。当 j 值较大,与 $(2-z/j)\ln[\mathrm{C}^+]$ 相比,$(1/j)\ln F[\mathrm{M}^{z+}]$ 项可以忽略,于是式 (3-13)可写为

$$\Delta G_{\mathrm{ma}}^{\ominus} = \left[2 - \frac{z}{j}\right]RT\ln\mathrm{CMC} \tag{3-14}$$

若 $z=0$,即所有的反离子皆牢固地连接在胶团上,使得胶团的有效电荷为零,式(3-14)可变为

$$\Delta G_{\mathrm{ma}}^{\ominus} = 2RT\ln\mathrm{CMC} \tag{3-15}$$

此式与相分离导出的式(3-3)形式上相同。

若 $z=j$,既无反离子与胶团连接,式(3-14)变为

$$\Delta G_{\mathrm{ma}}^{\ominus} = RT\ln\mathrm{CMC} \tag{3-16}$$

式(3-16)也适用于非离子型表面活性剂溶液中的胶团化。相应的胶团化的标准焓变化和标准熵变化为

$$\Delta H_{\mathrm{ma}}^{\ominus} = -\left[2 - \frac{z}{j}\right]RT^2\left[\frac{\partial\ln\mathrm{CMC}}{\partial T}\right]_p \tag{3-17}$$

$$\Delta S_{\mathrm{ma}}^{\ominus} = -\left[2 - \frac{z}{j}\right]R\left[\ln\mathrm{CMC} + T\left[\frac{\partial\ln\mathrm{CMC}}{\partial T}\right]_p\right] \tag{3-18}$$

3.1.4　双亲嵌段共聚物

1. 水溶性高分子

水溶性高分子化合物是一种亲水性的高分子材料,在水中能溶解或溶胀而形成溶液或分散液。水溶性高分子的亲水性,来自于其分子中含有的亲水基团。最常见的亲水基团是羧基、羟基、酰胺基、胺基、醚基等。这些基团不但使高分子具有亲水性,而且使它具有许多宝贵的性能,如黏合性、成膜性、润滑性、螯合性、分散性、絮凝性、减磨性、增稠性等。水溶性高分子的相对分子质量可以控制,高到数千万,低到几百。其亲水基团的强弱和数量可以按要求加以调节,亲水基团等活性官能团还可以再反应,生成具有新官能团的化合物。以上的性能使水溶性高分子获得越来越广泛的应用,已经形成水溶性高分子化合物工业[4]。

水溶性高分子可以分为三大类:天然水溶性高分子、半合成水溶性高分子和合成水溶性高分子。天然水溶性高分子以植物或动物为原料,通过物理过程或物理化学的方法提取而得。这类产品最常见的有淀粉类、海藻类、植物胶、动物胶和微

生物胶等。半合成水溶性高分子由天然物质经化学改性而得,改性纤维素和改性淀粉是主要的两大类。合成类水溶性高分子有聚合和缩合两类;聚合类产物有聚乙烯醇、聚丙烯酰胺、聚丙烯酸、聚氧乙烯、聚乙二醇、聚马来酸酐、聚乙烯吡咯烷酮等;缩合类产物有水溶性环氧树脂、酚醛树脂、氨基树脂、醇酸树脂、聚氨酯树脂等。尽管合成水溶性高分子的历史只有几十年,却已经具有相当大的生产规模。它的品种和数量远远超过天然和半合成水溶性高分子。

2. 聚氧乙烯水溶性高分子

聚氧乙烯是环氧乙烷开环聚合而成的高相对分子质量的均聚物,可以用下面的结构式表示 $\text{——CH}_2\text{——CH}_2\text{O——}_n$ 或 $\text{HOCH}_2\text{CH}_2\text{O——CH}_2\text{CH}_2\text{O——}_n\text{H}$

聚氧乙烯通常可以区分为相对分子质量 20 000 以下和数万以上的,前者称为聚乙二醇,后者称为聚氧乙烯。环氧乙烷的聚合有氧烷基化和多相催化聚合两种方法:氧烷基化是用路易斯酸或碱作催化剂,用乙二醇或水引发,环氧乙烷在活泼氢位置上进行氧烷基化,生成环氧乙烷均聚物,两端用羟基终止。线型聚醚烷氧基化生成的聚合物是黏稠的液体或蜡状的固体,最大的相对分子质量为 20 000 左右;多相催化聚合的催化剂有碱土金属的碳酸盐和氧化物、烷基锌化合物、烷基铝化合物和烷氧基铝化合物及氯化铁、溴化铁和乙酸铁的水合物等,能生成相对分子质量高于 10 000 的聚氧乙烯。

聚乙二醇具有水溶性、润滑、无毒、稳定、难挥发、易互溶,加上其相对分子质量的可调节性,使聚乙二醇具有十分广泛的用途,它们在许多工业的各种各样产品中起着不同的作用。聚乙二醇把水溶性或水敏感性带给各种产品。作为化学中间产物,它给脂肪酸酯、醇酸和聚酯涂料、聚氨基甲酸酯泡沫体提供亲水性。作为一种配料,它将水溶性和溶解能力、润滑性、低毒性和增稠性结合起来,用作药物、化妆品和农用喷雾中活性成分的载体等。

聚乙二醇的最大一类工业应用是作为合成具有特殊性能的衍生物的中间体。它与脂肪酸反应转化为单酯或双酯时,就生成了一系列用途广泛的非离子型表面活性剂。亲水-疏水平衡可按使用要求通过调节聚乙二醇的相对分子质量和选择脂肪酸的性质来进行调整。

3. 双亲嵌段共聚物

双亲嵌段共聚物是由亲水的高分子链段和亲油的高分子链段组成的高分子表面活性剂。它们既有一般表面活性剂的特性,又具有高分子的特性,可以在水相和有机相中形成丰富的相结构,可以作为消泡剂、乳化剂、破乳剂、润滑剂、增稠剂、洗涤剂和化妆品添加剂等。另外,它们在药物的增溶与缓释、废水处理、介孔材料制备、生物大分子的分离等方面也具有广阔的应用前景。其中研究的最为深入的是聚氧乙烯-聚氧丙烯-聚氧乙烯[poly(ethylene oxide)-poly(propylene oxide)-poly(ethylene oxide)]双亲嵌段共聚物。

聚氧乙烯(PEO)是亲水性的高分子;聚氧丙烯(PPO)具有弱的水溶性,较高相对分子质量的 PPO 水溶液,在室温下就可以发生相分离,PEO 和 PPO 的分子结构如图 3-2 所示。聚氧乙烯-聚氧丙烯-聚氧乙烯,简写为 PEO-PPO-PEO,嵌段共聚物是一类非离子型的高分子表面活性剂,商品名称是 Pluronic(BASF 公司)或 Poloxamer(ICI 公司)。它们的结构如下

$$-(CH_2-CH_2-O)_m(CH(CH_3)-CH_2-O)_n(CH_2-CH_2-O)_m$$

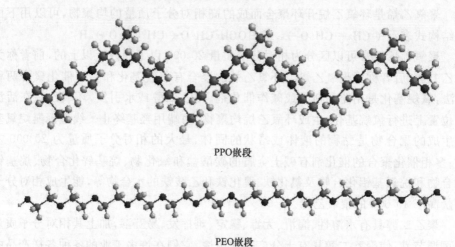

PPO嵌段

PEO嵌段

图 3-2　EO 和 PO 链段的示意图

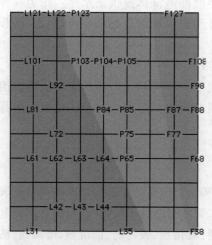

图 3-3　Pluronic 系列双亲嵌段共聚物的命名

在合成时通过控制 PEO 和 PPO 嵌段的长度以及 PPO/PEO 两相对含量可以改变 PEO-PPO-PEO 嵌段共聚物的亲水/亲油性质,得到系列化的产品(图 3-3)。Pluronic PEO-PPO-PEO 嵌段共聚物的名称中首个字母表示起物理状态;L 为液体、P 为黏稠糨糊状、F 为片状固体;数字的前两位表明 PPO 的相对分子质量、数字的末位是 PEO 的百分含量。比如 Pluronic P104 和 F108 具有相同的 PPO 链段,PPO 的相对分子质量约为3000,前者为糨糊状,PEO 含量为 40%;后者为固体,PEO 的含量为 80%。

PEO-PPO-PEO 嵌段共聚物与普通的

C_iE_j 非离子型表面活性剂的差别主要有三点[42]：第一，PEO-PPO-PEO 嵌段共聚物的临界胶团浓度(CMC)对温度非常敏感，当温度增加 20℃时，CMC 将减小三个数量级，而 C_iE_j 受温度影响很小；第二，PEO-PPO-PEO 嵌段共聚物的 CMC 受 PO 数量的影响较小，将 PO 单元从水中转移至胶团内核的自由能为(0.25±0.05) kT，只是 C_iE_j 非离子型表面活性剂的 1/5～1/4；第三，PEO-PPO-PEO 嵌段共聚物样品中含有均聚物和两嵌段共聚物，纯度较低。

PEO-PPO-PEO 嵌段共聚物的一些物理特性见表 3-1。

表 3-1　PEO-PPO-PEO 嵌段共聚物的物理性质

A	B	C	D	E	F	G	H	I
L42	1630	20	−26	280	46	0	37	7～12
L43	1850	30	−1	310	47	0	42	7～12
L44	2200	40	16	440	45	25	65	12～18
L62	2500	20	−4	450	43	25	32	1～7
L63	2650	30	10	490	43	30	34	7～12
L64	2900	40	16	850	43	40	58	12～18
P65	3400	50	27	180	46	70	82	12～18
F68	8400	80	52	1000	50	35	>100	>24
L72	2750	20	−7	510	39	15	25	1～7
P75	4150	50	27	250	43	100	82	12～18
F77	6600	70	48	480	47	100	>100	>24
P84	4200	40	34	280	42	90	74	12～18
P85	4600	50	34	310	42	70	85	12～18
F87	7700	70	49	700	44	80	>100	>24
F88	11 400	80	54	2300	48	80	>100	>24
F98	13 000	80	58	2700	43	40	>100	>24
P103	4950	30	30	285	34	40	86	7～12
P104	5900	40	32	390	33	50	81	12～18
P105	6500	50	35	750	39	40	91	12～18
F108	14 600	80	57	2800	41	40	>100	>24
L122	5000	20	20	1750	33	20	19	1～7
P123	5750	30	31	350	34	45	90	7～12
F127	12 600	70	56	3100	41	40	>100	18～23

注：A.嵌段共聚物；B.平均相对分子质量；C. PEO 质量分数；D.融化点(℃)；E.黏度；F.表面张力(dyn·cm^{-1})(0.1%，25℃)；G.起泡高度(mm)(0.1%，50℃)；H.浊点(℃)(1%)；I.HLB(亲水-亲油平衡)值。

PEO-PPO-PEO 嵌段共聚物的物理化学性质,已成为国际上的研究热点。一方面 PEO-PPO-PEO 嵌段共聚物作为典型的大分子表面活性剂,具有不同于一般的小分子表面活性剂的性质,如胶团内核的含水量、外界因素对胶团大小的影响等;另一方面 PEO-PPO-PEO 嵌段共聚物具有温度敏感性,可通过调控得到其特定的性质,如 PEO-PPO-PEO 嵌段共聚物的温度敏感胶团化、温度敏感增溶以及温度敏感 PEO-PPO-PEO 嵌段共聚物的液晶晶型结构。PEO-PPO-PEO 嵌段共聚物已经工业化和系列化,对其性质的研究是合成其他类型的嵌段共聚物,如聚氧乙烯和聚氧丁烯嵌段共聚物、聚氧乙烯和聚苯乙烯嵌段共聚物等的有益启示。

3.2　聚合物胶团的结构和性质

3.2.1　聚合物胶团的结构

1. 聚合物胶团组成

PEO-PPO-PEO 嵌段共聚物胶团由疏水的 PPO 内核和水化的 PEO 外壳组成,如图 3-4 所示。近来,研究者使用 SANS 技术研究揭示 PEO-PPO-PEO 嵌段共聚物胶团的精细结构,认为 PEO-PPO-PEO 嵌段共聚物胶团包含有大量的水,并且胶团内的水分布是不均匀,即内核的含水量不同于胶团外壳的含水量。Goldmints 等[5]使用三参数(胶团内核半径、胶团的外壳半径和胶团聚集数)模型拟合小角中子散射强度曲线,发现随温度的升高,Pluronic P85 的聚集数增大。初始形成的胶团内核包含有高达 60% 的水,温度升高导致胶团内核的含水量

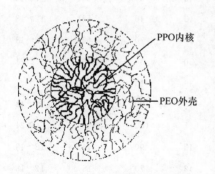

图 3-4　PEO-PPO-PEO 双亲嵌段
共聚物形成的聚合物胶团

逐渐降低。温度升高亦导致胶团的聚集数增大,但由于胶团内核的含水量逐渐降低,胶团内核的半径基本不随温度变化。Yang 等[6]进一步发展了四参数(胶团的内核半径、外壳半径、硬球相互作用半径和胶团聚集数)模型拟合小角中子散射强度曲线,其结果更清晰地反映了胶团内部水的分布以及水含量随温度的变化。

2. 胶团大小和簇集数

动态和静态激光光散射技术可以测量嵌段共聚物胶团的重均和 Z 均相对分子质量、胶团流体力学半径(R_h),根据胶团的重均相对分子质量和聚合物的单体相对分子质量可以计算胶团的簇集数(n)。激光光散射测量得到的部分 PEO-

PPO-PEO 嵌段共聚物的 n、R_h 见表 3-2。Nolan 和 Dungan 等[7]发现,在 Pluronic P103、P104 和 P105 系列嵌段共聚物胶团中,具有相近的 PPO 链段,PEO 链段越大的嵌段共聚物形成的胶团的聚集数越小。在 Pluronic P103 和 P123 系列嵌段共聚物胶团中,具有相同的 EO/PO 比例,相对分子质量越大的嵌段共聚物形成胶团的聚集数越大。

表 3-2　PEO-PPO-PEO 嵌段共聚物胶团的平均簇集数(n)、流体力学半径(R_h)和核半径(r_c)

共聚物	介质	温度/℃	n	R_h/nm	r_c/nm	方法	参考文献
L64	D$_2$O	30.5	37	9.5	3.5	SANS	[6]
L64	D$_2$O	40.5	38	9.4	3.5	SANS	[6]
L64	D$_2$O	43.7	39	9.3	3.45	SANS	[6]
L64	D$_2$O	46.8	40	9.3	3.4	SANS	[6]
L64	D$_2$O	49.5	43.5	9.0	3.35	SANS	[6]
L64	D$_2$O	52	49	9.0	3.4	SANS	[6]
L64	D$_2$O	55	54	9.0	3.4	SANS	[6]
F68	H$_2$O	54.2	19	7.8		LS	[8]
F68	H$_2$O	58.9	29	7.9		LS	[8]
F68	H$_2$O	68.5	48	7.9		LS	[8]
F68	H$_2$O	78.0	68	8.1		LS	[8]
P103	H$_2$O	25	86	8.4		DLS	[7]
P104	H$_2$O	25	53	8.6		DLS	[7]
P105	H$_2$O	25	44	8.6		DLS	[7]
P123	H$_2$O	25	99	9.0		DLS	[7]
P85	H$_2$O-D$_2$O	27.3	11			SANS	[9]
P85	H$_2$O-D$_2$O	31.4	35			SANS	[9]
P85	H$_2$O-D$_2$O	34.3	47			SANS	[9]
P85	H$_2$O-D$_2$O	37.2	55			SANS	[9]
P85	H$_2$O-D$_2$O	40	62			SANS	[9]
F88	D$_2$O	30	62	8.4	3.8	SANS	[10]
F88	D$_2$O	40	69	8.5	4.4	SANS	[10]
F88	D$_2$O	50	141	8.8	5.0	SANS	[10]
F88	D$_2$O	60	158	8.7	5.2	SANS	[10]

注:LS 表示光散射;DLS 表示动态光散射;SANS 表示小角中子散射。

3. 胶团形状

小角中子散射的实验表明水溶液中的 PEO-PPO-PEO 嵌段共聚物胶团是球形的,使用胶团内核半径、硬球相互作用半径和硬球的体积分数较好地拟和中子散射强度曲线。在低温下拟合的体积分数为0,表明嵌段共聚物没有形成胶团,单体以高分子线团形式存在;升高温度,拟合得到的体积分数逐渐增大,嵌段共聚物聚集形成球形胶团。但在较高温度条件下,Mortensen 等[11]发现拟合结果不好,认为嵌段共聚物的形状发生了变化。Schillen 和 Brown 等[12]也发现 Pluronic P85 浓度小于 1%时,当温度升至 70℃,球形胶团会转变为拉长的棒状胶团。Pluronic P94 在高温下也发生同样的胶团变形[13]。

3.2.2　聚合物胶团的性质

1. 聚合物胶团形成的温度依赖性

PEO-PPO-PEO 嵌段共聚物在选择性溶剂中可以形成胶团。所谓选择性溶剂,就是对嵌段共聚物的某一嵌段为良溶剂,而对另一嵌段是非良溶剂。

Alexandridis 等[14]采用表面张力和染料增溶的方法,系统地测量了 PEO-PPO-PEO 嵌段共聚物的临界胶团浓度(CMC)和临界胶团温度(critical micellization temperature,CMT)。在低浓度和低温区域,嵌段共聚物以单体(单分子链)形式存在于水溶液中。增加浓度至 CMC 或升高温度至 CMT,都可以引起嵌段共聚物的聚集,形成多分子胶团。CMC 和 CMT 是表征嵌段共聚物聚集行为的基本参数。

温度在嵌段共聚物胶团形成的过程中起着重要的作用,温度敏感胶团化是 PEO-PPO-PEO 嵌段共聚物的一个重要特征。Zhou[8]使用静态和动态激光光散射研究 Pluronic F68,在低浓度时,随着温度的升高依次出现三个温度区域:单体区、转变区和胶团区,转变区是单体和胶团共存的区域。在转变区,随温度的升高,单体的数目降低,嵌段共聚物高分子聚集形成胶团。胶团的粒径基本不受温度的影响,保持在 8nm 左右,嵌段共聚物胶团的聚集数随温度的升高,逐渐增大。

1) 傅里叶变化红外光谱(FT-IR)研究双亲嵌段共聚物温度依赖的胶团形成过程

Marcos 和 Oriandi 等[15]研究过均聚物 PEO 的红外光谱。PEO 热力学稳定的结构是 7/2 螺旋(H 结构)。在某些情况下,例如增加压力或加水时,可以观察到平面的"之"字形结构。PEO 的反式平面结构的重复距离是 7.12Å,具有三斜晶单元(T 结构)。T 结构的特征峰位于 $1341cm^{-1}$、$1241cm^{-1}$ 和 $962cm^{-1}$,H 结构的特征峰位于 $1358cm^{-1}$、$1280cm^{-1}$、$1235cm^{-1}$、$1060cm^{-1}$、$950cm^{-1}$ 和 $844cm^{-1}$。

Guo 和 Liu 等[16]利用傅里叶变换红外光谱在 5~70℃ 的温度范围内研究了 PEO-PPO-PEO 嵌段共聚物无水样品。各种嵌段共聚物在不同温度下的红外光谱见图 3-5。由图 3-5 可以看到各种嵌段共聚物在一定的温度下,红外光谱会发生明显的变化,这预示着嵌段共聚物由结晶状态至熔融状态的转变,转变温度随着 PPO 含量的增加而降低。

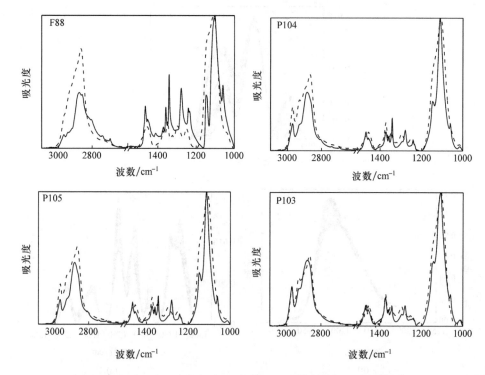

图 3－5　PEO-PPO-PEO 嵌段共聚物在不同温度下的红外光谱

实线为双亲嵌段共聚物在低温时的谱图,虚线为双亲嵌段共聚物在高温时的谱图

　　PEO-PPO-PEO 嵌段共聚物水溶液的红外光谱也会随着温度的升高而发生变化[17,18],如图 3－6 可见,8%(质量分数)Pluronic P105 水溶液的红外光谱随着温度的升高发生了显著的变化。

　　图 3－7 显示了甲基对称伸缩振动的波数随温度变化的情况,图 3－8 显示了甲基反对称伸缩振动的波数随温度变化曲线,图 3－9 是 C—O—C 伸缩振动的波数随温度变化的情况,各波数随温度的变化曲线都存在 3 个温度区域,分别对应于胶团形成的各个区域:低温时未形成胶团的单体区;胶团形成时的转变区;高温时的胶团区。

　　2)傅里叶变化拉曼光谱(FT-Raman)研究双亲嵌段共聚物温度依赖的胶团形成过程

　　Koenig 和 Augood[19]研究了聚环氧乙烷(PEO)的结晶状态、熔融状态以及在水溶液中 EO 单元的构象,他们认为结晶的 PEO 具有 7^2 螺旋构象,即 7 个重复的 CH_2—CH_2—O 化学单元和 2 个重复距离为 19.3Å 的转角。

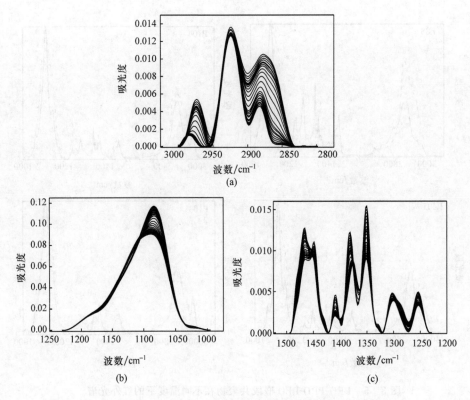

图 3-6　8％ Pluronic P105 水溶液的红外光谱（2～50℃）

(a) 3000～2800 cm⁻¹；(b) 1200～1000 cm⁻¹；(c) 1500～1200 cm⁻¹

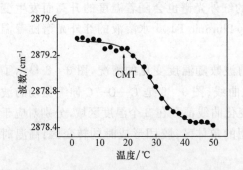

图 3-7　8％ Pluronic P105 水溶液甲基
的对称伸缩振动的频率随温度的变化

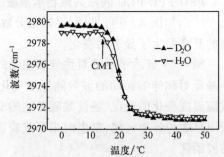

图 3-8　15％质量分数 Pluronic P103 甲
基的反对称 C—H 伸缩振动的波数随温
度的变化

　　图 3-10 给出了各种 PEO-PPO-PEO 嵌段共聚物在室温下的拉曼光谱，为了方便比较，同时列出了均聚物 PEO 和 PPO 的拉曼光谱。在 F88（F68）、P105（P85）、P104（P84）至 P123（P103）序列中，EO 单元的数量降低，PPO/PEO 比率从 0.19 增加到 1.79。均聚物 PEO 和 PPO 分别仅有 EO 单元和 PO 单元[16]。

　　PEO 和 PPO 的拉曼光谱有非常显著的区别。均聚物 PEO 的拉曼光谱,谱带尖锐、清晰,而均聚物 PPO 的拉曼光谱的谱带不清晰,相互重叠。F68 和 F88 的拉曼光谱与 PEO 的相似,而 P103 和 P123 的拉曼光谱与 PPO 的相似。其他的嵌段共聚物处于中间位置,它们的光谱类似于 PEO 和 PPO 光谱的重叠。表 3‒3 概括了所研究的均聚物和共聚物拉曼光谱的频率和强度,作为比较,同时列出了 Koenig 和 Augood[19]关于 PEO 结晶状态和熔融状态的数据。

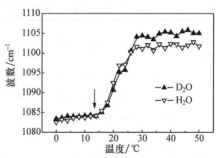

图 3‒9　质量分数 15% Pluronic P103 C—O—C 伸缩振动的波数随温度的变化

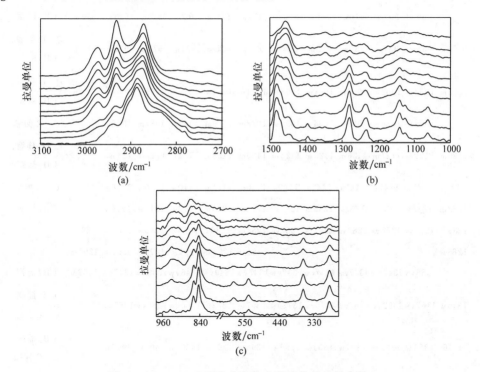

图 3‒10　Pluronic 嵌段共聚物和均聚物的拉曼光谱
由下向上分别是 PEO(M_w≈1500),F88,F68,P105,P85,P104,P84,P123,P103 和 PPO(M_w≈1000)

　　甲基和亚甲基摇摆振动区域内有两个峰,分别位于 844cm^{-1} 和 860cm^{-1} 附近,这两个峰在所有的嵌段共聚物拉曼光谱中都存在。对于 PEO 和低的 PPO/PEO 比率的嵌段共聚物(如 F88 和 F68),844cm^{-1} 谱带比 860cm^{-1} 谱带的强度更大;在 PPO 和高的 PPO/PEO 比率的嵌段共聚物中(如 P103 和 P123),844cm^{-1} 峰比 860cm^{-1} 峰弱。

表 3-3　8 种嵌段共聚物和两种均聚物的拉曼频率

PEO 固体[1]	PEO	F68	F88	P85	P105	P84	P104	P103	P123	PPO	PEO 熔融[1]	谱峰指认
	279m	278m	278m	279m	279w	281w	279w	278w	278vw	272vw	261w	
	323vw	329vw	330vw	321vw	319vw	321vw	324vw	328vw	333vw	325vw		
	363w	364m	364m	364m	363w	363vw	362w	362vw	362vw	362vw		
537s	536w	535w	535w	533w	536w	533w	536w	535w	535vw	534vw		(OCC) 弯曲
583	581w	584w	584w	582vw	582w	582vw	582w	581w	590vw	589w		
811w				811w	811w	811w	811sh	811sh	811sh	811sh	807m	无定形结构
846vs	844vs	845vs	845vs	844s	844vs	845vs	844s	846w	844w	844w	834m	CH$_2$ 摇摆
860m	861s	859s	859s	862s	860s	865s	860m	862w	861w	866w		
	909w	907w	910w	911w	909w	910w	909w	907w	910w	910w	884w	CH$_2$ 摇摆
936vw	935w	931w	931w	932m	925w	924w	925w	924w	922w	921w	919sh	C—O 伸缩, CH$_2$ 摇摆
1065m	1063m	1062m	1063m	1061w	1063m	1064m	1064w	1069w	1065m	1059w	1052m	C—O 伸缩, CH$_2$ 摇摆
	1088w	1086w	1086w	1086w	1090w	1088m	1089m	1090w	1087m	1088m		C—C 伸缩
1125m	1125m	1127m	1126m	1128m	1125m	1126m	1128m	1124w	1127sh	1125sh		C—C 伸缩, CH$_2$ 摇摆
1142s	1141s	1141s	1141s	1142s	1140s	1140m	1141m	1140w	1140w	1148w	1134s	C—O 伸缩
1232m	1232s	1234s	1233s	1236s	1235s	1241m	1236w	1242w	1242w	1244w		CH$_2$ 扭曲
1283vs	1279vs	1278vs	1280vs	1282vs	1282vs	1281m	1280s	1278w	1280w	1285w	1283s	
1286w						1294sh	1298sh	1297m	1292m	1297m	1291m	
	1358vw	1347vw	1347vw	1347vw	1347vw	1347vw	1349vw	1346vw	1349vw	1347vw	1352m	CH$_2$ 摇摆
1376w	1367vw	1362vw	1362vw	1370vw	1373w	1367w	1372w	1366vw	1368vw	1367vw		CH$_2$ 摇摆, C—C 伸缩
1396	1395w	1395w	1395w	1395w	1396w	1396w	1395w	1400vw	1400w	1410w		CH$_2$ 摇摆, C—C 伸缩
1448m	1448m	1450s	1451s	1456vs	1455vs	1456vs	1456vs	1456s	1456s	1456s	1448sh	CH$_2$ 剪式
1471sh	1470sh	1470sh	1470sh	1470sh	1470sh	1470sh	1470sh	1468sh			1470s	CH$_2$ 剪式
1481s	1482vs	1481vs	1481vs	1478vs	1478vs	1478vs	1477vs	1477sh	1477sh	1478sh		CH$_2$ 剪式
1486s	1498sh	1498sh	1498sh	1498sh	1497sh	1498sh	1496sh	1497sh	1498sh	1496sh		CH$_2$ 剪式

1) 文献[19]的数据。

注：vs 表示非常强（拉曼单位＞0.004）；s 表示强（0.004＞拉曼单位＞0.003）；m 表示中等强度（0.003＞拉曼单位＞0.002）；w 表示弱（0.002＞拉曼单位＞0.001）；vw 表示非常弱（拉曼单位＜0.001）；sh 表示肩峰。

在 C—C 和 C—O 伸缩振动区域,PEO 和低 PPO/PEO 比率嵌段共聚物的 $1141cm^{-1}$ 峰比 $1127cm^{-1}$ 峰更强;PPO 和高 PPO/PEO 比率嵌段共聚物的 $1141cm^{-1}$ 峰强度与 $1127cm^{-1}$ 峰几乎一样。对于 PEO 和低的 PPO/PEO 比率的嵌段共聚物,在 $1235cm^{-1}$ 附近有一个强峰;在 PPO 和高的 PPO/PEO 比率的嵌段共聚物中,$1235cm^{-1}$ 谱带向高波数位移至 $1250cm^{-1}$ 附近,而且峰强大为减弱。对于 PEO 和低的 PPO/PEO 比率的嵌段共聚物,位于 $1280cm^{-1}$ 的强峰旁伴随着一个 $1296cm^{-1}$ 附近弱的肩峰;在 PPO 和高的 PPO/PEO 比率的嵌段共聚物中,$1280cm^{-1}$ 峰的强度降低,分别在 1280 和 $1296cm^{-1}$ 处出现两个相等强度的峰。

在 $1000\sim1500cm^{-1}$ 区域内的 C—C 骨架伸缩振动对碳氢链的构象状态特别敏感。在 $1062cm^{-1}$ 和 $1127cm^{-1}$ 的谱带分别对应于全反式 C—C 的非对称和对称伸缩振动,而在 $1090cm^{-1}$ 附近的谱带对应于 C—C 骨架的扭曲结构。

在亚甲基弯曲振动区域($1425\sim1500cm^{-1}$)出现 4 个峰,分别位于 $1454cm^{-1}$、$1468cm^{-1}$、$1480cm^{-1}$ 和 $1498cm^{-1}$ 附近。对于 PEO 和低的 PPO/PEO 比率的嵌段共聚物(如 F88 和 F68),$1468cm^{-1}$ 和 $1480cm^{-1}$ 这两个峰相对较强,$1454cm^{-1}$ 峰相对较弱。随着 PPO 单元的增加,$1468cm^{-1}$ 和 $1480cm^{-1}$ 峰的强度逐渐降低,这样,在 PPO 和高的 PPO/PEO 比率的嵌段共聚物中(如 P103 和 P123),$1468cm^{-1}$ 和 $1480cm^{-1}$ 两个峰的强度与 $1454cm^{-1}$ 峰几乎相等。$1498cm^{-1}$ 峰不随 PPO/PEO 比率的变化而变化。

不同嵌段共聚物光谱之间的区别也存在于结晶状态的 PEO 和熔融状态的 PEO 的光谱之间。在结晶状态 PEO 中,由反式-扭曲-反式序列形成螺旋结构;在熔融状态,链的螺旋打开,PEO 由反式-扭曲-反式序列转变为扭曲-扭曲-反式序列[19]。比较熔融状态和结晶状态的 PEO 拉曼光谱以及各种 PEO-PPO-PEO 嵌段共聚物的拉曼光谱,可以推测:低 PPO/PEO 比率的嵌段共聚物 Pluronic F68 和 F88 具有与结晶状态的 PEO 相似的结构,高 PPO/PEO 比率的嵌段共聚物 Pluronic P103 和 P123 具有与熔融状态的 PEO 和均聚物 PPO 相似的结构,Pluronic P84、P104、P85 以及 P105 处于中间位置。

双亲嵌段共聚物水溶液的傅里叶变换拉曼光谱随着温度的增加会发生明显变化[20]。在拉曼光谱 C—H 伸缩振动区域最明显的变化是温度诱导的亚甲基非对称伸缩振动、甲基的对称和非对称伸缩振动的频率移动。

PPO 和 PEO 嵌段的亚甲基非对称 C—H 伸缩振动谱带的变化见图 3-11。随着温度的变化,PEO-PPO-PEO 嵌段共聚物水溶液的谱带在某一温度发生大的频率移动,在此温度以上或以下,峰位变化很小。$2930cm^{-1}$ 和 $2970cm^{-1}$ 附近的谱带也存在相似的变化趋势。

其中波数对温度的 S 形曲线的第一个转变点是临界胶团温度。在给定浓度下,嵌段共聚物水溶液的临界胶团温度随着 PO 含量的增加而降低,说明具有较大

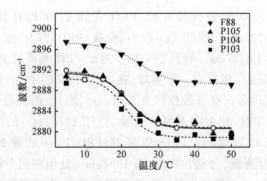

图 3-11　拉曼光谱中 10% Pluronic 溶液亚甲
基非对称伸缩振动的频率随温度的变化

疏水区域的嵌段共聚物在较低的温度下形成胶团。从图 3-11 可以看出,具有较小 PPO 嵌段的嵌段共聚物(如 Pluronic F88)的胶团形成较困难,而具有较大的PPO 嵌段的嵌段共聚物如 Pluronic P103、P104 和 P105,胶团形成较容易。

3) 荧光光谱研究双亲嵌段共聚物温度依赖的胶团形成过程

荧光光谱技术可以比较敏锐地观测到荧光探针周围微环境极性的变化,图3-12 给出了浓度为 $0.2\mu mol \cdot L^{-1}$ 芘在 0.06%(质量分数)Pluronic P103 水溶液中的荧光光谱图,5 个荧光光谱峰在图中清晰可辨。温度对该体系中芘的荧光强度有影响,大体上较高温度下,探针芘的荧光强度比较大。增大荧光探针芘的量子产率将增大芘的荧光强度,荧光探针芘的量子产率主要受探针微环境极性的影响,其他因素如猝灭、内部转化、能量转移以及光化学反应等也影响量子产率。在 PEO-PPO-PEO 嵌段共聚物-水体系中,探针微环境的极性是影响量子产率的主导因素。升高温度,体系中嵌段共聚物聚集形成疏水的微环境,非极性的芘增溶在胶团的内核,具有较大的量子产率。

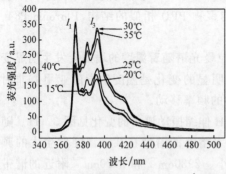

图 3-12　不同温度下 $0.2\mu mol \cdot L^{-1}$ 芘在
0.06%(质量分数)Pluronic P103 水溶液
中的荧光光谱图

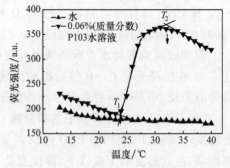

图 3-13　$0.2\mu mol \cdot L^{-1}$ 芘在水和 0.06%
(质量分数)Pluronic P103 水溶液中的荧
光光谱 I_1 峰的强度随温度的变化

图 3－13 给出了荧光探针芘的 I_1 峰（图 3－12 中标注 I_1 峰位于波长 373nm 处）的强度随温度的变化。在水溶液中，荧光探针芘的强度随温度的升高缓慢降低，温度升高可以降低芘在水溶液中的量子产率。在 0.06%（质量分数）Pluronic P103 的水溶液中，荧光探针芘的 I_1 峰的强度在较低的温度下，随温度的升高略有降低；但当温度高于某一特征温度时，荧光探针芘的 I_1 峰的强度随温度的升高急剧增大，荧光强度的增大，说明体系中形成了疏水的微环境，即 PEO-PPO-PEO 嵌段共聚物聚集形成了胶团，荧光探针芘在胶团内核的疏水微环境中具有较高的量子产率。此特征温度为 PEO-PPO-PEO 嵌段共聚物的 CMT（图 3－13 中标注为 T_1，即荧光强度基线和荧光强度增加对应的直线的交点）。当荧光探针芘的荧光强度随温度的升高达到最大值（图 3－20 中温度为 T_2 时所对应的荧光强度）后，荧光强度随温度的升高又缓慢降低。温度在 $T_1 \sim T_2$ 之间，荧光强度随温度的升高而增大的原因在于：单分子体不断聚集为胶团以及胶团的结构发生变化；该温度区域相应于嵌段共聚物胶团形成过程中的转变区。0.06% 质量分数 Pluronic P103 水溶液的转变区为 23.7～32.0℃。

I_1/I_3 值是常用的表征芘周围微环境极性的参数[21~26]。图 3－14 给出了温度对 0.06%（质量分数）Pluronic P103 水溶液中荧光探针芘的 I_1/I_3 值的影响。在较低的温度下，I_1/I_3 值较大，荧光探针芘周围主要是极性的水环境；温度升高，I_1/I_3 值急剧降低，非极性的荧光探针芘探测到水溶液中形成了疏水的微环境，即 PEO-PPO-PEO 嵌段共聚物在水中形成胶团的结果。在较高的温度下，I_1/I_3 值不再随温度的升高发生较大的变化，仅仅缓

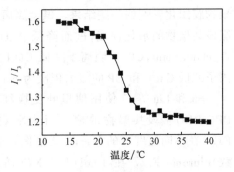

图 3－14 水溶液中加入 NaCl 影响温度依赖的 I_1/I_3 值芘的浓度为 0.2μmol·L^{-1}，Pluronic P103 的浓度为 0.06%（质量分数）

慢地降低。Pluronic P103 的 CMT 可以从 I_1/I_3 值随温度降低区域的 S 形曲线的中间值得到[27]，显然依靠温度依赖的 I_1/I_3 值确定 CMT 的方法，不如使用温度依赖的 I_1 峰强度确定 CMT 的方法更敏感。

2. 双亲嵌段共聚物的分子特性对聚合物胶团化的影响

PEO-PPO-PEO 嵌段共聚物的胶团形成与其分子特性（相对分子质量、PEO 与 PPO 的含量、线形或星形结构）有关。研究发现，亲水性强（PEO 含量高）或相对分子质量低的嵌段共聚物在室温下不形成胶团，必须在较高的温度下才能形成胶团。具有相同 PEO 含量和不同 PPO 含量的嵌段共聚物，CMC 和 CMT 随着 PO 含量的增加而降低，疏水性强（PPO 含量高）的嵌段共聚物在较低浓度下就可形成胶团。当嵌段

共聚物浓度固定时,CMT 值也随着 PO 数量的增加而下降,表明 PO 链段是 PEO-PPO-PEO 嵌段共聚物在较低温度形成胶团的主要影响因素。具有相同 PO/EO 比率的嵌段共聚物,CMC 和 CMT 随着 PEO-PPO-PEO 嵌段共聚物相对分子质量的增加而降低。PO/EO 的比率越大,相对分子质量对 CMC 和 CMT 的影响越显著。相同条件下,线形的 PEO-PPO-PEO 嵌段共聚物比星形的嵌段共聚物更易形成胶团。

3. 无机盐对聚合物胶团化的影响

在表面活性剂的水溶液中,加入无机盐影响表面活性剂的胶团化。无机电解质对离子表面活性剂的作用,主要是离子之间的电性相互作用,压缩表面活性剂离子头的双电层的厚度,减少它们之间的排斥作用,从而无机盐离子容易吸附于胶团的表面。对于非离子表面活性剂,则主要在于对疏水基团的"盐析"或"盐溶"作用,而不是对亲水基的作用。起"盐析"作用时,表面活性剂的 CMC 减低;起"盐溶"作用时则相反。

Alexandridis 和 Holzwarth[28]报道了电解质的存在对 PEO-PPO-PEO 嵌段共聚物胶团化影响的一些结果。碱金属卤化物被认为可以增加水的结构,从而减少嵌段共聚物的水化程度,进而降低 PEO-PPO-PEO 嵌段共聚物的 CMT 和 CP(浊点,cloud point,CP)。阴离子降低 CMT 和 CP 的能力依次为 $Cl^- > Br^- > I^-$;阳离子减低 CMT 和 CP 的能力依次为 $Na^+ > K^+ > Li^+$;NaSCN 增加 CMT 和 CP。

Su 和 Liu 等[29]使用傅里叶变换红外光谱研究了水溶液中加入盐,对 PEO-PPO-PEO 嵌段共聚物的聚集行为影响。图 3－15 是 15%(质量分数)Pluronic F127 在不同温度下的 FT-IR 光谱图,图 3－16 给出了不同温度下,15%(质量分数)Pluronic F127 在 $1mol \cdot L^{-1}$ KCl 溶液中的 FT-IR 光谱图,比较图 3－15 和图 3－16,在盐溶液中,Pluronic F127 的水化甲基峰(图 3－16 中标注了 $1378cm^{-1}$ FTIR 吸收峰)的波数随温度的升高有较小的位移(小于 $1cm^{-1}$),而不加盐的 Pluronic F127 的水化甲基峰的波数随温度的升高位移比较大。加入盐降低了水化甲基的极性。在图 3－16 中依然可以观察到水化甲基的对称变形振动峰的强度随温度的升高逐渐降低,去水化甲基的对称变形振动峰的强度随温度的升高逐渐升高,即水化甲基不断脱水转变为去水化的甲基。

图 3－17 给出了盐溶液中,Pluronic F127 的 C—O—C 伸缩振动峰的波数随温度的变化。当温度高于一特征温度,C—O—C 伸缩振动峰的波数急剧向高波数移动,由此确定体系中加入碱金属卤化物 NaCl、KCl、KBr 和 KI 后,15%(质量分数)Pluronic F127 水溶液的 CMT 依次为 3℃、7℃、9℃和 19℃。比较 NaCl 和 KCl,Na^+ 比 K^+ 具有较大的降低 Pluronic F127 的 CMT 的能力。比较 KCl、KBr 和 KI,降低 Pluronic F127 的 CMT 的能力为 $Cl^- > Br^- > I^-$。实际上,在该体系中加入 KI,略微增大了 Pluronic F127 的 CMT。

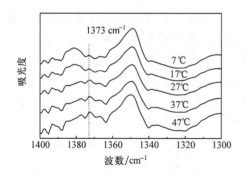

图 3 - 15 不同温度下 15%（质量分数）
Pluronic F127 水溶液的红外光谱

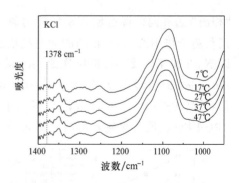

图 3 - 16 不同温度下 15%（质量分数）
Pluronic F127 在 1mol·L⁻¹ KCl 水溶液中
的 FT-IR 光谱图

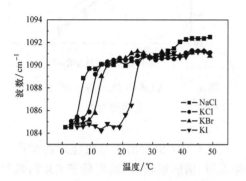

图 3 - 17 加入 1mol·L⁻¹ 不同的盐，15%
（质量分数）Pluronic F127 水溶液的
C—O—C伸缩振动谱带红外吸收峰的波
数随温度的变化

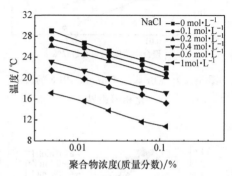

图 3 - 18 NaCl 影响 Pluronic P103 的胶
团化相图边界

Su 和 Liu 等[30]使用荧光光谱研究了无机盐对 PEO-PPO-PEO 嵌段共聚物

Pluronic P103 胶团形成的影响。在 Pluronic P103 的水溶液中加入无机盐 NaCl、KCl、KBr 和 KI，可以降低 Pluronic P103 在水溶液中胶团化的 CMT。图 3 - 18、图 3 - 19、图 3 - 20 和图 3 - 21 给出了体系中加入无机盐后，Pluronic P103 的临界胶团温度随嵌段共聚物浓度的变化。

体系中加入无机盐，将推动 Pluronic P103 的胶团化"相图"的边界向低温区域移动。无机盐的浓度越高，其推动胶团化

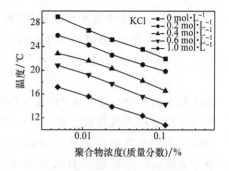

图 3 - 19 KCl 影响 Pluronic P103 的
胶团化相图边界

"相图"边界向低温区域移动的能力越大。盐效应对表面活性剂胶团化的影响是正负离子作用的总和,相同的无机盐浓度的情况下,4 种无机盐降低 CMT 的能力,以 NaCl 和 KCl 最强,KBr 次之,KI 最弱。Jain 等[10]使用 SANS 研究盐效应对 Pluronic F88 聚集行为的影响,认为盐效应与温度对嵌段共聚物胶团化的影响相似:升高 PEO-PPO-PEO 嵌段共聚物水溶液的温度可以降低其 CMC,而在 PEO-PPO-PEO 嵌段共聚物水溶液中加入无机盐可以降低其 CMT。

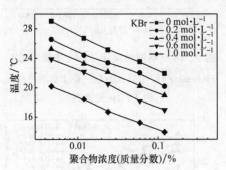

图 3 - 20　KBr 影响 Pluronic P103 的胶团
化相图边界

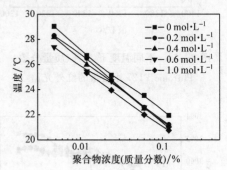

图 3 - 21　KI 影响 Pluronic P103 的胶团
化相图边界

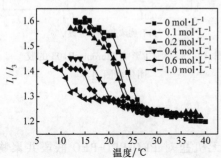

图 3 - 22　水溶液中加入 NaCl 影响温度
依赖的 I_1/I_3 值芘的浓度的 $0.2\mu mol \cdot L^{-1}$,
Pluronic P103 的浓度为 0.06%

图 3 - 22 也给出了盐效应对温度依赖的 I_1/I_3 值的影响,在温度低于 CMT,增加体系中的 NaCl 的浓度,将降低 I_1/I_3 值,即降低探针芘周围微环境的极性。当温度高于 CMT,I_1/I_3 值达到较稳定的数值后,增加体系中的 NaCl 的浓度,基本不影响 I_1/I_3 值。此时荧光探针芘增溶在胶团的内核,其微环境基本与溶液中加入的无机盐无关。

水是 PEO 的良性溶剂,PEO 的高分子链在水溶液中的构象比较舒展;水是 PPO 非良性溶剂,PPO 的高分子链在水溶液中的构象比较卷曲。Chu 认为 PEO-PPO-PEO 嵌段共聚物单分子链在水溶液中,以单分子胶团的形式存在。在 PEO-PPO-PEO 嵌段共聚物的单分子胶团的模型中,PPO 链段卷曲或崩塌为球形,PEO 链段为溶剂化的比较伸展的高分子线团;但是单分子胶团的内核包含有大量的水[31]。当 NaCl 溶解在嵌段共聚物的水溶液中时,单分子胶团的内核被进一步压缩,减少了 PPO 链段与溶剂水的接触,可能在单分子胶团的内核生成极性比较弱的微环境(比较低的 I_1/I_3 值)。该结果与 FT-IR

光谱研究结果一致,体系中加入无机盐,即使在温度低于 CMT 时,也可以降低水化甲基的极性,增加去水化甲基的相对比例。

　　盐效应对烷基聚氧乙烯非离子表面活性剂[oligo (ethylene oxide) alkyl ether nonionie surfactant]在水中胶团化的影响,归因于降低烷基的溶解度,而不是影响聚氧乙烯的水化[32]。根据图 3-22 中,在温度低于 CMT 时,盐效应影响 I_1/I_3 值的情况,可以认为增加体系中 NaCl 的浓度,将降低 PPO 链段的溶解度(极性),在单分子胶团的内核形成极性比较弱的微环境。PPO 链段在水中溶解度的降低,与加入无机盐改变聚合物与水分子之间的相互作用有关系。一般认为,无机盐离子与中性的聚合物不直接发生作用,即无机盐离子不吸附在聚合物的水化层中,无机盐离子和聚合物之间发生间接的相互作用[33,34]。无机盐离子周围的水分子被极化,降低其自由能。嵌段共聚物的醚氧原子和无机盐离子之间对水分子的水化出现竞争,导致 PPO 在水中的溶解度降低。降低 PPO 链段的溶解度将推动嵌段共聚物的 CMT 向低温度方向移动。

　　对照 NaCl 和 KCl 影响 Pluronic P103 在水溶液的 CMT,Na$^+$ 和 K$^+$ 降低 CMT 的能力相近。对照 KCl、KBr 和 KI 影响 Pluronic P103 在水溶液的 CMT,降低 CMT 的能力为 Cl$^-$＞Br$^-$＞I$^-$(图 3-23);在相同的电荷下,离子半径越大卤素阴离子对溶剂水的极化越小,降低 CMT 的能力越小。

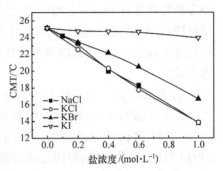

图 3-23　无机盐对 PEO-PPO-PEO 双亲嵌段共聚物胶团形成的影响

4. 脂肪醇对聚合物胶团形成的影响

　　少量有机物的存在,能导致表面活性剂在水溶液中的 CMC 很大的变化,同时也常常增加表面活性剂的表面活性,出现溶液表面张力有最低值的现象。脂肪醇的存在对表面活性剂溶液的表面张力、临界胶团浓度以及其他性质(如起泡性能、泡沫稳定性、乳化性能、增溶作用、表面活性剂胶团化的动力学和热力学性质)都有显著的影响[35],通常降低 CMC 作用的大小随脂肪醇碳氢链的加长而增大。与脂肪醇不同,一些水溶性强、极性较强的极性有机添加剂,使表面活性剂的 CMC 增大,而不是下降。最常见的这类添加剂有尿素、N-甲基乙酰胺、乙二醇等。在水溶液中这一类极性有机物易于通过氢键与水分子结合;相对说来使水本身的结构易于破坏,而不易形成。对于表面活性剂分子疏水基团碳氢链周围的"冰山"结构,尿素这类化合物也同样起破坏作用,使其不易形成。这样会使表面活性剂吸附于表面及形成胶团的趋势减小,于是显示出表面活性降低和 CMC 升高的现象。在

PEO-PPO-PEO 嵌段共聚物－水二元体系中,添加脂肪醇是将表面活性剂和一些不溶于水的药物和化妆品配制为水基混合物的重要策略。加入脂肪醇,可以调节 PEO-PPO-PEO 嵌段共聚物液晶的结构参数,从而调控模板制备介孔材料的结构参数。

　　Armstrong 等[36]使用高灵敏的示差扫描量热仪测量 PEO-PPO-PEO 嵌段共聚物在水中的 CMT,发现甲醇、乙醇和甲酰胺阻止 Poloxamer F87 在水中的胶团化,而丁醇和肼推进 Poloxamer F87 在水中的胶团化。Caragheorgheopol 等[37]使用自旋探针技术(spin probe technique)研究中等链长的脂肪醇对水溶液中的 Pluronic P85 胶团化的影响,在 $C_4 \sim C_6$ 脂肪醇系列中,脂肪醇推进 Pluronic P85 在水中胶团化的能力随碳链长度的增加而增大,脂肪醇增溶在胶团的内核或者胶团内核－外壳的交界区域。Alexandridis 及其合作者[38]考察了极性有机共溶剂甘油、丙二醇、乙醇和葡萄糖等对 Pluronic P105-水混合物的液晶结构的影响,他认为极性有机共溶剂对液晶微结构的影响,与共溶剂在液晶结构的位置(PEO 链段或 PPO 链段区域)、改变疏水－亲水界面的曲率的程度,以及对 PEO 或 PPO 链段的溶胀程度等因素有关。

　　Su 和 Liu 等[39]应用荧光光谱法研究了脂肪醇对 PEO-PPO-PEO 嵌段共聚物在水溶液中胶团化的影响。依据温度依赖的 CMC,计算了正戊醇对 Pluronic P103、P105 和 F108 在水溶液中胶团化过程中热力学参数。对所研究的三种 PEO-PPO-PEO 嵌段共聚物,胶团化过程的 $\Delta H^{\ominus}$ 和 $\Delta S^{\ominus}$ 随溶液中正戊醇浓度的增加而增大。Pluronic P103、P105 和 F108 在水溶液中胶团化过程的 $\Delta H^{\ominus}$ 和 $\Delta S^{\ominus}$ 随正戊醇含量的变化值与 PEO-PPO-PEO 嵌段共聚物的组成有关。对于亲水性较强的嵌段共聚物 Pluronic F108,其聚集形成的胶团内核含水量比较高,在增溶正戊醇形成混合胶团的过程中,胶团内核中必然由较多的水需要被取代,其热力学参数的变化值比较大。对于疏水性较强的嵌段共聚物 Pluronic P103,其聚集形成的胶团的内核含水量小,在增溶正戊醇形成混合胶团的过程中,因取代而释放的水比较少,因此 Pluronic P103 的热力学参数变化值比较小。

　　不同碳链长度的脂肪醇对 CMT 的影响不一样,如图 3－24 所示。体系中加入甲醇和乙醇,Pluronic P103 在水溶液中的 CMT 随加入醇的体积的增加而增大;体系中加入正丙醇,Pluronic P103 在水溶液中的 CMT 随加入醇的体积的增加而略有降低;体系中加入正丁醇和正戊醇,Pluronic P103 在水溶液中的 CMT 随加入醇的体积

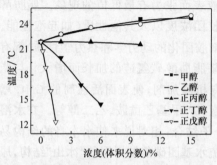

图 3－24　脂肪醇对 PEO-PPO-PEO 双亲嵌段共聚物胶团形成的影响

的增加而急剧降低。

　　比较体系中加入乙醇和正戊醇对温度依赖的 I_1/I_3 值的影响,在温度低于 CMT,加入乙醇基本几乎没有影响 I_1/I_3 值,而加入正戊醇显著地降低 I_1/I_3 值。乙醇分子没有进入 PEO-PPO-PEO 嵌段共聚物单分子胶团的内核,即甲醇和乙醇几乎不进入 PPO 链段的水化层,水化层的分子相对溶剂水分子具有更高的稳定性,只有在较高的温度下,才能发生 PPO 链段去水化,嵌段共聚物聚集形成胶团。正戊醇可以进入 PPO 链段的水化层,改变 PPO 水化层的结构,降低 PPO 链段在水中溶解度的降低,推进嵌段共聚物去水化,即推动嵌段共聚物的 CMT 向低温方向移动。

3.3　聚合物胶团化机理

3.3.1　胶团形成动力学

　　研究 PEO-PPO-PEO 嵌段共聚物胶团形成的动力学是认识胶团化过程的重要组成部分[40,41]。Michels 等[42]应用温度跳跃和超声弛豫两种化学弛豫方法研究了 Pluronic L64 和 Hoechest PF80(接近 Pluronic F68)两种嵌段共聚物在水溶液中的胶团形成动力学。超声吸附发现一种弛豫过程是嵌段共聚物在单分子与胶团之间的交换过程。温度跳跃实验发现了两种弛豫过程,快速过程反映嵌段共聚物交换对胶团浓度波动的影响,慢速过程反映胶团大小分布在胶团数目增加后向平衡状态的回复。Pluronic L64 形成胶团几乎是扩散控制的。Kositza 等[43]应用碘激光温度跳跃(iodine laser temperature-jump)和驻流(stopped flow)技术研究了 Pluronic L64 的胶团形成动力学。在较宽的温度范围内发现了三个弛豫过程,最快的弛豫过程是单分子体进入胶团生成热力学不稳定的较大的胶团,该过程伴随一个具有负的振幅的弛豫过程,它是胶团内核去水化和胶团大小的再分布;第三个弛豫过程发生在高温下,胶团聚集成为大的簇集体(浊点时宏观相分离的初级阶段)。

　　1. 嵌段共聚物自组装的动力学模拟方法

　　表面活性剂自组装动力学的计算机模拟是近年来发展起来的用以弥补实验研究不足的一种研究方法,可以为自组装体形成过程提供动态信息和微观结构。

　　通常,由于离子型表面活性剂及表面活性剂低聚体系相对分子质量相对较小,对自组装行为一般采用在原子尺度的分子动力学(molecular dynamics)或蒙特卡罗(Monte Carlo)法来模拟。比如 Maillet 等[44]用 MD 模拟了具有不同长度尾基的表面活性剂的聚集行为,发现短链表面活性剂在平衡过程中的单体交换速度要比长链表面活性剂快。Bruce 等[45]用 MD 模拟了不同离子的表面活性剂的自组装行为,发现表面活性剂在水中可以形成单个胶束,既有球状的也有棒状的,其结构随表面活性剂的浓度和烷基链长度变化。Kuhn 等[46]模拟了表面活性剂/戊醇/水体系中的胶团特性,并考察了戊醇分子对胶团成形的影响以及水分子在胶团中的渗透作用。Larson[47]用晶格 Monte Carlo 方法模拟并确定了二元(水/表面活性剂)和三元(水/油/表面活性剂)体系的相图。

但是,对嵌段共聚物这样大相对分子质量的高聚物体系,原子尺度的方法就显得不适用了,因为原子尺度模拟的时间很少超过 1ns,而嵌段共聚物自组装体从出现到平衡在微秒到毫秒之间。1991 年,Rodrigues 和 Mattice[48]对 AB 型 ABA 型嵌段共聚物进行了 Monte Carlo 模拟,模拟在一个 22^3 的立方晶格中进行,有 20 条高分子链,每条链占据着 20 个晶格,在这种情况下聚合物的体积分数仅有 0.0376%,可见计算方法和计算机运算速度使嵌段共聚物自组装行为的动力学模拟受到很大限制。

20 世纪末,当介观层次上的计算机模拟方法蓬勃发展起来后,这种情形得到很大改观。介观模拟方法的特点是在快速分子尺度的动力学和慢速宏观尺度的热力学之间架起联系的桥梁。有助于解决配位化学、高分子科学及化工和生命领域的复杂问题,其应用涉及胶团形成、胶体絮状物构造、乳化剂、流变学、共聚物和聚合物混合形态以及通过多孔介质的流动[49]。

介观层次上的计算机模拟方法发展很快,是目前计算化学的前沿研究领域。现在比较成熟的模拟方法有由 Fraaije 等[50]提出的介观动力学(mesodynamics)和由 Groot 等[51]提出的耗散颗粒动力学(dissipative particle dynamics, DPD)。两种方法均被 Accelrys 软件公司制作成计算软件 Cerius2 的模板:Mesodyn 和 DPD 计算模板。

1) 介观动力学

介观动力学是基于时间相关金斯伯格—朗道模型(time-dependent Ginzburg-Landau model)的理论计算模拟方法。金斯伯格—朗道模型通常包括基于密度的自由能的唯象扩展。它可用来模拟体系中的热动力学力和一套随机扩散方程或修正的南维—斯托克斯(Navier-Stokes)方程,从而预测体系的时间演变过程。数值计算包括对朗之万(Langevin)泛函方程的积分,从而给出高斯密度泛函和内在化学势的对应关系。区域非理想的相互作用能可通过一个平均场来计算。介观噪声可以通过变动分散定理(fluctuation-dissipation theorem)直接给出。

介观动力学方法是基于平均场密度泛函理论的计算方法。它的基本思想是非均相态体系的自由能 F 是区域密度函数 ρ 的函数,而所有的热力学函数可以从自由能得出,从而研究体系的各种性质。平均场密度泛函理论的基本假设是在系统的分布函数、密度、外加势场之间存在——对应关系。

在粗粒时间尺度,$\rho_I^\circ(r)$ 被定义为珠子类型 I 在某一时刻的密集度场并用为参考值。体系中珠子的分布函数定义为 $\Psi(R_{11},\cdots R_{\gamma s}\cdots,R_{nN})$，其中 $R_{\gamma s}$ 是链 γ 中珠子 s 的空间位置。N 和 n 分别是珠子类型数和高分子链数。根据分布函数，可以定义所有链中珠子 s 的密集度场值

$$\rho_I[\Psi](r)\equiv\sum_{r=1}^{n}\sum_{s=1}^{N}\delta_{Is}^{K}Tr\Psi\delta(r-R_{\gamma s}) \tag{3-19}$$

式中：δ_{Is}^{K} 为克罗内克函数，当珠子是类型 S 时为 1，反之为 0。若假设在缓慢弛豫液体中相互作用力与时间无关，则对于坐标空间的积分可以简化为

$$Tr(O)\equiv\frac{1}{n!\Lambda^{3nN}}\int_{V^{nN}}(O)\prod_{\gamma=1}^{n}\prod_{s=1}^{N}dR_{\gamma s} \tag{3-20}$$

式中：$n!$ 代表高分子链间的不可分辨性；热波长 $\Lambda=(h^2\beta/2\pi m)^{1/2}$；$\Lambda^{3nN}$ 为保证分布函数无量纲的归一化因子；m 为珠子的质量。

在 $\rho_1[\Psi](r)=\rho_I^{\ominus}(r)$ 的限制条件下，可以定义一个分布函数集

$$\Omega=\{\psi(R_{11},\cdots,R_{nN})|\rho_I[\psi](r)=\rho_I^{\ominus}(r)\} \tag{3-21}$$

在这个分布函数集基础上，可以定义一内在自由能泛函

$$F[\Psi]=T_r(\Psi H^{id}+\beta^{-1}\Psi\ln\Psi)+F^{nid}[\rho^{\ominus}] \tag{3-22}$$

第一项是高斯链间相互作用的哈密顿平均值

$$H^{id}=\sum_{\gamma=1}^{n}H_{\gamma}^{G} \tag{3-23}$$

自由能泛函中的第二项代表分布函数——$k_B T\psi\ln\psi$ 的吉布斯熵。第三项是平均场非理想项。动力学密度泛函的基础是在粗粒时间尺度，分布函数需保证自由能泛函最小。从而分布函数与系统演变的历史无关，只与密度分布和外部约束有关。对密度场的外部约束可通过外加势场 U_I 来实现。在此基础上，可以得出密度、分布函数、外加势场之间的一一对应关系。可以表示为

$$\beta F[\rho]=n\ln\Phi+\beta^{-1}\ln n!-\sum_I\int U_I(r)\rho_I(r)dr+\beta F^{nid}[\rho] \tag{3-24}$$

链间非理想化的相互作用可以定义为 Flory-Huggins 型的相互作用

$$F^{nid}[\rho]=\frac{1}{2}\iint\varepsilon_{AA}(|r-r'|)\rho_A(r)\rho_A(r')+\varepsilon_{AB}(|r-r'|)\rho_A(r)\rho_B(r')$$
$$+\varepsilon_{BA}(|r-r'|)\rho_B(r)\rho_A(r')+\varepsilon_{BB}(|r-r'|)\rho_B(r)\rho_B(r')drdr' \tag{3-25}$$

平均场内在化学势可以很容易通过对自由能泛函的微分得到

$$\mu_I(r)=\delta F/\delta\rho_I(r) \tag{3-26}$$

在平衡态 $\mu_I(r)=$ 常数，由此可以导出熟悉的自洽场方程。通常情况下，这些方程有很多解，其中一个为能量最小态，而其他的皆为亚稳态。如果体系未达到平衡，$\nabla\mu_I(r)$ 则是热力学驱动力，它可以通过对密度泛函方程的逆变换得到。通过这

些方程,可以建立时间相关金斯伯格-朗道模型理论的基本框架。

体系的扩散动力学的导出是基于这样一个假设:对每种珠子 I,区域通量正比于区域珠子浓度和区域热动力学驱动力 $J_I = -M\rho_I\nabla\mu_I + J_I'$,其中 J_I' 是随机通量,与热噪声有关。连续性方程为

$$\frac{\partial \rho_I}{\partial t} + \nabla \cdot J_I = 0 \tag{3-27}$$

从而可以推导出具有高斯分布的噪声的密度场中的简单对角泛函朗之万方程(随机扩散方程)

$$\frac{\partial \rho_I}{\partial t} = M\nabla \cdot \rho_I\nabla\mu_I + \eta_I \tag{3-28}$$

但是,该简单体系的总密度的涨落波动和实际情况是不一致的,因为有限压缩率不受所选择的平均势场所限制,可以通过引入不可压缩的约束条件使体系简单化,从而无需考虑密度涨落。

$$(\rho_A(r, t) + \rho_B(r, t)) = \frac{1}{V_B} \tag{3-29}$$

式中:V_B 为平均珠子体积,从这个限制条件可推导出交换朗之万方程

$$\frac{\partial \rho_A}{\partial t} = MV_B\nabla \cdot \rho_A\rho_B\nabla[\mu_A - \mu_B] + \eta \tag{3-30}$$

$$\frac{\partial \rho_B}{\partial t} = MV_B\nabla \cdot \rho_A\rho_B\nabla[\mu_A - \mu_B] - \eta \tag{3-31}$$

高斯噪声 η 的分布满足涨落耗散定理,从而保证朗之万方程对时间的积分产生一具有玻耳兹曼分布的密度场。

$$\langle \eta(r, t) \rangle = 0$$

$$\langle \eta(r, t)\eta(r', t') \rangle = -\frac{2MV_B}{\beta}\delta(t - t')\nabla_r \cdot \delta(r - r')\rho_A\rho_B\nabla_{r'} \tag{3-32}$$

用介观动力学方法对体系进行动力学模拟,需要将高分子链用高斯链代替,有以下参数需要表征:包含一定数量不同珠子的高斯链的分子模型骨架,每种珠子的链或段的长度,还有分支的可能性;高斯键长参数;每种珠子的自扩散系数;不同珠子之间的 Flory-Huggins 相互作用参数。

在介观动力学模拟方法中,高斯链密度函数构成每种珠子的外部势场和密度场之间的一一对应关系。另外,固有的化学势是外部势和密度场的函数,成对的朗之万方程构成时间导数和固有化学势之间的关联,噪声源与交换运动系数有关,将这些方程组合起来形成一个闭合集。用 Crank-Nicholson 法对一立方网格进行有效的积分。

2) 耗散粒子动力学

耗散颗粒动力学(DPD)是模拟类似表面活性剂溶液和共聚物熔体这样的复杂流体的一项技术;是分子动力学(MD)和晶格气体自动控制(lattice gas automata)的进一步发展,DPD 直接在其运动方程中引进长程流体力学力,从而能更真实地模拟相分离的动力学过程和其他依赖于长程相互作用的过程。

在 DPD 方法中,基本颗粒是"珠子",它表示流体材料的一个小区域,相当于在MD 模拟中我们所熟悉的原子和分子,假设所有小于一个珠子半径的自由度被调整出去只保留珠子间粗粒状的相互作用。在珠子对之间存在三种力,使得每个珠子对保持珠子数和线性动量都守恒:简谐守恒相互作用(保守力)、表示运动的珠子(即流体元素)之间的黏滞阻力、耗散力和为保持不扩散对系统的能量输入(随机力)所有这些力是短程力并具有一个固定的截止半径。通过适当选择这些力的相对大小,可得到一个对应于吉布斯-卡诺系统的稳定态,对珠子运动方程积分可以产生一条通过系统相空间轨迹线,由它可以计算得到所有热力学可观测量(如密度场、序参量、相关函数、拉伸张量等)。与常规分子动力学和布朗动力学模拟相比,它的优势在于所有力都是"软的",允许使用更大的时间步长和相应更短的模拟时间。

聚合物在 DPD 模拟中由珠子搭构出来研究诸如表面活性剂和分支聚合物的形态,一个小流体单元可表示成一个珠子,该珠子与其他珠子的相互作用包括耗散和随机(热)项,因此 DPD 聚合物表示一个真实聚合物的片段,但其尺寸足以反映聚合物的性质。典型的形成聚合物的珠子相互之间以简谐力成键,因为在 DPD 中的基本对象是粗粒状的珠子形成的聚合,将聚合物的物理化学性质映射到 DPD 模拟参数是很重要的。在 DPD 模拟中的珠子与在真实聚合物体系中的原子和分子之间存在一个对应。

(1) 系统的运动方程。考虑通过特定力相互作用的一组珠子,其动力学演化遵从牛顿定律

$$\frac{\partial \boldsymbol{r}_i}{\partial t} = \boldsymbol{v}_i , \quad m_i \frac{\partial \boldsymbol{v}_i}{\partial t} = \boldsymbol{f}_i \qquad (3-33)$$

式中:$\boldsymbol{r}_i$、$\boldsymbol{v}_i$ 和 $\boldsymbol{f}_i$ 分别为第 i 个珠子的位置矢量、速度和合力。为简便起见,设所有珠子的质量 $m_i = 1$。每个珠子受到来自其周围的三种力:与珠子和珠子之间的距离呈线性的保守力;正比于两个珠子相对速度的耗散力和珠子与其周围每个珠子之间的随机力。作用在一个珠子上的合力为

$$\boldsymbol{f}_i = \sum_{j \neq i} (\boldsymbol{F}_{ij}^C + \boldsymbol{F}_{ij}^D + \boldsymbol{F}_{ij}^R) \qquad (3-34)$$

这里是对第 i 个珠子距离为 r_c 以内的所有珠子求和。该短程截止半径使相互作用局域化,开始,设 $r_c = 1$,则所有长度相对于珠子半径来量度保守力是具有最大值 a_{ij} 的排斥中心力

$$F_{ij}^C = \begin{cases} a_{ij}(1 - r_{ij})\, \hat{r}_{ij} & r_{ij} < 1 \\ 0 & r_{ij} > 1 \end{cases} \tag{3-35}$$

式中：r_{ij} 是珠子‑珠子矢量 r_{ij} 的值；$\hat{r}_{ij}$ 是连接珠子和珠子的单位矢量。

耗散力正比于两个珠子的相对速度，并起到减小其相对角动量的作用

$$F_{ij}^D = \begin{cases} -\gamma\omega^D(r_{ij})(\hat{r}_{ij} \cdot v_{ij})\hat{r}_{ij} & r_{ij} < 1 \\ 0 & r_{ij} > 1 \end{cases} \tag{3-36}$$

式中：$\omega^D(r_{ij})$ 为短程权重函数，由于为耗散力所选择的形式，它使每对颗粒的总动量守恒，因此系统动量也守恒。随机力也在所有珠子对之间起作用并受到类似的短程截止半径限制，具有概率差分函数 $\omega^R(r_{ij})$ 并具有使能量注入到系统的作用。

$$F_{ij}^R = \begin{cases} -\sigma\omega^R(r_{ij})\zeta_{ij}\hat{r}_{ij} & r_{ij} < 1 \\ 0 & r_{ij} > 1 \end{cases} \tag{3-37}$$

不像分子动力学模拟那样颗粒表示具有已知大小并承受实验上可测量作用力的原子，DPD 珠子并不对应于真实的原子或分子，它们表示通过唯象作用力相互作用的流体材料中的小区域。从以上牛顿定律出发，选择珠子质量和半径(实际是珠子‑珠子之间的相互作用范围)为一个单位，以下所有情况均通过除以珠子质量和半径实现无量纲的单位来定量。可利用能量均分定理用温度来归一化所有珠子的速度，这等价于以 $\sqrt{mr_c^2/k_B T}$ 为单位来度量时间。这样在 DPD 模拟中所有定量都是无量纲的。温度参数决定了初始速度分布的平均，对于积分方法的数值精度而言它是常数。注意提高温度会缩短以上无量纲时间区间，为了保持精度这就要求在积分方法中更小的时间步长。为了使模拟结果与真实系统相关联，必须通过选择珠子的质量和半径及温度放回质量、长度和时间的单位。从而珠子的位置、速度和分布可与这三个基本数值的乘积转化为物理标度单位：如果 (r, v, t) 是以物理单位的长度、速度和时间，在 DPD 模拟中的对应量 (r, v, t) 由式(3-38)给出

$$\bar{r} = r/r_c, \quad \bar{v} = v/\sqrt{k_B T/m}, \quad \bar{t} = t/\sqrt{mr_c^2/k_B} \tag{3-38}$$

因此，单一 DPD 模拟结果可对应于许多物理体系，依赖于珠子质量和半径、温度和相互作用以及耗散参数的取值。

(2) 耗散和随机噪声大小的选择。以上说明耗散力和随机力的值通过涨落‑耗散定理相联系，这仍保留其中之一作为自由参数，这里取其为体系耗散力的值。Groot 和 Warren 发现高斯噪声和均匀噪声之间没有明显的差别，因此使用更为简单的均匀噪声。当噪声值近似地大于 $\sigma = 8$ 时，他们发现积分方法是不稳定的。发现 $\sigma = 3$ 时的噪声振幅对 $k_B T = 1$ 和 $k_B T = 10$ 之间的温度给出相当快的弛豫。当选择耗散参量的值时，必须注意所选的温度和耗散参数不能导致比 $\sigma = 3$ 大很多的噪声，否则模拟结果将不可靠。

(3) 排斥参数的选择。一旦确定了珠子的质量和半径、体系中聚合物的构造，

以及温度、耗散值和体系大小的约束,就只保留一个表征珠子之间相互作用的参量:排斥参数 a_{ij} 代表了在 DPD 形态学中表示物理系统中原子和分子之间复杂作用力的全部。

为了使 DPD 流体对应于典型流体,如水,其密度涨落应对应于真实流体。一般通过使用 DPD 流体的状态方程来确定排斥参量。Groot 和 Warren 从模拟中发现对中等的密度(模拟盒子的每个单元体积 3～10 个珠子)和排斥参数($a=15～30$),简单流体的状态方程为

$$p = \rho k_B T + \alpha a \rho^2 \qquad (3-39)$$

式中:p 为压力;ρ 为密度;$\alpha=0.101\pm0.001$。为了流体具有水的压缩比,需要在 $\delta=3$ 时排斥参数为 $a\approx25\,k_B T$,对其他密度使用 $a\approx75\,k_B T/\rho$。

2. 胶团化动力学模拟

Guo 和 Xu[95]用 Mesodyn 的方法研究了 Pluronic L64 水溶液胶团形成最初期的动力学过程,发现胶团的形成可以分为三个阶段:①体系由均相开始形成胶团,但胶团的形貌还不明显;②体系迅速形成各种粗糙的胶团形貌;③胶团初期形貌各种缺点逐渐被去掉,胶团形貌逐渐稳定,这个阶段耗时最长。胶团形成过程整个耗时在微秒的时间尺度。

Lam 和 Goldbeck-Wood[94]用 Mesodyn 的方法研究了嵌段共聚物 $(PEO)_{26}(PPO)_{40}(PEO)_{26}$ 水溶液胶团尺寸的变化以及胶团间的相互影响。发现在胶团形貌稳定之后,还存在两个阶段:①胶团与单体共存阶段,胶团尺寸不断发生变化,最后达到稳定的胶团尺寸分布,这个过程持续几个毫秒的时间尺度;②胶团间彼此缔合形成更大的胶团,最终体系达到平衡,这个过程持续几十个毫秒的时间尺度。

模拟了不同浓度嵌段共聚物水溶液胶团化过程,图 3-25 分别是 26%、40%、60%$(PEO)_{40}(PBO)_{10}$ 水溶液中胶团有序排列的立方液晶结构。随着浓度的增加,胶团逐渐有序排列成面心立方液晶结构,而体心立方液晶结构始终没有出现。

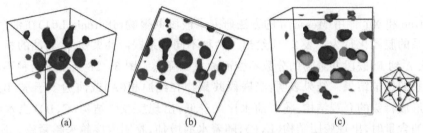

图 3-25　26%(a)、40%(b)、60%(c)$(PEO)_{40}(PBO)_{10}$
水溶液中胶团的立方液晶结构

同时,模拟了温度变化对胶团结构的影响。图 3 - 26 是 30% 的 $(PEO)_{26}$ $(PPO)_{40}(PEO)_{26}$ 水溶液在 40℃(a)和 70℃(b)时的胶团形貌,随温度升高,胶团由球形向杆状转变。

(a)　　　　　　　　　(b)

图 3 - 26　30% 的 $(PEO)_{26}(PPO)_{40}(PEO)_{26}$

在 40℃(a)和 70℃(b)时的胶团形貌

Li 和 Xu[96] 用 Mesodyn 的方法研究了嵌段共聚物结构对自组装特性的影响。图 3 - 27 是 50% 的(a)Pluronic L62 $(PEO)_6(PPO)_{34}(PEO)_6$,(b) Pluronic L64 $(PEO)_{13}(PPO)_{30}(PEO)_{13}$ 和(c)Pluronic P105 $(PEO)_{37}(PPO)_{58}(PEO)_{37}$ 的介观形貌。L62 形成凝胶体系,L64 介于凝胶和胶团之间,P105 形成胶团体系,这是因为三种嵌段共聚物 PO 链段比例增加,即嵌段共聚物疏水性增加,相分离推动力增加,所以 L62 形成均相体系而 P105 形成胶团体系。

(a)　　　　　　　　(b)　　　　　　　　(c)

图 3 - 27　L62(a), L64(b), P105(c)

三种水溶液体系的 PO 等密度面

Guo 和 Xu[95] 用 Mesodyn 的方法研究了嵌段共聚物(Pluronic L64)在油/水混合体系的胶团化行为。表 3 - 4 给出了六种不同体系嵌段共聚物、水和油的相对比例,从 A 到 F,嵌段共聚物的分数不变而油水比降低。图 3 - 28 给出了六种不同配比体系的模拟结果。结果表明:当嵌段共聚物在纯油相(A)或油远多于水(B)时,不能形成特殊的介观结构;随着油水比的降低,出现反胶团结构(C,D);当水含量大于油含量时,出现胶团结构(E,F),随着水的增加,胶团内核越来越紧密。所以,在嵌段共聚物/油体系中,是水诱导胶团的形成,这与 Alexandridis 的实验结果定性吻合。另外,Guo 和 Liu[17] 用 FT-IR 光谱研究反胶团内核水的分布,发现在反胶团内核中存在自由水,但是没有精确地给出反胶团内水分布曲线。图 3‐29 给出了两个反胶团体系(C,D)中反胶团内核水的分布剖面图,结果表明,当水量小的时候(C),大多数水分子环绕在反胶团内 PEO 嵌段周围,而当水量增加(D)时,水分子在反胶团中以自由水的形式存在,证明了在反胶团内核中自由水的确存在。

表 3‐4　不同模拟体系嵌段共聚物、水和油的体积分数

项目	L64	水	对二甲苯
A	20	0	80
B	20	5	75
C	20	10	70
D	20	30	40
E	20	70	10
F	20	80	0

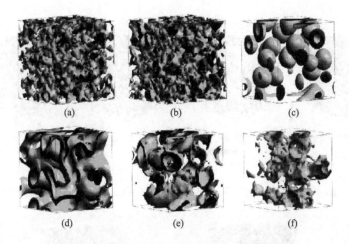

图 3‐28　模拟的六个不同系统的 EO 等密度面

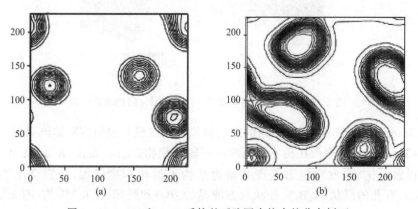

图 3‐29　C(a)和 D(b)系统的反胶团内核水的分布剖面

3. 溶致液晶结构的动力学模拟

Vlimmeren[97]用 Mesodyn 的方法模拟了 Pluronic L64，$(PEO)_{13}(PPO)_{30}(PEO)_{13}$ 和 Pluronic 25R4 $(PPO)_{19}(PEO)_{33}(PPO)_{19}$ 两种序列不同的嵌段共聚物的溶致液晶结构。L64 在链两个末端是亲水链段，使疏水链段与水的接触被屏蔽，而 25R4 恰恰相反，中间是亲水链段，两端是疏水链段。图 3-30 给出了 Pluronic L64 的各种溶致液晶结构：(a) 70% 层状液晶结构；(b) 60% 双连续相；(c) 55% 六方液晶相；(d) 50% 胶团结构。图 3-31 给出了 Pluronic 25R4 的溶致液晶结构：(a) 70% 层状液晶结构；(b) 60% 层状液晶结构；浓度继续变稀，却不会出现双连续、六方液晶相以及胶团；当浓度低于 40% 时，不会出现介观结构。这是由于 Pluronic 25R4 两端都是疏水链段，自组装发生时两端被迫进入聚集体内部，这严重阻碍了高分子链构象的自由伸展，所以自组装是被抑制的，体系会尽量保持连续，微观相行为就会少很多。

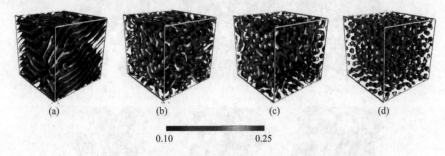

图 3-30　L64 水溶液在 70%(a)、60%(b)、55%(c)、50%(d)的溶致液晶结构

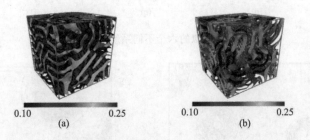

图 3-31　25R4 水溶液在 70%(a)，60%(b)的液晶结构

Groot 和 Madden[51]用 DPD 的方法模拟了两嵌段共聚物熔融体淬火过程产生的液晶结构。对两嵌段比例不同的四种嵌段共聚物(A_5B_5、A_4B_6、A_3B_7、A_2B_8)的淬火过程做了比较，发现随着嵌段共聚物结构不对称程度增加，分别会出现层状(A_5B_5)、有孔的层状(A_4B_6)、柱状六方液晶(A_3B_7)和胶团(A_2B_8)结构(图 3-32)。在达到平衡结构之前，会出现一系列亚稳态的结构(图 3-33)。

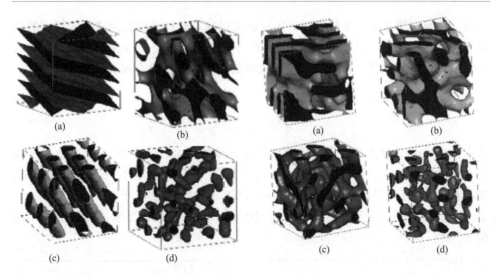

图 3 - 32　$A_5B_5(a)$，$A_4B_6(b)$，$A_3B_7(c)$，A_2B_8 　　图 3 - 33　$A_5B_5(a)$，$A_4B_6(b)$，$A_3B_7(c)$，A_2B_8
　　　　　　(d)的稳态结构　　　　　　　　　　　　　　(d)的亚稳态结构

3.3.2　聚合物胶团形成热力学

　　根据临界胶团浓度随温度的变化，应用相分离模型或质量作用模型，可以计算 PEO-PPO-PEO 嵌段共聚物胶团化的热力学参数。

　　1. 聚合物胶团形成热力学的拉曼光谱研究

　　在不同的温度范围内测量双亲嵌段共聚物的拉曼光谱，如图 3 - 34 所示。

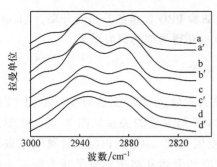

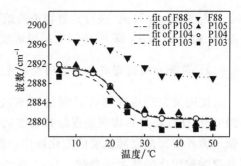

图 3 - 34　嵌段共聚物 10%水溶液在 10℃ 　　图 3 - 35　10% Pluronic 溶液亚甲基非对
(a', b', c', d')和 50℃(a, b, c, d)的 C—H 　　　　　称伸缩振动的拉曼频率随温度的变化
　　伸缩振动区域的拉曼光谱
a, a'. P103；b, b'. P104；c, c'. P105；d, d'. F88

　　拉曼光谱的各个谱带的频率和半峰宽随温度的变化都呈倒 S 形曲线，如图 3 - 35

所示。拉曼光谱中 C—H 伸缩振动区域的亚甲基非对称伸缩振动谱带随温度的变化表现为 S 形曲线,反映了双亲嵌段共聚物温度依赖的胶团形成过程。应用热力学模型拟合 S 形曲线。假定每一个吸收峰随温度的变化符合两状态机理,则

$$c(T) = c_U + \frac{c_F - c_U}{1 + \exp\left[-\frac{\Delta H_m}{R}\left(\frac{1}{T} - \frac{1}{T_m}\right)\right]} \tag{3-40}$$

式中:c_F 和 c_U 分别为转变前与转变后的吸收峰的振幅;T_m 为倒 S 形曲线的中点所对应的温度;ΔH_m 是 T_m 时的焓变;R 为摩尔气体常量。假定依赖温度的 van't Hoff 焓,并且忽略热容量的改变。这样,倒 S 形曲线只依赖于四个参数:c_F、c_U、T_m 和 ΔH_m。所有的参数都可以用非线形最小二乘法拟合出来。模拟的结果见图 3-36。

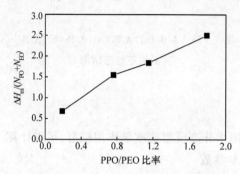

图 3-36　10% Pluronic 溶液单位焓变随 PPO/PEO 比率的变化

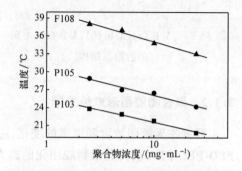

图 3-37　水溶液中嵌段共聚物 Pluronic P103、P105 和 F108 的胶团化相图边界

由图 3-36 可见,嵌段共聚物单位焓变随着 PPO 含量的升高而升高。Alexandridis 和 Holzwarth 等[52]应用染料增溶试验也获得类似的研究结果。

2. 聚合物胶团形成热力学的荧光光谱研究

使用荧光光谱同样可以测量双亲嵌段共聚物胶团形成热力学。不同 PEO-PPO-PEO 嵌段共聚物双亲嵌段共聚物的 CMT 与浓度的关系见图 3-37,此图反映了临界胶团浓度随温度的变化规律。温度依赖的 CMC 可以用于计算双亲嵌段共聚物胶团化的热力学参数。1mol 双亲嵌段共聚物从溶液单分子状态转变为胶团状态的标准自由能变化 $\Delta G^{\ominus}$,可以用式(3-41)计算

$$\Delta G^{\ominus} = RT\ln CMC \tag{3-41}$$

式中:R 为摩尔气体常量;T 为热力学温度;CMC 为用摩尔分数表示的在热力学温度 T 时的双亲嵌段共聚物的 CMC。对于浓度一定的 PEO-PPO-PEO 嵌段共聚物水溶液,当温度等于 CMT 时,可以使用式(3-41)计算其胶团化过程的 $\Delta G^{\ominus}$。

图 3－38 给出了温度依赖的 Pluronic
P103、P105 和 F108 的胶团化的 $\Delta G^{\ominus}$。
它们在水中胶团化的 $\Delta G^{\ominus}$ 为负值,说
明 PEO-PPO-PEO 嵌段共聚物在水中
自发地形成胶团。温度升高,$\Delta G^{\ominus}$ 的
数值更负,表明嵌段共聚物更倾向于以
胶团状态存在于水溶液中。

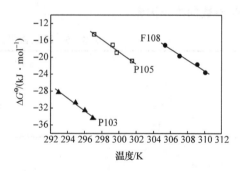

图 3－38　水溶液中温度依赖的 Pluronic P103、
P105 和 F108 胶团化的标准自由能($\Delta G^{\ominus}$)

双亲嵌段共聚物胶团化 $\Delta G^{\ominus}$ 可以
用双亲嵌段共聚物的胶团化过程的标
准焓变化 $\Delta H^{\ominus}$ 和胶团化过程的标准熵
变化 $\Delta S^{\ominus}$ 表示

$$\Delta G^{\ominus} = \Delta H^{\ominus} - T\Delta S^{\ominus} \tag{3－42}$$

双亲嵌段共聚物胶团化过程的标准焓和熵变化定义为 1mol 双亲嵌段共聚物
单体从理想化稀溶液状态转变为胶团状态过程中体系的焓和熵的变化。在理想的
稀溶液中,只有双亲嵌段共聚物分子和溶剂分子之间的相互作用,而双亲嵌段共聚
物分子之间没有相互作用。$\Delta H^{\ominus}$ 可以根据式(3－42),由 $\Delta G^{\ominus}$ 数据对温度 T 的拟
合直线的截距得到;$\Delta S^{\ominus}$ 也可以根据式(3－42),从 $\Delta G^{\ominus}$ 数据对温度 T 拟合直线
斜率的负值得到。

使用上述方法计算得到 Pluronic P103、P105 和 F108 在水中胶团化的 $\Delta H^{\ominus}$ 和
$\Delta S^{\ominus}$,见表 3－5,这些数值与 Alexandridis 使用染料增溶方法得到的热力学参数的
数值十分接近[52]。胶团化 $\Delta H^{\ominus}$ 为正值,说明 PEO-PPO-PEO 嵌段共聚物胶团化
过程是焓不利的吸热过程。胶团化 $\Delta S^{\ominus}$ 为正值,熵贡献是 PEO-PPO-PEO 嵌段共
聚物在水中聚集的主要驱动力。

Alexandridis 等[14]将嵌段共聚物的胶团化自由能与其分子组成关联在一起,
低相对分子质量、疏水的嵌段共聚物产生大的胶团化自由能。PPO 链段是嵌段共
聚物胶团化热力学参数的主要影响因素,PEO 链段对胶团化热力学参数的影响较
小。根据 PEO-PPO-PEO 嵌段共聚物的胶团化焓的数值,可将嵌段共聚物分为两
组:相对疏水的 Pluronic P103、P104、P105 和 P123,其胶团化焓在 300～350
$kJ \cdot mol^{-1}$;相对亲水的 Pluronic L64、P65、P84 和 P85,其胶团化焓在 180～230
$kJ \cdot mol^{-1}$。

示差扫描量热(differential scanning calorimetry,DSC)是测量胶团化热力学参
数的另一种方法,由示差扫描量热峰积分得到的焓变不是标准焓变化,与嵌段共聚
物在胶团化前后的状态有关。因此由示差扫描量热得到的 PEO-PPO-PEO 胶团化
焓与依据温度变化的 CMC 计算 PEO-PPO-PEO 嵌段共聚物胶团化焓有差异。
Hecht 和 Hoffmann[71]使用示差扫描量热实验也证明 PPO 链段是影响胶团化热力

学参数的决定因素。

表 3 - 5　双亲嵌段共聚物的热力学参数

	$\Delta H^{\ominus}/(\text{kJ}\cdot\text{mol}^{-1})$	$\Delta S^{\ominus}/(\text{kJ}\cdot\text{mol}^{-1})$
$P103$	411.31	1.50
$P105$	375.40	1.30
$F108$	345.58	1.18

3. 自组装平衡模型

自组装平衡模型建立在相分离模型的基础上,同样认为胶团化系统的所有性质都是由单体表面活性剂单体(X_1)和不同尺寸胶团(X_g)之间的平衡决定的。但是它明确了胶团化过程中表面活性剂分子构型的变化对胶团生成自由能的贡献,从微观结构变化的角度阐明了表面活性剂胶团化的推动力。

Tanford[53]提出的平衡理论最早阐述了自组装平衡模型的思想。由于单体与不同尺寸胶团之间的动态平衡,他假设该体系是理想的,得到了胶束化平衡常数并结合单体转换为聚集数为 g 的胶团的自由能,得到了表面活性剂自组装的基本方程

$$\ln X_g = \frac{n\Delta G_g^{\ominus}}{RT} + g\ln X_1 + \ln g \tag{3-43}$$

Tanford 没有给出计算自由能的方程,而是根据试验数据得到胶团生成自由能。

Nagarajan[54,56]在 Tanford 的理论的基础上,对胶团内部的相互作用进行了研究,提出了胶团形成时产生的胶团-水界面的自由能函数,得到表面活性剂溶液中胶团的尺寸分布方程:

$$X_g = X_1^g \exp\left[-\frac{\mu_g^{\ominus} - g\mu_1^{\ominus}}{kT}\right] = X_1^g \exp\left[-\frac{g\Delta\mu_g^{\ominus}}{kT}\right] \tag{3-44}$$

式中:$\Delta\mu_g^{\ominus}$ 为表面活性剂胶团形成过程中的化学势的变化。胶团形成过程中的自由能贡献可以分为以下几部分:尾基转换自由能$(\Delta\mu_g^{\ominus})_{\text{tr}}$;尾基变形能$(\Delta\mu_g^{\ominus})_{\text{def}}$;胶团-溶剂界面自由能$(\Delta\mu_g^{\ominus})_{\text{int}}$;头基空间相互作用$(\Delta\mu_g^{\ominus})_{\text{ster}}$;头基离子间的静电排斥作用$(\Delta\mu_g^{\ominus})_{\text{elec}}$。因此有

$$\Delta\mu_g^{\ominus} = (\Delta\mu_g^{\ominus})_{\text{tr}} + (\Delta\mu_g^{\ominus})_{\text{def}} + (\Delta\mu_g^{\ominus})_{\text{int}} + (\Delta\mu_g^{\ominus})_{\text{ster}} + (\Delta\mu_g^{\ominus})_{\text{elec}}$$

$$\tag{3-45}$$

通过求解胶团尺寸分布方程及其自由能,他们计算了不同种类、不同尾基长度的表面活性剂的 CMC 和胶团聚集数等参数。Nagarajan 还对混合溶剂[55]和有机

非水溶剂[57]中表面活性剂的分子自组装特性做了相应的理论研究,对水‐乙二醇混合溶剂中表面活性剂的胶团特性进行了热力学计算。他将纯水溶剂中的表面活性剂的自组装理论扩展到有机溶剂以及混合溶剂中,在水‐乙二醇混合溶剂中引入了 Flory-Huggins 溶剂相互作用参数 $\chi_{w,EG}$,并指出混合溶剂中的胶团生成自由能不仅受水和有机溶剂的影响,而且水与有机溶剂间的相互作用也对其有很大影响,但是对其他醇类的作用并没有给出具体模型。

　　Ruchenstein 等[58],从表面活性剂/醇分子混合胶团在水中的自组装的角度进行了相应得理论模拟研究,通过对 Nagarajan 的模型进行修正,提出如下模型方程

$$X_{nA,nB} = X_{A1}^{nA} X_{B1}^{nB} \exp\left[-(\mu_{nA,nB}^{\ominus} - n_A \mu_{A1}^{\ominus} - n_B \mu_{B1}^{\ominus})/kT\right] \qquad (3\text{-}46)$$

式中:$X_{nA,nB}$ 分别为含有 n 个 A 表面活性剂分子和 n 个 B 添加剂分子的胶团的物质的量组成;X_{A1}^{nA} 与 X_{B1}^{nB} 分别为溶液中单体 A 分子和 B 分子的物质的量组成;$\mu_{nA,nB}^{\ominus}$、$\mu_{A1}^{\ominus}$、$\mu_{B1}^{\ominus}$ 分别为胶团和单体 A 分子和 B 分子的标准化学势。Ruchenstein 论述了短碳链醇($C_4 \sim C_7$)的存在对表面活性剂胶团形成的影响,发现醇类分子在胶团的形成过程中插入到胶团中并导致了表面活性剂 CMC 的降低,而且随着醇碳链的增长,CMC 的下降趋势也增加。

　　Blankschtein 等[59~61]在 Nagarajan 的自由能模型基础上对溶液中混合表面活性剂的聚集行为进行了有效的模拟计算,假设混合表面活性剂溶液是由以下部分组成:N_A 个 A 表面活性剂分子,N_B 个 B 表面活性剂分子,N_W 个水分子;当溶液中表面活性剂的浓度大于混合临界胶团浓度 CMC_{mix} 时,表面活性剂就会自组装成 N_{Na} 个聚集数为 N、组成为 a 的混合胶团。混合表面活性剂溶液总的系统自由能为

$$G = N_W \mu_W^{\ominus} + N_B \mu_B^{\ominus} + \sum_{n=2}^{\infty} \sum_{a=0}^{1} N_{na} g_{mic}(S, l_c, a)$$
$$+ kT\left(N_W \ln X_W + \sum_{n=2}^{\infty} \sum_{a=0}^{1} N_{na} \ln X_{na}\right) + G_i \qquad (3\text{-}47)$$

　　他们讨论了表面活性剂组成对 CMC 和胶团聚集数的影响,发现混合胶团中离子型表面活性剂极性头基离子间的相互作用对计算结果会产生很大影响[59,62,63]。

　　如上所述,自组装平衡模型建立在表面活性剂单体与胶团热力学平衡的基础上并把溶质‐溶质,溶质‐溶剂的相互作用都归结到胶团化过程的自由能变化中,这个思路在表面活性剂胶团化热力学理论中被广泛采用,可以说是表面活性剂聚集体的一般性理论。但是,将自组装平衡模型具体到嵌段共聚物自组装行为的工作还很少,主要难点在于嵌段共聚物的结构和在溶液中的构象比一般相对分子质量表面活性剂要复杂得多,自组装平衡模型本身就比较复杂、计算量大。

4. 晶格模型

嵌段共聚物溶液属于高分子溶液,描述高分子溶液的热力学模型对嵌段共聚

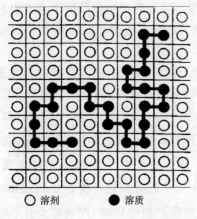

物溶液也同样适用。早在 1942 年 Flory[64,66] 和 Huggins[65] 就同时提出了描述高分子溶液热力学性质的 Flory-Huggins 晶格模型理论。晶格模型是指溶液中分子的排列是规整的,类似于晶体的晶格排列,如图 3–39 所示。

○ 溶剂　　● 溶质

图 3–39　Flory-Huggins 晶格模型

对于高分子溶液,每个溶剂分子占据一个格子,每个高分子可看作由 x 个体积与溶剂分子体积相同的链段组成,所以每个高分子占据 x 个格子。Flory 和 Huggins 依据晶格模型用统计热力学的方法首先推导了高分子溶液的混合熵 ΔS_m,通过引入高分子–溶剂相互作用参数 χ 推导得到了混合焓 ΔH_m,最后得到混合自由能:

$$\frac{\Delta G_{mix}}{RT} = n_1 \ln \Phi_1 + n_2 \ln \Phi_2 + \chi n_1 \Phi_2 \qquad (3-48)$$

式中:下标 1 表示溶剂;下标 2 表示溶质聚合物;Φ 为体积分数

$$\Phi_1 \frac{n_1}{n_1 + x n_2}, \quad \Phi_2 \frac{x n_2}{n_1 + x n_2} \qquad (3-49)$$

Flory-Huggins 晶格模型理论存在一些不足,如没有考虑高分子链段间、溶剂分子间和高分子链段与溶剂间的相互作用不同而引起的自由能变化。但是,Flory-Huggins 晶格模型理论所得到的表示高分子溶液的热力学性质的结论简单,物理意义明确,所以该理论被广泛的采用和推广到更为复杂的体系。

嵌段共聚物自组装的过程是以高分子链段间、溶剂分子和高分子链段间的相互作用作为驱动力的,后来的很多理论都是在晶格模型的基础上把高分子链段间、溶剂分子和高分子链段间的相互作用考虑进去,因此统称为晶格模型。除了嵌段共聚物,PEO 和 PPO 水溶液及含有氢键作用的聚合物共混物也常用晶格模型来处理,这些理论对嵌段共聚物自组装的晶格模型也有很大的借鉴意义,所以一并综述如下。不同理论的区别主要在于对高分子链段间、溶剂分子和高分子链段间的相互作用的处理方式不同。

1985 年,Karlström[72] 首先尝试用 Flory-Huggins 晶格模型预测了 PEO 水溶液的相图。根据 PEO 链中 C—C 键和 C—O 键旋转构象的不同,认为 PEO 链段以两种形式存在:低温时的极性旁式构象和高温时的非极性反式构象。温度变化时,链

段构象的变化导致溶质—溶剂相互作用改变从而发生相分离。用 Flory-Huggins 理论中的相互作用参数来衡量这种相互作用,由于两种构象自身、彼此之间、与水之间相互作用都有区别,共有五个相互作用参数,这些参数均由实验测得。将得到的相互作用参数加到 Flory-Huggins 理论自由能表达式中,进而计算相图。

Karlström 的模型被 Hurter[76,77] 和 Linse[67~70] 两个研究小组同时推广成为自洽均匀场理论(self-consistent mean field)。均匀场近似限制在二维空间(同心的格子层内),聚合物链节和溶剂分子分布在格子内,每个聚合物链节和溶剂分子占据一个格子,采用步长加权随机行走的方法描述各个单元由于相互作用引起的分布改变。将格子中不同组分的浓度分布与自由能关联起来,在自由能最小的条件下确定平衡时各个组分的浓度,进一步计算出相图。在处理单元间相互作用时,Hurter 和 Linse 继承了 Karlström 的观点,认为 PEO-PPO-PEO 嵌段共聚物的主链的 C—C 骨架也可以有极性和非极性两种构象。随温度的升高,极性构象的份数降低,而非极性构象的份数升高。链节间相互作用对自由能的贡献同样用相互作用参数表达。除了继承 Karlström 模型的优点对相行为做出比较精确的预测外,自洽平均场理论还可以给出平衡时各个组分的浓度分布等微观结构信息,自洽匀场模拟 PEO-PPO-PEO 嵌段共聚物的结果表明:PPO 链段组成胶团的内核,胶团的内核中包裹有部分的水,胶团的内核和外壳之间、以及胶团的外壳和溶剂水之间没有严格的分界,而是扩散型的界面。Hurter 进一步模拟了 PEO-PPO-PEO 嵌段共聚物增溶多环芳香烃,一个多环芳香烃分子占据一个格子,芳香烃的增溶影响 PEO-PPO-PEO 嵌段共聚物胶团的结构,降低胶团内核的含水量,自洽均匀场理论模型的胶团结构与实验观察的结果相一致。

3.3.3　熵增与疏水作用

传统的观点认为,胶团形成是由于"疏水作用"[93]。当有机分子溶于水中时,原有的水的结构被破坏,水分子需要重新以更有序的结构(所谓"冰山结构")把有机分子包围起来,水的熵值会显著降低,而这不利的熵变又使水分子倾向于保持原有的结构。有机分子溶解于水后,水分子要保持原有结构而排斥有机分子的倾向称为疏水作用。疏水作用使有机分子相互靠近聚集成胶团后,水的氢键结构恢复使熵值增加,以克服由于烃链在胶团上的定位引起的熵减。在胶团形成的整个过程,熵的作用都是显著的而焓的作用很弱。疏水作用随着温度的升高而加强,这符合实验中所观察到的胶团形成趋势随温度升高而加强的现象。

但是,上述理论有两个缺点:①"疏水作用"可以解释所有表面活性剂的胶团形成过程,此理论没有考虑 PEO-PPO-PEO 嵌段共聚物胶团形成的特性;②此理论只考虑了溶剂(水)的作用,而忽略了嵌段共聚物的作用。

3.3.4　溶质-溶剂和溶质-溶质相互作用机理

PEO-PPO-PEO 嵌段共聚物是 PEO 链段和 PPO 链段通过共价键连接在一起，要深入了解 PEO-PPO-PEO 嵌段共聚物的性质，必须理解聚氧乙烯[poly(ethylene oxide)，PEO]和聚氧丙烯[poly(propylene oxide)，PPO]在水溶液中的性质。

均聚物 PEO 存在三种结构类型。PEO 的热力学稳定结构是 7/2 螺旋，构象序列主要是反式-扭曲-反式。在特殊情况下能观测到平面的之字形结构，此时链段充分伸展。在熔融状态下，PEO 嵌段表现为具有更多无序结构的开环结构[15]。

PEO 具有较强的水溶性，其水溶液中只有在较高的温度，才发生相分离。研究者提出三种模型来说明 PEO 的水溶性。第一个模型关注 PEO 链上的 C—C 键的旋转构象，认为 C—C 键 *gauche* 构象具有较大的偶极矩，易溶于水；C—C 键 *trans*-构象具有比较小的偶极矩，不易溶于水。在较低的温度下，PEO 水溶液中 C—C 键 *gauche* 构象占优势；温度升高，PEO 水溶液中 C—C 键 *trans*-构象的份数增加，最终 PEO 在水溶液中的溶解度降低，发生相分离。Karlstrom[72]使用 Flory-Huggins 理论预测了 PEO-水的相图。他认为 PEO 链有两种存在形式：一种是极性的；另一种是低极性或非极性的。低温时 PEO 主要以极性构象存在，有利于溶质-溶剂的相互作用；高温时 PEO 以非极性构象存在，使溶质-溶剂相互作用减弱。根据 PEO 在水溶液中的链构象可以解释 PEO 在水中的溶解性和相分离。第二个模型认为 PEO 的醚氧原子和水分子的氢原子形成氢键，导致 PEO 在水中有较大的溶解度。Lüsse[73]使用 ^{1}H 和 ^{2}H 核磁共振弛豫时间测量技术研究 PEG 和水分子之间的相互作用，以及 Hey 使用示差扫描量热研究 PEO 水化，均认为每一个 PEO 链节结合一个水分子。Hager 使用示差扫描量热研究聚醚的相图，认为每一个 PEG 链节结合 2.7 个水分子，每一个 PPG 链节结合 1.5 个水分子。第三个模型注意到水中氧原子之间的最近距离和 PEO 链上相邻氧原子之间的距离十分相近，提出 PEO 和水具有结构相容性。六面体冰结构中最近的氧原子之间的距离为 2.74Å，PEO 链上相邻氧原子之间的距离为 2.76Å[74]。PEO 链的周围存在水化层，温度升高，PEO 周围水化层被破坏，导致 PEO 水溶液发生相分离。

虽然 PPO 和 PEO 具有相同的主链结构，但是 PO 的甲基形成空间位阻，PPO 链节和水分子之间的相容性较差，导致在比较低的温度下，PPO 的水溶液就能发生相分离。PPO 在水溶液中的相分离温度与其链长有关，Chowdhry[75]使用示差扫描量热仪研究了不同相对分子质量的 PPO 水溶液发生相分离的温度，实验表明相对分子质量大的 PPO 具有比较低的相分离温度。

一些学者提出溶质-溶剂和溶质-溶质相互作用来解释 PEO-PPO-PEO 嵌段共聚物胶团形成的分子机理。当 PEO 链溶于水中时，围绕 PEO 链形成结构水层，高温对结构水层的破坏会引起相分离。PPO 链溶于水中时也有此现象，但是由于甲基的空间位阻使结构水层很薄,低温下就可以发生相分离。当胶团化过程发生时,PPO 链段与水分子之间的相互作用减弱,PPO 链段之间的吸引力大于其排斥力,导致 PPO 链段聚集形成胶团。

Hurter 等[76,77]和 Linse[78]用自洽平均场理论模型预测了嵌段共聚物在水溶液中的行为,认为 PEO-PPO-PEO 嵌段共聚物的主链的 C—C 骨架也可以有极性和非极性两种构象,相应于 C—C 骨架的 G 构象为极性,而 T 构象为非极性。随温度的升高,极性构象的份数降低,而非极性构象的份数升高。利用提出的理论解释了 PEO-PPO-PEO 嵌段共聚物胶团形成时 PEO 和 PPO 的构象变化,模型预测的胶团形成与实验观察的趋势相吻合,但是无法预测胶团形成时的各种参数(CMC、CMT、簇集数、流体力学半径和核半径)。

Cau 和 Lacelle[79]应用[1]H 核磁共振(NMR)研究 PEO-PPO-PEO 嵌段共聚物温度引起的胶团形成。发现胶团内核的 PPO 链段比单体具有更加伸展的构象,在胶团内核 PPO 链段倾向于以 trans 构象存在。

Caraghergheopol 和 Caldararu 等[37]用各种自旋探针定位于嵌段共聚物胶团的不同部分,应用电子顺磁共振研究了胶团的结构(极性、黏度和有序程度)。发现 PEO 嵌段越接近内核,水化程度越低;PEO 嵌段的水化程度也随着温度的升高而降低。接近内核的 PEO 链的有序程度比外部的低。

Goldmints 和 Gottberg 等[9]应用小角中子散射研究了 Pluronic P85 在转变区域的胶团结构。发现随着温度的升高,胶团簇集数由 35 增加到 62,胶团内核的水含量由 60% 降低至 10%,而胶团的核半径保持不变(40Å)。他们将胶团形成的原因归结为胶团内核的水被聚合物链替代而引起的结构改变。

Goldmints 和 Yu[5]应用小角中子散射研究了氘代的 PEO-PPO-PEO 嵌段共聚物在转变区域的胶团结构。他们使用三参数核-壳模型拟合一系列的散射曲线得到了簇集数、核与外壳的半径以及核与外壳的水含量。结果表明胶团核含有一定量的水。

Armstrong 和 Chowdhry 等[80]认为由单体相至胶团相的转变过程中包括失水和簇集过程,也可能存在疏水链的构象改变。

Guo 和 Liu 等[17,20]用 FT-Raman 和 FT-IR 光谱技术研究 PEO-PPO-PEO 嵌段共聚物在水中胶团化过程,确认聚合物和水分子之间存在相互作用。PPO 和 PEO 链段的醚氧原子和水分子形成氢键,PPO 的甲基也和水分子之间存在相互作用。认为在胶团化过程中 PPO 链段和水分子之间的氢键断裂,PPO 的甲基与水分子之间的作用也减弱,PPO 链段去水化形成疏水的微环境。

Su 和 Liu 等[29, 81~84]等进一步使用 FT-IR 研究了 PEO-PPO-PEO 嵌段共聚物胶团形成过程中 PPO 甲基变形振动的变化规律。水化甲基的对称变形振动峰出现在 1378cm^{-1},去水化甲基的对称变形振动峰出现在 1373cm^{-1},两个峰的波数都没有随温度的升高而明显地移动。但是可以观察到:水化甲基的 FT-IR 吸收峰的相对强度随温度的升高而逐渐降低,而去水化甲基的 FT-IR 吸收峰的相对强度随温度的升高逐渐升高,在较高的温度下,仅仅有弱的 $1378cm^{-1}$ 峰出现在中等强度的 $1373cm^{-1}$ 峰的高频区域(图 3-15)。水化和去水化甲基的对称变形振动峰强弱的变化反映了 PPO 链段的水化程度,低温时 PPO 链段的水化程度高,高温时 PPO 链段的水化程度低。

3.3.5 聚合物胶团化的理论模拟

多种模型可以用于模拟表面活性剂在水溶液中的胶团化行为,最著名的是 Hurter[76,77] 和 Linse[78] 使用自洽均匀场(self-consistent mean field)理论模拟 PEO-PPO-PEO 嵌段共聚物在水溶液中的胶团化。均匀场近似限制在二维空间(同心的格子层内),应用步长加权的随机行走描述非均相体系。聚合物链节和溶剂分子分布在格子内,每个聚合物链节和溶剂分子占据一个格子,每条聚合物链有多种构造方式。链节间的相互作用对自由能的贡献可用 Flory-Huggins 相互作用参数表达。在自由能最小的条件下确定每种构造的聚合物链数,大致计算出平衡时链节的密度。自洽均匀场模拟 PEO-PPO-PEO 嵌段共聚物的结果表明:PPO 链段组成胶团的内核,胶团的内核中包裹有部分的水,胶团的内核和外壳之间,以及胶团的外壳和溶剂水之间没有严格的分界,而是扩散型的界面。Hurter[76,77] 进一步模拟了 PEO-PPO-PEO 嵌段共聚物增溶多环芳香烃,一个多环芳香烃分子占据一个格子,芳香烃的增溶影响 PEO-PPO-PEO 嵌段共聚物胶团的结构,降低胶团内核的含水量。自洽均匀场理论模型的胶团结构与实验观察的结果相一致。均匀场理论模拟 PEO-PPO-PEO 嵌段共聚物的相行为还在不断发展,已经可以模拟嵌段共聚物的三维介观结构,有序无序结构转变以及嵌段共聚物的熔化过程。

3.4 聚合物胶团萃取

3.4.1 增溶作用

水溶液中表面活性剂的存在能使不溶或微溶于水的有机物的溶解度显著增加,此即表面活性剂的增溶作用(solubilization)。增溶作用与溶液中胶团的形成有密切的关系:在 CMC 到达以前并没有明显的增溶作用,只有在 CMC 以后增溶作用才明显地表现出来。形成的胶团越多,微溶物也就溶解的越多。表面活性剂增溶作用所形成的体系是热力学上稳定的均相体系。

通过 X 射线衍射、NMR 以及其他各种的方法的研究,对于增溶物在胶团中的位置,大致有如下看法:增溶作用发生于①胶团的内核;②胶团的定向表面活性剂分子之间,形成"栅栏"结构;③胶团的表面,即胶团/溶剂的交界处;④亲水基团之间。饱和脂肪烃、环烷烃以及其他不易极化的化合物,一般是被增溶在胶团的内核,就像溶于非极性碳氢化合物液体中一样。较长的极性分子,如长链醇、胺等,则增溶于胶团"栅栏"之间,非极性碳氢链插入胶团的内部,而极性头则混合于表面活性剂的极性基团之间,通过氢键或偶极子相互作用联系起来。一些小的极性分子,如苯二甲酸二甲酯(不溶于水,也不溶于非极性烃)以及一些染料,增溶时是吸着于胶团表面区域或是分子"栅栏"的靠近胶团表面的区域。这些增溶物质的光谱表明它们处于极性的环境中。在非离子表面活性剂溶液中,此类物质则增溶于聚氧乙烯胶团外壳中。

增溶作用的大小和增溶物及表面活性剂的结构有关,影响表面活性剂 CMC 的各种因素,必然也影响增溶作用。

表面活性剂的结构。烃类以及长链极性有机物,基本上被增溶在胶团的内部,增溶量一般与胶团大小有关,形成的胶团越大或其聚集数越大,则增溶量越大。在表面活性剂的同系物中,形成的胶团大小随碳原子数增加而增加,于是增溶作用也随之增强。

亲油基团有分支的表面活性剂,其增溶作用较直链者小;有不饱和结构者增溶作用也较差。具有相同亲油基团的表面活性剂一般对烃类及极性有机物的增溶作用大小顺序是:非离子表面活性剂＞阳离子表面活性剂＞阴离子表面活性剂。其原因是:非离子表面活性剂有较小的 CMC,而阳离子表面活性剂可能比阴离子表面活性剂有较疏松的胶团结构。非离子表面活性剂对脂肪烃的增溶作用随亲油基团链长增加而增加,但随亲水基(聚氧乙烯)的链长增加而减小。

增溶物的结构。一般情况下,脂肪烃与烷基芳烃增溶的程度随增溶物链长增加而减小,随其不饱和度及环化程度增加而增加。对于多环芳烃,增溶程度随分子大小增加而下降。有分支的化合物与直链化合物的增溶程度差别不大。

有机物添加剂的影响。非极性化合物增溶于表面活性剂溶液中,会使胶团肿大,有利于极性有机物插入胶团的"栅栏"中,即增加极性有机物的增溶程度;反之,当表面活性剂溶液中添加了极性有机物,同样会使非极性的碳氢化合物的增溶程度增加。增溶了一种极性有机物会使另一种极性有机物的增溶程度降低。

无机盐效应。少量无机盐加到离子表面活性剂溶液中,可增加烃类的增溶程度,但却减少极性有机物的增溶程度。无机盐的加入,使胶团"栅栏"分子间的静电斥力减弱,于是"栅栏"排列得更加紧密,从而减少了极性有机物增溶的可能位置,表现出极性有机物增溶程度的降低。

温度的影响。对于离子表面活性剂,增加温度一般会引起极性与非极性物质的增溶程度增加,其原因可能是热运动使胶团中能发生增溶的空间加大。对于聚氧乙烯非离子表面活性剂,温度增加,聚氧乙烯的水化作用减小,胶团较易形成,胶团的聚集数增大,使非极性碳氢化合物的增溶程度增大。

3.4.2　PEO-PPO-PEO 嵌段共聚物增溶性质

PEO-PPO-PEO 嵌段共聚物作为典型的高分子表面活性剂,聚合物胶团核提供了一个疏水环境,适于溶解疏水性物质,因此,水-胶团系统可以增加疏水性物质在水中的溶解能力。低相对分子质量的表面活性剂也具有此特点,但是高分子表面活性剂的溶解能力更强。可以应用 PEO-PPO-PEO 嵌段共聚物的增溶性能萃取水环境中的微量有机物、修复污染的土地和药物缓释等方面。

Colett 和 Tobin[85]研究了对位取代的 N-乙酰苯胺在一系列 Pluronic 嵌段共聚物中的溶解特性。当增加 PEO 含量时,疏水性较强的卤素取代的 N-乙酰苯胺表现为较低的溶解性,疏水性较弱的 N-乙酰苯胺和羟基、甲氧基和乙氧基取代的 N-乙酰苯胺随着 PEO 含量的增加而溶解性增加。Lin 和 Kawashima[86]研究了 indomethacin(一种疏水性的抗感染药物)在 PEO-PPO-PEO 嵌段共聚物水溶液中的溶解。他们发现这种药物只溶解于某一浓度以上的嵌段共聚物水溶液中,此浓度很可能对应于 CMC,而且药物的溶解能力随着嵌段共聚物的相对分子质量和溶液温度的升高而增加。Hurter 和 Hatton[87]研究了三种多环芳香族化合物在水与嵌段共聚物胶团之间的分离。发现胶团-水分离系数随着 PPO 的含量和嵌段共聚物的相对分子质量的增加而增加。Gadelle 等[88]认为由于 PEO-PPO-PEO 嵌段共聚物胶团中包含有一定的水,增溶过程是有机物分子替代胶团内核中的水分子的过程。Paterson 等[89]考察了 PEO-PPO-PEO 嵌段共聚物在低于其 CMC 情况下的增溶现象,即使 PEO-PPO-PEO 嵌段共聚物在水中的浓度低于其 CMC,也表现出明显的增溶效果。Su 和 Liu 等[90]研究了温度对 PEO-PPO-PEO 嵌段共聚物胶团增溶萘的影响。发现增加温度将增大萘在 PEO-PPO-PEO 嵌段共聚物水溶液中的表观浓度,萘的增溶自由能为负值,说明增溶过程可以自发进行。疏水性强的嵌段共聚物具有较大的增溶萘的能力。

3.4.3　聚合物胶团萃取的应用方法

随着社会的进步,人们对环境的要求越来越高,消除环境的低浓度的有害物质成为科学研究面临的新课题。工业废水的排放、生活污水的排放、农药的施放等污染水环境。水体系有低浓度的有机物,如多环芳烃、多氯联苯等,即使在极低的浓度,也能对生物体造成危害。清除水溶液中的低浓度有机物,可行的方法有:有机溶剂萃取法、活性炭或高分子树脂吸附法和生物降解法等,这些方法各有优缺点。有机溶剂萃取过程的二次污染问题,活性炭再生困难,生物降解比较缓慢等缺点限制了其应用。

近年来,采用表面活性剂清除水中低浓度有机物引起研究者的关注。根据表面活性剂在水溶液中形成胶团,胶团可以增溶水中有机物,分离胶团,就可以达到萃取水中低浓度有机物的目的,因此一些研究者提出了胶团萃取的概念。胶团萃取可以高效地分离水体系中的低浓度物质,并且再生方便;若使用无毒、可生物降解的表面活性剂,可以最大限度地减少二次污染。

Hurter 和 Hatton 等[87]最早提出使用 PEO-PPO-PEO 嵌段共聚物萃取水中的微量多环芳香烃。使用 PEO-PPO-PEO 嵌段共聚物的一个优点是:该类表面活性剂具有温度依赖的聚集性质。在室温或较高温度下,实施胶团萃取;在较低温度时,胶团解离,增溶的有机物从溶液中分离出来,或者超临界二氧化碳萃取增溶的有机物,达到 PEO-PPO-PEO 嵌段共聚物再生和循环利用的目的。

胶团萃取过程中,重要的一步工艺是如何从水体系中分离出表面活性剂胶团。主要方法有超滤膜分离[87]、磁分离[91]、胶团固定化[92]等。

1. 超滤膜分离

Hurter 和 Hatton 等[87]提出用中空纤维超滤膜隔离 PEO-PPO-PEO 嵌段共聚物溶液和溶解了微量多环芳香烃的水。由于嵌段共聚物本身具有较大的相对分子质量,并且它在水中可以形成较大的胶团,两者皆不能透过膜,可以充分利用膜分离的优点。芳烃有机物分子可以穿过膜,进一步增溶在 PEO-PPO-PEO 嵌段共聚物胶团中,达到萃取水中低浓度多环芳烃的目的。实验装置如图 3－40 所示。

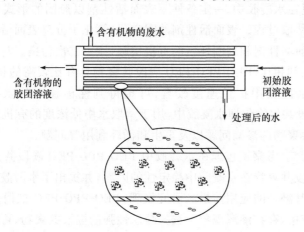

图 3－40　聚合物胶团萃取的超滤膜装置

2. 磁分离

Moeser 和 Hatton[91]合成了一种类似磁性聚合物胶团的磁流体用于萃取溶解于水中的有机物。这种磁流体的结构(图 3－41)是以磁性 Fe_3O_4 为核心,外面包裹着一层 PPO 链段,PPO 链段外面再包裹着一层 PEO 链段。这种仿聚合物胶团的磁流体既有聚合物胶团的优点,可以溶解在水中并萃取水中的有机物,使其溶解在磁流体的 PPO 层;同时具有磁性,有助于循环磁流体的循环利用,回收率达98%。

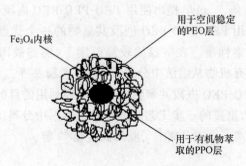

图 3–41　用于有机物萃取的磁纳米
颗粒示意图

3. 胶团固定化

水凝胶包埋表面活性剂,实施胶团固定化是一种简单方便的分离表面活性剂胶团的方法。水凝胶是由高分子网络和水组成能保持一定几何形状的物质,若将表面活性剂包埋在水凝胶中,一定条件下表面活性剂以胶团的形式存在于水凝胶中,可用于胶团萃取过程。表面活性剂的固定化,简化了分离表面活性剂的操作过程,同时避免表面活性剂和周围环境的直接接触,减少二次污染。与低相对分子质量碳氢表面活性剂相比,PEO-PPO-PEO 嵌段共聚物具有比较高的相对分子质量,必然导致其在水凝胶中扩散速度较慢,可望得到性能稳定的水凝胶。Calvert 等[92]提出将嵌段共聚物包埋水凝胶中,用于萃取水中低浓度的有机物,比如萘,但没有考察嵌段共聚物的渗漏问题以及再生和循环利用等问题。

Su 和 Liu 等[90]考察了包埋在水凝胶中 PEO-PPO-PEO 嵌段共聚物的释放机理,研究影响嵌段共聚物在水凝胶中稳定性的因素,并提出了水凝胶循环再利用的简单方法,拓展其潜在的应用前景。研究发现,PEO-PPO-PEO 嵌段共聚物包埋在海藻酸钠水凝胶中,存在渗漏现象。选择疏水性强的嵌段共聚物,可以减低嵌段共聚物从水凝胶中的释放率。升高温度,也可以明显的降低嵌段共聚物从水凝胶中的释放率。嵌段共聚物在水凝胶存在形式和水凝胶对嵌段共聚物的稳定化能等影响嵌段共聚物从水凝胶中的释放。水凝胶包埋嵌段共聚物,可大大提高其萃取低浓度有机物的能力。相同条件下,包埋疏水性强的 PEO-PPO-PEO 嵌段共聚物,具有较大的萃取能力。升高温度,可提高包埋有嵌段共聚物的水凝胶萃取低浓度有机物的能力。水凝胶经过干燥脱水、有机溶剂浸泡、吸水再生,可以循环再利用。

参 考 文 献

1　Moulik S P, Paul B K. Structure, dynamic and transport properties of microemulsions, Advances in Colloid and Interface Science, 1998, 78: 99～195

2　崔正刚, 殷福珊. 微乳化技术及应用. 北京: 中国轻工业出版社, 1999, 1～285

3　赵国玺. 表面活性剂物理化学. 北京: 北京大学出版社, 1991, 1～230

4　严瑞. 水溶性高分子. 北京: 化学工业出版社, 1998, 1～40

5　Goldmints I, Yu G, Booth C, Smith K A, Hatton T A. Structure of (Deuterated PEO)-(PPO)-(Deuterated PEO) Block Copolymer Micelles as Determined by Small Angle Neutron Scattering. Langmuir, 1999, 15: 1651～1656

6　Yang L, Alexandridis P, Steytler D C, Kositza M J, Holzwarth J F. Small-Angle Neutron Scattering Investigation of the Temperature-Dependent Aggregation Behavior of the Block Copolymer Pluronic L64 in Aqueous Solution. Langmuir, 2000 16: 8555～8561

7　Nolan S T, Phillips R J, Cotts P M, Dungan S R. Light Scattering Study on the Effect of Polymer Composition on the Structural Properties of PEO-PPO-PEO Micelles. J. Colloid Interface Sci., 1997, 191: 291～302

8　Zhou Z, Chu B. Light-Scattering Study on the Association Behavior of Triblock Polymers of Ethylene Oxide and Propylene Oxide in Aqueous Solution. J. Colloid Interface Sci., 1988, 126: 171～180

9　Goldmints I, von Gottberg F K, Smith K S, Hatton T A. Small-Angle Neutron Scattering Study of PEO-PPO-PEO Micelle Structure in the Unimer-to-Micelle Transition Region. Langmuir, 1997, 13: 3659～3664

10　Jain N J, Aswal V K, Goyal P S, Bahadur P. Micellar Structure of an Ethylene Oxide-Propylene Oxide Block Copolymer: A Small Angle Scattering Study. J. Phys. Chem. B, 1998, 102: 8452～8458

11　Mortensen K, Pedersen J S. Structural Study on the Micelle Formation of Poly (ethylene oxide)-Poly (propylene oxide)-Poly (ethylene oxide) Triblock Copolymer in Aqueous Solution. Macromolecules, 1993, 26: 805～809

12　Schillen K, Brown W, Johnsen R M. Micellar Sphere-to-Rod Transition in an Aqueous Triblock Copolymer System. A Dynamic Light Scattering Study of Translational and Rotational Diffusion. Macromolecules, 1994, 27: 4825～4832

13　Hvidt S, Jorgenson E B, Brown W, Schillen. K. Micellization and Gelation of Aqueous Solutions of a Triblock Copolymer Studied by Rheological Techniques and Scanning Calorimetry. J. Phys. Chem., 1994, 98: 12320～12326

14　Alexandridis P, Hatton T A. Poly (Ethylene Oxide)-Poly (Propylene Oxide)-Poly (Ethylene Oxide) Block Copolymer Surfactants in Aqueous Solutions and at Interfaces: Thermodynamics, Structure, Dynamics, and Modeling. Colloid and Interfaces A, 1995, 96: 1～46

15　Marcos J I, Orlandi E, Zerbi G. Poly (Ethylene Oxide)-Poly (Methyl Methacrylate) Interactions in Polymer Blends: an Infra-Red Study. Polymer, 1990, 31: 1899～1903

16　Guo C, Liu H Z, Wang J, Chen J Y. Conformational Structure of Triblock Copolymers by FT-Raman and FTIR Spectroscopy. J. Colloid Interface Sci., 1999, 209: 368～373

17　Guo C, Liu H Z, Chen J Y. A Fourier Transform Infrared Study of the Phase Transition in Aqueous Solutions of Ethylene Oxide Propylene Oxide Triblock Copolymer. Colloid Polym. Sci., 1999, 277: 376～381

18　Su Y L, Wang J, Liu H Z. Formation of Hydrophobic Microenvironment in Aqueous PEO-PPO-PEO Block Copolymer Solutions Investigated by FTIR Spectroscopy. J. Phys. Chem. B, 2002, 106: 11823～11828

19　Koenig J L, Augood A C. Raman Spectra of Poly(Ethylene Glycols) in Solution. J. Polym. Sci. Part A, 1970, 28: 1787~1796

20　Guo C, Wang J, Liu H Z, Chen J Y. Hydration and Conformation of Temperature-Dependent Micellization of PEO-PPO-PEO Block Copolymers in Aqueous Solutions by FT-Raman. Langmuir, 1999, 15: 2703

21　Kalyanasundaram K, Thomas J K. Environment Effects on Vibronic Band Intensities in Pyrene Monomer Fluorescence and Their Application in Studies of Micellar Systems. J. Am. Chem. Soc., 1977, 99: 2039~2044

22　Wilhelm M, Zhao C L, Wang Y, Xu R, Winnik M A. Poly(styrene-ethylene oxide) Block Copolymer Micelle Formation in Water: A Fluorescence Probe Study. Macromolecules, 1991, 24: 1033~1040

23　Almgern M, Alsins J, Bahadur P. Fluorescence Quenching and Excimer Formation to Probe the Micellization of a Poly(ethylene oxide)-Poly(propylene oxide)-Poly(ethylene oxide) Block Copolymer, as Modulated by Potassium Fluoride in Aqueous Solution. Langmuir, 1991, 7: 446~450

24　Nivaggioli T, Alexandridis P, Hatton T A. Fluorescence Probe Studies of Pluronic Copolymer Solutions as a Function of Temperature. Langmuir, 1995, 11: 730~737

25　Marinov G, Michels B, Zana R. Study of the State of the Triblock Copolymer Poly(ethylene oxide)-Poly(propylene oxide)-Poly(ethylene oxide) L64 in Aqueous Solution. Langmuir, 1998, 14: 2639~2644

26　Astafieva I, Zhong X F, Eisenberg A. Critical Micellization Phenomena in Block Polyelectrolyte Solutions. Macromolecules, 1993, 26: 7339~7352

27　Alexandridis P, Nivaggioli T, Hatton T A. Temperature Effects on Structural Properties of Pluronic P104 and F108 PEO-PPO-PEO Block Copolymer Solutions. Langmuir, 1995, 11: 1468~1476

28　Alexandridis P, Holzwarth J F. Differentil Scanning Calorimetry Investigation of the Effect of Salts on Aqueous Solution Properties of an Amphiphilic Block Copolymer (Poloxamer). Langmuir, 1997, 13: 6074~6082

29　Su Y L, Liu H Z, Wang J, Chen J Y. Study of Salt Effects on the Micellization of PEO-PPO-PEO Block Copolymer in Aqueous Solution by FT-IR Spectroscopy. Langmuir, 2002, 18: 865

30　Su Y L, Wei X F, Liu H Z. Effect of sodium chloride on association behavior of poly(ethylene oxide)-poly(propylene oxide)-poly(ethylene oxide) block copolymer in aqueous solutions. Journal of Colloid and interface Science, 2003, 264: 526~531

31　Chu B. Structure and Dynamics of Block Copolymer Colloids. Langmuir, 1995, 11: 414~421

32　Carale T R, Pham Q T, Blankschtein D. Salt Effects on Intramicellar Interactions and Micellization of Nonionic Surfactants in Aqueous Solutions. Langmuir, 1994, 10: 109~121

33　Amstrong J K, Leharne S A, Stuart B H, Snowden M J, Chowdhry B Z. Phase Transition Properties of Poly (Ethylene Oxide) in Aqueous Solutions of Sodium Chloride. Langmuir, 2001, 17: 4482~4485

34　Thiyagarajan P, Chaiko D J, Jr-Hjelm P P H. A Neutron Scatterinfg Study of Poly(ethylene glycol) in Electrolyte Solutions. Macromolecules, 1995, 28: 7730~7736

35　Zana R, Yiv S, Strazielle C, Lianos P. Effect of Alcohol on the Properties of Micellar Systems. I. Critical Micellization Concentration, Micelle Molecular Weight and Ionization degree, and Solubility of Alcohol in Micellar Solutions. J. Colloid Interface Sci., 1981, 80: 208~223

36　Armstrong J, Chowdhry B, Mitchell J, Beezer A, Leharne S. Effect of Cosolvents and Cosolutes upon Aggregation Transitions in Aqueous Solutions of the Poloxamer F87 (Poloxamer P237): A high Sensitivity Differential Scanning Calorimetry Study. J. Phys. Chem., 1996, 100: 1738~1745

37　Caragheorgheopol A, Caldararu H, Dragutan I, Joela, H, Brown, W. Micellization and Micellar Structure of

a Poly(Ethylene Oxide)/Poly(Propylene Oxide)/Poly(Ethylene Oxide) Triblock Copolymer in Water Solu-
tion, as Studied by the Spin Probe Technique. Langmuir, 1997, 13: 6912~6921

38　Alexandridis P, Ivanova R, Lindman B. Effect of Glycols on the Self-Assembly of Amphiphilic Block Copoly-
mers in Water. 2. Glycol Location in the Microstructure. Langmuir, 2000, 16: 3676~3689

39　Su Y L, Wei X F, Liu H Z. Influence of 1-Pentanol on the micellization of Poly(ethylene oxide)-Poly(Propy-
lene oxide) block copolymers in aqueous solutions. Langmuir, 2003, 19: 2995~3000

40　Waton G, Michels B, Zana R. Dynamics of Block Copolymer Micelles in Aqueous Solution. Macromolecules,
2001, 34: 907~910

41　Mijovic J, Shen M, Sy J W, Mondragon I. Dynamics and Morphology in Nanostructured Thermost Net-
work/Block Copolymer Blends during Network Formation. Macromolecules, 2000, 33: 5235~5244

42　Michels B, Waton G, Zana R. Dynamics of Micelles of Poly (Ethylene Oxide)-Poly (Propylene Oxide)-Poly
(Ethylene Oxide) Block Copolymers in Aqueous Solutions. Langmuir, 1997, 13: 3111~3118

43　Kositza M, Rees G D, Holzwarth A, Holzwarth J F. Aggregation Dynamics of the Block Copolymer L64 in
Aqueous Solution: Copolymer-Sodium Dodecyl Sulfate Interaction Studied by Laser T-Jump. Langmuir,
2000, 16: 9035~9041

44　Maillet J, Lachet V, Coveney V. Large scale molecular dynamics simulation of self-assembly processes in
short and long chain cationic surfactants, Phys, Chem. Chem. Phys. 1999, 1(12):5277~5290

45　Bruce J P, Liu J. Large scale molecular dynamics simulation of self-assembly processes in short and long chain
cationic surfactants, Langmuir, 1996, 12(3):746~752

46　Kuhn H, Breitzke B, Rehage H, A Molecular Modeling Study of Pentanol Solubilized in a Sodium Octanoate
Micelle, J. Colloid Interface Sci., 2002, 249(1):152~161

47　Larson R G J, Phys. Ⅱ, 1996, 6(6):1441~1463

48　Redrigues K, Mattice W L, J. Chem. Phys. 1991, 94:76

49　李有勇，郭森立，王凯旋，徐筱杰. 介观层次上的计算机模拟和应用. 化学进展，2002，12(4):361~
375

50　Fraaije J G E M, van Vlimmeren B A C, Maurits N M, Postma M, Evers O A, Hoffmann C, Altevogt P,
Goldbeck-Wood G. The dynamic mean-field density functional method and its application to the mesoscopic
dynamics of quenched block copolymer melts. J. Chem. Phys., 1997, 106(10):4260~4269

51　Groot R D, Madden T J. Dynamic simulation of diblock copolymer microphase separation, J. Chem. Phys.,
1998, 10(20):8713~8724

52　Alexandridis P, Holzwarth J F, Hatton T A. Micellization of Poly (Ethylene Oxide)-Poly (Propylene Ox-
ide)-Poly (Ethylene Oxide) Triblock Copolymers in Aqueous Solutions: Thermodynamics of Copolymer Asso-
ciation. Macromolecules, 1994. 27:2414~2425

53　Tanford C. Theory of micelle formation in aqueous solutions. J. Phys. Chem., 1974, 78(9):2469~2479

54　Camesano T A, Nagarajan R. Micelle formation and CMC of gemini surfactants a thermodynamic model. Col-
loid and Surface A 2000, 167(1):165~177

55　Nagarajan R, Wang C C. Theory of Surfactant Aggregation in Water Ethylene Glycol Mixed Solvents. Lang-
muir, 2000, 16(12):5242~5251

56　Nagarajan R, Ruckenstein E. Theory of surfactant self-assembly a predictive molecular thermodynamic ap-
proach. Langmuir, 1991, 7(12):2934~2969

57　Nagarajan R, Wang C C. Solution Behavior of Surfactants in Ethylene Glycol: Probing the Existence of a

CMC and of Micellar Aggregates. J. Colloid Interface Sci., 1996, 178(2):471~482

58　Rao I V, Ruchenstein E. Micellization behavior in the presence of alcohols. J. Colloid Interface Sci., 1986, 113(2):375~387

59　Puvvada S, Blankschtein D. Theoretical and experimental investigations of micellar properties of aqueous solutions containing binary mixtures of nonionic surfactants. J. Phys. Chem. 1992, 96(13):5579~5592

60　Puvvada S, Blankschtein D. Thermodynamic description of micellization, phase behavior, and phase separation of aqueous solutions of surfactant mixtures. J. Phys. Chem. 1992, 96(13):5567~5579

61　Reif I, Mulqueen M, Blankschtein D. Molecular-Thermodynamic Prediction of Critical Micelle Concentrations of Commercial Surfactants. Langmuir, 2001, 17(15):5801~5812

62　Shiloach A, Blankschtein D. Prediction of Critical Micelle Concentrations and Synergism of Binary Surfactant Mixtures Containing Zwitterionic Surfactants. Langmuir, 1997, 13(15):3968~3981

63　Sarmoria C, Puvvada S, Blanschtein D. Prediction of critical micelle concentrations of nonideal binary surfactant mixtures. Langmuir, 1992, 8(11):2690~2697

64　Flory P J. Thermodynamics of High Polymer Solutions. J. Chem. Phys. 1942, 10:51~61

65　Huggins M L. Some Properties of Solutions of Long-chain Compounds. J. Phys. Chem. 1942, 46:151~159

66　Flory P J. Principles of Polymers, New York: Cornell University Press. ITHACA, 1953, 495~527

67　Svensson M, Alexandridis P, Linse P. Modeling of the Phase Behavior in Ternary Triblock Copolymer/Water/Oil Systems. Macromolecules, 1999, 32: 5435~5443

68　Noolandi J, Shi A, Linse P. Theory of Phase Behavior of Poly(oxyethylene)-Poly(oxypropylene)-Poly(oxyethylene) Triblock Copolymers in Aqueous Solutions. Macromolecules, 1996, 29: 5907~5919

69　Linse P. Micellization of Poly(ethylene oxide)-Poly(propylene oxide) Block Copolymer in Aqueous Solution: Effect of Polymer Impurities. Macromolecules, 1994, 27: 2685~2693

70　Linse P, Malmsten M. Temperature-Dependent Micellization in Aqueous Block Copolymer Solutions. Macromolecules, 1992, 25: 5434~5439

71　Hecht E, Mortensen K, Hoffmann H. L3 Phase in a Binary Block Copolymer/Water System. Macromolecules, 1995, 28: 5465~5476

72　Karlstrom G. A New Model for Upper and Lower Critical Solution Temperatures in Poly(ethylene oxide) Solutions. J. Phys. Chem., 1985, 89: 4962~4964

73　Lüsse S, Arnold K. The Interaction of Poly(ethylene Glycol) with Water Studied by ^{1}H and ^{2}H NMR Relaxation Time Measurements. Macromolecules, 1996, 29: 4251~4257

74　Kjellander, R. and Florin E. Water Structure and Changes in Thermal Stability of the System Polyethylene oxide-Water. J. Chem. Soc. Faraday Trans. 1981, 1, 77~80

75　Chowdhry B Z, Snowden M J, Leharne S A. Deconvolution of Scanning Calorimetric Signals Obtained for Aqueous Mixtures of Poly(oxypropylene) Oligomers. J. Phys. Chem. B, 1997, 101: 10226~10232

76　Hurter P N, Scheutjens J M H M, Hatton T A. Molecular Modeling of Micelle Formation and Solubilization in Block Copolymer Micelles. 1. A Self-Consistent Mean-Field Lattice Theory. Macromolecules, 1993, 26: 5592~5601

77　Hurter P N, Scheutjens M H M, Hatton T A. Molecular Modeling of Micelle Formation and Solubilization in Block Copolymer Micelles. 2. Lattice Theory for Monomers with Internal Degrees of Freedom. Macromolecules, 1993, 26: 5030~5040

78　Linse P. Micellization of Poly(Ethylene Oxide)-Poly(Propylene Oxide) Block Copolymers in Aqueous Solution. Macromolecules, 1993, 26: 4437~4449

79 Cau F, Lacelle S. ^{1}H NMR Relaxation Studies of the Micellization of a Poly (Ethylene Oxide)-Poly(Propylene Oxide)-Poly (Ethylene Oxide) Triblock Copolymer in Aqueous Solution. Macromolecules, 1996, 29: 170~178

80 Armstrong J K, Chowdhry B Z, Snowden M J, Leharne S A. Effect of Sodium Chloride upon Micellization and Phase Separation Transitions in Aqueous Solutions of Triblock Copolymers: A High-Sensitivity Differential Scanning Calorimetry Study. Langmuir, 1998, 14: 2004~2010

81 Su Y L, Wang J, Liu H Z. FT-IR Spectroscopic Investigation of Effects of Temperature and Concentration on PEO-PPO-PEO Block Copolymer Properties in Aqueous Solutions. Macromolecules, 2002, 35: 6426

82 Su Y L, Wang J, Liu H Z. FT-IR Spectroscopy Study on Effects of Temperature and Polymer Composition on the Structural Properties of PEO-PPO-PEO Block Copolymer Micelles. Langmuir, 2002, 18: 5370

83 Su Y L, Wang J, Liu H Z. Melt, Hydration, and Micellization of the PEO-PPO-PEO Block Copolymer Studied by FTIR Spectroscopy. J. Colloid Interface Sci., 2002, 251: 417

84 Su Y L, Liu H Z, Guo C, Wang J. Association behavior of PEO-PPO-PEO block copolymers in water or organic solvent observed by FT-IR spectroscopy. Molecular Simulation, 2003, 12, 803~808

85 Collett J H, Tobin E A. Relationships between Poloxamer Structure and the Solubilization of some para-Substituted Acetanilides. J. Pharm. Pharmacol., 1979, 31: 174~179

86 Lin S Y, Kawashima Y. The Influence of Three Polyoxyethylene-Polyoxypropylene Surface Active Block Copolymers in the Solubility Behavior of Indomethacin. Pharm. Acta Helv., 1985, 60: 339~342

87 Hurter P N, Hatton T A. Solubilization of Polycylic Aromatic Hydrocarbons by Poly (Ethylene Oxide-Propylene Oxide) Block Copolymer Micelles: Effects of Polymer Structure. Langmuir, 1992, 8: 1291~1299

88 Gadelle F, Koros W J, Schechter R S. Solubilization of Aromatics in Block Copolymers. Macromolecules, 1995, 28: 4883~4892

89 Paterson I F, Chowdhry B Z, Ieharne S A. Investigations of Naphthalene Solubilization in Aqueous Solutions of Ethylene Oxide-b-Propylene Oxide-b-Ethylene Oxide Copolymers. Langmuir, 1999, 15: 6187~6194

90 Su Y L, Liu H Z. Temperature-Dependent Solubilization of PEO-PPO-PEO Block Copolymers and Their Application for extraction Trace Organics from Aqueous. Solutions. Korean J. Chem. Eng., 2003, 20: 343~346

91 Moeser G D, Roach K A, Green W H, Laibinis P E, Hatton T A. Water-Based Magnetic Fluids as Extractants for Synthetic Organic Compounds. Ind. Eng. Chem. Res., 2002, 41: 4739~4749

92 Calvert T L, Phillips R J, Dungan S R. Extraction of Naphthalene by Block Copolymer Surfactants Immobilized in Polymeric Hydrogels. AIChE J., 1994, 40: 1449~1458

93 Tanford C H. The Hydrophobic Effect. Formation of Micelles and Biological Memberanes, New York: Wiley, 1980

94 Lam Y M, Goldbeck-Wood G. Mesoscale Simulation of Block Copolymers in Aqueous Solution: Parameterisation, Micelle Growth Kinetics and the Effect of Temperature and Concentration Morphology. Polymer, 2003, 44:3593~3605.

95 Guo S L, Hou T J, Xu X J. Simulation of the Phase Behavior of the $(EO)_{13}(PO)_{30}(EO)_{13}(Pluronic(64)/$ Water/p-Xylene System Using Meso Dyn. J. Phys. Chem. B, 2002, 106:11397~11403

96 Li Y Y, Xu X J. The MesoDyn Simulation of Pluronic Water Mixtures Using the Eguivalent Chain'Method. Phys. Chem. Chem. Phys., 2000,2:2749~2753

97　van Vlimmeren BAC, Maurits N M, Zvelindovsky A V et al. Simulation of 3D Mesoscale Structure Formation in Concentrated Aqueous Solution of the Triblock Polymer Surfactants (Ethylene Oxide)$_{13}$(Propylene Oxide)$_{30}$(Ethylene Oxide)$_{13}$ and (Propylene Oxide)$_{19}$(Ethylene Oxide)$_{33}$(Propylene Oxide)$_{19}$. Application of Dynamic Mean-Field Density Functional Theory. Macromolecules, 1999,32:646~656

第4章　反胶团微乳相萃取技术

4.1　概　　述

4.1.1　表面活性剂

表面活性剂是胶体和界面化学中一类重要的有机化合物,这类化合物由非极性的"尾链"和极性的"头基"两个部分组成。非极性部分是直链或支链的碳氢或碳氟链,它们与水的亲和力极弱,与油有较强的亲和力,因此称为憎水基或亲油基(hydrophobic 或 lipophilic group)。极性头基为正、负离子或极性的非离子,它们通过离子−偶极或偶极−偶极作用与水分子强烈相互作用并且是水化的,因此称为亲水基(hydrophilic group)或头基(head group)。根据其亲水基的差异,表面活性剂可分为阳离子表面活性剂、阴离子表面活性剂和非离子型表面活性剂。由于双亲性质,表面活性剂趋向于富集在水/空气界面或油/水界面从而降低水的表面张力和油/水界面张力,因而具有"表面活性"(surface activity)。表面活性剂又称为双亲物质(amphiphile)、胶体电解质等。构成反胶团的表面活性剂最好具有空间体积较大的疏水基团和体积较小的亲水基团,顺−二-(2-乙基己基)琥珀酸酯磺酸钠(AOT)分子(图 4−1)就具有这样的特点。

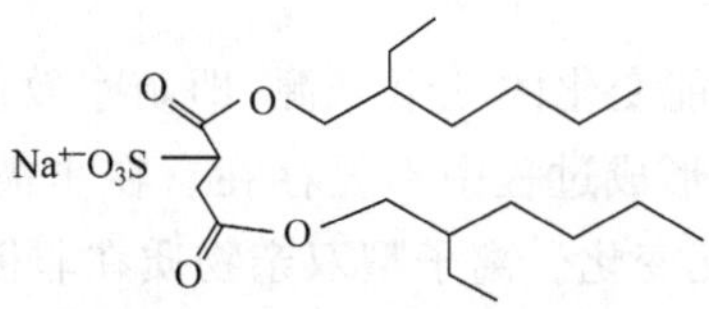

图 4−1　AOT 分子结构图

4.1.2　反胶团的概念

反胶团是表面活性剂分子在非极性溶剂中自发形成的纳米级分子聚集体,是典型的微乳相体系之一。Hoar 和 Schulman[1]最早报道反胶团的存在,他们将其命名为"oleopathic hydromicelle"。反胶团体系由表面活性剂(<10%)、助溶剂、水(0%～10%)和有机溶剂(80%～90%)构成。反胶团体系具有如下特征:热力学稳定;自发形成;表面张力低(小于 $10^{-2}\ \mathrm{m\cdot m^{-1}}$);透明(反胶团的直径小于 100nm);比表面大($1～10\ \mathrm{m^2\cdot m^{-3}}$);黏度同普通有机溶剂相仿。从结构上看,反胶团是正常胶团的反向,它的外壳是由表面活性剂分子的碳氢链向外、亲水基向内组成,形成

的球状极性核内是一定数量的水,称为微水池或微水相(图 4‒2)。反胶团的微水池能够溶解可溶性极性物质,例如:亲水性蛋白质。因此,20 世纪 70 年代末 Luisi 提出利用反胶团法分离提纯蛋白质[2]。反胶团的表面活性剂分子层能够避免蛋白质分子与有机溶剂接触,从而保持蛋白质的活性。反胶团法利用蛋白质等生物物质在水相和反胶团相间分配的不同进行萃取分离。

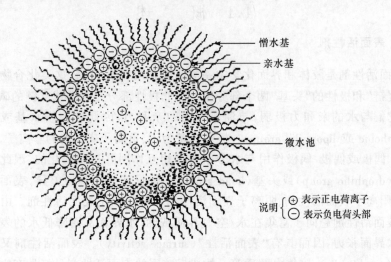

图 4‒2　AOT 反胶团的微观结构示意图

4.1.3　反胶团的形成

　　水相中的胶团化自由能变化的三个来源,即疏水效应、静电作用能和界面能,在非极性溶剂中的反胶团形成过程中不复存在。在非极性溶剂中,无论是否形成反胶团,疏水基的环境并无变化。离子型双亲物质在非极性溶剂中不能电离,只能以离子对形式存在,形成反胶团的基本推动力来源于表面活性剂分子的疏水尾之间的疏水相互作用力以及亲水头基间的静电和氢键等作用力。由于这些作用力在非极性溶剂的环境中较弱,反胶团形成的推动力要小得多,所形成的反胶团的聚集数也很小,一般在 10 以下,而且随着表面活性剂浓度的变化而变化,但是,在很宽的浓度范围内聚集数并无突变,不存在明显的临界胶团浓度。水或其他极性杂质的存在可以大大增加聚集数。一般情况下,在较低的表面活性剂的浓度时,反胶团的形状是封闭的球形或椭球形。由于形成反胶团的作用力较弱,反胶团的大小容易变化,在液‒液萃取过程中变化更明显。Chang 等[3]发现,在萃取溶菌酶的过程中,反胶团的直径随着离子强度的增加而减小,随着表面活性剂浓度的增加而增加(图 4‒3)。同时,随着二(2-乙基己基)琥珀酸酯磺酸钠(AOT)浓度的减小,水相含溶菌酶的平衡反胶团越来越大于水相不含溶菌酶的平衡反胶团(图 4‒4)。反胶团溶解蛋白质后,蛋白质分子在反胶团中存在的位置是一个争论很多的问题,通常认为水溶性蛋白质最大可能是溶于反胶团内的微水池中。这种模型在理论上存在合理性,也得到了一些实验现象的支持。用相转移法获得的反胶团相电导率与用注入法获得的最大值接近,说明这两种方法构成的反胶团微观结构没有太大差别[4]。

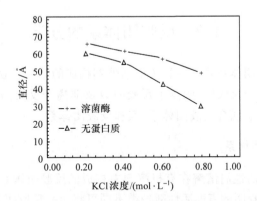

图 4-3 盐浓度对 AOT/异辛烷反胶团直径的影响

有机相:100 mmol·L⁻¹ AOT/异辛烷;

水相:pH 5.4,蛋白质浓度 1 mg·mL⁻¹

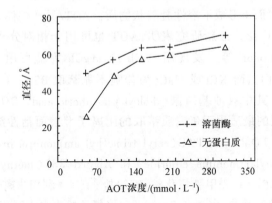

图 4-4 AOT 浓度对 AOT/异辛烷反胶团直径的影响

有机相:40～320 mmol·L⁻¹ AOT/异辛烷;

水相:pH 5.4,0.3 mol·L⁻¹ KCl,蛋白质浓度 1 mg·mL⁻¹

通常用作形成反胶团溶液的有机溶剂主要有:异辛烷、正辛烷、环己烷、苯和甲苯等。溶剂的极性越大,则反胶团增溶水的能力越小。这是因为溶剂的极性越大越容易与表面活性剂的极性头基结合,使水与极性头基间的结合相对减小。同时,在极性较大的溶剂中,胶团的聚集数较少,也不利于水的增溶。Goklen 和 Hatton[5]研究了溶剂对最大反胶团尺寸(以 $W_{0,\max}$ 表示)的影响,研究结果表明,正己烷、异

辛烷和辛烷的 $W_{0,\max}$ 值为 75～115,十二烷、环己烷、二甲苯、四氯化碳和氯仿的 $W_{0,\max}$ 值为 5～20。Liusi 等用 TOMAC(trioctylmethylammonium chloride)反胶团体系萃取 α-糜蛋白酶发现用正己烷代替环己烷作溶剂,萃取率下降,Wolbert 等认为萃取率只有 6%的差别[6]。

4.2　反胶团体系的分类

最简单的反胶团体系是由一种表面活性剂构成的单一反胶团体系。单一反胶团又可以分为阳离子反胶团、阴离子反胶团以及非离子反胶团。在单一反胶团的基础上又逐步发展了混合反胶团体系、亲和反胶团体系。

4.2.1　单一反胶团体系

通过一种表面活性剂溶解在有机溶剂中构成的反胶团体系被称为单一反胶团体系。根据形成反胶团的表面活性剂种类不同可将单一反胶团分为阴离子型、阳离子型和非离子型单一反胶团。除 AOT 等少数集中表面活性剂可以直接形成稳定的反胶团外,其余的表面活性剂必须通过加入助剂的方式形成反胶团。最常用的是阴离子型表面活性剂 AOT,一般认为它适用于萃取小分子蛋白质(分子质量＜30kDa),并且往往在两相界面上形成不溶性凝胶状物质。AOT/异辛烷体系所形成的反胶团比较稳定,应用最广泛。最新研究表明,AOT 也可用于相对分子质量比较大的蛋白质的萃取。Shiomori 等[7]发现用 CaCl₂ 或 MgCl₂ 为盐可用 AOT 反胶团萃取 BSA(牛血清白蛋白),而 KCl 或 NaCl 为盐则不能萃取 BSA。Goto 等[8]合成了一系列表面活性剂,其中双油基磷酸(dioleyl phosphoric acid, DOLPA)优于传统的 AOT,是目前发现的最适用于蛋白质萃取的阴离子型表面活性剂。常用的阳离子型表面活性剂有 TOMAC、CTAB(cetyl trimethyl ammonium bromide)、DODMAC(dimethyldioctadecylammonium chloride) 和 Aliquat 336 (methyltrioctylammonium chloride,三烷基(C₈～C₁₀)甲基氯化铵)等铵盐[9~11]。利用非离子型表面活性剂单独形成反胶团的研究很少,主要有 Tween 85(聚氧乙烯失水山梨醇三油酸酯)等。

除 AOT 等少数表面活性剂不需要加入助剂就可形成反胶团外,其他表面活性剂均需要加入一定量的助剂才能形成反胶团。助表面活性剂的加入能明显改善反胶团相对蛋白质的溶解能力。助溶剂的机理目前还没有定论,一种观点认为助溶剂分子插入表面活性剂分子中间,降低了亲水头基之间的静电排斥作用,从而形成有序的胶团结构。最常用的助溶剂是烷基醇类,如丁醇、戊醇、己醇、庚醇、辛醇、壬醇、癸醇等。Dekker 等[12]在 TOMAC/异辛烷体系中加入非离子型表面活性剂 Rewopal HV5,提高了 α-淀粉酶的萃取率,并使萃取在较宽的 pH 范围内进行。Wolbert 等[6]在 TOMAC/isooctane 反胶团中加入时萃取率有所提高。另一种常用的助表面活性剂是极性醇,主要目的是使阳离子型表面活性剂溶于有机相。另外,在反萃时异丙醇或乙醇的加入可改善反胶团和蛋白质的相互作用,使反萃顺利进行。Goklen 和 Hatton 以己醇为助剂,利用 CTAB 反胶团萃取过氧化氢酶[13]。在 Luisi 等[14] 的早期研究中,用 TOMAC 萃取蛋白质时,只能在低表面活性剂浓度(约为 12mmol·m^{-3})下操作,只有加入醇作为助剂,才能提高 TOMAC 在非极性溶剂(如异辛烷)中的溶解度。Aliquat 336 是一种广泛用于金属萃取的萃取剂,它不易溶于非极性溶剂中,但加入少量醇类作助剂后,则能溶解。Jolivalt 等[15] 用十三醇作助剂将 Aliquat 336 溶于异辛烷中形成反胶团溶液,成功地萃取了胰岛素和 α-糜蛋白酶。

　　Chang 等[16~18] 利用阴离子型表面活性剂 AOT 和阳离子型表面活性剂 Aliquat 336 分别溶于异辛烷,构成了两种不同的反胶团体系,进行了溶菌酶、胰蛋白酶、α-胰凝乳蛋白酶、胃蛋白酶、α-淀粉酶和中性蛋白酶的萃取分离研究,发现水相 pH 对反胶团体系中水含量 W_0 的影响都不大,对蛋白质萃取率有很大的影响。对于 AOT 反胶团体系,pH 的升高造成蛋白质溶解度的下降;对于 Aliquat 336 反胶团体系,pH 的升高提高蛋白质的溶解度。随着离子强度的增大,AOT 反胶团体系的水含量大幅度降低,Aliquat 336 反胶团体系水含量没有明显变化,而蛋白质萃取率都下降。史红勤等[19] 研究了 AOT 单一反胶团萃取溶菌酶、胰蛋白酶和胃蛋白酶的过程,结果表明,反胶团萃取的单级萃取率高,调节 pH 和离子强度等工艺条件,就可以实现不同种类蛋白质的有效分离。

4.2.2　混合反胶团体系

　　两种或两种以上的表面活性剂构成的反胶团体系称为混合反胶团体系,混合反胶团体系利用表面活性剂的协同作用萃取蛋白质。一般来讲,混合反胶团体系可以改变单一反胶团的萃取行为,并且在活性产率和选择性方面有明显的优势。严勇朝等[20] 采用透射显微镜观察反胶团的形状,发现混合反胶团与单一反胶团都呈球形,混合反胶团比单一反胶团大,TRPO-AOT 反胶团的直径为 3.43nm,而 AOT 反胶团的直径只有 2.22nm。同时,从电镜观察到的 TRPO-AOT 及 AOT 两种反胶团的形貌上看[图 4-5(a)和图 4-5(b)],TRPO 的加入并未影响反胶团的形貌,外形均为规则的球形,但是粒径变大了,从而提高了 TBPO-AOT 反胶团的萃取容量。

　　1990 年,Goto 等[21] 使用 AOT 和 DOLPA 混合反胶团萃取 α-胰凝乳蛋白酶,萃取率提高到 90%,而单一 AOT 和 DOLPA 反胶团对 α-胰凝乳蛋白酶的萃取率分别为 50% 和 70%[63];1991 年,Kuboi 等[22] 使用 AOT 和牛脱氧胆酸萃取脂肪酶。与单一 AOT 反胶团相比,混合反胶团在活性产率和选择性方面有明显的优势;Kinugasa 等[23] 报道 AOT-DEHPA 混合反胶团能够萃取血红蛋白,萃取率高达

80％;Goto 等[24]报道 AOT-DOLPA 混合反胶团能选择性萃取活性 α-胰凝乳蛋白酶;张天喜[25]等报道了 CTAB-TBP、CTAB-TRPO 混合反胶团的萃取能力高于单一 CTAB 反胶团的萃取能力;Spirovska 等[26]报道在萃取水相添加糖类能够增加蛋白质和活性回收率。总之,这些工作表明混合反胶团可能具有比单一反胶团更优良的萃取性能,混合反胶团越来越受到人们的重视。

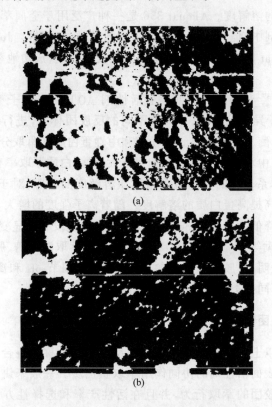

(a)

(b)

图 4‒5　胶团电镜照片

(a) TRPO-AOT/异辛烷反胶团；(b) AOT/异辛烷反胶团

4.2.3　亲和反胶团体系

亲和反胶团体系是指在反胶团相中导入与目标蛋白质有特异亲和作用的助表面活性剂形成的。亲和助表面活性剂的一头为极性头基,是一种亲和配基,可选择性结合目标蛋白质;另一头为疏水基,有利于蛋白质‒配基复合物进入反胶团。配基可以是底物的类似物或产物抑制剂,相互作用必须是可逆的,允许在反萃时产物和亲和配基的解离。蛋白质与配基的相互作用提供了目标蛋白质萃取的另一种推动力,通过在有机相加入亲和剂可显著提高反胶团对蛋白质的选择性。亲和配基通过次级键与目标蛋白相结合,生成一种可解离的络合物,根据亲和作用的强弱将亲和配基分为专一性配基(specific ligand)和基团性配基(group ligand),常见的专一性配基体系有抗体-抗原、激素-受体、酶和底物或类似物或抑制剂等,该类配基往往是复杂的大分子物质,本身难以获得,因而成本高,而且这种配基与目标蛋白的亲和作用较强,结合的特异性高,分离过程的选择性高,往往需要剧烈的条件才能将络合物解离开,这容易使蛋白质不可逆失活。基团性配基一般为简单的小分子如金属离子、三嗪染料、氨基酸等,这类配基价廉易得,有一定的亲和力,选择性较高,络合物解离并不困难,因此被广泛应用。少量亲和配基的加入,可使蛋白质萃取率和选择性大大提高,操作范围(如 pH、离子强度等)变宽。亲和反胶团体系已经成为当前反胶团萃取研究的一个重点。

有关亲和反胶团萃取体系的报道大多数采用阴离子型表面活性剂 AOT/异辛烷体系,分离的蛋白质包括伴刀豆球蛋白(concanavalin)、细胞色素 c(cytochrome c)、胰凝乳蛋白酶(trypsin)、融菌酶(lysozyme)、髓磷脂基蛋白(myelin basic protein)、过氧化物酶(peroxidase)、抗生物素蛋白(avidin)等。Hatton 研究组最早报道了基于亲和配基的反胶团萃取蛋白质的研究工作,用辛基葡萄糖苷(octyl glucoside)为亲和配基萃取伴刀豆球蛋白,证明了少量亲和配基的引入,可明显提高蛋白质的萃取率[27]。Kelley 等[28,29]较系统地研究了亲和反胶团萃取蛋白质的过程,选用了三种由亲水性亲和剂和疏水尾组成的亲和助表面活性剂辛基葡萄糖苷、lecithin、烷基硼酸(alkyl boronic acid),纯化伴刀豆球蛋白 A 和胰凝乳蛋白酶;使用烷基硼酸作为亲和配基加入到 AOT/异辛烷体系中,构成亲和反胶团,萃取 α-胰凝乳蛋白酶,不仅大大提高了萃取率,而且拓宽了萃取蛋白质的 pH 和盐浓度范围。Hatton 研究组的工作从原理及实验上证明烷基长度对蛋白质萃取有一定的影响。对于亲和反胶团萃取分离蛋白质过程,Kelley 等[29]认为水相蛋白质有两个去向:一个是与水相的配基结合成为蛋白质-配基复合物;另一个是直接进入有机相中的空反胶团中;水相的蛋白质也有可能进入含亲和配基的反胶团中,并在反胶团中形成蛋白质-配基复合物。

Chen 和 Jen[30]比较了 6 种不同长度的烷基尾和不同头基对伴刀豆球蛋白的萃取行为。研究结果表明,对于亲水头基相同而有不同长度疏水尾的亲和配基来说,蛋白质的转移量不同。短尾的(较亲水)亲和配基在胶团相溶解度较低,蛋白质的转移量较低;同时,疏水尾过长,则其在水相的溶解度小,产生的蛋白质-亲和配基复合物少,蛋白质的转移量也较低。因此,存在一个最佳疏水尾长度。当疏水尾长度相同时,亲水头基不同,蛋白质转移也不同。

Adachi 等[31]用注入法将胰蛋白酶抑制剂及胆固醇氯甲酸酯加入反胶团中,胆固醇基与酶的赖氨酸残基中的氨基反应,从而获得固定化胰蛋白酶抑制剂的反胶团体系。用该体系萃取分离胰蛋白酶,经过一次萃取和反萃过程,胰蛋白酶可高效回收。为了考察过程的选择性,将该体系用于四种蛋白质(cytochrome c、 lysozyme、ribonuclease、trypsin)混合物的萃取分离。实验发现,反萃液中只有胰蛋白酶,回收率为80%,其他三种蛋白质仍留在萃余液中,说明亲和作用是萃取的唯一推动力,萃取过程具有高度的选择性。Dordick 研究组[32,33]主要用 Concanavalin A 为配基萃取分离过氧化物酶。在不加入配基时,AOT/异辛烷反胶团体系完全不能萃取辣根过氧化物酶,如果萃取前加入 Concanavalin A,就可以高效萃取分离辣根过氧化物酶。Sun 等[34]采用卵磷脂/正己烷反胶团体系,以色素 Cibacron Blue F3GA(CB)作为配基,研究了该亲和反胶团系统对溶菌酶等蛋白质的萃取,色素浓度很低时即可显著提高亲和性蛋白质的萃取率。加入非离子型表面活性剂 Tween 85 及助剂正己醇,以提高反胶团体系的萃取容量,并用该体系从粗蛋清中纯化分离溶菌酶,回收率为60%～70%,溶菌酶纯度提高 16～18 倍,反胶团体系可被重复使用[35]。Poppenborg 和 Flaschel[36]将金属离子作为配基用于亲和反胶团萃取,用合成的 DIDA(dodeylimino-N, N-diacetic acid)螯合 Cu^{2+} 作为亲和配基,萃取分离细胞色素 c 和血红蛋白。结果表明,在高盐浓度时,仍可进行亲和萃取,非离子型表面活性剂体系的萃取效果好于阴离子型表面活性剂体系。Coughlin 和 Baclaskil[37]用烷基化的维生素 H 为亲和配基从水相中提取抗生物素蛋白,维生素 H 与抗生物素蛋白质间专一性相互作用,提高了蛋白质的传递量。

Zhang 等[38,39]以三嗪染料 Cibacron Blue 3GA(CB)为亲和配基,利用 CTAB 反胶团萃取分离牛血清白蛋白。研究发现,对于 CTAB 反胶团萃取分离 BSA 过程,当前萃水相 pH 低于 pI 时,染料和蛋白质的亲和作用是萃取的唯一推动力。加入少量 TRPO 或 TBP 可以降低表面活性剂头基之间的相互作用,能明显提高 BSA 的萃取率(图 4-6)。CB 的添加可以为 BSA 的转移提供额外的推动力,少量 CB 的加入就能显著提高萃取效率。只有加入 CB,BSA 才能被萃入反胶团相;不加入 CB,则仅有微量 BSA 能被萃入反胶团相(图 4-7)。

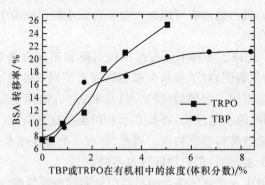

图 4-6 TRPO 和 TBP 添加浓度对 CTAB 反胶团萃取分离 BSA 的影响

前萃条件:■ pH 4.49,KBr 浓度 100mmol·L^{-1},CB 浓度 0.71mmol·L^{-1}

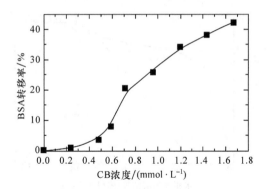

图 4-7　CB 添加浓度对 CTAB
反胶团萃取分离 BSA 的影响
前萃条件：■ pH 4.55，KBr 浓度 100 mmol·L^{-1}

Zhang 等[40]还发现，在反萃过程中，CB 留在有机相，不会进入水相而污染蛋白质，CB 的存在对反萃过程不利，反萃效率明显降低（图 4-8）。需要在水相加入一定量的 2-异丙醇，以提高反萃效率，经过一次萃取和反萃过程，BSA 的回收率可达 98.5%（图 4-9）。

CB 和 BSA 的加入影响反胶团体系的电导率。无论有无加入 CB，温度升高使反胶团体系电导率增大；虽水含量增大，体系电导率有最大值，但是，没有发生渗滤现象，说明该体系属于非渗滤体系，反胶团间的物质传递比较困难[4]；体系的电导率随 CB 或 BSA 的加入而下降，在同样 CB 浓度条件下，反胶团相的电导率比水相低三个数量级，可能说明有机相的 CB 被限制在紧密的微区之中，而不是连续相中[41]。

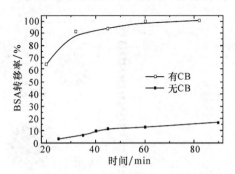

图 4-8　CB 对 BSA 反萃过程的影响
反萃条件：pH 4.5，KBr 浓度 1.5 mmol·L^{-1}；
前萃条件：pH 7.75，KCl 浓度 75 mmol·L^{-1}

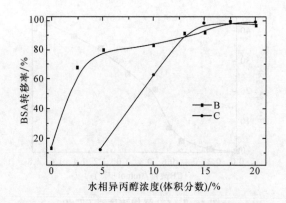

图 4-9　水相 2-异丙醇对 BSA 反萃率的影响

反萃条件：pH 4.5，KBr 浓度 1.5 mmol·L^{-1}；前萃条件 B：pH 7.70，

KCl 浓度 75 mmol·L^{-1}，CB 浓度 0.71 mmol·L^{-1}

C：pH 4.5，KCl 浓度 66.7 mmol·L^{-1}，CB 浓度 0.95 mmol·L^{-1}

4.3　反胶团萃取机理

　　反胶团萃取蛋白质的研究从 20 世纪 70 年代开始，发展到现在已经有 30 多年的时间，但对反胶团萃取分离蛋白质的机理却仍然不清楚。通常认为水溶性蛋白质在反胶团中溶于微水池中（图 4-10）。反胶团体系处于一种动力学平衡状态，相互之间不断碰撞，而且经常交换内核所含物质，大约 1000 次的碰撞就会导致反胶团间交换所含的物质一次。这些交换发生在 10^{-3} s 的时间范围内，而碰撞发生在 10^{-6} s 的时间范围内，反胶团间交换物质是非常频繁的。

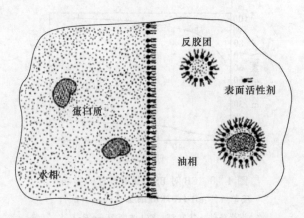

图 4-10　蛋白质在水相和反胶团之间分配示意图

　　一般认为,反胶团萃取蛋白质的驱动力是表面活性剂极性端和蛋白质分子之间的静电作用力,但一些学者相继提出了其他的机理,如疏水相互作用机理、离子对溶解机理、离子交换机理等。蛋白质在反胶团相和水相间的分配主要取决于水相的条件,如 pH、离子强度和电解质的类型。有机相条件也影响蛋白质在两相间的分配,如表面活性剂的种类和浓度、助表面活性剂的使用、有机溶剂的类型。温度的变化也影响蛋白质的转移。相转移的决定性因素是蛋白质的性质,如等电点(pI)、大小、形状、疏水性和电荷分布。水相 pH 决定蛋白质分子表面可电离基团的离子化状态。当水相 pH 低于蛋白质的等电点时,蛋白质分子带正电荷;当水相 pH 高于蛋白质的等电点时,蛋白质分子带负电荷。阳离子型反胶团内壁带正电荷,阴离子型反胶团内壁带负电荷。当蛋白质所带电荷和表面活性剂极性头基所带电荷相反时,蛋白质分子与反胶团之间存在静电吸引力,蛋白质溶解进入反胶团;反之,蛋白质与分子反胶团之间存在静电斥力,蛋白质不能进入反胶团。因此,当使用阳离子型反胶团时,蛋白质进入反胶团发生在水相 pH 高于蛋白质的 pI 时;当使用阴离子型反胶团时,蛋白质进入反胶团发生在水相 pH 低于蛋白质的 pI 时。这一点对于选择萃取和反萃条件有很重要的指导意义。进一步的研究表明,蛋白质分子表面电荷的分布也影响蛋白质的转移。具有高电荷不对称性的蛋白质分子容易进入 TOMAC(三辛基甲基氯化铵)反胶团,且不对称性与蛋白质萃取率有一定关系。但是在 AOT[二(2-乙基己基)琥珀酸酯磺酸钠]反胶团中未观察到此现象。

　　蛋白质溶解进入反胶团溶液中的方法一般有三种:注入法、固溶法和相转移法即液-液萃取法。三种方法中最有可能用于蛋白质分离纯化的是液-液萃取的方法,而固溶法是确定蛋白质溶解能力的最可信的方法,注入法常用来快速制备组成确定的反胶团溶液。液-液萃取法的主要影响因素有:初始水相的 pH 及缓冲溶液的类型、离子强度、盐效应与类型、表面活性剂的种类及浓度等。这种方法的优点是得到的反胶团溶液是热力学稳定体系,不会产生过饱和现象。但是因为萃取过程相对缓慢,所以达到平衡所需要的时间比注入法要长,酶活易受到影响。

　　在液-液萃取过程中,反胶团通过重组包容蛋白质。在反胶团体系中,只有少量的反胶团包容了蛋白质,而大部分的反胶团却是空的,两种反胶团之间存在一种动态平衡[3](图 4-11)。

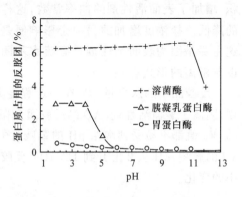

图 4-11　pH 对反胶团的蛋白质
占有率的影响

4.3.1　水的增溶

反胶团的水含量一般用 W_0 来描述。W_0 定义为有机溶剂中水的物质的量浓度与表面活性剂的物质的量浓度的比值。当 $W_0 < 8$ 时,内核水可看成是结合水;当 $W_0 > 8$ 时,除环绕内壁存在结合水外,中心部分已有自由水出现。最佳 W_0 值取决于以下因素:①酶分子的大小,因为酶在反胶团中所占有的空间可以影响其构象;②催化反应的类型,水解反应和合成反应对 W_0 有不同的要求;③催化剂的稳定性;④底物的溶解度。通常将反胶团的水含量大小(W_0 表示)同蛋白质的大小相关联,酶所占的有效空间同胶核的相应尺寸(通过 W_0 调整)直接相关,最佳的 W_0 依赖于酶浓度,酶浓度越高,得到的最佳酶活所需的 W_0 也越大。

Luisi 等[42]在研究用 AOT 反胶团体系萃取高亲水性蛋白质时发现,在相传递过程中,水相中的蛋白质定量地萃取到反胶团相,但最多只有 4% 的水相进入有机相,此时,有机相含 AOT 的浓度达到 $100\,\mathrm{mmol \cdot m^{-3}}$。在萃取固态溶菌酶的过程中,反胶团溶液含有相当少量的水时($W_0 = 5 \sim 8$),可观察到溶菌酶的最大溶解度,而且在较高 W_0 时,溶解度下降。通过对反胶团水核中水的研究发现,水核中的水不同于大体积的水溶液,主要反映在不同的酶反应活性上。例如,低 W_0 下,水核中的水的凝固点低于 0℃,这就有利于低温酶学的应用。反胶团溶解生物大分子时,通常利用缓冲液形成水核,水核中的电解质会影响 $W_{0,\max}$ 值,使其降低,主要原因是电解质的存在增大了反胶团头基间的排斥作用。盐浓度增加,单位表面活性剂所占的界面面积降低,从而界面刚性增加,蛋白质渗透性降低,导致相互吸引的作用力降低,界面曲率增加,同时导致水被排斥出去。同时,盐浓度增加可以导致胶束黏度降低,他们也将此现象归因于盐浓度的增加导致反胶团胶束间的相互作用力的降低。盐浓度降低了表面活性剂极性的有效面积,增加了表面活性剂的曲率常数,这样就可以解释高盐浓度下 AOT 中水含量的降低。盐浓度增加的另一个影响便是表面活性剂从胶束中盐析至有机相中,这主要是因为表面活性剂具有疏水基团,而且同离子效应也有利于表面活性剂以非解离的形式存在。

反胶团中的水含量 W_0 在一定程度上能反映反胶团的大小。昌庆龙等[43]发现,阴离子表面活性剂(AOT)反胶团和阳离子表面活性剂(Aliquat 336)反胶团中的 W_0 值都不易受到水相 pH 的影响(图 4-12),即反胶团的大小不易受到水相 pH 的影响,pH 从 2 上升到 12,AOT 反胶团和 Aliquat 336 反胶团的 W_0 值只有极小的变化。

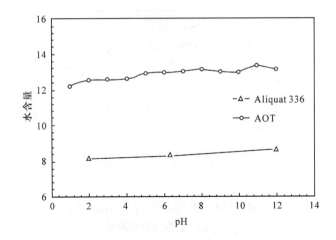

图 4‑12　反胶团中水含量随 pH 及表面
活性剂类型变化的规律

4.3.2　蛋白质进入反胶团的转移驱动力

到目前为止,已经利用反胶团微乳相法研究了 30 多种蛋白质的萃取性质。没有人能够肯定回答蛋白质如何进出反胶团。大多数情况下,公认该过程的驱动力是表面活性剂极性端和蛋白质分子之间的静电相互作用[44,45]。有报道说明其他驱动力也起重要作用,如憎水相互作用和离子配对机理对蛋白质的增溶作用等。有机溶剂的类型影响反胶团的大小,从而影响反胶团的水含量。用不同溶剂构成的反胶团对 α‑胰凝乳蛋白酶的萃取率明显不同,可归因于不同溶剂对反胶团的结构影响不同。

温度的变化剧烈影响反胶团体系的物理化学性质。增加温度能增加蛋白质在反胶团相的溶解度。Luisi 等[14]通过增加温度使 α‑胰凝乳蛋白酶和胰高血糖素向 NH_4^+ /氯仿相的转移量分别提高 50% 和 100%。

在反胶团萃取过程中,通常希望所选择的表面活性剂能形成体积较大的反胶团,以利于萃取相对分子质量大的蛋白质,且蛋白质与反胶团间的相互作用不应太强,以减少蛋白质的失活。阴离子型表面活性剂 AOT 与异辛烷形成的反胶团是目前最常用的反胶团体系。该反胶团体系不需要加入助表面活性剂,但对于相对相对分子质量大于 30 000 的蛋白质,萃取效率较差,且酶在反胶团中的稳定性也不高。在 AOT 反胶团体系中,相对分子质量大,蛋白质的体积就大,传递过程中产生的障碍也大,所以其萃取率相对地就可能小[43](图 4‑13)。阳离子表面活性剂如季铵盐形成的反胶团通常体积较小且需要加入助表面活性剂。最近一些研究者开始尝试用两种或两种以上的混合表面活性剂形成的反胶团来萃取相对分子质量大的蛋白质。

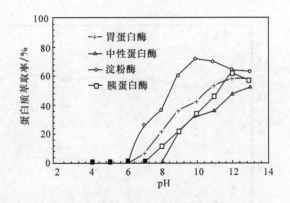

图 4-13　pH 对蛋白质在 Aliquat 336
反胶团中萃取率的影响

1. 静电相互作用

从蛋白质的萃取率和 pH、盐浓度的关系,可以看出表面活性剂极性端和蛋白质所带电荷间的相互作用在蛋白质萃取过程中所起的重要作用。当使用阳离子型反胶团时,在水相 pH 高于蛋白质 pI 条件下,蛋白质才能进入反胶团;当使用阴离子型反胶团时,在水相 pH 低于蛋白质 pI 条件下,蛋白质才能进入反胶团。蛋白质相对分子质量越大,(pH—pI)绝对值越大才能实现蛋白质萃取。实验结果可用表面活性剂与蛋白质之间的静电相互作用解释。增加盐浓度蛋白质萃取率降低,因为静电相互作用随离子强度的增加而降低。随表面活性剂浓度的增加,反胶团相溶解蛋白质的能力增加,这可能也是静电相互作用增加的结果。

水相 pH 决定了蛋白质分子表面的电离状态,对蛋白质萃取率有很大的影响[43](图 4-14),在阴离子表面活性剂(AOT)反胶团和阳离子表面活性剂

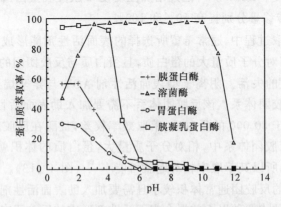

图 4-14　pH 对蛋白质在 AOT 反胶团萃取率的影响

（Aliquat 336）反胶团中,随着 pH 降低,溶菌酶、胰蛋白酶、α-胰凝乳蛋白酶和胃蛋白酶萃取率都呈上升趋势,溶菌酶和 α-胰凝乳蛋白酶的萃取率可以接近 100%。但当 pH 低于 3 时,溶菌酶的萃取率逐步下降。AOT 形成的反胶团,表面带负电荷,当溶液 pH 低于 pI 时,蛋白质更容易进入反胶团[43]（图 4-15）。Aliquat 336 形成的反胶团,表面带正电荷,当溶液 pH 高于 pI 时,蛋白质更容易进入反胶团[46]（图 4-16）。

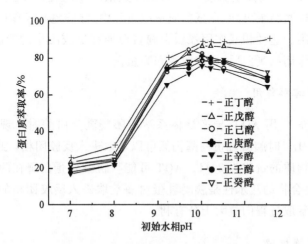

图 4-15　初始水相 pH 和助溶剂类型对
蛋白质在 Aliquat 336 反胶团中溶解的影响
有机相:50mmol·L⁻¹ Aliquat 336,1% 异辛烷;
水相:工业 α-淀粉酶 6.0mg·mL⁻¹

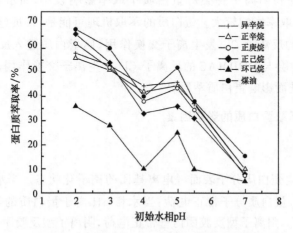

图 4-16　初始水相 pH 对蛋白质萃取率的影响
有机相:50mmol·L⁻¹ AOT 溶于不同烷烃;
水相:0.1mol·L⁻¹ KCl,胰凝乳蛋白酶 1.5mg·mL⁻¹

2. 憎水相互作用

非极性氨基酸的萃取受憎水相互作用的控制[47~49]。在不利于蛋白质萃取的 pH 和高离子强度条件下,一定量的蛋白质能够进入反胶团相[50]。当使用 CTAB (cetyltrimethylammonium bromide,十六烷基三甲基溴化胺)/癸醇/环己烷反胶团萃取细胞色素 b_5 时,高离子强度下萃取率明显依赖于温度,而疏水作用力强烈依赖于温度。从这些结果可知,在蛋白质萃取过程中,除静电相互作用外憎水相互作用也起重要作用。这种相互作用强烈影响蛋白质在反胶团中的溶解,尤其是与脂类界面有相互作用的蛋白质,如溶菌酶和膜蛋白。

3. 离子对溶解作用

Paradkar 等[51]用 AOT/异辛烷体系萃取胰凝乳蛋白酶时发现,当 AOT 浓度小于 $1.0 mmol \cdot L^{-1}$ 时胰凝乳蛋白酶仍然可以萃取进入反胶团相。此时,AOT 与胰凝乳蛋白酶的物质的量比为 30:1。AOT 可能与胰凝乳蛋白酶在两相界面形成离子对复合物,复合物的疏水性是胰凝乳蛋白酶萃取进入反胶团相的原因。低表面活性剂浓度对萃取过程的放大十分有利。

4. 离子交换机理

Rabie 等[52,53]认为离子交换机理起主导作用。用阳离子型表面活性剂 DOD-MAC(二辛基二甲基氯化胺)体系萃取白蛋白、胰凝乳蛋白酶和溶菌酶时发现,溶剂种类、助剂浓度和阳离子种类对蛋白质萃取率影响较小,而水相阴离子(F^-、Br^-)对蛋白质萃取率影响较大。蛋白质的萃取机理可能是:带负电荷的蛋白质分子与 DODMAC 的反离子 Cl^- 发生离子交换作用,使蛋白质进入反胶团。水相阴离子(F^-、Br^-)也会与 DODMAC 的反离子 Cl^- 发生离子交换作用,因此改变表面活性剂的性质,进而影响蛋白质萃取。

4.3.3 反胶团萃取蛋白质的影响因素

1. 水相 pH

水相 pH 决定蛋白质分子表面可电离基团的离子化状态。当水相 pH 低于蛋白质的等电点时,蛋白质分子带正电荷;当水相 pH 高于蛋白质的等电点时,蛋白质分子带负电荷。阳离子型反胶团内壁带正电荷,阴离子型反胶团内壁带负电荷。当蛋白质所带电荷和表面活性剂极性头所带电荷相反时,蛋白质分子与反胶团之间存在静电吸引力,蛋白质溶解进入反胶团;反之,蛋白质与分子反胶团之间存在静电斥力,蛋白质不能进入反胶团。因此,当使用阳离子型反胶团时,蛋白质进入反胶团发生在水相 pH 高于蛋白质的 pI 时[54];当使用阴离子型反胶团时,蛋白质进入反胶团发生在水相 pH 低于蛋白质的 pI 时。Golken 和 Hatton[13]用阴离子表面活性剂 AOT/异辛烷反胶团体系研究发现,三种低相对分子质量的蛋白质(细胞色素 c、溶菌酶和核糖核酸酶 A,分子质量为 12~14kDa)在较低 pH 时,几乎能完全溶解于反胶团相,而且溶解在一个较宽的 pH 范围内发生。随着相对分子质量的增大,相传递可通过增加 pH—pI 值来完成。进一步的研究表明,蛋白质分子表面电荷的分布也影响蛋白质的转移。具有高电荷不对称性的蛋白质分子容易进入 TOMAC(三辛基甲基氯化铵)反胶团,且不对称性与蛋白质萃取率有一定关系[6]。另外,水相 pH 对于萃取体系的稳定性也有影响。例如,AOT 阴离子表面活性剂体系,由于 AOT 是一种强碱弱酸盐,在水相 pH 低于 4 时,AOT 容易析出,在两相界面处形成沉淀[55]。CTAB 阳离子反胶团体系,在水相 pH 高于 10 时,CTAB 也易于在两相界面处形成沉淀。Dekker 等用 TOMAC/辛醇/异辛烷的反胶团体系萃取 α-淀粉酶,结果表明,α-淀粉酶在 pH=10 左右很窄的 pH 范围内被萃取。在此范围内,α-淀粉酶带负电荷,有利于通过静电吸引溶解到阳离子反胶团相。Luisi 等[14]用 TOMAC/环己烷反胶团得到的 α-糜蛋白酶和胃蛋白酶的特征 pH 曲线,Golken 等用一种阳离子表面活性剂十二烷基二甲基溴化铵(DDAB)和等电点在 5.5~7.8 范围的混合蛋白质体系所得到的实验结果也类似。

2. 离子强度与离子种类

水相离子强度决定了带电荷的反胶团的内表面以及带电荷的蛋白质分子表面被静电屏蔽的程度。该现象对反胶团萃取产生两个方面的影响:一是降低了带电荷的蛋白质分子与反胶团带电荷的内表面间的静电相互作用;二是减少了表面活性剂极性端间的静电斥力,导致高离子强度下反胶团变小,有机相对水和生物分子的增溶作用减少[44]。因此,低的离子强度有利于蛋白质的萃取,高的离子强度有利于蛋白质的反萃。Golken 和 Hatton[13]研究证实了离子强度对在 AOT 反胶团相中细胞色素 c、溶菌酶和核糖核酸酶相传递的影响。随着 KCl 浓度的增加,这三种蛋白质向反胶团进行相传递的程度减弱。在低离子强度(如 0.1mol·L^{-1} KCl)下,核糖核酸 A、细胞色素 c 和溶菌酶完全溶解到 AOT/异辛烷反胶团微乳相,而在高离子强度下(如 1.0mol·L^{-1} KCl)蛋白质不能进入反胶团微乳相。这些用阴离子型反胶团发现的结果同样适用于阳离子型反胶团[9]。但是,对每一种蛋白质来说,导致这种减小所需盐的初始浓度各不相同。应该注意的是,当水相离子强度低于一定值时,反胶团相和水相形成稳定的乳状液,相分离十分困难。因此,蛋白质在两相间的转移需要水相离子强度不低于某个值。例如,对细胞色素 c 向 AOT/异辛烷反胶团的定量转移,约 0.1mol·L^{-1} 的 KCl 是最小值[5]。

水相盐组成除了对溶液离子强度的贡献不同外,也影响蛋白质转移的效率。

水相盐的种类不同,所形成的反胶团微乳相的 W_0 值不同,蛋白质的分配平衡也发生变化[55~57]。例如,Marcozzi 用 NaCl、KCl、LiCl 和 CaCl₂ 萃取 α-胰凝乳蛋白酶,发现在较低的 KCl 浓度下就可以进行反萃,而在很高的 LiCl 浓度下才能进行反萃[58]。缓冲体系本身也影响蛋白质的溶解[59]。Kinugasa 研究了离子种类对 AOT 反胶团体系萃取溶菌酶、细胞色素 c 和核糖核酸酶 A 的影响,发现蛋白质的萃取率呈现一价阳离子盐类 KCl<RbCl<CsCl<NaCl<LiCl 和二价阳离子盐类 BaCl₂<SrCl₂<CaCl₂ 的规律,且总体而言,二价阳离子盐类的萃取率高于一价阳离子盐类。阴离子对 AOT 反胶团体系萃取行为的影响较弱,蛋白质的萃取率 SCN⁻<Br⁻<Cl⁻。这种变化规律和离子半径的变化规律恰好一致。当携带的电荷量一样时,离子半径越小,水化作用就越强,水壳对于离子和表面活性剂之间的静电相互作用的屏蔽作用就越强,从而有利于表面活性剂分子和蛋白质分子之间的相互作用,使萃取率增加[60]。一般来说,离子半径小的离子有利于萃取,如 Na⁺、Cl⁻、Ca²⁺,而离子半径大的离子有利于反萃取,如 K⁺、Br⁻、SCN⁻。

3. 表面活性剂的类型

用于反胶团法萃取蛋白质的表面活性剂有阴离子型、阳离子型和非离子型。一般认为阴离子型表面活性剂,如 AOT 反胶团体系,适合萃取相对分子质量较小、等电点较高的蛋白质,如 α-胰凝乳蛋白酶(等电点 pI 8.9,分子质量 25kDa)、溶菌酶(等电点 pI 11,分子质量 14.3kDa)、细胞色素 c(等电点 pI 10.6,分子质量 12.3kDa)、角质酶(等电点 pI 7.0,分子质量 22kDa)等,而阳离子表面活性剂适合于萃取分子质量较大、等电点较低的蛋白质,如牛血清白蛋白(BSA,pI=4.7,分子质量 67kDa)、α-淀粉酶(pI=5.2,分子质量 50kDa)、乙醇脱氢酶(pI=5.4,分子质量 141kDa)等。呈现这种规律的原因是由于大多数情况下,静电相互作用是萃取的主要驱动力。在个别情况下,萃取主要受疏水性相互作用的控制,上面的规律就会发生变化。

通常认为离子型表面活性剂构成的反胶团,由于其主要驱动力为静电相互作用,而调节水相的 pH 离子强度是调节静电相互作用的主要手段,因而萃取和反萃往往在极端的 pH 和离子强度下进行,使蛋白质的生物活性降低,甚至一些蛋白质出现失活现象[61]。因此非离子表面活性剂构成的反胶团引起了人们的兴趣。

Russell 等使用 Tween 85/异丙醇/正己烷反胶团体系萃取细胞色素 c,萃取率达到 80% 以上,并且证明 Tween 85 反胶团体系对细胞色素 c 的结构、功能和稳定性无负面影响[62]。Tween 85 反胶团体系比 AOT 体系可以溶解更多的蛋白质和水分,这可能和 Tween 85 的 HLB 值较高(HLB=11)、亲水性较强有关。另外,Tween 85 具有良好的生物可降解性,因此可以用于制备乳液性农药制剂。Pfammatter 等证实,Tween 85 和 Span 60 构成的反胶团可以溶解细胞[63]。Hossain 证实 Chromo-bacterium viscoum 脂肪酶在 AOT-Span 60 混合反胶团中的活性比在单一 AOT 反胶团中的活性高得多[64]。

Goto 等合成了 2-十三烷基磷酸[di(tridecyl) phosphoric acid，DTDPA]，同样条件下，DTDPA 反胶团比 AOT 反胶团小，但可以萃取更多蛋白质，如溶菌酶、细胞色素 c 等，萃取率达到 100%。甚至一些 AOT 反胶团不能萃取的蛋白质，DTD-PA 反胶团也能够萃取，比如血红蛋白，萃取率达到 80%。DTDPA 形成反胶团的临界胶团浓度为 1mmol·L^{-1}，DTDPA 反胶团的形成受水相 pH 的控制，而 AOT 反胶团的形成和水相 pH 无关。DTDPA 反胶团相分离的速度即使在 DTDPA 浓度很高的情况下也是很快的，这也是和 AOT 反胶团不同的地方[65]。他们还合成了 2-油酸基磷酸 DOLPA(dioleyl phosphoric acid)，应用于萃取蛋白质。但是它存在一个重要缺陷，在 DOLPA 较高（约 100mmol）时，易出现乳化现象，相分离困难[21]。

Naoe 等使用蔗糖脂肪酸酯 DK-F-110/异丙醇/正己烷反胶团。DK-F-110 的 HLB 值等于 11，临界胶团浓度为 500mg·mL^{-1}。萃取细胞色素 C 时，水相 pH 是影响萃取率的主要因素，添加异丙醇是影响反萃的关键因素。Rhizopus delemar 脂肪酶在 DK-F-110/异丙醇/正己烷反胶团中的活性比在 AOT 反胶团和卵磷脂反胶团中的活性高[66]。

4. 表面活性剂的浓度

表面活性剂的浓度对萃取行为的影响比较复杂。只有当表面活性剂的浓度超过临界胶团浓度时，才会形成反胶团。当表面活性剂的浓度超过临界胶团浓度却仍然比较低时，表面活性剂浓度的增加会使蛋白质的萃取率增加[67,68]。提高三辛基甲基氯化铵（TOMAC）的浓度（达到 200mmol·L^{-1}）或 N-苯基-N-十二烷基-N-顺(2-羟基已基)氯化铵（BDBAC）的浓度（达到 150mmol·L^{-1}）可以分别使氨基酸和蛋白质萃取率提高。有人认为表面活性剂的浓度对反胶团的大小或聚集数、结构影响甚微，而仅使反胶团的数量增加，从而提高蛋白质的萃取率。也有人认为增加表面活性剂的浓度，会增加有机相中反胶团的数目和反胶团的大小，从而反胶团相的萃取容量和相分配系数增加，因而有利于蛋白质的萃取过程。

但是表面活性剂的浓度超过一定极限时，会使胶团之间的相互作用发生变化，导致渗滤现象以及胶团界面破坏，蛋白质的萃取率下降。渗滤现象说明高表面活性剂浓度很高时，并不以单分散的反胶团的形式存在。表面活性剂浓度过高，萃取过程中的界面沉淀增加[69,70]，体系的表面张力显著降低，易于乳化[71]，不利于操作。Naoe 研究了 AOT 浓度对于萃取溶菌酶的影响，发现当 AOT 浓度超过 100mmol·L^{-1}时，经过一次萃取循环后，酶的比活力下降，说明萃取过程存在活力损失；AOT 浓度低于 80mmol·L^{-1}，酶的比活力没有变化，圆二色光谱也表明溶菌酶的构象没有发生明显变化。总之，选择合适的表面活性剂浓度对于获得最大的蛋白质回收率,提高过程的选择性以及酶在萃取过程中的稳定性都是非常重要的。

5. 萃取的温度

温度对萃取的影响主要有三个方面:一是温度升高时,由于分子热运动的增加,出现渗滤现象[72],使反胶团的结构破坏[73],造成蛋白质在油水两相中的分配系数下降;温度降低时,分配系数上升[74]。利用此现象可强化蛋白质的反萃取过程。例如,Dekker 等[74]通过增加操作温度从 TOMAC 反胶团相反萃 α-淀粉酶,最大酶活回收率达 73%,酶浓缩 2000 倍。AOT/异辛烷反胶团体系对温度也很敏感,负载有机相从 18℃升高到 34℃,蛋白质就会析出,实现反萃。二是温度升高时,分子热运动的增加使萃取过程中的传质速率上升,萃取速率加快,反之萃取速率下降。有些蛋白质在萃取过程中由于与表面活性剂的相互作用而易于变性,不稳定,通过升高温度,提高萃取速度,缩短萃取时间,有利于保持蛋白质的生物活性。三是温度的变化对于蛋白质生物活性的影响,一般在较低的温度萃取有利于保持酶的生物活性,高温会使酶的生物活性丧失。Pessoa 和 Yu 等分别报道了萃取温度的升高会导致菊粉酶[75]和脂肪酶酶活力的下降[76]。萃取过程的最适温度是这三个方面相互制约与平衡的结果。

4.3.4　反胶团中蛋白质的构象和活性

蛋白质溶解于反胶团中,大多数情况下发生结构改变,但是仍然具有催化活性[77],有时甚至会引起变性,如重组角质酶[78]、α-胰凝乳蛋白酶[79]。Nicot 和 Waks[80]较详细地评述了反胶团中蛋白质构象和活性的变化。一些蛋白质进入反胶团"水池"中,其有序的周期性结构发生重要变化,从而影响蛋白质活性。这些变化并不遵循已有的一般模式,反映出生物大分子结构与其内在物理化学性质的差异。在稀水溶液中,生物大分子必须服从至少两个相反的要求:减少自由能和优化其生物功能。由于反胶团"水池"的特殊微环境,蛋白质可能使这种平衡按不同方向发生改变或漂移。Naoe 认为,反胶团对于蛋白质结构的影响和蛋白质在反胶团中的位置有关。细胞色素 c 和溶菌酶位于 AOT 反胶团的内表面上,从水相进入反胶团相,二级和三级结构发生显著变化,且随 W_0 的变化而发生变化。核糖核酸酶 A 位于反胶团水壳的中心,W_0 的变化影响其三级结构,而对二级结构没有显著影响[81]。影响酶结构的诸因素中,表面活性剂的类型是关键因素。如溶菌酶在 AOT 反胶团中发生变性,而在非离子型表面活性剂(tetraethylene glycol mono ether)或阳离子 CTAB 表面活性剂体系,溶菌酶的活性和在水相中相比,没有明显差异。

反胶团体系中存在酶的竞争性抑制剂、底物、特异性亲和配基时,会使酶的稳定性增强。胆酸盐可以提高乙醇脱氢酶在 AOT 反胶团中的活性[82];角质酶在 AOT 反胶团中变性失活,而添加正己醇可提高酶的稳定性,减缓变性[83];葡萄糖和蔗糖可以提高核糖核酸酶 A 在萃取过程中的稳定性,提高酶活的回收率[26];胆酸盐[84]和油酸[85]可以提高 AOT 反胶团中脂肪酶的活力和稳定性;愈创木酚可以提高 AOT 反胶团中辣根过氧化物酶的稳定性[86],NADP$^+$可以提高 6-磷酸葡萄糖脱氢酶在 AOT 反胶团中的稳定性[87]。

　　某些酶在反胶团中的活性明显高于水相中的活性,即所谓超活性。如酪氨酸酶、酸性磷酸酶、辣根过氧化物酶,催化反应速率分别提高 50 倍、100 倍、200 倍。胰蛋白酶在 CTAB 反胶团体系也表现出超活性[88]。Martinek 等认为,在水相中酶结构的波动扰动了催化构象,而在反胶团中,表面活性剂壳层的刚性缓冲了这种波动,使酶分子的催化构象得以稳定,从而体现出酶的超活性[89]。

　　反胶团中的水对蛋白质构象有着重要影响,低水含量时,蛋白质与表面活性剂头基的竞争必须要有水分子。反胶团水核中 pH 的测定在技术上还不可行,但是普遍认为,初始缓冲液 pH 在反胶团形成的过程中在不断改变,因为同水溶液中相比,反胶团中的酶的 pH 曲线改变了 1～2 个单位。酶上的可电离基团会受到微环境的影响,其电离状态又严重影响了其与底物的相互作用以及产物抑制。就 AOT 反胶团来讲,其合成过程中产生的酸性不纯物使得其 pH 曲线向碱性方向飘移。最佳酶活的 pH 主要取决于蛋白质上暴露的尤其是靠近活性位点处的残基,而且 pH 也可能会影响蛋白质的微包埋行为。Chang 等[79]应用傅里叶变换红外光谱(FT-IR)研究了 α-胰凝乳蛋白酶在 AOT/异辛烷反胶团体系中的结构变化。发现反胶团溶液改变了 α-胰凝乳蛋白酶分子中各种二级结构的比例,即 α-螺旋和 β-折叠两种结构的含量下降,而无规卷曲和 β-转角的含量上升(表 4-1)。这种含量上的改变会使 α-胰凝乳蛋白酶分子的结构趋于松散,而且影响了其在反胶团中的催化活性。通过研究溶菌酶在 AOT/异辛烷、AOT/辛烷、AOT/庚烷、AOT/环己烷和 AOT/煤油反胶团中的 FT-IR 光谱,进一步证实了反胶团溶液会使溶菌酶分子中 α-螺旋和 β-折叠两种结构的含量下降,使无规卷曲和 β-转角的含量上升。通过定量分析红外光谱,考察了组成反胶团的溶剂本身对溶菌酶分子结构的影响。Chang 等[16]利用 AOT 与异辛烷、正辛烷、正庚烷、正己烷、环己烷和煤油构成的反胶团萃取粗 α-胰凝乳蛋白酶,发现异辛烷、正辛烷、正庚烷和煤油对萃取与反萃后酶活保留的作用基本上是相同的,正己烷保留的酶活只有上述 4 种溶剂的 80%,而环己烷只能达到 30% 左右。

表 4-1　红外光谱法分析反胶团体系中 α-胰凝乳蛋白酶的二级结构

体系	二级结构/%			
	α-螺旋	β-折叠	无规卷曲	β-转角
在 H$_2$O 中	8.6	48.3	10.2	32.9
在反胶团中	8.0	42.4	14.2	35.4
差异/%	−7.0	−12.2	+39.2	+7.5

　　Chang 等[17]利用圆二色谱法研究了 Aliquat 336 反胶团萃取分离 α-淀粉酶的过程,研究了正丁醇、正戊醇、正己醇、正庚醇、正辛醇、正葵醇等 6 种醇分别作为助溶剂时对 α-淀粉酶圆二色谱的影响,只有正丁醇的加入可以显著提高 α-淀粉酶的酶活回收率,表现在酶的构象变化方面,α-淀粉酶进入反胶团相后,圆二色谱的195nm 处出现了一个新的正向尖峰(图 4－17)。α-淀粉酶的构象发生了明显变化,α-螺旋、β-折叠和无规卷曲的变化都超过了 20%(表 4－2)。经过反萃过程后,绝大多数的 α-淀粉酶的可以恢复原始构象,与对照相比,α-螺旋、β-折叠和无规卷曲的变化都小于 1%(表 4－3)。以其他醇作为助溶剂时,经过一个萃取、反萃过程,则绝大多数的 α-淀粉酶的不能恢复原始构象(图 4－18),与对照相比,α-螺旋、β-折叠和无规卷曲的变化都有相当比例的不同(表 4－3),说明助溶剂的加入对酶的构象有巨大的影响。

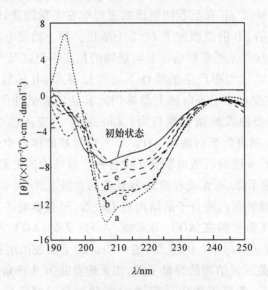

图 4－17　萃取过程中助溶剂对反胶团中
α-淀粉酶圆二色谱的影响
助溶剂分别为正丁醇(a)、正戊醇(b)、正己醇(c)、
正庚醇(d)、正辛醇(e)、正葵醇(f)

　　Zhang 等[90]研究了 BSA 在反胶团中的荧光光谱,发现在反胶团相中,BSA 的荧光强度明显加强,最大发射光谱"蓝移"5 nm(图 4－19)。可能是因为在反胶团中,束缚于"水池"中的水分子的极性减弱,反胶团中的 BSA 分子中的 Trp 残基附近的微环境的疏水性得到加强,使得其发射光谱"蓝移"。在反胶团中加入 CB,会使 BSA 的荧光强度大大降低,从 BSA 的最大发射峰来看,有 CTAB 和 CB 的水相与单纯 BSA 相同,加入 CB 时水相 BSA 最大发射峰"蓝移"1nm,而反胶团相却"红

移"5 nm(图 4－20),说明在反胶团中 Trp 残基附近的疏水性降低,这与无 CB 时情况恰恰相反。

表 4－2　助溶剂对萃取过程 α-淀粉酶二级结构的影响[1]

二级结构百分数	类别	α-螺旋/%	β-折叠/%	无规卷曲/%	平均差异[2]
天然状态[3]		21.3	22.9	55.8	
正丁醇作助溶剂	在反胶团中	27.0	28.7	44.4	+24.2%
	差异[4]	+26.8%	+25.3%	−20.4%	
正戊醇作助溶剂	在反胶团中	24.2	25.7	50.1	+12.0%
	差异	+13.6%	+12.2%	−10.2%	
正己醇作助溶剂	在反胶团中	24.5	26.4	49.1	+14.1%
	差异	+15.0%	+15.3%	−12.0%	
正庚醇作助溶剂	在反胶团中	25.6	27.0	27.0	+17.7%
	差异	+20.2%	+17.9%	+17.9%	
正辛醇作助溶剂	在反胶团中	25.6	25.1	49.3	+13.8%
	差异	+20.2%	+9.6%	−11.7%	
正癸醇作助溶剂	在反胶团中	25.1	30.8	44.2	+24.4%
	差异	+17.8%	+34.5%	−20.8%	

1) 二级结构百分数计算误差约 5%。

2) 指 α-淀粉酶载反胶团和天然状态的二级结构差异百分数。

3) 天然状态指在 pH 6.0 的 30 mmol·L⁻¹浓度缓冲液＋1.0 mol·L⁻¹的 KCl。

4) 三种二级结构的平均差异。

表 4－3　助溶剂对反萃过程 α-淀粉酶二级结构的影响[1]

二级结构百分数	类别	α-螺旋/%	β-折叠/%	无规卷曲/%	平均差异[2]
天然状态[3]		21.3	22.9	55.8	
正丁醇作助溶剂	在反萃液中	27.0	28.7	44.4	+24.2%
	差异[4]	+26.8%	+25.3%	−20.4%	
正戊醇作助溶剂	在反萃液中	24.2	25.7	50.1	+12.0%
	差异	+13.6%	+12.2%	−10.2%	
正己醇作助溶剂	在反萃液中	24.5	26.4	49.1	+14.1%
	差异	+15.0%	+15.3%	−12.0%	
正庚醇作助溶剂	在反萃液中	25.6	27.0	27.0	+17.7%
	差异	+20.2%	+17.9%	+17.9%	
正辛醇作助溶剂	在反萃液中	25.6	25.1	49.3	+13.8%
	差异	+20.2%	+9.6%	−11.7%	
正癸醇作助溶剂	在反萃液中	25.1	30.8	44.2	+24.4%
	差异	+17.8%	+34.5%	−20.8%	

1) 二级结构百分数计算误差约 5%。

2) 指 α-淀粉酶载反萃液和天然状态的二级结构差异百分数。

3) 天然状态指在 pH 6.0 的 30 mmol·L⁻¹浓度缓冲液＋1.0 mol·L⁻¹的 KCl。

4) 三种二级结构的平均差异。

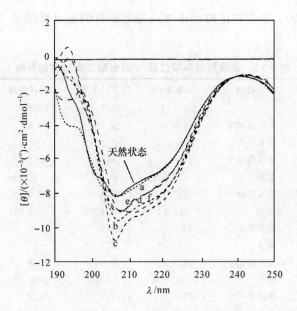

图 4-18　助溶剂对反胶团萃取、反萃 α-淀粉酶过程圆二色谱的影响

前萃条件：有机相为 50mmol·L⁻¹ Aliquat 336，水相 pH 10.0；反萃水相：pH 6.0，1.0mol·L⁻¹ KCl

助溶剂分别为正丁醇(a)、正戊醇(b)、正己醇(c)、正庚醇(d)、正辛醇(e)、正癸醇(f)

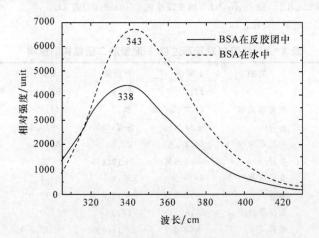

图 4-19　BSA 在反胶团(RM)和水中的荧光发射光谱

BSA 0.5mg·mL⁻¹，pH 6.96，H₂O 1.0mol·L⁻¹，激发波长 295nm

　　Zhang 等[91]研究了亲和反胶团萃取分离 BSA 的过程中，BSA 对 CB 紫外吸收光谱的二阶导数光谱的影响。研究发现，当 pH＞pI 时，与水相条件相比，在反胶团相中，BSA 的存在使 CB 紫外吸收光谱的二阶导数光谱最大吸收峰"红移"，显示在反胶团中，CB 的微环境的极性下降，证明在反胶团相中，BSA 与 CB 之间存在亲

和相互作用(图 4-21)。当 pH＜PI 时,与水相条件相比,在反胶团相中,BSA 的存在使 CB 最大吸收峰"蓝移",显示在反胶团中,CB 微环境的极性上升,BSA 与 CB 的亲和作用与水相不同,说明在反胶团的纳米环境中,BSA 与 CB 之间存在较强的相互作用(图 4-22)。

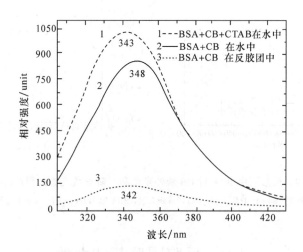

图 4-20 CB 对 BSA 在反胶团相(RM)和水相中荧光发射光谱的影响

BSA 0.5mg·mL^{-1}, pH 6.96, CTAB 2.0%(质量浓度),

CB 23.68 μmol·L^{-1}, H$_2$O 1.0mol·L^{-1}(in RM),激发波长 295nm

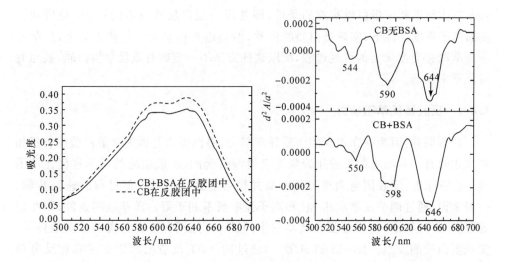

图 4-21 反胶团中 BSA 对 CB 紫外光谱和二阶导数光谱的影响(pH＞pI)

CB 23.68 μmol·L^{-1}, H$_2$O 1.0mol·L^{-1}, BSA 0.667mg·mL^{-1}, pH 7.01

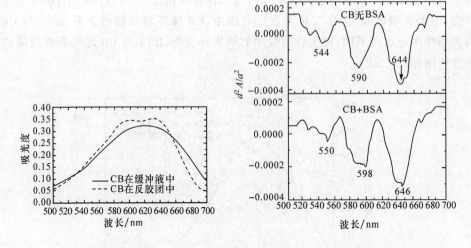

图 4 - 22　反胶团中 BSA 对 CB 紫外光谱和二阶导数光谱的影响(pH＜pI)

CB 23.68 μmol·L^{-1}, H$_2$O 1.0mol·L^{-1}, BSA 0.667mg·mL^{-1}, pH 4.55

4.4　反胶团反萃动力学

因为反萃过程中蛋白质必须克服很高的传质界面阻力,所以反萃过程一般比较缓慢而且要想提高反萃率也比较困难,一般来讲,通过调节反萃水相 pH 和离子强度等达到不利于蛋白质萃取的条件,即使用与蛋白质萃取不同的 pH 范围和较高的离子强度条件下,实现蛋白质的反萃,但是由于在动力学与热力学上,反萃并非是萃取完全意义上的可逆过程,所以这些方法不一定能有效反萃蛋白质,甚至有时反萃率很低。

4.4.1　反胶团反萃驱动力

众所周知,因为存在很高的传质界面阻力,界面阻力是因为含蛋白质的有机相和水相间有一界面上的反胶团聚集速率缓慢引起的,反胶团法的反萃过程比较困难。这意味着,反胶团与两相界面的凝并很可能是蛋白质反萃过程的速控步骤。一般来说,通过调节反萃水相 pH 和离子强度到不利于蛋白质萃取的条件,即在以等电点 pI 为基准,使用与蛋白质萃取不同的 pH 范围和较高的离子强度条件下,实现蛋白质的反萃。Jarudilokkul 等[92]通过向 AOT 反胶团相添加带有相反电荷的表面活性剂[如 TOMAC 或 DTAB(十二烷基三甲基溴化胺)]实现蛋白质的反萃。反萃在接近中性的水相 pH 和较低的盐浓度下进行,条件温和。反萃机理归结为带有相反电荷的表面活性剂分子间的静电相互作用,导致反胶团的破坏。

大多数情况下,通过增加水相盐浓度($1\sim2\,mol\cdot L^{-1}$)和选择合适的 pH,蛋白质能够在静电排斥作用下进入反萃水相[13]。但是,蛋白质进出反胶团在某些情况下似乎是不可逆过程,因为在不利于萃取的条件下,蛋白质不能通过实验条件的改变(如调节水相 pH 至蛋白质与表面活性剂带同种电荷或提高水相盐浓度)实现反萃[50,93]。这可能是蛋白质和表面活性剂强烈的憎水相互作用所致。在这样的情况下,添加极性醇破坏疏水性相互作用可有效反萃蛋白质[50]。也可利用体系的相变实现蛋白质的反萃[94,95]。

4.4.2 提高蛋白质反萃率的方法

根据前面所述的影响反胶团萃取蛋白质的影响因素,反萃时将各因素的条件向不利于萃取的方向调整,可能实现蛋白质的反萃。但是因为存在很高的传质界面阻力,反胶团法的反萃过程比较困难[96]。有文献报道,反萃的速率比萃取低三个数量级[97]。反萃困难是该技术未被大规模应用的主要障碍之一。

1. 添加短链醇或卤代烃法

一般来说,通过调节反萃水相 pH 和离子强度使达到不利于蛋白质萃取的条件,即在以等电点 pI 为基准,使用与蛋白质萃取不同的 pH 范围和较高的离子强度条件下,实现蛋白质的反萃。如 AOT 反胶团体系萃取 α-胰凝乳蛋白酶[58]、CTAB 反胶团体系萃取乙醇脱氢酶[98],它们的反萃取都可以通过调节水相的 pH 和离子强度来实现。但是,很多蛋白质不能采用这种办法实现有效反萃,甚至有时反萃率很低,在 10% 以下。研究人员另外提出许多提高蛋白质反萃率的方法。

1998 年,Hayes 等[99]提出一种通过添加少量醇而强化反萃取过程的方法。他们通过添加少量(约 0.1%)的助表面活性剂(如正丁醇)到反胶团相,可释放反胶团中的蛋白质,而绝大多数表面活性剂(AOT)保留在反胶团相。蛋白质的释放量随助表面活性剂的量的增加而增加。通过此方法,可从反胶团相释放核糖核酸酶、溶菌酶、α-胰凝乳蛋白酶、胃蛋白酶、牛血清白蛋白和过氧化氢酶。蛋白质的释放量随助表面活性剂链长的增加而增加。Carlson 和 Nagarajan[100]添加 10%～15% 的异丙醇到反萃水相,也达到强化反萃取过程的目的。胃蛋白酶几乎完全释放入水相,胰蛋白酶的回收率也高达 70%。无异丙醇时,两种蛋白质的反萃几乎不能进行。

Hong 等[101]利用渗滤现象研究了小分子醇类对反胶团体系胶团之间相互作用的影响,认为疏水的碳氢链结构抑制反胶团之间的相互作用,而亲水的羟基结构强化反胶团之间的相互作用,小分子醇类的添加使反胶团之间的相互作用增强,导致表面活性剂分子重排,促使蛋白质从反胶团内核中释放出来,进入大水相。

脂肪烃链卤代烃(包括 1-氯代烷、1-溴代烷、1-碘代烷)极性有机物具有极性头和疏水尾,整个分子不带电荷,分子结构类似传统的非离子型表面活性剂。可以设想这类极性有机物添加到反胶团有机相,极性头可能出现在反胶团内壁,疏水尾伸展在非极性烷烃溶剂中。卤代烃的添加可能改善反胶团的萃取和反萃性能。Zhang 等[102]发现添加 1-碘丁烷能够显著拓宽反萃 BSA 的水相 pH 范围,而添加1-氯丁烷和 1-溴辛烷对此影响不大;在较低的反萃水相离子强度范围内,添加 1-碘丁烷能够显著提高反萃率,1-溴辛烷作用次之,1-氯丁烷作用最小。添加 1-碘丁烷能够显著降低达到反萃平衡的时间,1-溴辛烷和 1-碘丁烷作用次之且效果接近。添加卤代烃改善反胶团反萃率可能的原因是使 BSA 与反胶团间的疏水性相互作用降低,有利于蛋白质的反萃。

2. 温升解溶法

Dekker 通过增加操作温度从 TOMAC 反胶团相反萃 α-淀粉酶。在萃取过程中,反胶团相为含蛋白质的水相所饱和。提高反胶团相的温度能形成独立水相,大部分酶进入水相而被高度浓缩,离心分离两相可实现 α-淀粉酶的反萃。酶浓缩2000 倍,酶活回收率 73%。这种方法的机理是温度的提高影响反胶团体系的相行为,导致独立水相析出。降低体系的温度至 T_1 以下(相变的较低温度),形成Winsor II 两相体系,该体系上层有机相含有所有表面活性剂,下层含有大多数蛋白质。升高体系的温度至 T_U 以上(相变的较高温度)时,形成表面活性剂溶解在水相的 Winsor I 型体系,离子型表面活性剂在有机相的溶解度随温度的升高而降低[103]。Dekker 通过升高温度分离水相实现了蛋白质的反萃。

3. 硅胶吸附法

Leser 等[104]添加硅胶到 AOT/异辛烷反胶团溶液,蛋白质吸附在硅胶颗粒上。在碱性条件下(pH=8),蛋白质解吸进入水相,α-胰凝乳蛋白酶和胰蛋白酶的蛋白质回收率达 60%～80%,水相酶的比活回收率达 80%～100%。硅胶吸附蛋白质主要依靠的是蛋白质表面带正电荷的基团和硅胶表面硅羟基的静电作用,升高 pH和离子强度,可促进蛋白质的解析。

4. 分子筛脱水法

Gupta 等[105]用分子筛使反胶团脱水的方法把 α-胰凝乳蛋白酶、细胞色素 c 和色氨酸从 AOT/异辛烷反胶团相沉淀出来。产品沉淀为固体粉末,与表面活性剂接触较少,有利于生物质保持其原有结构。该方法无需改变 pH、离子强度、温度、压力和溶剂组成,应用范围较宽,适用于敏感生物质的处理。

5. 相反电荷的表面活性剂法

1999 年，Jarudilokkul 等[92]通过向反胶团相（AOT）添加带有相反电荷的表面活性剂（如 TOMAC 或 DTAB）强化蛋白质的反萃过程。若在体系中加入与构成反胶团相反的离子型表面活性剂，将使反萃过程变得很快。与传统的高盐或高 pH 的反萃水相相比，其速度比常规方法快 100 倍，甚至相当于萃取速度的 3 倍。该方法，反萃率高，反萃的 pH 接近中性，离子强度低，酶活没有明显损失。

6. 压缩气体法

Nagahama 等[106]将负载有机相同压缩气体（丙烷或 HCFC22）接触，使反胶团中溶解大量的气体，体积膨胀，水分子形成气体水合物，反胶团 W_0 下降 3～4，同时蛋白质以固体形式沉淀出来，实现反萃与浓缩。

4.5　反胶团萃取过程开发

利用反胶团体系萃取蛋白质的目的在于，发展和应用这种技术大规模地分离纯化蛋白质和酶，这依赖于该技术对蛋白质的分离效率，并能与现存的分离技术竞争，高效节能地从复杂的真实体系中分离纯化出目标蛋白并保持其生物活性是发展该技术的终极目的。

反胶团萃取主要应用于以下几个方面：①选择性分离蛋白质混合物；②从发酵液回收酶；③回收胞内酶；④从固态试样提取蛋白质；⑤液-液萃取重组蛋白质。

4.5.1　萃取设备

液-液萃取的主要设备包括混合澄清槽、离心萃取器和柱式萃取器等。设备的选择主要取决于反胶团体系的性质。因为有较高浓度的表面活性剂存在，两相混合时的搅拌可能引起乳化现象。使用柱式设备时该问题尤为严重，乳化产生的泡沫可能进一步加剧体系的乳化。混合澄清槽和离心萃取器似乎更适用于反胶团法萃取过程。

1. 混合澄清槽

Dekker 等使用两个混合澄清槽，实现了反胶团法萃取 α-淀粉酶的连续操作，反胶团相在两个单元间循环使用，流程如图 4-23 所示。酶浓缩 8 倍，酶回收率达 70%，每次循环表面活性剂损失小于 5%[9]。优化实验条件后，酶浓缩 17 倍，酶活回收率达 85%，每次循环表面活性剂损失小于 2.5%[12]。

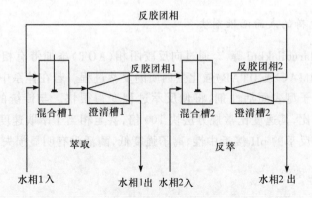

图 4-23 两个混合澄清槽单元连续
萃取和反萃 α-淀粉酶流程图

2. 膜式萃取器

膜能够稳定两相界面,可用于易乳化体系萃取。膜式萃取器用于反胶团蛋白质萃取,可以同时利用膜的选择性和反胶团的选择性。使用中空纤维膜比较理想,因为它能够提供 $10^4 m^2 \cdot m^{-3}$ 的比表面积,这可与机械搅拌的比表面积相比[107]。中空纤维膜的孔径足够大,允许蛋白质或充满了蛋白质的反胶团通过。通过膜的传质速率由膜阻力、水相边界层阻力、油相边界层阻力 3 个参数确定。另一种膜的使用是支撑液膜萃取。膜孔充满反胶团相,蛋白质从膜的一侧萃取进入液膜,在另一侧反萃。这样,萃取和反萃可在同一膜件中进行。Luisi 等[14]研究了液膜萃取过程,反胶团相插在两个水相中间形成几厘米厚的膜,两相间蛋白质的转移很慢,体系需要几天时间才能达到平衡。Armstrong 等[108]研究了 4 种蛋白质的连续萃取,发现蛋白质转移率很低。Stobbe 等[109]用 AOT 和 Span 80 对 α-胰凝乳蛋白酶进行液膜萃取,萃取率 98%,反萃率 65%,酶活回收率 65%。液膜萃取具有广阔的应用前景。

3. 喷淋柱

1994 年,Han 等[110]使用喷淋柱半间歇操作反胶团法提取胞内蛋白质,并研究了分散相循环数、流速和柱长的变化对蛋白质萃取率的影响。萃取和反萃过程均存在最佳循环数,增加柱长和在较低的流速下操作蛋白质萃取率增加。喷淋塔可有效解决反胶团萃取胞内蛋白质体系易乳化的问题。1996 年,Ley 等[111]用喷淋塔半间歇操作萃取溶菌酶,并研究了该过程的传质动力学。喷淋塔可用于反胶团萃取蛋白质过程,半间歇操作不会引起体系乳化,双膜理论可用于描述反胶团萃取蛋白质体系。

4. 转盘柱

1994 年,Carneiro-da-Cunha 等[112]使用多孔转盘柱从大肠杆菌破裂细胞介质中萃取重组角质酶。角质酶起始浓度 $0.17mg \cdot mL^{-1}$,连续操作 60min 后角质酶萃取率达 75%,40min 后酶失活严重。1996 年,Carneiro-da-Cunha 等[113]使用同一装置萃取角质酶,角质酶起始浓度 $1.49mg \cdot mL^{-1}$,70min 连续操作后角质酶萃取率达 54.4%,40min 后酶失活严重。为保证柱内为柱塞流使用了较低的流速($1.5\ mL \cdot min^{-1}$),因此萃取效率较低,但是也避免了乳化现象。

1995 年,Tong 等[114]使用转盘塔萃取溶菌酶,并研究了分散于水相中的反胶团本身的行为。计算的 Sauter 液滴平均直径与实验数据一致。反胶团液滴大小分布符合 Mugele-Evans 分布函数。1996 年,Tong 等[115]研究溶菌酶增溶对反胶团的作用,含溶菌酶的反胶团的 d_{32} 比无溶菌酶的反胶团的 d_{32} 小。平均液滴大小随水含量的增加而降低,并且程度比无酶体系大。1997 年,Tong 等[116]研究了萃取溶菌酶的传质过程和数学模型。扩散模型可用于反胶团法萃取蛋白质的转盘塔设计计算。

5. 离心萃取器

1991 年,Dekker 等[74]使用两个离心萃取器反胶团法连续萃取 α-淀粉酶,反胶团相在两个操作单元间循环使用。水相与反胶团相在静态混合器中混合后进入第一个离心萃取器,水相流速为 $60L \cdot h^{-1}$,反胶团相的流速为 $30L \cdot h^{-1}$。反胶团相经过升温,用第二个离心萃取器分离出独立的水相。因为产生的水量很少,用离心萃取器很容易实现相分离,酶浓缩 2000 倍,酶活回收率 73%。

1995 年,陆强等[117,118]使用 HL-20 型离心萃取器用 CTAB/正己醇/正辛烷反胶团体系萃取 BSA。为离心萃取器配备合适溢流半径的重相堰,在转速为 3000~3500 $r \cdot min^{-1}$,两相流量比 O/W 为 1/3~1/4,总流量为 50~75$cm^3 \cdot min^{-1}$ 条件下,轻相的相纯度接近 100%,重相的相纯度高于 95%。选择合适的操作条件,萃取级效率>95%,两相在一个萃取级中的平均停留时间不到 0.5min,验证了离心萃取器用于反胶团萃取蛋白质的可行性。

6. 萃取与反萃一体化设备

1999 年,Lazarova 等[119]使用萃取和反萃一体化装置用 CTAB 体系萃取 α-淀粉酶,研究了一体化过程酶的传质动力学,并与传统的萃取过程进行了比较。在传统的混合澄清槽中酶的纯化因子达 0.486,而通过萃取和反萃一体化过程酶的纯化因子可提高到 1.27。

4.5.2　选择性分离蛋白质

1987 年,Golken 和 Hatton[13]证明反胶团可用于选择性分离蛋白质。通过简单调节水相 pH 和离子强度,用 AOT/异辛烷反胶团将核糖核酸 A、细胞色素 c 和溶菌酶从蛋白质混合液中分离开来。

1990 年,Vicente 等[120]用 AOT/异辛烷反胶团从色紫质混合物中分离脂肪酶。该混合物含有两种不同相对分子质量和等电点的两种脂肪酶(酶 A:分子质量为120kDa,pI=3.7;酶 B:分子质量为 30kDa,pI=7.3)。在 pH=6.0 和低离子强度(50mmol·L^{-1} KCl)下,酶 B 完全溶解在 AOT/异辛烷反胶团溶液中,酶 A 则保留在水相。酶 B 在与 AOT 的静电相互作用下进入反胶团,而酶 A 因为大小排斥和静电排斥作用不能进入反胶团。酶 B 的溶解曲线显示在水相 pH 高于 pI 时有明显的蛋白质转移,表明该过程不仅依赖于静电相互作用,而且依赖于疏水性相互作用。酶 A 纯化 4.3 倍,酶活回收率 91%,酶 B 纯化 3.7 倍,回收率 76%。

工业级 α-淀粉酶中含有大量的杂蛋白,其中的中性蛋白酶能分解 α-淀粉酶,使 α-淀粉酶的活力逐渐下降而使产品失去效力。Chang 等[18]研究了 Aliquat 336在六种不同的有机溶剂中形成的反胶团对 α-淀粉酶萃取分离过程,研究发现,在环己烷、正己烷、异辛烷、正辛烷、正丁烷和正十二烷中,只有正己烷和异辛烷适合于 α-淀粉酶萃取分离过程,即酶浓度和酶比活都可以得到提高。Chang 等[121]研究了助剂醇的加入对萃取过程的影响,对比了正丁醇、正戊醇、正己醇、正庚醇、正辛醇、正壬醇、正癸醇等七种正碳醇的加入对 α-淀粉酶的萃取率的影响,研究发现,正碳醇的加入可以提高 α-淀粉酶的萃取率[122](图 4-24)。

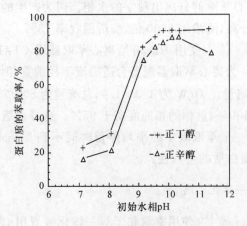

图 4-24　pH 对蛋白质在反胶团中的溶解率的影响

有机相:50mmol·L^{-1} Aliquat 336/异辛烷,1%正丁醇或正辛醇;

水相:30mmol·L^{-1}缓冲液,粗酶 6.0mg·mL^{-1}

其中,在浓度低于 0.4% 时,正辛醇的加入可以显著提高 α-淀粉酶的萃取率和纯化因子[122](图 4-25,图 4-26)。

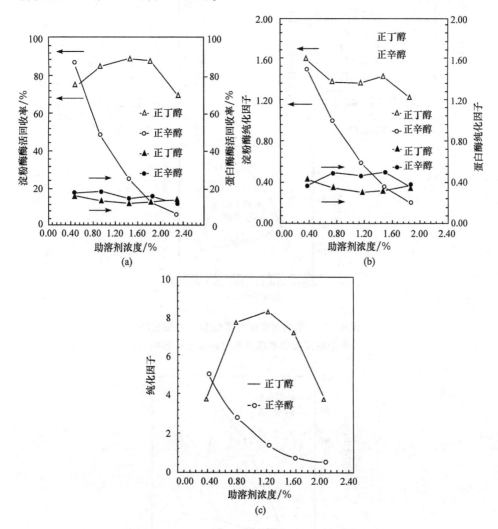

图 4-25　助溶剂浓度对反萃液中 α-淀粉酶和中性淀粉酶萃取率和分离因子的影响

在以正丁醇为助溶剂的条件下,可以萃取得到有活性的 α-淀粉酶[122](图 4-27),以正辛醇为助溶剂时,α-淀粉酶几乎完全失活。

Chang 等[123, 124]研究了使用 Aliquat 336 与异辛烷构成的反胶团萃取分离工业级 α-淀粉酶的过程。所使用的反胶团体系为 Aliquat 336/isooctane/1%(体积分数)n-butanol,萃取条件为:水相组成为 30mmol·L^{-1},pH 为 10,萃取时间为 1min;反萃液组成为 30mmol·L^{-1},pH 为 6,反萃时间为 3min。在此条件下,通过萃取循

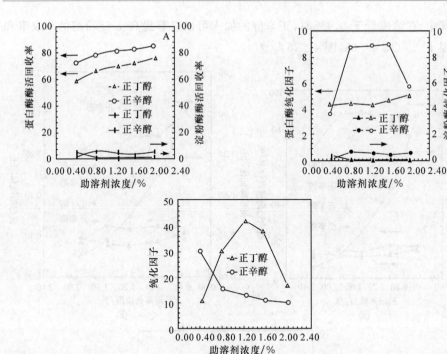

图 4-26　助溶剂浓度对萃余液中 α-淀粉酶
和中性淀粉酶萃取率和分离因子的影响

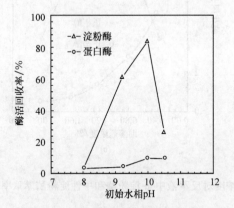

图 4-27　初始水相 pH 对 α-淀粉酶
和中性蛋白酶活性回收率的影响

前萃有机相：50mmol·L^{-1} Aliquat 336；

水相：pH 为 10.0，工业 α-淀粉酶 6mg·mL^{-1}；

反萃条件：30mmol·L^{-1}缓冲液，pH 为 6.0，0.4mol·L^{-1} KCl

环能够达到纯化工业级 α-淀粉酶的目的。经过一个萃取与反萃循环后，α-淀粉酶的比活提高 1.5 倍，酶活回收率达 85%（图 4-28）。α-淀粉酶可以顺利地进入反萃水相，而中性蛋白酶则留在萃余相中，中性蛋白酶的酶活回收率低于 10%，α-淀粉酶与中性蛋白酶的分离系数能达 10 左右[123]（图 4-29）。反萃水相的 α-淀粉酶浓缩 1.6 倍以上，萃余相中的中性蛋白酶浓缩倍数达到 3.5。

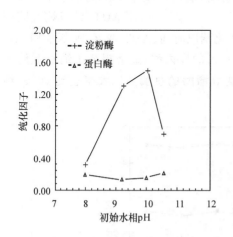

图 4-28 初始 pH 对 α-淀粉酶
和中性蛋白酶纯化因子的影响

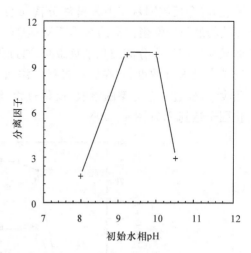

图 4-29 初始 pH 对 α-淀粉酶和中性
蛋白酶分离因子的影响

1. 从发酵液回收酶

Rahaman 等[125]报道用 AOT/异辛烷反胶团从复杂发酵液（*Bacillus* sp.）萃取碱性蛋白酶。单级萃取/反萃过程的酶活产率很低（仅有 10%～20%）。通过增加萃取反萃过程级数，酶活产率可增加到 42%，纯化因子 2.2。为获得理想酶活产率可重复该过程。萃取过程循环 3 次，酶活产率可达 56%，纯化因子 6.0。增加水油相比，可提高过程的选择性。

Krei 等[126]使用 CTAB/正己醇/异辛烷（异辛烷：正己醇＝0.95：0.05，体积比）反胶团体系从 *Bacillus licheniformis* 发酵液中提取胞外酶 α-淀粉酶。在 pH 为 8.8～10.0 范围，最大酶活回收率 89%，纯化因子 8.9。将发酵液与合成水相（0.1 mol·L^{-1} 离子强度，pH＝8.8）的萃取结果相比可知，简化的模型体系适用于描述在 WinsorⅡ 体系中酶的分配行为，反胶团体系与发酵液介质处于平衡状态。介质成分如生物团、其他蛋白质、胞外代谢物或底物不影响酶在水相和有机相间的分配。但是，与使用 AOT 反胶团萃取碱性蛋白酶相反，使用阳离子型表面活性剂时，生物团不在水相，而在两相界面。该缺点可在萃取步骤前从发酵液中首先分离生物团而克服。Chang 等[46,127]用阳离子表面活性剂 Aliquat 336/正丁醇/异辛烷

体系从发酵液萃取 α-淀粉酶。发酵液的离子强度太高,必须稀释才能用反胶团萃取 α-淀粉酶。稀释 8 倍时可有效回收活性 α-淀粉酶。经过萃取和反萃过程,α-淀粉酶与中性蛋白酶的分离系数达。Chang 等[46, 127]利用 Aliquat 336/正丁醇/异辛烷体系萃取分离工业级 α-淀粉酶,不但达到了回收 α-淀粉酶酶活和提高其比活的目的,而且还可以去除其中的中性蛋白酶。严勇朝用 AOT 与 SE10(甲基乙烯基硅橡胶)混合反胶团从工业发酵液分离 α-淀粉酶,酶活回收率 80%,纯化因子 3.9,α-淀粉酶与中性蛋白酶的分离系数达 16.3。Liu 等[128]利用 AOT/异辛烷反胶团体系从发酵液中分离纯化纳豆激酶,通过优化萃取时间、AOT 浓度、前萃水相 pH、反萃水相 KCl 浓度,并在反萃过程中添加 15% 的异丙醇,显著提高了纳豆激酶的回收率,经过一个完整的萃取、反萃过程,纳豆激酶的总酶活回收率达到 80%,纯化因子达到 2.7(图 4-30)。

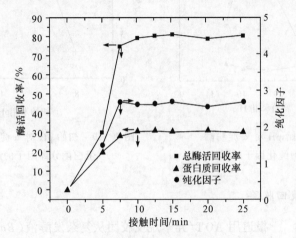

图 4-30　反萃时间对纳豆激酶反胶团纯化过程的影响

前萃:pH=6.5, 50mmol·L^{-1} AOT,8 min;反萃:pH:8,20mmol·L^{-1}

磷酸缓冲液,0.5mol·L^{-1} KCl,15% (体积分数)异丙醇

2. 回收胞内酶

通常胞内酶提纯需要许多步骤,如细胞破碎、固液分离、去除核酸杂质等。这些步骤都是色谱提纯前必须进行的,麻烦、费时且提纯倍数不高。Giovenco 等[10]用 CTAB/正己醇/辛烷体系直接提纯胞内酶,CTAB 使细菌细胞分解,释放出的蛋白质进入反胶团相。研究过程以 β-羟丁酸脱氢酶、异柠檬酸脱氢酶和葡萄糖-6-磷酸酯脱氢酶(三种脱氢酶的分子质量分别为 63kDa,80kDa,200kDa)为模型蛋白。β-羟丁酸脱氢酶在反胶团中显示很高的酶活,异柠檬酸脱氢酶具有一定的酶活,而葡萄糖-6-磷酸酯脱氢酶因为大小排斥作用不能溶于 CTAB 反胶团。经过反萃过程,异柠檬酸脱氢酶和 β-羟丁酸脱氢酶纯化因子的范围从 2.8 提高到～7.6。反

胶团法直接萃取胞内酶可替代传统的多步分离方法。

Pires 等[93]用 CTAB /癸醇/环己烷反胶团萃取重组细胞色素 b₅（分子质量为 13.6kDa,pI＝4.4），当 pH 高于 pI 时，萃取主要受静电相互作用的控制；当 pH 接近 pI 时，萃取主要受疏水性相互作用的控制。在高离子强度和低温下也不能实现蛋白质的反萃，而通过添加乙醇破坏疏水性相互作用可实现细胞色素的反萃。

Zhang 等[129]将 CTAB 混合反胶团体系直接用于从复杂的真实体系中萃取分离酵母乙醇脱氢酶（ADH），ADH 分子质量达到了 141kDa，通过优化前萃和反萃过程的工艺条件，包括 pH、离子强度和两相接触时间，ADH 的酶活回收率接近 90％，纯化因子达到 3.1（图 4‑31）。如果采用在 CTAB 反胶团体系中加入 CB，构成亲和反胶团[97]，则 ADH 的酶活回收率可达到 99.5％，纯化因子达到 4.1（图 4‑32）。

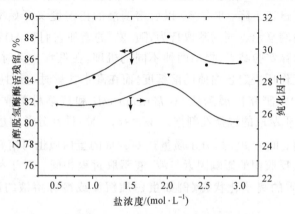

图 4‑31　盐浓度对 ADH 反胶团萃取过程的影响
前萃：pH＝7.02,5 min；反萃：pH＝8.03,10 min

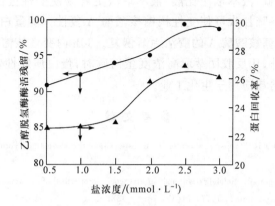

图 4‑32　盐浓度对 YADH 反胶团萃取过程的影响
前萃：pH＝6.72,[CB]＝0.947mol·L⁻¹
反萃：pH＝8.04

3. 从固态试样提取蛋白质

蛋白质可通过三种方法进入反胶团相：注射法、液-液萃取法和固-液萃取法。当使用第一种和第三种方法时，只有反胶团相，无平衡水相。因此，有可能通过调节体系的水含量，选择性萃取蛋白质进入反胶团相。W_0（W_0 定义为水与表面活性剂的物质的量比）为该过程选择性萃取的参数。Waks 等[130,131]报道在 $W_0 =$ 5.6 时，两种膜蛋白（Foch-Pi 蛋白和 Myelin 碱性蛋白）进入 AOT 反胶团的量达到最大。在这样的水含量下，几乎没有自由水存在。在较高的 W_0 值，蛋白质的溶解量降低，并且依赖于表面活性剂的浓度。为溶解一个髓磷脂碱蛋白需要几百个 AOT 分子。Leser 等[132]报道在 $W_0 = 10$ 时溶菌酶的溶解度最大，随 W_0 值的增加溶菌酶的溶解度迅速下降，$W_0 > 50$ 以后溶菌酶的溶解度又开始增加。α-胰凝乳蛋白酶和胃蛋白酶显示不同的萃取行为，随 W_0 的增加它们在 AOT 反胶团中的溶解度增加。为解释实验结果，提出两种不同的机理：在低水含量时，蛋白质和表面活性剂间的相互作用决定蛋白质的溶解度，而在高水含量时，蛋白质或酶溶解在反胶团的微水池中。研究扩展到从 *Escherichia coli* 和蔬菜粉萃取蛋白质[133,134]。W_0 可用于蛋白质萃取的选择性判据。$W_0 = 8.5$ 时，只有分子质量大于 20kDa 的蛋白质能够溶解；$W_0 = 30$ 时，分子质量达 60kDa 的蛋白质也可溶解。可以确定蛋白质从固态进入反胶团的影响因素与液-液萃取过程相同。对于萃取进入反胶团而言，似乎蛋白质的离子化状态（例如蛋白质沉淀或冷冻溶液的离子化状态）很重要。

1998 年，Hashimoto 等[135]用固-液萃取法使变性核糖核酸酶 A 从固态直接进入 AOT 反胶团。固-液萃取法比液-液萃取法更容易使变性蛋白质进入反胶团。添加氧化还原剂谷胱甘肽可使变性核糖核酸酶 A 复性。随蛋白质在反胶团中时间的延长，变性核糖核酸酶 A 的酶活逐渐恢复。30h 内变性核糖核酸酶 A 的活性可完全恢复。另外，用反胶团萃取高浓度蛋白质时，蛋白质复性效率增加。固-液反胶团萃取法有希望应用于生化工业。

参 考 文 献

1　Hoar T P, Schulman J H. Transparent water in oil dispersions: the oleopathic hydromicelle. Nature, 1943, 152: 102~103

2　Luisi P L, Henninger F. Solubilization and spectroscopic properties of α-chymotrypsin in cyclohexane. Biochem. Biophys. Res. Com., 1977, 74(4): 1384~1389

3　Chang Q L, Liu H Z, Chen J Y. Extraction of Lysozyme, α-Chymotrypsin and Pepsin into Reverse Micelles Formed Using an Anionic Surfactant, Iisooctane and Water. Enzyme Microb. Technol., 1994, 16: 970~973

4　Zhang T X, Liu H Z and Chen J Y. Effect of Triazine Dye on Electrical Conductivity and Extraction of Bovine Serum Albumin in Reversed Micelles Formed with Cetyltrimethylammonium Bromide Colloids and Surfaces A,

1999, 162: 259~264

5　Goklen K E and Hatton T A. Protein Extraction Using Reverse Micelles. Biotechnol. Prog. 1985, 1: 69~74

6　Wolbert R B G, Hilhorst R, Voskuilen G, Nachtegaal H, Dekker M, Van't Riet K and Bijsterbosch, B. H. Protein Transfer from an Aqueous Phase into Reversed Micelles: The Effect of Protein Size and Charge Distribution. Eur. J. Biochem., 1989, 184: 627~633

7　Shiomori K, Ebuchi N, Kawano Y, Kuboi R and Komasawa I. Extraction Characteristic of Bovine Serum Albumin Using Sodium Bis(2-Ethylhexyl) Surfosuccinate Reverse Micelles. J. Ferment. Bioeng., 1998, 86(6): 581~587

8　Goto M, Ono T, Nakashio F and Hatton, T. A. Design of Surfactants Suitable for Protein Extraction by Reversed Micelles. Biotechnol. Bioeng., 1997, 54(1): 26~32

9　Dekker M, Van't Riet K and Weljers S R, Baltussen J W A, Laane C and Bijsterbosch B H. Enzyme Recovery by Liquid-liquid Extraction Using Reversed Micelles. Chem. Eng. J., 1986, 33: B27~B33

10　Giovenco S, Verheggen F and Laane C. Purification of intracellular Enzymes from Whole Bacterial Cells Using Reversed Micelles. Enzyme Microb. Technol., 1987, 9: 470~473

11　Wang W, Weber M E and Vera J H. Effect of Alcohol and Salt on Water Uptake of Reverse Micelles Formed by Dioctyldimethyl Ammonium Chloride (DODMAC) in Isooctane. J. Collod Interface Sci., 1994, 168: 422~427

12　Dekker M, Van't Riet K, Bijsterbosch B H, Wolbert R B G and Hilhorst R. Modeling and Optimization of the Reversed Micellar Extraction of α-Amylase. AIChE J., 1989, 35(2): 321~324

13　Golken K E and Hatton T A. Liquid-liquid Extraction of Low Molecular-Weight Proteins by Selective Solubilization in Reversed Micelles. Sep. Sci. Technol., 1987, 22(2—3): 831~841

14　Luisi P L, Bonner F J, Pellegrini A, Wiget P E and Wolf R. Micellar Solubilization of Proteins in Aprotic Solvents and their Spectroscopic Characterization. Helv. Chim. Acta., 1979, 62: 740~752

15　Jolivalt C, Minier M and Renon H. Extraction of α-Chymotrypsin Using Reversed Micelles. J. Colloid Interface Sci., 1990, 135(1): 85~96

16　Chang Q L, Chen J Y. Reversed Micellar Extraction of Trypsin: Effect of Solvent on Protein Ttransfer & Activity Recovery. Biotech. Bioeng., 1995, 46: 172~174

17　Chang Q, Chen J, Zhang X, Zhao N. Effect of the Cosolvent Type on the Extraction of α-Amylase with Reversed Miceles: Circular Dichroism Study. Enzyme and Microbial Technology, 1997, 20: 87~92

18　Chang Q, Chen J, Separation of α-Amylase by Reversed Micellar Extraction: Effect of Solvent Type and Cosolvent Type and Cosolvent Concentration on the Transfer Process, Applied Biochemistry and Biotechnology, 1997, 62: 119~129

19　史红勤,雷夏,郭荣,沈忠耀. 反胶团萃取蛋白质的研究. 生物工程学报,1989, 5: 246~251

20　严勇朝,刘会洲,陈家镛. TRPO-AOT/异辛烷反胶团体系萃取细胞色素 c 和牛血红蛋白. 化工冶金, 1997,18(4): 336~341

21　Goto M, Kondo K and Nakashio F. Protein Extraction by reversed micelles using dioleyl phosphoric acid. J. Chem. Eng. Jpn., 1990, 23: 513~515

22　Kuboi R Yamada Y, Mori Y and Komasawa I. Reverse Micelle Extraction of Lipase Using AOT and Taurodeoxycholic Acid. Kagaku Kogaku Ronbunshu. 1991, 17: 607~613

23　Kinugasa T, Hisamatsu A and Watanabe H A Reversed Micellar System Using Mixed Surfactants of Sodium Bis (2- Ethylhexyl) Sulfosuccinate and Di (2-Ethylhexyl) Phosphoric Acid for Extraction of Proteins. J.

Chem. Eng. Jpn., 1994, 27(5): 557～562

24　Goto M, Ono T, Nakashio F and Hatton T. A Reversed Micelles Recognize an Active Protein. Biotechnol. Tech., 1996, 10(3): 141～144

25　张天喜. 亲和反胶团萃取分离蛋白质. 中国科学院化工冶金研究所博士学位论文. 1994

26　Spirovska G and Chaudhuri J B. Sucrose Enhances the Recovery and Activity of Ribonuclease A during Reversed Micelle Extraction. Biotechnol. Bioeng., 1998, 58(4): 374～379

27　Woll J M, Hatton T A and Yarmush M L. Bioaffinity Separations Using Reversed Micellar Extraction. Biotechnol. Prog., 1989, 5(2): 57～62

28　Kelley B D, Wang D I C and Hatton T A. Affinity-Based Reversed Micellar Protein Extraction: Ⅰ. Principles and Protein-Ligand Systems. Biotechnol. Bioeng., 1993, 42: 1199～1208

29　Kelley B D, Wang D I C and Hatton T A. Affinity-Based Reversed Micellar Protein Extraction: Ⅱ. Effect of Cosurfactant Tail Length. Biotechnol. Bioeng., 1993, 42: 1209～1217

30　Chen J P, Jen J T. Extraction of concanavalin A with affinity reversed micellar systems. Sep. Sci. Technol., 1994, 29: 1115～1132

31　Adachi M, Yamazaki M, Harada M, Shioi A and Katch S. Bioaffinity Separation of Trypsin Using Trypsin Inhibitor Immobilized in Reverse Micelles Composed of a Nonionic Surfactant. Biotechnol. Bioeng., 1997, 53(4): 406～408

32　Paradkar V M and Dordick J S. Purification of Glycoproteins by Selective Transport Using Concanavalin-Mediated Reverse Micellar Extraction. Biotechnol. Prog., 1991, 7: 330～334

33　Paradkar V M and Dordick J S. Affinity-based Reverse Micellar Extraction andseparation (ARMES): A facile technique for the Purification of peroxidase from soybean hulls. . Biotechnol. Prog., 1993, 9:199～203

34　Sun Y, Ichikawa S, Sugiura, S and Furusaki S. Affinity Extraction of Proteins with a Reversed Micellar System Composed of Cibacron Blue-Modified Lecithin. Biotechnol. Bioeng., 1998, 58(1): 58～64

35　Sun Y, Gu L, Tong X D, Bai S, Ichikawa S and Furusaki, S. Protein Separation Using Affinity-Based Reversed Micelles. Biotechnol. Prog., 1999, 15: 506～512

36　Poppenborg L and Flaschel E. Affinity Extraction of Proteins by Means of Reverse Micellar Phases Containing a Metal-Chelating Surfactant. Biotechnol. Tech., 1994, 8(5): 307～312

37　Coughlin R W and Baclaski J B. N-Laurylbiotinamide as Affinity surfactant. Biotechnol. Prog., 1990, 6: 307～309

38　Zhang T X, Liu H and Chen J Y. Affinity Extraction of BSA with Reversed Micellar System Composed of Unbound Cibacron Blue, Biotechnology Progress, 1999, 15: 1078～1082

39　Zhang T X, Liu H and Chen J Y. Affinity-based Reversed Micellar BSA Extraction with Unbound Reactive Dye: Separation Science and Technology, 2000, 35(1): 143～151

40　Zhang T X, Liu H and Chen J Y. Affinity Extraction of BSA by Mixed Reversed Micellar System with Unbound Triazine Dye, Biochemical Engineering Journal, 1999, 4: 17～21

41　Zhang T X, Liu H and Chen J Y. Effect of Cibacron Blue and Bovine Serum Albumin on Electrical Conductivity of Reversed Micelles, Journal of Colloid and Interface Svience, 2000, 226: 71～75

42　Luisi P L and Magid L J. Solubilization of Enzymes and Nucleic Acids in Hydrocarbon Micellar Solutions. Crit. Rev. Biochem., 1986, 20: 409～474

43　昌庆龙, 刘会洲, 陈家镛. 反胶团萃取蛋白质特性的研究. 化工冶金, 1995, 16(2): 151～156

44　Dekker M, Hilhorst R and Laane C. Isolating Enzymes by Reversed Micelles. Anal. Biochem., 1989, 178:

217～226

45　Matzke S F, Creagh A L, Haynes C A, Prausnitz J M, Blanch H W. Mechanisms of protein solubilization in reverse micelles. Biotechnol. Bioeng., 1992, 40 (1): 91～102

46　Chang Q L, Chen J Y, Purification of Industrial α-Amylase by Reversed Micellar Extraction, Biotech. Bioeng., 1995, 48: 745～748

47　Leodidis E B and Hatton T A. Amino Acids in AOT Reversed Micelles. 1. Determination of Interfacial Partition Coefficients Using the Phase-Transfer Method. J. Phys. Chem., 1990, 94: 6400～6411

48　Leodidis E B and Hatton T A. Amino Acids in AOT Reversed Micelles. 2. The Hydrophobic Effect and Hydrogen Bonding as Driving Forces for Interfacial Solubilization. J. Phys. Chem., 1990, 94: 6412～6420

49　Adashi M, Haada M, Shioi A and Sato Y. Extraction of Amino Acids to Microemulsion. J. Phys. Chem., 1991, 95: 7925～7931

50　Aires-Barros M. R and Cabral, J. M. S. Selective Separation and Purification of Two Lipases from Chromobacterium Viscosum Using AOT Reversed Micelles. Biotechnol. Bioeng., 1991, 38: 1302～1307

51　Paradkar V M and Dordick J S. Mechanism of Extraction of Chymotrypsin into Isooctane at very Low Concentrations of Aerosol OT in the Absence of Reversed Micelles. Biotechnol. Bioeng., 1994, 43: 529～540

52　Rabie H R, Suvyagh T and Vera J H. Reverse Micellar Extraction of Proteins Using Dioctyldimethyl Ammonium Chloride. Sep. Sci. Technol., 1998, 33: 241～257

53　Rabie H R and Vera J H. A Simple Model for Reverse Micellar Extraction of Proteins. Sep. Sci. Technol., 1998, 33: 1181～1193

54　Dekker M, Van't K, Baltussen J W A, Bijsterbosh B H, Hilhorst R and Lanne C. Reversed Micellar Extraction of Enzymes: Investigations on the Distribution Behavior and Extraction Efficiency of α-amylase. In: Neijssed, O. M., Van der Meer, R. R., Luyben. K. Ch. A. M., Eds. Proceedings of the 4th European Congress on Biotechnol. II. Amsterdam: 1987. 507～510

55　Regalado C, Asenjo J A, Pyle D L. Protein extraction by reverse micelles: studies on the recovery of horseradish peroxidase. Biotechnol. Bioeng., 1994, 44: 674～681

56　Andrews B A, Pyle D L, Asenjo J A. Effect of pH and ionic strength on the partitioning of four proteins in reverse micelle systems. Biotechnol. Bioeng., 1994, 43:1052～1058

57　Nishiki T, Sato I, Kataoka T, Kato D. Partitioning behavior and enrichment of proteins with reversed micellear extraction: 1. forward extraction of proteins from aqueous to reversed micellar phase. Biotechnol. Bioeng., 1993, 42: 596～600

58　Marcozzi G G, Correa N, Luisi P L and Caselli M. Protein Extraction by Reverse Micelles: A Study of the Factors Affecting the Forward and Backward Transfer of α-Chymotrypsin and Its Activity. Biotechnol. Bioeng., 1991, 38: 1239～1246

59　Meier, P., Imre, E., Flesher, M. and Luisi, P. L. Further Investigations on the Micellar Soluilization of Biopolymers in Apolar Solvents. Surfactants in Solution. II. New York. 1984. 999～1012

60　Kinugasa T, Kondo A, Mouri E, Ichikawa S, Nakagawa S, Nishii Y, Watanabe K, Takeuchi H. Effects of ion species in aqueous phase on protein extraction into reversed micellar solution. Separ. Purif. Technol., 2003, 31: 251～259

61　Krieger N, Taipa M A, Aires-Barros. Purification of the Penicillium citrium lipase using AOT reverse micelles. J. Chem. Tech. Biotechnol., 1997, 69: 77～85

62　Ayala G A, Kamat S, Beckman E J, Russel A J. Protein extraction and activity in reverse micelles of a nonionic detergent. Biotechnol. Bioeng., 1992, 39: 806～814

63　Pfammatter N, Hochkoppler A, Luisi PL. Solubilization and growth of Candida pseudotropicalis in water-in-oil microemulsions. Biotechnol. Bioeng., 1992, 40: 167～172

64　Hossain M J, Takeyama T, Hayashi Y, Kawanishi T, Shimizu N, Nakamura R. Enzymatic activity of Chromobacterium viscosum lipase in an AOT/Tween 85 mixed reverse micellar system. J. Chem. Technol. Biotechnol., 1999, 74(5): 423～428

65　Goto M, Kuroki M, Ono T, Nakashio F. Protein extraction by new reversed micelles with di(tridecyl) phosphoric acid. Separ. Sci. Technol., 1995, 30 (1): 89～99

66　Naoe K, Kai T, Kawagoe M, Imai M. Extraction of flexibly structured protein in AOT reverse micelles: the flexible structure of protein is the dominant factor for its incorporation into reverse micelles. Biochem. Eng. J., 1999, 3 (1): 79～85

67　Jarudilokkul S, Poppenborg L H, Stuckey D C. Selective reverse micellar extraction of three proteins from filtered fermentation broth using response surface methodology. Separ. Sci. Technol., 2000, 35 (4): 503～517

68　Tong J, Furusaki S. Extraction behavior of proteins using AOT reversed micellar systems formed by kerosene and silicone oil. Separ. Sci. Technol., 1998, 33(6): 899～907

69　Lye G J, Asenjo J A, Pyle D L. Extraction of lysozyme and ribonuclease A using reverse micelles-Limits to protein solubilization. Biotechnol. Bioeng., 1995, 47(5): 509～519

70　Alves J R S, Fonseca L P, Ramalho M T, Cabral J M S. Optimisation of penicillin acylase extraction by AOT/isooctane reversed micellar systems. Biochem. Eng. J., 2003, 15 (2): 81～86

71　Bartsotas P, Poppenborg L H, Stuckey D C Emulsion formation and stability during reversed micelle extraction. J. Chem. Technol. Biotechnol., 2000, 75 (8): 738～744

72　Liu D, Ma J, Cheng H, Zhao Z. Study on percolation of mixed reverse micelles. J. Disper. Sci. Technol., 1999, 20(1－2): 513～533

73　Kommareddi N S, John V T, Waguespack Y Y, McPherson G L. Temperature and gas pressure induced microstructural changes in AOT water-in-oil microemulsions: characterization through electron paramagnetic resonance spectroscopy. J. Phys. Chem., 1993, 97: 5752～5761

74　Dekker M, Riet K. Van't, Der Pol J. J. Van, Effect of temperature on the reversed micellar extraction of enzymes. Chem. Eng. J., 1991, 46, B69～B74

75　Pessoa A J and Vitolo M. Separation of inulinase from Kluyveromyces marxianus using reversed micellar extraction. Biotechnol. Tech., 1997, 11: 421～422

76　Yu Y C, Chu Y, Ji J Y. Study of the factors affecting the forward and back extraction of yeast-lipase and its activity by reverse micelles. J. Colloid Interf. Sci., 2003, 267: 60～64

77　Chang Q L, Chen J Y, Inhibition of Lipase-Catalyzed Hydroysis of Sunflower Oil in AOT/Isooctane Reversed Micelles, Bioprocess Engineering, 1995c, 13: 157～159

78　Melo E P, Carvalho C M, Aires-Barros M R, Costa S M B. Deactivation and Conformational Changes of Cutinase in Reverse Micelles. Biotechnol. Bioeng., 1998, 58 (4): 380～387

79　Chang Q L, Liu H Z, Chen J Y, Fourier Transform Infrared Spectra Studies of Protein in Reverse Micelles: Effect of AOT/Isooctane on the Secondary Structure of α-Chymotrypsin, Biochim. Biophys. Acta, 1994b, 1206: 247～252

80　Nicot C, Waks M. Proteins as invited guests of reverse micelles: conformational effects, significance, applications. Biotechnol. Genetic Eng Rev, 1995, 13: 267～314

81 Naoe K, Noda K, Kawago M, Imai M. Higher order structure of proteins solubilized in AOT reverse micelles Colloid. Surf. B: Biointerf., 2004, 38(3－4): 179～185

82 Yang H, Kiserow D J, McGown L B. Effects of bile salts on the solubility and activity of yeast alcohol dehydrogenase in AOT reversed micelles. J. Mol. Catal. -B Enzyme., 2001, 14(1－3): 7～14

83 Carvalho C M L, Cabral J M S, Aires-Barros M R. Cutinase stability in AOT reversed micelles: system optimization using the factorial design methodology. Enzyme Microb. Technol., 1999, 24(8): 569～576

84 Freeman K S, Tang T T, Shah R D E, Kiserow D J, McGown, L B. Activity and stability of lipase in AOT reversed micelles with bile salt cosurfactant. J. Phys. Chem. B, 2000, 104 (39): 9312～9316

85 Yao Ch, Tang S, Zhang J, Yu Y. Kinetics of lipase deactivation in AOT/isooctane reversed micelles. J. Mol. Catal. B: Enzym., 2002, 18(4－6): 279～284

86 Azevedo A M, Fonseca L P, Graham D L, Cabral J M S, Prazeres D M F. Behaviour of horseradish peroxidase in AOT reversed micelles. Biocatal. Biotransfor., 2001, 19(3): 213～233

87 Puchkaev A V, Vlasov A P, Metelitza D I. Stability of glucose 6-phosphate dehydrogenase complexed with its substrate or co-factor in aqueous and micellar environment. App. Biochem. Microbiol., 2002, 38(1): 36～44

88 Papadimitriou, Vassiliki, Xenakis, Aristotelis, and Evangelopoulos, Athanasios E. Proteolytic activity in various water-in-oil microemulsions as related to the polarity of the reaction medium. Colloid. Surf. B: Biointerf., 1993, 1(5): 295～303

89 Martinek K, Klyachko N L, Kabanov A V, Khmelnitsky Y L, Levashov A V. Micellar enzymology: its relation to membranology. Biochim. Biophys. Acta, 1989, 981: 161～172

90 Zhang T X, Liu H Z and Chen J Y, Fluorescence Investigation of Affinity Interaction between Bovine Serum Albumin and Triazine Dye in Reversed Micelles, Applied Biochemistry and Biotechnology, 2001a, 95 (3), 163～174

91 Zhang T X, Liu H Z and Chen J Y. Investigation of Affinity Interaction between Protein and Triazine Dye in Reversed Micelles with Absorption Spectra. Colloids and Surfaces A, 2002a, 196 (1), 79～85

92 Jarudilokkul, S., Poppenborg, L. H. and Stuckey, D. C. Backward Extraction of Reverse Micellar Encapsulated Proteins Using a Counterionic Surfactant. Biotechnol. Bioeng., 1999, 62(5): 593～601

93 Pires, M. J. and Cabral, J. M. S. Liquid-liquid Extraction of a Recombinant Protein with a Reverse Micelle Phase. Biotechnol. Prog., 1993, 9: 647～650

94 Zulauf, M. and Eicke, H. F. Inverted micelles and Microemulsions in the Ternary System H$_2$O/Aerosol OT/ isooctane as Studied by Photon Correlation Spectroscopy. J. Phys. Chem., 1979, 83: 480～486

95 Jada, A., Lang, J and Zana, R. Ternary Water in Oil Microemulsions Made of Cationic Surfactants, Water and Aromatic Solvents. 1. Water Solubility Studies. J. Phys. Chem., 1990, 94: 381～387

96 严勇朝，刘会洲，陈家镛，TRPO-AOT 反胶团体系萃取牛血红蛋白的研究. 生物工程学报，1997b，13(4)，430～432

97 Dungan S R, Bausch T, Hatton T A, Plucinski P, Nitsch W. Interfacial transport processes in the reversed micellar extraction of proteins. J. Colloid Interf. Sci., 1991, 145:33～50

98 Zhang T, Liu H and Chen J. Selective Affinity Separation of Yeast Alcohol Dehydrogenase by Reverse Micelles with Unbound Triazine Dye, Chinese J. of Chem. Eng., 9(3), 2001b, 314～318

99 Hayes D G, Marchio C, Expulsion of Proteins from Water-in-oil Micromulsions by treatment with Cosurfac-

tant, Biotechnol. Bioeng., 1998, 59(5): 557~566

100 Carlson A, Nagarajan R. Release and recovery of porcine pepsin and bovine chymosin from reverse micelles. A new technique based on isopropyl alcohol addition. Biotechnol. Prog. 1992, 8: 85~90

101 Hong D P, Kuboi R. Evaluation of the alcohol-mediated interaction between micelles using percolation processes of reverse micellar systems. Biochem. Eng. J., 1999, 4: 23~29

102 Zhang W, Liu H Z and Chen J Y, Forward and Backward Extraction of BSA Using Mixed Reverse Micellar System of CTAB and Alkyl Halides; Biochemical. Engineering Journal, 12: 1~5(2002b)

103 Winsor, P. A. Hydrotropy Solubilization and Related Emulsification Processes. Trans. Faraday Soc., 1984, 54: 376~398

104 Leser E M, Mrkoci K, Luisi P L. Reverse micelles in protein separation: The use of silica for the backtransfer process. Biotechnol. Bioeng., 1993, 41: 489~492

105 Gupta R B, Han Ch J, Johnston K P. Recovery of proteins and amino acids from reverse micelles by dehydration with molecular sieves. Biotechnol. Bioeng., 1994, 44(7): 830~836

106 Nagahama K, Noritomi H, Koyama A. Enzyme recovery from reversed micellar solution through formation of gas hydrates. Fluid Phase Equilibr., 1996, 116: 126~132

107 Dahuron, L. and Cussler, E. D. Protein Extractions with Hollow Fibers. AIChE J., 1988, 34(1): 130~136

108 Armstrong, D. W and Li, W. Y. Highly Selective Protein Separations with Reversed Micellar Liquid Membranes. Anal. Chem., 1988, 60: 86~88

109 Stobbe, H, Xiong, Y., Wang Z. and Fu, J. Development of a New Reversed Micelle Liquid Emulsion Membrane For Protein Extraction. Biotechnol. Bioeng., 1997, 53: 267~273

110 Han, D. H., Lee, S. Y. and Hong, W. H. Separation of Intracellular Proteins from Candida Utilis Using Reverse Micelles in a Spray Column. Biotechnol. Tech. 1994, 8(2): 105~110

111 Ley, G. J., Asenjo, J. A. and Pyle, D. L. Reverse Micellar Mass-Transfer Processes: Spray Column Extraction of Lysozyme. AIChE J., 1996, 42(3): 713~726

112 Carneiro-da-Cunha M G, Aires-Barros M R, Tambourgi E B and Cabral J M S. Recovery of a Recombinant Cutinase with Reversed Micelles in a Continuous Perforated Rotating Contactor. Biotechnol. Tech., 1994, 8(6): 413~418

113 Carneiro-da-Cunha M G, Aires-Barros M R, Tambourgi E B and Cabral J M S. Continuous Extraction of a Recombinant Cutinase from Escherichia Coli Disrupt Cells with Reversed Micelles Using a Perforated Rotating Disc Contactor. Bioprocess Eng., 1996, 15: 253~256

114 Tong J and Furusaki S. Mean Drop Size Distribution in Rotating Disc Contactor Usd for Reversed Micellar Extraction of Proteins. J. Chem. Eng. Jpn., 1995, 28(5): 582~589

115 Tong J and Furusaki S. Effect of Solubilization of Lysozyme on Mean Drop Size in Rotating Disc Contactor Used for Reversed Micellar Extraction. J. Chem. Eng. Jpn., 1996, 29(3): 543~546

116 Tong J and Furusaki S. Mass Transfer Performance and Mathematical modeling of Rotating Disc Contactors Used for Reversed Micellar Extraction of Proteins. J. Chem. Eng. Jpn., 1997, 30(1): 79~85

117 陆强, 李宽宏, 施亚钧. 离心萃取器用于反胶束溶液萃取牛血清白蛋白. 高等化学工程学报. 1995, 9(4): 392~395

118 Lu Q, Li K H, Zhang M and Shi Y J. Study of a Centrifugal Extractor for Protein Extraction Using Reversed Micellar Solutions. Sep. Sci. Technol., 1998, 33(15): 2397~2409

119　Lazarova Z and Tonova K. Integrated Reversed Micellar Extraction and Stripping of α-Amylase. Biotechnol. Bioeng., 1999, 63(5): 583～592

120　Camarinha Vicente M L, Aires-Barros M R and Cabral J M S. Purification of Chromobacterium Viscosum Lipases Using Reversed Micelles. Biotechnol. Tech., 1990, 4(2): 137～142

121　Chang Q L, Chen J Y, Effect of the Type of Cosolvent on the Extraction Process for Separation & Purification of Two Enzymes from Bacilus Subtilis Using Aliquat 336 Reversed Micelles, Sep. Sci. Technol., 1995, 30(13): 2679～2693

122　Chang Q L, Chen J Y, Separation & Purification of Two Enzymes from Bacilus Subtilis Using Aliquat 336 Reversed Micelles: Study of the Effect of Cosolvent Concentration, Chem. Eng. J., 1995, 59: 303～308

123　Chang Q L, Chen J Y, Liquid-Liquid Reversed Micellar Extraction for Isolating Enzymes: Studies on the Purification of □-Amylase, Process Biochemistry, 1996, 31(4): 371～375

124　Chang Q L, Chen J Y, Selective Recovery of Two Enzymes from Bacilus Subtilis Using Aliquet 336 Reversed Micelles, Applied Biochem. & *Biotechnol.*, 56, 1996: 197～204

125　Rahaman R S, Chee J Y, Cabral J M S and Hatton T A. Recovery of an Extraction of an Extracellular Alkaline Protease from Whole Fermentation Broth Using Reverse Micelles. Biotechnol. Prog. 1988, 4: 217～224

126　Krei, G. A. and Hustedt, H. Extraction of Enzymes by Reverse Micelles. Chem. Eng. Sci. 1992, 47(1): 99～111

127　昌庆龙，刘会洲，陈家镛，提纯工业级 α-淀粉酶：反胶团萃取的一个实际应用，化工冶金，1995, 16(3): 229～234

128　Liu J G, Xing J M, Shen R, Yang C L, Cheng L, Liu H Z. Reverse micelles extraction of nattokinase from fermentation broth, Biochemical Engineering Journal, 2004, 21: 273～278

129　Zhang T X, Liu H Z and Chen J Y, Extraction of Yeast Alcohol Dehydrogenase Using Reversed Micelles Formed with CTAB; Journal of Chemical Technology and Biotechnology, 2000, 75: 798～802

130　Delahodde A, Vacher M, Nicot C and Waks M. Solubilization and Insertion into Reverse Micelles of the Major Myelin Transmembrane Proteolipid. FEBS Lett., 1984, 172: 343～347

131　Nicot, C., Vacher, M., Vincent, M., Gallay, J. and Waks, M. Membrane Proteins in Reverse Micelles: Myelin Basic Protein in a Membrane-Mimetic Environment. Biochemistry. 1985, 24: 7024～7032

132　Leser, M. E., Wei, G., Luisi, P. L. and Maestro, M. Application of Reverse Micelles for the Extraction of Proteins. Biochem. Biophys. Res. Commun., 1986, 135: 629～635

133　Leser, M. E., Wei, G., Luthi, P., Haering, G., Hochkoeppler, A., Blochliger, E. and Luisi, P. L. Applications of Enzyme-Containing Reverse Micelles. J. Chim. Phys., 1987, 84: 1113～1118

134　Leser, M. E. and Luisi, P. L. The Use of Reverse Micelles for the Simultaneous Extraction of Oil and Proteins from Vegetable Meal. Biotechnol. Bioeng., 1989, 34: 1140～1146

135　Hashimoto, Y., Ono, T., Goto, M. and Hatton, T. A. Protein Refolding by Reversed Micelles Utilizing Solid-Liquid Extraction Technique. Biotechnol. Bioeng., 1998, 57(5): 620～623

第5章　液-液-液三相萃取

5.1　概　述

5.1.1　相及相体系

在物理学上,"相"的概念是一系列具有相对均一的化学组成及物理性质(如密度、晶体结构、折光系数等)的宏观物理系统,像固体、液体、气体就是常见的一些相态。更为精确的定义是基于热力学函数自由能的分析,如果系统的两种状态是在同一相中,它们可以相互转化而热力学性质不发生任何改变[1,2]。

一个相必须在物理性质和化学性质上都是均匀的,这里的"均匀"是指一种微观尺度的均匀,但一个相不一定只含有一种物质。例如,乙醇和水混合形成的溶液,由于乙醇和水能以分子形式按任意比例互溶,混合后成为各部分物理性质、化学性质都相同,而且完全均匀的系统,尽管它含有两种物质,但整个系统只是一个液相。

相与相之间在一定的条件下有明确的界面。从宏观的角度看,在界面上性质的改变是飞跃式的,越过界面时性质发生突变。例如,水和水蒸气共存时,其组成虽同为 H_2O,但因有完全不同的物理性质,所以是两个不同的相。不同的相态之间在一定的温度和压力条件下可以相互转换,如图 5-1 所示[1]。

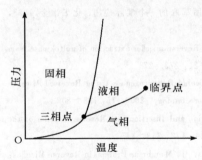

图 5-1　相态与温度、压力的关系

当两种溶液(如有机溶剂和水、有机溶剂、两种高聚物溶液或聚合物与无机盐溶液)混合时,由于两者的不互溶或极限溶解度或盐析作用等而出现相分离,两者之间存在着明显的界面,两相各自保持着相对均一的物理性质和化学性质,因此可以形成一个比较稳定的两相体系[2~4]。传统的液-液两相溶剂萃取是比较典型的例子。20 世纪 60 年代以后,双水相体系由于在生化分离方面的优势越来越受到人们的重视,得到了长足的发展。表 5-1 给出了不同的水溶性聚合物相体系[2]。

在水溶性的聚合物相体系中,将成相物质混合可以观测到如下三种现象:①完全互溶得到均一的单相溶液;②复凝现象即能够产生相分离,但两种聚合物富集于同一相而另一相几乎是纯溶剂;③聚合物的不相溶性产生相分离,两种聚合物分别富集在不同的相内。

表 5 - 1　水溶性聚合物相体系

物质 A	物质 B	参考文献
	1. 聚合物-聚合物-水系统	
	a. 非离子性聚合物-非离子性聚合物-水	
聚丙二醇	甲氧基聚乙二醇	
	聚乙二醇	Albertsson (1958)
	聚乙烯醇	
	聚乙烯吡咯烷酮(PVP)	Albertsson (1958)
	羟丙基葡聚糖	Albertsson (1958)
	葡聚糖	Albertsson (1958)
聚乙二醇	聚乙烯醇	Albertsson (1958)
	聚乙烯吡咯烷酮(PVP)	Albertsson (1958)
	羟丙基葡聚糖	Albertsson (1958)
	葡聚糖	Albertsson (1958)
	聚蔗糖	
聚乙烯醇	甲基纤维素	Dobry (1938)
	羟丙基葡聚糖	
	葡聚糖	Albertsson (1958)
聚乙烯吡咯烷酮(PVP)	甲基纤维素	Dobry (1938)
	葡聚糖	Albertsson (1958)
甲基纤维素	羟丙基葡聚糖	
	葡聚糖	Albertsson (1958)
乙基羟乙基纤维素	葡聚糖	Albertsson (1958)
羟丙基葡聚糖	葡聚糖	
聚蔗糖	葡聚糖	
	b. 聚电解质-非离子性聚合物-水	
葡聚糖硫酸钠盐	聚丙二醇	
	葡聚糖-NaCl	
	聚乙二醇-NaCl	
	聚乙烯醇-NaCl	
	聚乙烯吡咯烷酮(PVP)-NaCl	
	甲基纤维素-NaCl	

物质 A	物质 B	参考文献
	乙基羟乙基纤维素-NaCl	
	羟丙基葡聚糖-NaCl	
	葡聚糖-NaCl	
羟甲基葡聚糖钠盐	甲氧基聚乙二醇	
	聚乙二醇-NaCl	
	聚乙烯醇-NaCl	
	聚乙烯吡咯烷酮（PVP）-NaCl	
	甲基纤维素-NaCl	
	乙基羟乙基纤维素-NaCl	
	羟丙基葡聚糖-NaCl	
羟甲基纤维素钠盐	聚丙二醇-NaCl	
	甲氧基聚乙二醇	
	聚乙二醇-NaCl	
	聚乙烯醇-NaCl	
	聚乙烯吡咯烷酮（PVP）-NaCl	
	甲基纤维素-NaCl	
	乙基羟乙基纤维素-NaCl	
	羟丙基葡聚糖-NaCl	
DEAE-葡聚糖·HCl	聚丙二醇-NaCl	
	聚乙二醇 Li_2SO_4	
	甲基纤维素	
	聚乙烯醇	

c. 聚电解质-聚电解质-水

葡聚糖硫酸钠盐	羟甲基葡聚糖钠盐	
葡聚糖硫酸钠盐	羟甲基纤维素钠盐	
羟甲基葡聚糖钠盐	羟甲基纤维素钠盐	

d. 聚电解质-聚电解质-水

葡聚糖硫酸钠盐	DEAE-葡聚糖·HCl,NaCl	

续表

物质 A	物质 B	参考文献
2. 聚合物-低分子组分-水系统		
聚丙二醇	磷酸钾	Albertsson（1958）
甲氧基聚丙二醇	磷酸钾	Albertsson（1958）
聚乙二醇	磷酸钾	Albertsson（1958）
聚乙烯吡咯烷酮	磷酸钾	Albertsson（1958）
聚丙二醇	葡聚糖	Albertsson（1958）
聚丙二醇	丙三醇	Albertsson（1958）
聚乙烯醇	乙二醇单丁醚	Albertsson（1958）
聚乙烯吡咯烷酮	乙二醇单丁醚	Albertsson（1958）
葡聚糖	乙二醇单丁醚	Albertsson（1958）
葡聚糖	丙醇	Albertsson（1958）
葡聚糖硫酸钠盐	氯化钠	

5.1.2　双水相萃取体系[2~4,6]

双水相萃取体系是一种或几种物质在水中以适当的浓度溶解,在一定条件下形成互不相溶的水溶液系统。通过溶质在两水相之间分配系数的差异而进行萃取的技术称为双水相萃取技术,也称为水溶液两相分配技术。

1955 年,瑞典 Lund 大学学者 Albertson 首次发现并利用双水相技术来分离生物分子,他将双水相分配技术应用于色谱法从单细胞藻类中分离淀粉核,此后他和他的同事们做了大量有关双水相萃取技术的工作,主要研究了聚乙二醇（PEG）/葡聚糖（dextran）双水相体系和 PEG/无机盐体系在生物分离纯化中的应用。20 世纪70 年代中期,前联邦德国的 Kula 和 Kroner 等率先将双水相体系应用于从细胞匀浆液中提取酶和蛋白质,大大地改善了胞内酶的提取效果。自 20 世纪 80 年代初期起,双水相萃取技术开始应用于生物化学、细胞生物学、生物化工和食品化工等领域,并取得了许多成功的范例,实现了细胞器、细胞膜、病毒等多种生物体和生物组织以及蛋白质、酶、核酸、多糖、生长素等大分子生物物质的分离与纯化,取得了较好的成效。近年来,双水相萃取技术的分离对象进一步扩大,已包括了抗生素、多肽和氨基酸、重金属离子和植物有效成分中的小分子物质[67]。

1. 萃取原理

将两种不同的水溶性聚合物的水溶液混合时,当聚合物浓度达到一定值,体系会自然地分成互不相溶的两相,这就是双水相体系。双水相体系的形成主要是由于高聚物之间的不相溶性即高聚物分子的空间阻碍作用,相互无法渗透,不能形成均一相,从而具有分离倾向,在一定条件下即可分为两相。一般认为,只要两聚合物水溶液的憎水程度有所差异,混合时就可发生相分离,且憎水程度相差越大,相分离的倾向也就越大。与一般的水—有机溶剂体系相比较,双水相体系中两相的性质(如密度和折射率等)差别较小。由于折射率的差别很小,有时甚至都很难发现它们的相界面。两相间的界面张力也很小,仅为 $10^{-6}\sim10^{-4}\,\mathrm{N\cdot m^{-1}}$(一般体系为 $10^{-3}\sim10^{-2}\,\mathrm{N\cdot m^{-1}}$)。界面与试管壁形成的接触角几乎是直角。

双水相萃取与水—有机相萃取的原理相似,都是依据物质在两相间的选择性分配,但萃取体系的性质不同。当物质进入双水相体系后,由于表面性质、电荷作用和各种力(如憎水键、氢键和离子键等)的存在和环境的影响,使其在上、下相中的浓度不同。分配系数 K 等于物质在两相的浓度比,各种物质的 K 值不同(例如各种类型的细胞粒子、噬菌体等分配系数都大于 100 或小于 0.01,酶、蛋白质等生物大分子的分配系数大致在 0.1~10 之间,而小分子盐的分配系数在 1.0 左右),因而双水相体系对生物物质的分配具有很大的选择性。水溶性两相的形成条件和定量关系常用相图来表示,以 PEG/葡聚糖体系的相图为例,这两种聚合物都能与水无限混合,当它们的组成在图 5－2 曲线的上方时(用 M 点表示)体系就会分成两相,分别有不同的组成和密度,轻相(或称上相)组成用 T 点表示,重相(或称下相)组成用 B 表示。C 为临界点,曲线 TCB 称为结线,直线 TMB 称为系线。结线上方是两相区,下方是单相区。所有组成在系统上的点,分成两相后,其上下相组成分别为 T 和 B。M 点时两相 T 和 B 的质量之间的关系服从杠杆定律,即 T 和 B 两相质量之比等于系线上 MB 与 MT 的线段长度之比。

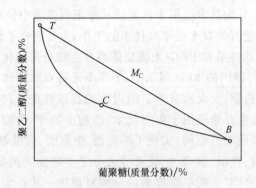

图 5－2　PEG/葡聚糖体系的相图

2. 影响物质分配平衡的因素

物质在双水相体系中的分配系数不是一个确定的量,它受许多因素的影响(表

5—2)。对于某一物质,只要选择合适的双水相体系,控制一定的条件,就可以得到合适的(较大的)分配系数,从而达到分离纯化之目的,包括直接从细胞破碎匀浆液中萃取蛋白质而无需将细胞碎片分离。改变体系的 pH 和电解质浓度可进行反萃取。

酶分离纯化中高聚物/高聚物体系最常见的是 PEG/葡聚糖。PEG/精葡聚糖体系对酶的选择性高,分离效果好,对环境无毒害。PEG/盐体系虽然价格便宜,在酶的分离纯化中应用较多。但它的选择性不高,且盐浓度过高,使得离子浓度过强,会引起蛋白质变性,配基不能发生作用。在酶的分离纯化中,盐的种类对双水相的形成影响很大[66]。

表 5－2　影响生物物质分配的主要因素

与聚合物有关的因素	与目的产物有关的因素	与离子有关的因素	与环境有关的因素
聚合物的种类	电荷	离子的种类	体系的温度
聚合物的结构	大小	离子的浓度	体系的 pH
聚合物的平均相对分子质量	形状	离子的电荷	
聚合物的浓度			

1) 聚合物及其相对分子质量的影响

不同聚合物的水相体系显示出不同的疏水性,水溶液中聚合物的疏水性按下列次序递增:葡萄糖硫酸盐<甲基葡萄糖<葡萄糖<羟丙基葡聚糖<甲基纤维素<聚乙烯醇<聚乙二醇<聚丙三醇,这种疏水性的差异对目的产物与相的相互作用是重要的。

同一聚合物的疏水性随相对分子质量的增加而增加,其大小的选择依赖于萃取过程的目的和方向,若想在上相获得较高的蛋白质收率,对于 PEG 聚合物,应降低它的平均相对分子质量;相反,若想在下相获得较高的蛋白质收率,则平均相对分子质量应增加。

2) pH 的影响

体系的 pH 对被萃取物的分配有很大影响,这是由于体系的 pH 变化能明显的改变两相的电位差。如体系 pH 与蛋白质的等电点相差越大,蛋白质在两相中分配越不均匀。

3) 离子环境对蛋白质在两相体系分配的影响

在双水相聚合物体系中,加入电解质时,其阴阳离子在两相间会有不同的分配。同时,由于电中性的约束,存在一穿过相界面的电势差(Donnan 电势),它是影响荷电大分子(如蛋白质和核酸等)分配的主要因素。同样,对于粒子迁移也有相似的影响,粒子因迁移而在界面上积累。故只要设法改变界面电势,就能控制蛋白质等电荷大分子转入某一相。

4）温度的影响

分配系数对温度的变化不敏感，这是由于成相聚合物对蛋白质有稳定化作用，所以室温操作活性收率依然很高，而且室温时黏度较冷却时(4℃)低，有助于相的分离并节省了能源开支。

3. 双水相萃取的工艺流程

双水相萃取技术的工艺流程主要由三个部分构成：目的产物的萃取、PEG 的循环、无机盐的循环。其原则流程见图 5-3。

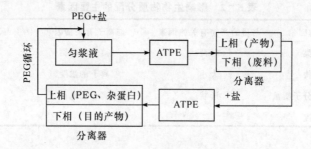

图 5-3　双水相萃取原则流程图

1）目的产物的萃取

原料匀浆液与 PEG 和无机盐在萃取器中混合，然后进入分离器分相。通过选择合适的双水相组成，一般使目标蛋白质分配到上相（PEG 相），而细胞碎片、核酸、多糖和杂蛋白等分配到下相（富盐相）。

第二步萃取是将目标蛋白质转入富盐相，方法是在上相中加入盐，形成新的双水相体系，从而将蛋白质与 PEG 分离，以利于使用超滤或透析将 PEG 回收利用和目的产物进一步加工处理。

2）PEG 的循环

在大规模双水相萃取过程中，成相材料的回收和循环使用，不仅可以减少废水处理的费用，还可以节约化学试剂，降低成本。PEG 的回收常见有两种方法：①加入盐使目标蛋白质转入富盐相来回收 PEG；②将 PEG 相通过离子交换树脂，用洗脱剂先洗出 PEG，再洗出蛋白质。

3）无机盐的循环

将含无机盐相冷却，结晶，然后用离心机分离收集。除此之外，还有电渗析法、膜分离法回收盐类或除去 PEG 相的盐。

4. 新型双水相系统的开发

在生物物质分离过程中得到应用的双水相系统有两类：非离子型聚合物-非离子型聚合物-水系统和非离子型聚合物-无机盐-水系统，因为这两类系统所用的聚合物无毒性，已被许多国家的药典所收录，而且其多元醇、多元糖结构能使生物大分子稳定。在实际应用中这两类双水相系统各有优缺点，前者体系对生物活性物质变性作用低，界面吸附少，但是所用的聚合物（如葡聚糖）价格较高，成本高，而且体系黏度大，影响工业规模应用的进展；后者成本相对低，黏度小，但是由于高浓度的盐废水不能直接排入生物氧化池，使其可行性受到环保限制，且有些对盐敏感的生物物质会在这类体系中失活。因此，寻求新型双水相体系成为双水相萃取技术的主要发展方向之一，新型双水相体系的开发主要有两类：廉价的双水相系统及新型功能双水相系统。

廉价双水相系统的开发目前主要集中在寻找一些廉价的高聚物取代现用昂贵的高聚物，如采用变性淀粉、麦芽糊精、阿拉伯树胶等取代葡聚糖，羟基纤维素取代PEG，都获得一定成功。

新型功能双水相体系是指高聚物易于回收或操作简便的双水相体系。Alred 采用乙烯基氧与丙烯基氧的共聚物（商品名 UCON）和 PEG 可形成温敏性双水相体系。常温条件下，PEG、UCON 和水混合后为均相体系，当加热到 40℃ 时，形成两相体系，上相为 PEG 和 UCON，下相为水，这种体系可以实现 PEG 和 UCON 的循环利用。

近年来，又研究开发了一种以热分离聚合物和水组成的新型双水相体系，热分离聚合物的水溶液在高于某一临界温度时分离成两相，该温度点被称为浑浊点。大多数水溶性热分离聚合物是环氧乙烷（EO）和环氧丙烷（PO）的随机共聚物（简称 EOPO 聚合物）。水-EOPO 热分离两相体系由几乎纯水的上相和富含聚合物的下相组成。Kula 等开发了一种表面活性剂（triton）和水形成的热分离双水相体系，当温度高于体系浑浊点时，表面活性剂和水形成双水相，上相为表面活性剂相，下相为水。表面疏水性强的蛋白质易分配在表面活性剂相中，而菌体和亲水性蛋白质主要分配在水相中，利用这种表面活性剂双水相体系纯化胆固醇氧化酶，酶收率高达 90%。

由正离子表面活性剂（如十二烷基硫酸钠）和负离子表面活性剂（如十六烷基三甲基溴化铵）组成的混合水溶液在一定条件下会形成双水相，平衡的两相均为很稀的溶液。正、负离子混合表面活性剂双水相系统的发现为生物活性物质分离提供了一种新的双水相系统。与高分子双水相系统和非离子型表面活性剂双水相系统相比，它具有含水量高（质量分数可达 99%）、两相容易分离、表面活性剂的用量很小且可循环使用等独特优点。目前，应用这类双水相系统进行物质分配已开展了一些研究工作，国内已有利用该类型双水相系统分离蛋白质、酶、氨基酸和卟啉等的报道，对于双水相的一些物理化学性质也进行了一定的研究，但对不同正、负离子表面活性剂混合形成双水相系统的规律、双水相区域及其影响因素等的研究相对较少。

5. 亲和双水相萃取技术

亲和双水相萃取技术是在组成相系统的聚合物(如 PEG、葡聚糖等)上偶联一定的亲和配基。根据配基性质不同,常用于亲和双水相系统的配基有三种:基团亲和配基型、染料亲和配基型和生物亲和配基型。近几年来双水相亲和分配组合技术发展极为迅速,仅在 PEG 上接上亲和配基就达 10 多种,分离纯化的物质已有几十种。Kamihira 等将亲和配基 IgG 偶联在高分子 EudragitS100 上,它主要分布在双水相系统的上相,应用该亲和双水相系统提纯重组蛋白质 A,重组蛋白质的纯度提高了 26 倍,达到 81%,收率为 80%。

针对抗体、凝集素等双水相萃取亲和配基不能在高盐浓度下操作、不能用于成本较低的 PEG/无机盐系统的缺点,有人提出了以金属螯合物为亲和配基的金属配基亲和双水相系统。与其他亲和双水相萃取技术相比,金属配基亲和双水相具有亲和配基价廉、可用于低成本的 PEG/无机盐体系以及亲和配基再生容易等特点。金属亲和双水相萃取利用金属离子和蛋白质表面的精氨酸、组氨酸、半胱氨酸的亲和作用,达到分离和纯化蛋白质目的。

Birkenmeier 等发现在蛋白质的金属亲和双水相萃取中最有效的是 Cu^{2+}。目前,金属离子亲和双水相萃取已应用于多种酶的分离纯化:Wuenschell 等采用含有 Cu^{2+}-IDA(亚氨基乙酸)-PEG 的双水相系统萃取了亚铁血红素蛋白;Arnold 和她的合作者用含有 Cu^{2+}-IDA-PEG 的双水相系统萃取了血红素,用含有 Fe^{3+}-IDA-PEG 的双水相系统萃取了含磷蛋白质。谭天伟等研究了 Cu^{2+}-IDA-PEG20000 的合成方法及超氧化歧化酶(SOD)在含有 Cu^{2+}-IDA-PEG20000 的 PEG4000/Na_2SO_4 双水相体系中分配系数模型;Guinn 研究了血红蛋白等在单级金属亲和双水相系统的分离纯化特性,并探讨了采用多级逆流萃取操作的可行性。陆瑾等将 PEG-IDA-Cu^{2+} 体系应用于纳豆激酶的分离纯化,经过两次分配,纯化因子达到了 3.52,总收率为 81%[68]。

6. 双水相萃取技术与相关技术的集成

双水相分配技术作为一个很有发展前景的生物分离单元操作,除了其独特优势外,也有一些不足之处,如易乳化、相分离时间较长、成相聚合物的成本较高、单次分离效率不高等,一定程度上限制了双水相分配技术的工业化推广和应用。如何克服这些困难,已成为国内外学者关注的焦点,其中"集成化"概念的引入给双水相分配技术注入了新的生命力。

双水相分配技术与其他相关的生物分离技术进行有效组合,实现了不同技术间的相互渗透、相互融合,充分体现了集成化的优势。有人认为,双水相萃取与相关技术的集成可以归纳成为以下三个方面：①与温度诱导相分离、磁场作用、超声波作用、气溶胶技术等常规技术实现集成化，改善了双水相分配技术中诸如成相聚合物回收困难、相分离时间较长、易乳化等问题，为双水相分配技术的进一步成熟、完善并走向工业化奠定了基础；②与亲和沉淀、高效层析等新型生化分离技术实现过程集成，充分融合了双方的优势，既提高了分离效率，又简化了分离流程；③将生物转化、化学渗透释放和电泳等技术引入双水相分配，给已有的技术赋予了新的内涵，为新分离过程的诞生提供了新的思路。

7. 双水相萃取过程的开发

采用常规的搅拌设备或静态混合器进行双水相萃取操作，由于这类体系的界面张力低，极易分散成细小液滴，溶质在系统两相间的传质速率快，可以迅速达到平衡。但是，经混合的物系相分离时间长。为了消除操作过程中双水相萃取技术的缺点，近年来，有人分别用聚丙烯中空纤维束按膜萃取的方法或利用喷雾塔的方式来进行双水相萃取，前者采用 PEG-无机盐系统，后者采用 PEG-葡聚糖系统，分别对多种酶和牛血清蛋白的传质速率进行了测定，所得传质系数都在传统溶剂萃取过程分离小分子溶质的数值范围内。国内浙江大学研究了填料塔中牛血清蛋白和青霉素 G 钠盐在 PEG-硫酸铵双水相系统中的传质特性，用修正的 Handlols-Baron 对传质系数进行关联得到了较好的结果。虽然，这只是实验室小装置内的研究结果，但对双水相萃取过程的设备选型和设计，具有一定的参考价值。

初期的双水相萃取过程仍以间歇操作为主。近年来，在天冬酶、乳酸脱氢酶、富马酸酶与青霉素酰化酶等多种产品的双水相萃取过程中均已采用了连续操作，有的还实现了计算机控制，这不仅对提高生产能力，实现全过程连续操作和自动控制，保证得到高活性和质量均一的产品具有重要意义，而且也标志着双水相萃取技术在工业生产中的应用日趋成熟和完善。

8. 双水相萃取相关理论的发展

虽然双水相萃取技术在应用方面取得了很大进展，但目前这些工作几乎都只是建立在实验数据的基础上，至今还没有一套比较完善的理论来解释生物大分子在体系中的分配机理。考虑到生物物质在双水相系统中分配时是一个由聚合物、聚合物（或无机盐）、生物分子和水等构成的四元系统，系统中的组分性质千差万别，从晶体到无定形聚合物、从非极性到极性、从电解质到非电解质、从无机小分子到有机高分子甚至生物大分子，这些都不可避免地造成理论计算的复杂性。因此，建立溶质在双水相系统中分配的机理模型一直是双水相系统相关研究的重点和难点。

有关溶质在双水相系统中分配模型的前期研究中，比较成功的主要有两类模型：Edmond 等提出的渗透维里模型以及 Flory 和 Huggins 根据热力学基本原理提出的 Flory-Huggins 晶格模型。前者在预测聚合物的成相行为和蛋白质的分配上有较高的准确度,后者在粒子的能量概念上可以很好地拟合实验数据。自 20 世纪 80 年代中期以来,各国学者开展了进一步的研究工作,各类用于计算生物物质在双水相系统分配系数的模型也时有报道,诸如 Baskir 晶体吸附模型、Hayne 模型、Pitzer 模型、Gross-man 自由体积模型等,但结果均难以令人满意。1989 年,Diamond 和 Hsu 以 Flory-Huggins 理论为基础,推导出生物分子在有关双水相体系中的分配模型。Diamond-Hsu 模型既可计算聚合物/聚合物双水相系统中低分子质量肽的分配系统,又能计算高分子质量蛋白质的分配系数,有一定的普适性。此后,针对该模型在计算蛋白质在聚合物/盐双水相系统中的分配系数时精确度不高的缺点,Diamond 和梅乐和等相继提出了改进的 Diamond-Hsu 模型,进一步提高了 Diamond-Hsu 模型的精确度和普适性。

5.1.3　三相或多相体系的发展[5~7]

20 世纪 30 年代,在传统的两相溶剂萃取中出现液体第三相的首次报道,第三相多为有机相。最初,第三相的出现妨碍了两相萃取的正常操作,被认为是不利的,因此在实验和生产中努力避免产生。20 世纪 60 年代后期和 70 年代初期,一些研究人员对第三相在一些萃取体系的形成进行了比较深入的研究。这些研究主要关于第三相出现的区域、平衡相的组成和三相萃取体系在分析测试中应用的可能性。随着人们对体系的不断深入研究,利用三相萃取体系分离金属和有机化合物的新方法得到了长足的发展。

研究表明,第三相是基于界面现象而产生的,第三相的研究和表面活性剂的物化性质有密切关系,它与普通的乳状液(microemulsion)有着内在的联系,而与胶团溶液(micellar solution)的联系则更为密切,其中表面活性剂起了极其重要的作用,如图 5‐4 所示。

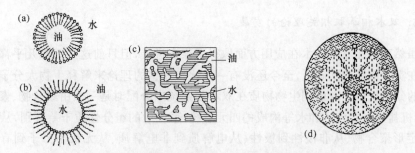

图 5‐4　水包油型微乳液滴(a)、油包水型微乳液滴(b)和
双连续型微乳相(c)、胶团(d)(水‐油‐水或油‐水‐油)

近年来,在生物、医药、化工等领域,从复杂混合体系中提取分级有效成分越来越受到人们的重视。提取分离组分越来越复杂(多种类的混合体系)、分离精度要求越

来越高、由于物质间性质差异较小,分离难度也越来越大等,这就要求一些新型的分离技术如三相或多相萃取体系来实现处理工艺操作简单、方便且成本低的特点。

液-液-液三相体系(three-liquid-phase system)是包含三个液相的萃取分离体系。在早期,Albertsson 将三种两两互不相溶的聚合物水溶液如葡聚糖和 Ficoll(一种聚蔗糖)以及聚乙二醇混合时得到了三相系统,其中葡聚糖富集于下相,Ficoll 富集于中间相,而聚乙二醇则富集于上相。此类体系在分离或分级蛋白质、酶、颗粒等体系中尝试应用,取得了一定的分离效果。2000 年,中国科学院过程工程研究所提出了由双水相和有机相相结合的新型萃取体系逐渐引起人们关注(图 5-5)。研究主要针对复杂体系中多种目标产物的分离和提纯,是具有广泛应用前景的分离手段,也是微乳相萃取过程研究热点之一。

(a)　　　　　　　　　　　　(b)

图 5-5　由一个有机相与两个水相构成的三相体系

(a) 聚乙二醇-硫酸铵-水构成的双水相与乙酸丁酯形成的三相体系；

(b) 三相体系在青霉素 G 提取中的应用

由多种聚合物或聚合物、盐、有机溶剂或表面活性剂混合后在一定的条件下可以得到一系列的多相体系。用三相和四相体系纯化的由去污剂 Triton X-100 溶解的磷酸酯酶,如图 5-6 所示。此外还可以引入固相增加体系的分离选择性。常见的多相体系如表 5-3 所示。

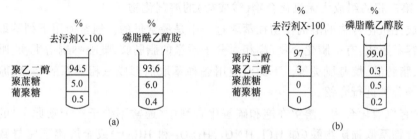

图 5-6　去污剂 Triton X-100 溶解的磷酸酯酶在三相和四相体系中的分配

(a) 三相体系:聚乙二醇-聚蔗糖-葡聚糖；(b) 四相体系:聚丙二醇-聚乙二醇-聚蔗糖-葡聚糖

表 5 - 3　常见的多相体系

多相体系	成相物质及组成
三相体系	Dextran (6)-HPD (6)-PEG (6)
	Dextran (8)-聚蔗糖 (8)-PEG (4)
	Dextran (7.5)-HPD (7)-聚蔗糖 (11)
	Dextran-PPG-PEG
	PEG-盐-有机溶剂
四相体系	Dextran (5.5)-HPD (6)-聚蔗糖 (10.5)-PEG (5.5)
五相体系	Dextran-HPD-聚蔗糖-PEG-DS
多于五相的体系	高度分散性和不均一的葡聚糖硫酸盐

注：1. 括号内的数字为质量分数组成，%；

　　2. Dextran 代表葡聚糖；HPD 代表羟丙基葡聚糖；PEG 代表聚乙二醇；DS 代表葡聚糖硫酸钠盐。

5.2　三相体系的分类及研究进展

由于液-液-液三相体系的复杂性，为了便于了解体系的研究进展，许多学者如 Mojski 和 Gluch[6]、傅洵[8]、谭显东[9]、Khalonin[64]、Pyatnitskii[65] 等，按照第三相的性质和特点、体系的来源不同、萃取体系的类型等有过各种不同的分类及研究。

5.2.1　基于第三相的性质和平衡相特点的分类

由 Mojski 和 Gluch、Khalonin、Pyatnitskii 等提出，基于第三相的特点将三相体系分成以下两大类：第三相为有机相性质的体系和第三相为水相性质的体系。

1. 第三相为有机相性质的体系[6]

根据第三相即第二有机相的组成还可以将此类体系分为三类，即无机化合物（酸或盐）的溶剂化物、一种极性有机溶剂、金属的氢卤酸的水溶剂化物。

1）第三相的组成为无机化合物（酸或盐）的溶剂化物

形成无机化合物的溶剂化物在萃取过程中是最常见的。通常使用下列萃取剂时比较容易形成：有机膦化合物、高相对分子质量的脂肪胺、吡唑啉酮衍生物、吡啶衍生物、脂肪醇、烷基醚类等。下面对应用各种萃取剂形成三相体系的特点、原理和进展等分类进行介绍。

（1）有机磷化合物。溶解在饱和碳氢化合物中（通常不少于 5 个碳原子）的有机磷化合物萃取强矿物酸（如 HCl、HNO$_3$、H$_2$SO$_4$ 和 HClO$_4$）或金属离子将导致第三相的形成。

三相体系最初是在使用磷酸三丁酯（TBP）萃取硫酸时发现的，后来发现在萃取盐酸、硝酸等时也可形成三相体系。该体系的特点是存在两个有机相,其中轻有机相包含少量盐酸或硫酸的溶剂化物,而重有机相是溶剂化物的浓溶液其中包含少量水合物和溶解水。初始水相中酸度高和有机溶剂中萃取剂的浓度高是形成三相体系的基本条件,而且第三相形成的区域取决于平衡水相的酸度、起始萃取剂的浓度、溶剂碳链的碳原子数。

常用的有机膦试剂包括二己基磷酸、二辛基磷酸、二丁基磷酸、氨基甲酰磷酸和亚甲基磷酸[萃取铈(Ⅲ)];三烷基磷酸酯和二烷基磷酸酯(萃取铀和钍);三氢化磷的氧化物(萃取盐酸和高卤酸);甲基磷酸的二异戊基酯(从硝酸中萃取铀酰离子);二乙基己基磷酸等。其中磷酸三丁酯(TBP)和有机磷酸(Cyanex、HDTMPP)是常见的有机磷萃取剂,TBP-煤油/(H_2SO_4、HCl、HNO_3-H_2O)萃取体系在该领域中得到了广泛的使用[12~15,18]。此外,有些研究学者对 Cyanex-正庚烷/(H_2SO_4、HNO_3-H_2O)体系、Cyanex-正己烷/NaOH-H_2O 体系等进行了研究报道[16,17]。

在第三相萃取过程中,TBP 萃取盐酸和硫酸是根据水合溶剂化机理进行。有关 TBP 溶液萃取盐酸和硫酸的三相体系研究可以建立两个三相萃取体系的空间模型:HCl-H_2O-TBP 和 H_2SO_4-H_2O-TBP 于脂肪烃中。一般认为,盐酸和硫酸与 TBP 的溶剂化物的组成在上相和下相是相同的。研究表明,盐酸溶剂化物的水合数等于 2(在传统的两相萃取中,低浓度的盐酸溶剂化物的水合数为 4);硫酸溶剂化物的水合数随着初始水相的酸度增加和初始有机相的 TBP 浓度降低约从 4 降到 1。另外一些研究证明,在硫酸浓度较高(8~9mol·L^{-1})时酸的溶剂化物将会部分脱水并且水合数低于 3。

使用有机磷萃取剂萃取酸或金属的强酸溶液一直是第三相研究领域的热点之一,三相分离时酸或金属元素(如 Cyanex923、钴、钛、锆、铀、钚、钍、锌、碲、锆、铪、锕系、铁(Ⅲ)、铜、镍、铟等)富集浓缩在第三相中。

(2)高相对分子质量的脂肪胺[6,19~22]。使用高相对分子质量的脂肪胺作为萃取剂进行三相萃取在研究领域也得到广泛应用。第三相形成是在高相对分子质量脂肪胺溶解于脂肪烃(如正己烷、环己烷、戊烷、异戊烷、正辛烷和十二烷)、氯仿或四氯化碳溶液中萃取浓的矿物酸(HNO_3、HCl、HBr、$HClO_4$ 和 H_2SO_4)时发生。一些研究小组发现,当芳烃作溶剂时不能形成第三相,其原因有待进一步研究。

常用的胺类萃取剂为甲基二异辛基胺(MDOA)、三辛胺(TOA)、三异辛胺(TIOA)、丙胺酸 336(AA)、三壬基胺(TNA)、三十二烷基胺(TLA)、三癸基胺(TDA) 等。胺萃取剂形成第三相的能力为:TIOA>TOA>TDA>TLA。

影响第三相形成的因素很多,如甲基二异辛基胺(MDOA)的环己烷溶液萃取硝酸时,温度对第三相的形成有较大的影响,第三相形成仅在温度低于 19℃时发生。平衡后第三相包含 99% 的胺,并且胺以 $R_3N·HNO_3$ 形式存在,当水相的酸度增加后可以转化为 $R_3N·(HNO_3)_2$;平衡相的酸浓度和相体积在一定程度上取决于起始水相的酸度。而第三相的体积和初始有机相中胺的浓度呈线性关系。

傅洵等报道了三辛胺-正庚烷（煤油）/HCl-水体系形成第三相的相行为，并发现水相的酸度和金属离子的加入一定程度上影响第三相的相行为。Heyberger 等将叔胺溶于己烷与氯仿（或辛醇）中（其中氯仿或辛醇为改性剂，己烷是稀释剂），从水溶液中萃取柠檬酸，并考察了在不同的稀释剂种类及浓度条件下该体系中第三相的形成情况。Vidyalakshmi 等研究了胺萃取剂的结构对第三相形成的影响。

（3）吡唑啉酮衍生物。常用的吡唑啉酮衍生物萃取剂为安替比林、二安替比林甲烷（DAM）、己基二安替比林甲烷等。通常溶剂或稀释剂是氯仿和苯的混合物、戊烷、苯和乙醇或辛醇的混合物，第三相出现只有萃取酸性介质（硫酸、硝酸和盐酸）时发生。

二安替比林甲烷（DAM）形成三相时常以单盐（硫氰酸盐或碘化物）或复盐存在。有机轻相含有少量的 DAM 盐，而有机重相（第三相）是 DAM 盐溶液包含溶解的苯和氯仿。使用二安替比林甲烷（DAM）作萃取剂时下列元素被萃取到第三相中，并且在较宽的 pH 范围内有较高的分配比：Mo、W、Zn、Sn、Te、Cu、Zr、Hf、Hg、In、Co、Fe 以及贵金属（Pd、Pt、Ru、Au）。但有些元素萃取效果很差，如 Sb、Mn、Ti、Bi、Ga、Tl、Rh 和 Th。

由于第三相的特殊性质（高浓度的 SCN 和 DAM）可将萃取元素扩大到一些可以形成不稳定的硫氰酸盐络合物如 Al、Y、Be、Ni、La 和其他稀土元素。这些元素萃取时要求弱酸介质，当酸度到 $2\sim3\,mol\cdot L^{-1}$ 时萃取率降到零。

（4）其他萃取剂。使用吡啶衍生物、脂肪醇等在萃取过程中也有第三相生成的报道。

H_2SO_4-H_2O-吡啶衍生物-2-戊醇的己烷溶液可以形成三相体系，硫酸和钴的分配表明，大部分的元素存在有机重相（第三相）。硫酸和钴的萃取根据水合溶剂化机理进行，萃取效率约是传统两相萃取的 3 倍以上。

用溶解在庚烷、苯、甲苯、二甲苯中的脂肪醇萃取酸（硫酸或盐酸）会导致三相体系形成，并且已经证实作为萃取剂的碳链的长度如果比溶剂的碳链长将会形成第三相。一般来讲，随着脂肪醇的碳链的增加越不易形成第三相。研究表明：H_2SO_4-H_2O-正戊醇在苯溶液中的三相体系、TBP 的脂肪烃萃取硫酸体系和脂肪醇的庚烷溶液萃取盐酸体系有相似的物理化学性质。

2）第三相的组成为极性有机溶剂[23~27]

由强电解质的水溶液即矿物酸（盐酸、硝酸和硫酸）盐（钠、钾、锂和铵）、极性有机溶剂（乙腈和丙酮、二噁烷、乙醇、异丙醇、硝基甲烷、硝基苯）及非极性有机溶剂（由 6~12 个碳原子的烷烃或混合物与低极性有机溶剂如苯、甲苯和氯仿）混合，在一定的条件下可以形成富含极性有机溶剂的第三相。

第三相产生区域的大小取决于电解质阴、阳离子的性质。阳离子电解质第三相产生能力的顺序为：$Na^+ > NH_4^+ > K^+ > Li^+$。阴离子顺序为：$SO_4^{2-} > Cl^- > NO_3^-$。这种顺序根据离子的水合、溶剂化的趋向以及在水和极性有机溶剂中的活度决定。研究发现增加非极性有机溶剂烷烃的相对分子质量将减小第三相形成的区域大小。相的化学组成取决于水溶液的酸度、电解质的浓度以及水相和有机相的体积比。

　　KCl（NaCl）溶液-乙腈-己烷形成的三相体系是最常见的。因为在第三相中组分的含量占 80%～90%，可以决定此相的萃取性质，而且第三相的形成与使用的萃取剂无关，另外可以保持一定的初始水相体积，通过改变有机相的初始体积来调整被萃物质在相中的浓度，因此此体系在元素分析方面有一定的优势。$(NH_4)_2SO_4$-丙酮-己烷和 NaCl-异丙醇-癸烷的水溶液体系也常被使用，第三相形成的区域大小取决于 pH，三相体系在弱碱条件下（pH 8.0～8.2）形成，当 pH 超过 9.7 时，体系将变为两相。

　　此类体系可用于下列元素的萃取：Zn、Cd、V、Cr、Al、Ni、Co、Cu、Fe、Mg 和稀土金属元素。常用萃取剂为：一元羧酸如辛酸、己酸、十二烷酸、溴代丙酸等羧酸的己烷溶液（己烷相）；烷基或苄基胺；$(CH_3)_2PO$；吡啶衍生物的乙腈溶液（乙腈相）。萃取规律为：① 金属（如 V、Cr、Mn、Bi、Mo、W）可形成含氧的阳离子，从碱性介质中萃取时一般保留在水相中，即体系的下相；② 金属（如 Co、Ni、Cu、Zn、Cd）与胺能形成稳定的络合物，可以从碱性介质中定量萃取到乙腈相中（中相）；③ 金属（如 Fe、Al）不能形成以上的化合物，和稀土元素可以定量地进入己烷相（上相）。

　　此外还对 100 多种有机化合物在体系中的分配进行了研究，其中包括：阳离子、阴离子和非离子表面活性剂；水溶性的阳离子和阴离子染料；矿物油；酚类；萘类；胺；肟；一元羧酸，脂肪酸；芳香烃；烷基、卤基-和羟基取代的芳香硝基化合物。

　　3）第三相的组成为金属氢卤酸的水溶剂化物[29,30]

　　形成此类三相萃取体系的代表为：MX_n-HX-H_2O/R_2O，其中 X＝Cl，Br，ClO_4；R_2O 代表二乙基醚、二丙基醚、二异丙基醚。第三相形成的必要条件是：初始水相具有高酸度和高离子强度。第三相是由于有机相分成两部分所致，主要由被萃金属络合物的水合溶剂化物组成，常称为有机重相。

　　具有代表性的研究体系是利用二乙基醚、二丙基醚、二异丙基醚或用二异丙基醚溶解在脂肪烃如环己烷中，从盐酸介质中萃取 Fe（Ⅲ）。Maljkovic、Ramirez、Ruiz 等[28~30]研究发现，第三相形成只有在一定范围浓度的 HCl 和 $FeCl_3$ 溶液，物质的量浓度分别是 8.5～10.5mol·L^{-1} 和 0.04～0.50mol·L^{-1}。在 0.05～2.0mol·L^{-1} 范围内，第三相的体积随着初始 $FeCl_3$ 的浓度增加而增加，但是超过 2.0mol·L^{-1} 时，体积保持恒定。研究发现，在温度 13～40℃，盐酸浓度 5～11mol·L^{-1} 范围内，比较容易形成第三相。当温度为 5℃ 时，第三相将和水相合并为一相，升高温度可以再转为三相体系。温度对有机相和水相的体积、铁的分配比有一定的影响。金属在相间的分配与 HCl 和 FeCl₃ 浓度和初始水相的离子强度有关,酸浓度和离子强度增加有利于铁萃取到第三相。

Ruiz 等测定了磷酸 – 水 – 二异丙基醚平衡体系在 25℃ 和 40℃ 的液 – 液相平衡数据,得到 3 个两相区域和一个三相区域,如图 5 – 7 所示。

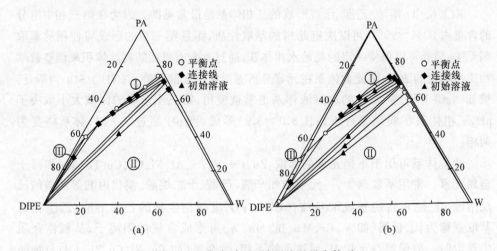

图 5 – 7　磷酸 – 水 – 二异丙基醚平衡体系
在 25℃(a)和 40℃(b)时的相图

使用二异丙基醚或二异丙基醚的苯溶液从盐酸介质或盐酸和高氯酸溶液中萃取其他元素也有相似的结论,如铊、钋、镓、金、铁、砷。

2. 第三相为水相性质的体系

在一些萃取体系中发现可以将水相裂分为两相形成第三相即第二水相。第三相的组成通常是矿物酸的水溶剂化物、杂多酸的水溶剂化物等。

与前述的体系 MX_n-HX-H_2O/R_2O,其中 X＝Cl、Br、ClO₄,R_2O 代表二乙基醚、二丙基醚、二异丙基醚相似,但是在高酸度的水相中,萃取剂有相对高的溶解性以及盐有大的溶解度时,体系由于将水相分成两部分而形成由一个有机相和两个水相组成的三相体系,因此两种体系在形成第三相过程不同,特别是第三相的组成不同。此类体系第三相主要由矿物酸的水合溶剂化物组成,常称为轻水相。

当 HCl 和 MCl_n 在初始水相的浓度分别为 $6 \sim 11\,mol \cdot L^{-1}$ 和 $0.5 \sim 2.5\,mol \cdot L^{-1}$ 时产生第三相。在氯化镁或氯化钠 – 高氯酸盐(二乙基醚、二异丙基醚)和氯化锡存在下会产生第三相。第三相的体积和组成取决于初始水相中酸的性质和浓度,与盐也有一定关系。研究集中在以下元素:Fe(Ⅲ)、Ni(Ⅱ)、Co(Ⅱ)、Zn(Ⅱ)、Cd(Ⅱ)、Pb(Ⅱ)、Sb(Ⅲ)、Hg(Ⅱ)、Cr(Ⅲ)、Li(Ⅰ)、Ru(Ⅲ)、Pd(Ⅱ)、

Ir(Ⅲ , Ⅳ)、Os(Ⅵ)、Pt(Ⅳ)。

　　一些体系如异丙醚和正戊醇或异戊醇萃取盐酸形成的三相体系。第三相出现及酸的分配取决于初始酸的浓度、初始混合溶剂的组成和温度。其他的特殊体系为：$UO_2(NO_3)_2$-H_2O- N, N-二丁基-2-乙基己基胺的己烷溶液和 $CaCl_2$-H_2O-β-甲基吡啶的有机溶剂。

　　有趣的三相体系在煤油从由甲苯-正庚烷-0.5%～5.0%表面活性剂组成的混合水乳相中萃取甲苯时产生，第三相是表面活性剂的水溶液，用于萃取的煤油是石油裂解的轻组分（主要是醚）混合物。另外，用苯分离表面活性物质和硫酸、熔盐，如 $LiNO_3$-NH_4NO_3、液镓和有机萃取剂时也可形成三相体系。

　　近年来，随着生物分离技术的不断发展，生物体系萃取过程中产生第三相的现象越来越多，并引起了人们的极大兴趣[11,31]。张颖等在研究青霉素萃取过程中乳化及有关青霉素流失机理时，发现并研究了乳化第三相的形成（表 5-4）。研究发现，在水-CTAB-乙酸丁酯-青霉素 G 体系中，具有双连续相结构的第三相的形成与体系中表面活性剂的浓度密切相关，并且第三相中含有大量的青霉素。根据实验证据，作者推测第三相的形成与 CTAB 和青霉素 G 的电荷相互作用有关，可能是静电作用导致了某种聚合物的产生，并且这种聚合物在两相中的溶解度都不大，因此在两相分配达到饱和后析出形成第三相。对该体系的进一步研究将有利于解决青霉素萃取过程中有机溶剂大量流失的问题。

表 5-4　在水-CTAB-乙酸丁酯-青霉素 G 体系中第三相形成时体系的表观性质

青霉素浓度 /(10^{-3} mol·L^{-1})	CTAB 浓度 /(10^{-3} mol·L^{-1})	是否出现第三相	下相体积 /mL	下相外观	第三相体积/mL	第三相外观浑浊度	油相体积 /mL
41.70	0	—	25	—	0	—	12.5
41.70	6.01	+	25	—	0.4	—	12.1
41.70	12.03	+	25.2	—	1.0	—	11.3
41.70	24.06	+	24.0	—	1.9	—	11.6
41.70	33.08(A)	+	23.3	—	2.7	*	11.5
41.70	39.10	+	22.3	—	3.9	* *	11.4
41.70	45.11(B)	+	19.8	—	5.8	* * *	11.8
41.70	54.14(C)	—	26.2	* * * *	0	—	11.3
41.70	58.65	—	26.1	* * *	0	—	11.4
41.70	63.16(D)	—	26.2	* *	0	—	11.3
41.70	67.67	—	26.2	*	0	—	11.3

　　注："是否出现第三相"栏："＋"表示出现，"—"表示不出现。"外观"栏以浑浊度描述："—"表示澄清透明；"＊"的个数表示浑浊的严重程度，"＊"越多，表示溶液越浑浊。

5.2.2　基于体系中三相的起源分类

按照体系中三种相态的来源不同可将液-液-液三相萃取体系分为以下四类[9]。

1. 由传统的两相体系及其生成的第三相组成的体系

传统有机相/水相液-液萃取体系在一定条件下产生第三相,如前文所述,从而形成三个液相体系。这类三相萃取体系研究最早,有关这类体系的研究论文发表也最多。

2. 由两个互不相溶的有机相与一个水相组成的体系

对由两个互不相溶的有机相与一个水相组成的体系的研究所关注的内容在于直接由两种互不相溶或互溶度很小的有机相与一个水相组成液-液-液三相萃取体系去分离多组分复杂体系中的各种物质。早期,这类萃取体系主要用于各种组成复杂的化学样品分析测试前的分离、富集工作。这类典型的体系有:强电解质的水溶液-极性有机溶剂-非极性有机溶剂。其中强电解质包括矿物酸(盐酸、硝酸、硫酸)的钾、钠、锂、铵盐;非极性溶剂则由 6～12 个碳的烷烃组成,或者由它们与苯、甲苯、氯仿等低极性溶剂组成;乙腈、丙酮、乙醇、硝基甲醇等作为极性溶剂使用。

3. 由均一水溶液转化而来的三相体系[33]

由均一水溶液转化而来的液-液-液三相萃取体系主要分为两类:一类是由均一的含有全氟表面活性剂和水溶性有机溶剂的均一水溶液在一定温度和酸度条件下形成;另一类是由三种不同的高聚物水溶液在一定浓度条件下形成。

在含全氟辛酸、水溶性有机溶剂(如二甲亚砜、丙酮、乙腈、二甲基甲酰胺、吡啶、甲醇)构成的均一水溶液体系中,当全氟辛酸根离子($PFOA^-$)与质子(H^+)发生电中和时,可以形成液-液-液三相体系。其中二甲亚砜作为水溶性有机溶剂时,成相效果最好。该体系的最佳成相条件为 pH 0.42～0.46,全氟辛酸的浓度为 0.025～0.032mol·L^{-1},二甲亚砜的浓度为 0.90～2.43mol·L^{-1}。研究结果表明,所成各相的疏水性以及离子对结合的成相机理对溶质分配的影响很大。

3 种两两互不相溶的聚合物水溶液混合时可以得到液-液-液三相体系[2]。如把葡聚糖、Ficoll(一种聚蔗糖)、聚乙二醇以及水在高于一定浓度混合时,可获得三相体系。其中葡聚糖富集于下相,Ficoll 富集于中间相,而聚乙二醇则富集于上相。此外,还有其他几种聚合物水溶液可形成液-液-液三相体系:葡聚糖-羟丙基葡聚糖-聚乙二醇;葡聚糖-羟丙基葡聚糖-聚蔗糖;葡聚糖-聚乙二醇-PPG。

4．由双水相体系与不溶于水的有机溶液而组成的三相体系

由双水相体系与不溶于水的有机溶液而组成的三相体系是近年来发现并逐渐引起人们关注的新体系。这一类体系由双水相与一个不溶于水相的有机相构成。双水相可以由两种互不相容的高聚物的水溶液构成(比较常见的是葡聚糖-聚乙二醇-水)，也可由一种高聚物与一种无机盐的水溶液组成(通常由聚乙二醇与硫酸盐或磷酸盐的水溶液构成)。考虑到经济与环境保护的要求，通常采用的双水相体系是聚乙二醇-硫酸铵-水体系，而有机相可以是乙酸丁酯、高级醇等非极性溶剂。比较典型的体系是聚乙二醇-硫酸铵-水构成的双水相体系与乙酸丁酯的组合。

此外，随着人们对研究中出现的三相体系的重视以及研究的不断深入，越来越多的新型体系不断报道[34,35]。如在纯化非离子烷基聚乙二醇醚表面活性剂的过程中发现，表面活性剂的浓度、体系的温度等对体系存在的相态有很大的影响，即可以由单相到两相或三相的转换。

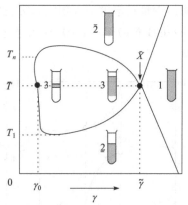

图 5-8　水-烷烃-C_iE_j 三元体系的平衡相随温度变化的示意图

对于 C_8E_4-正己烷-水体系，在 31～48℃时为三相形成温度，杂质富集在中间相内，并且随着表面活性剂的浓度降低，中间相体积变小，进而减少了聚醚的损失。此类体系的特点如图 5-8 所示。

5.2.3　基于三相形成过程中使用萃取体系的类型分类

按照萃取体系的类型可以分三类：由酸性萃取剂形成的三相体系、由胺类萃取剂形成的三相体系、由中性磷萃取剂形成的三相体系[8]。

1．由酸性萃取剂形成的三相体系

有机磷酸可作为酸性萃取剂的典型代表[36～39]。

Paatero 等首次用类三元相图的方法对 Cyanex272(工业品)-正己烷/NaOH 水溶液体系的相行为进行研究报道。相图中有明确的单相微乳区、二相区、三相区及液晶区，同时指出，在 NaA/HA＝2∶1 时，水在油相中有最大的增溶量。在此基础上利用此体系将工业 Cyanex272 提纯为二(2,4,4-三甲基戊基)磷酸 HDTMPP，并且考察了添加三正辛基氧化磷（TOPO）后体系相行为的变化。指出其钠盐 NaDTMPP 可作为一种阴离子表面活性剂，工业品中的杂质或添加的 TOPO 均对表面活性剂的亲水亲油性产生影响，进而影响体系的相行为。一个明显的变化是

纯 HDTMPP 体系中的三相区范围最大,而添加剂体系的中的三相区变小。

胡正水等比较详细地测定了 HDTMPP-煤油/H$_2$O-NaOH-Na$_2$SO$_4$ 体系的三相行为。有机酸的皂化度($\alpha = c_{NaA}/c_{HA}$),萃取剂的初始浓度 c_{HA} 以及水相盐度 $c_{Na_2SO_4}$ 对相行为的影响分别示于图 5-9(a)、(b)、(c)。图 5-9 非常直观地表明了体系在什么条件下出现三相以及各相的体积大小。其盐度扫描实验结果[图 5-9(c)]与阴离子型表面活性剂微乳相体系的盐度扫描具有完全相同的变化趋势,即随着水相盐度的增大,体系发生 Winsor Ⅱ→Ⅲ→Ⅰ型的转变。实验中证实,体系中添加少量正辛醇或 TBP 后,第三相消失。另外,Hu 等报道了有机磷酸萃取剂-煤油/H$_2$O-NaOH,Na$_2$SO$_4$ 体系通过形成第三相提纯 P204、P507、Cyanex272 的新方法。

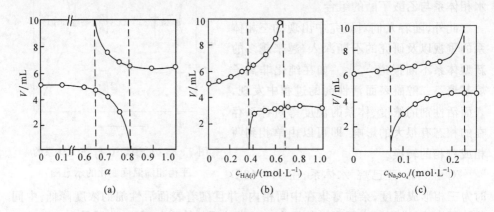

图 5-9　在 298K 时 HDTMPP-煤油/H$_2$O-NaOH-Na$_2$SO$_4$ 体系的相行为

(a) $c_{HA(i)} = 0.4 \text{mol·L}^{-1}$, $c_{Na_2SO_4} 0.1 \text{mol·L}^{-1}$;(b) $\alpha = 0.75$, $c_{Na_2SO_4} 0.1 \text{mol·L}^{-1}$;

(c) $c_{HA(i)} = 0.4 \text{mol·L}^{-1}$, $\alpha = 0.75$

2. 胺类萃取剂形成的三相体系

傅洵等制备了纯三正辛胺盐酸盐(TOA·HCl),报道了 TOA·HCl-正庚烷-H$_2$O 体系 298K 的三元相图(图 5-10)[19]。体系的相行为受该盐(类比于阳离子表面活性剂)的界面性质所控制。相图中有明确的单相液晶区、两相区和三相区,其分界线多为直线。富盐相(包括液晶相和重有机相)中的双亲分子发生自聚,呈层状结构。其极性层对水的最大增溶量及非极性层对正庚烷的最大增溶量限制于 TOA·HCl:H$_2$O:正庚烷 = 1:2:3(物质的量比)。研究测定了 0.98mol·L^{-1} TOA-正庚烷-HCl(0~10mol·L^{-1})萃取体系的相行为,发现 $c_{HCl} > 0.1 \text{mol·L}^{-1}$ 后即出现三相,直至浓度达 10mol·L^{-1} 第三相并不消失。对 $c_{HCl} = 0$~10mol·L^{-1} 范围内(即 TOA 的中和分数 $\alpha = 0$~1)中相组成(以 TOA,TOA·HCl,H$_2$O,正庚烷计)的分析发现：α<1 时中相 TOA·HCl 对 H₂O 和正庚烷的增溶量小于上述物质的量比。这可能是由于 TOA 对聚集体极性的影响。将体系的有机溶剂改为煤油，相行为发生了明显变化。水相 HCl 中加入金属离子 Zn^{2+} 或 Fe^{3+}，相行为也发生改变，这说明双亲分子的界面性质受多种因素的影响，而且分析表明金属主要被萃入中相。轻有机相中的金属浓度可忽略不计。

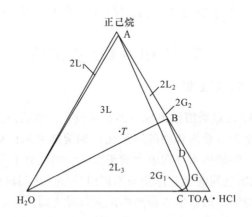

图 5-10　TOA·HCl-正庚烷-H₂O 体系
298K 的三元相图

3. 中性络合萃取剂体系

磷酸三丁酯(TBP)可作为中性络合萃取剂的典型代表[13~15]。

傅洵等在相当宽的浓度范围内测定了 TBP—煤油/H₂SO₄-H₂O 萃取体系的相行为，发现不论 TBP 的初始浓度高低(10%~60%，体积分数)，出现三相时的水相平衡硫酸浓度($c_{H_2SO_4}$)均在 6.8~16mol·L⁻¹ 范围内，而且中相的组成[以 TBP，H₂SO₄·(H₂O)₃ 计]仅为 $c_{H_2SO_4}$ 的函数，与 TBP 的初始浓度无关。同时还对三相体系的萃取机理进行报道。依据 $c_{H_2SO_4}$ 的大小，H₂SO₄ 与 H₂O 转入中相的机理有两种：① 当 $c_{H_2SO_4}$=6.8~10.6mol·L⁻¹ 为萃取机理，萃取物由形成三相前的(TBP)₂·H₂SO₄·(H₂O)₃(记为 P1)转化为 TBP·H₂SO₄·H₂O(记为 P2)，后者有较大的密度与聚集倾向，导致有机相分为两层：重有机相富含萃合物，轻有机相富含溶剂；② $c_{H_2SO_4}$=10.6~16mol·L⁻¹ 的范围内为增溶机理，即过量 H₂SO₄ 和 H₂O 通过 P2 聚集体的增溶而萃入中相。

在上述萃取体系的水相中加入 0.2mol·L⁻¹ TiOSO₄，三相形成时的 $c_{H_2SO_4}$ 将降至 6.3mol·L⁻¹，金属萃取体系的中相体积也较酸萃取体系的变小。$c_{H_2SO_4}$ 在 6.3~10.2mol·L⁻¹ 范围内，中相里生成的萃合物发生共聚。在第三相形成以前金属不被萃取,形成三相以后,金属的萃取率很快升高。至 $c_{H_2SO_4} = 10\,mol \cdot L^{-1}$ 时,萃取率大于 90%,这可归因于上述聚集有利于萃取。利用此三相萃取体系进行了沉淀反萃制备超细 TiO_2 的实验探索,实验表明,从层状双连续结构的中相萃取液中沉淀出的 TiO_2 经 600℃下煅烧可得到锐钛型的超细粉体,其粒径约为 20nm,分布很窄;但经 1200℃下煅烧至转化为金红石型后,颗粒之间有明显聚结。中相萃取液的 $Ti(Ⅳ)$ 负载浓度可超过 $1\,mol \cdot L^{-1}$,$Ti(Ⅳ)/Fe(Ⅲ)$ 的萃取分离效果也很好。

5.3　三相体系的稳定性

5.3.1　三相体系的热力学分析[6]

研究学者对 TBP 的烃类溶液形成的体系进行了详细的热力学解释,发现第二有机相(第三相)是由于被萃络合物的溶剂化物和溶剂之间的极限互溶度所致,但与理想的溶剂化物—溶剂体系存在极大的正偏差。同种分子之间的强烈相互作用如溶剂化物—溶剂化物之间的相互作用与不同组分分子之间较低的相互作用,溶剂化物的高摩尔体积与溶剂的摩尔体积产生巨大差异进而引起活度的差异最终导致溶剂化物和溶剂之间的极限互溶度进而形成第三相(第二有机相)。

萃取剂和溶剂的混合热值被认为是将溶剂形成三相或两相体系的标准。实验证明:当混和热值为正值时,体系可以形成第三相。第三相形成的热力学基础通过非电解质理论等式描述。假定能量影响值是一个参数(代表含氧萃取剂在中性溶剂的特征)。TBP-脂肪烃和脂肪醇-脂肪烃体系均有正的混合热值,而 TBP-苯、四氯化碳或氯仿显示为负值。

5.3.2　三相体系稳定性的分子尺度研究成果

随着分析技术和现代仪器设备的快速发展,近年来研究人员逐渐从微观尺度了解三相体系的形成过程、现象及规律,并寻求理论解释。吴瑾光、Erlinger、傅洵、陈继、张颖等分别采用高倍透射电镜、动态激光光散射、量子化学结合小角 X 射线、红外光谱、核磁共振等仪器设备对体系中形成的微观结构进行了研究[11,31,40~46]。

1. 三相体系的形成及理论

20 世纪 80 年代以来,萃取界开始用界面化学的观点研究萃取过程,萃取体系中的第三相可与表面活性剂体系的中相微乳相类比(图 5-11)。总的来说,有关三相萃取体系微观结构的研究报道很少。

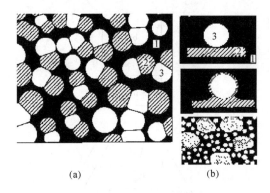

(a)　　　　　　　　　　　(b)

图 5-11　非稳态的三相体系中各相的
无序分布及微乳相 1,2,3 的形成

对于将有机相分裂为两个液相的第三相形成,一般认为是被萃取的复合物在碳氢稀释剂中的极限溶解度所致,溶解度降低的顺序为芳烃>环烷烃>脂肪烃。磷酸三丁酯(TBP)通常作为考察第三相形成的溶剂。对于强酸和高浓度的金属盐溶液的萃取过程中,被萃的物质常以离子对的形式存在,这些物质具有类似表面活性剂的特点:疏水性基团(如三烷基)和亲水性基团[如 $P=O(H_2O)_xM^{z+}$,$O(H_2O)_yH^+$]。因此,在非极性有机溶剂中可以形成反胶团结构。Osseo-Asare 以磷酸三丁酯作为模型萃取剂,使用微乳科学中的相演变及凝聚等概念发展了一种通用型的理论框架,用于解释和预言在溶剂萃取过程中第三相形成时温度行为的变化,如图 5-12、图 5-13所示。Fu 和 Osseo-Asare 等分别给出了 TBP-煤油/H_2SO_4-H_2O 萃取体系和 TBP-煤油/HCl-H_2O 萃取体系的中间相反胶团的示意结构图(图 5-14)。Ruiz 等对一些三元体系的相图进行了系统的研究,确定了体系在一些条件下可以形成两相或三相区域,在一定程度上指导物质如磷酸等的纯化过程。

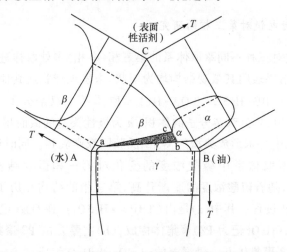

图 5-12　一定温度下水-油-表面活性剂体系的三元相图

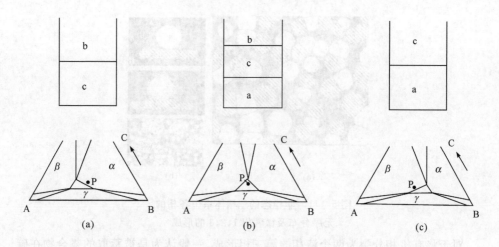

图 5-13　温度对水-油-表面活性剂体系的三元相图的影响
以及对应相态的变化温度按(a)、(b)、(c)依次升高

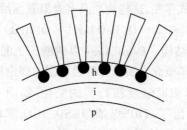

h: 由P=O---H₃O⁺组成的外水层
i: 由H₂SO₄组成的中间层
p: 用以溶解水和酸的水池或极性层

图 5-14　TBP·煤油/H₂SO₄ 或 HCl-H₂O 萃取体系的
中间相中酸和水的增溶作用

2. 高倍透射电镜对第三相的研究

傅洵等通过对三种不同萃取体系的第三相(中相)多处取样进行冷冻复型后的透射电镜观察,结果表明其微观结构均为层状,未发现球状或其他几何形状的聚集体,如图 5-15。$TBP·H_2SO_4$,$TOA·HCl$ 萃取体系中双亲分子的堆积参数 $R = V/al$ 约为 1(其中 V 为双亲分子的体积,a 为极性头基的截面积,l 为亲油链的拓扑长度),即体系中并未形成典型的 W/O 反胶团或微乳相。同时还考察了 TBP-煤油/H_2SO_4-H_2O 萃取体系中硫酸浓度的变化对第三相微观结构的影响。由图 5-16 可以看出,随着硫酸浓度的逐渐升高,第三相的结构经历了由疏松态-紧密态-疏松态的转变过程。其中(a)是由($TBP)_2·H_2SO_4·(H_2O)_3$(记为 P1)单体和少量的 $TBP·H_2SO_4·H_2O$(记为 P2)聚集体构成;(b)主要是由 P2 聚集体组成;(c)主要是由少量的 P2 聚集体和大量增溶的 H_2SO_4 和 H_2O 组成。

(a)　　　　　　　　　(b)　　　　　　　　　(c)

图 5-15　第三相样品的冷冻复型透射电镜照片

(a) TOA·HCl-正庚烷-H_2O 三相体系中的第三相(×33k);

(b) TOA-煤油/HCl 三相体系中的第三相,$c_{HCl}=1.0 mol \cdot L^{-1}$(×50k);

(c) TBP-煤油/H_2SO_4-TiOSO$_4$ 三相体系中的第三相,$c_{H_2SO_4}=8.2 mol \cdot L^{-1}$,$c_{Ti}=0.12 mol \cdot L^{-1}$(×50k)

(a)　　　　　　　　　(b)　　　　　　　　　(c)

图 5-16　体系中硫酸的浓度对第三相微观结构的影响(×100k)

(a) $c_{H_2SO_4}$, $m=1.6 mol \cdot L^{-1}$;(b) $c_{H_2SO_4}$, $m=2.7 mol \cdot L^{-1}$;(c) $6.3 mol \cdot L^{-1}$

　　陈继、张颖等在研究青霉素萃取过程中第三相产生、乳化及有关青霉素流失机理时,利用高倍透射电镜进行观察。发现第三相是由一种片状结构组成的溶液。从第三相对应的清澈水相的电镜照片可以看出是由一些小的颗粒组成,是典型的胶团溶液(图 5-17)。

3. 红外光谱对第三相的研究

　　吴瑾光等利用示踪法研究了十四烷基二甲基(苄基)氯化铵(TDMBAC)从碱性氰化液中萃取金第三相的产生过程,同时用傅里叶变换红外光谱(FT-IR)等方法分析了第三相形成后上下两有机相的微观结构。通过配置不同浓度的含金水相,按物质的量比1:1加入 TDMBAC 溶液,用 TBP-正庚烷溶液萃取,静置分相后,测定各相金浓度,结果如图 5-18所示。萃取时水相中的金几乎完全转移到有机相。当水相中金起始浓度大于 13.20 g·L^{-1}时,萃取有机相分为两相,上层有机相中金浓度逐渐降低,下层有机相浓度急剧上升,金主要集中在下层有机相中。

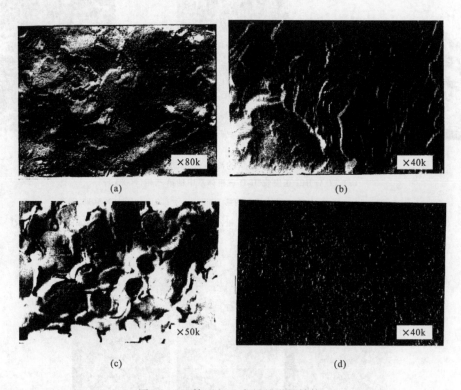

图 5‒17　第三相和水相的微观结构

(a) 澄清第三相($c_{CTAB}=0.0329\,mol\cdot L^{-1}$)($\times80k$);(b) 澄清第三相($c_{CTAB}=0.0448\,mol\cdot L^{-1}$)($\times40k$);

(c) 浑浊水相($c_{CTAB}=0.0538\,mol\cdot L^{-1}$)($\times50k$);(d) 第三相对应的澄清水相($c_{CTAB}=0.0329\,mol\cdot L^{-1}$)($\times40k$)

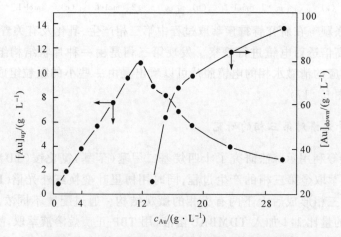

图 5‒18　第三相形成时金在各相中的浓度变化

c_{Au}为初始水相中金的浓度;$[Au]_{up}$、$[Au]_{down}$分别为金在上下有机相中的浓度用傅里叶红外光谱测定了水相金浓度为 $30g \cdot L^{-1}$ 的两载金有机相的中红外光谱。如图 5-19 所示，位于 $3463cm^{-1}$ 被指认为水 O—H 伸缩振动特征峰，$1640cm^{-1}$ 为 H—O—H 弯曲振动；$2142cm^{-1}$ 为 $[Au(CN)_2]^-$ 的 C≡N 伸缩振动特征峰；位于 $1287cm^{-1}$、$1272cm^{-1}$ 和 $1266cm^{-1}$ 为有机相中未水化、弱水化和较强水化程度的 P=O 基特征吸收峰，$1467cm^{-1}$ 为 CH_3 的剪式振动吸收峰。结果表明，下层有机相中有明显的水吸收峰、C≡N 伸缩振动特征峰；在 $1330\sim1210cm^{-1}$ 范围内，上层存在两个吸收峰，分别位于 $1287cm^{-1}$ 和 $1272cm^{-1}$ 附近，而下层在 $1266cm^{-1}$ 附近只存在一个宽峰，与上层有机相相比，下层 P=O 的水化程度较高，表明 P=O 键通过 H_2O 分子与萃取物有较强的相互作用。由于有机相中正庚烷为 80%，TBP 为 20%，可以认为位于 $1467cm^{-1}$ 的 CH_3 剪式振动吸收峰的强度受环境的影响比较小，有机相特征峰吸收强度也有明显的变化。位于 $1029cm^{-1}$ 为 P—O—C 的特征吸收峰，用 I_{1029}/I_{1467} 可以表示有机相中 TBP 的相对含量，上层有机相为 1.42，下层有机相为 3.28。结果表明，下层有机相的 TBP 含量远大于上层有机相，随着第三相的出现，有机相中 TBP 转移到下层有机相。

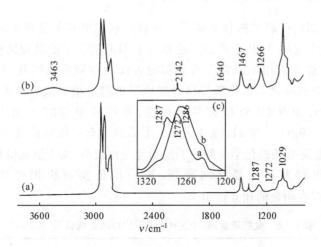

图 5-19 负载金的有机上下相的红外光谱图

(a) 上相；(b) 下相；(c) P=O 峰变化

傅洵等也通过红外光谱对 TOA-煤油/HCl 体系萃取金属第三相进行了考察，如图 5-20 所示。结果发现 N—H 键的伸缩峰向低波数位移，而且峰的强度和宽度有较大的变化。

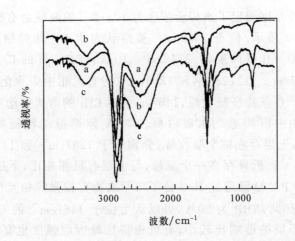

图 5-20　TOA-煤油/HCl 体系中中间相的红外光谱图

$c_{TOA}=0.92mol \cdot L^{-1}$; a: $c_{HCl}=1mol \cdot L^{-1}$, b: $c_{HCl}=2mol \cdot L^{-1}$, c: $c_{HCl}=8mol \cdot L^{-1}$

4. 核磁共振(NMR)对第三相的研究

吴瑾光等利用核磁共振技术研究了十四烷基二甲基苄基氯化铵(TDMBAC)从碱性氰化液中利用 TBP-正庚烷溶液萃取金形成第三相的微观结构。^{31}P-NMR核磁共振已经被人们用来研究含磷氧基的表面活性别形成微乳相的结构变化，TBP 分子中^{31}P 的核磁共振化学位移对磷原于周围的微环境非常敏感，因此研究载金有机相的^{31}P-NMR 对研究萃金机理、有机相中 TBP 的作用至关重要。表 5-5 给出了 28g·L^{-1}和 31.5g·L^{-1}L 上下层载金有机相的核磁共振化学位移。结果表明，上层有机相的化学位移处于低场且变化较小，而下层有机相的化学位移随金浓度变化较大且明显移向高场，进一步证实有机相中 TBP 与 H$_2$O，[Au(CN)$_2$]$^-$存在明显的相互作用。

表 5-5　金的浓度对^{31}P-NMR 化学位移的影响(80% H$_3$PO$_4$)

$\rho_{Au}/(g \cdot L^{-1})$		$\delta/10^{-6}$
28	上	0.9448
	下	-0.0726
31.5	上	0.9553
	下	-0.2747

Lydie 等利用核磁共振光谱技术对 N, N-二甲基-N, N-二丁基-2-十四烷基丙二酰胺[N, N-dimethyl- N, N-dibutyl-2-tetradecylmalonamide （DMDBTDMA）]/

十二烷/硝酸/水四元体系在形成第三相的过程进行了研究。结果发现,随着水相中硝酸浓度的增加,超过临界值即 $3.2\text{mol} \cdot \text{L}^{-1}$ 时,有机相可以分裂为两相(图 5-21);DMDBTDMA 分子中羰基官能团产生了化学位移的变化;DMDBTDMA 的质子化后结合水分子的位移变化等。

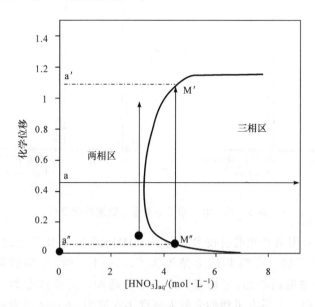

图 5-21　核磁共振光谱技术研究
DMDBTDMA/十二烷/硝酸/水
四元体系中第三相的形成

5. 激光光散射技术对第三相的研究

陈继等在研究青霉素萃取过程中第三相产生、乳化时,利用动态激光光散射进行观察,见表 5-6 和图 5-22。实验发现,第三相的平均流体力学半径小于 10nm,表明存在颗粒状的结构,并且体系非常稳定。

表 5-6　第三相动态激光光散射实验结果

项目	初始水相中青霉素的浓度/(mol·L^{-1})	初始水相中CTAB浓度/(mol·L^{-1})	平均流体力学半径/nm	分布宽度
A	0.0425	0.0448	9.67	0.021
B	0.0425	0.0329	6.54	0.036

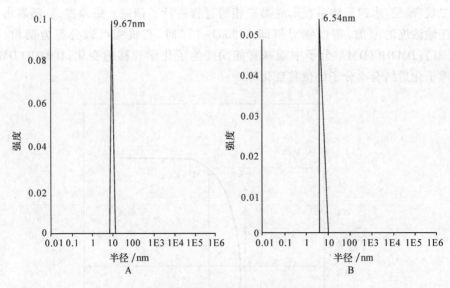

图 5－22　第三相动态激光光散射粒度分析

　　姜健准等采用激光光散射技术测定了 TDMBAC-TBP-正庚烷载金有机相的平均流体动力学半径。有机相的金浓度为 $9.82g \cdot L^{-1}$ 时,平均流体力学半径为 $5.3nm$,随着金浓度的增加,平均流体力学半径增加。当金浓度为 $9.82g \cdot L^{-1}$ 时,有机相分为两相。上层有机相的光散射强度逐渐减弱,下层光散射强度逐渐增强。表 5－7 给出了载金有机相金浓度与平均流体力学半径的关系[初始金浓度 $(g \cdot L^{-1})$ 分别为 10.0、11.11、18.44、23.47 和 30.18]。根据光散射实验结果推测有机相中的金、TDMBAC、TBP 和水形成复杂的聚集体,当聚集体的平均密度超过一定值后,有机相分为两相,金、TDMBAC、TBP 和水主要集中在下层有机相。随着下层金浓度的增加,自由水减少,缔合水增加,所形成的水池变小。

表 5－7　载金有机相金浓度对平均流体力学半径的影响

$\rho_{Au}/(g \cdot L^{-1})$(上)	r/nm	$\rho_{Au}/(g \cdot L^{-1})$(中)	r/nm
9.82	5.3		
10.76	8.5		
5.73		74.85	9.3
3.99	2.5	85.81	8.5
2.94		97.09	5.4

6. 其他技术

近年来,研究人员 Erlinger、Chiarizia 等分别将小角 X 射线散射技术(SAXS)、小角中子散射技术(SANS)等应用于一些体系中第三相的研究,取得了一定的进展。Chiarizia 等利用 Baxter 模型成功地解释了由溶解在烷烃的 TBP 萃取硝酸溶液中 $UO_2(NO_3)_2$ 和 $Th(NO_3)$ 而获得的 SANS 数据。

5.4　第三相萃取

5.4.1　第三相的形成机制[6~8,10,11,40]

传统有机相/水相液-液萃取体系在一定条件下产生第三相,从而形成液-液-液三相萃取体系。在 20 世纪 30 年代,传统液-液萃取过程中第三相生成的现象首次被观察到。有机第三相的生成对实际萃取过程或操作有很大的影响,长期以来研究人员对第三相形成的原因和机理进行了深入的研究,并致力寻求利用或消除第三相来完成不同的分离过程。研究较多的集中于 60 年代在核工业中获得广泛应用的中性萃取剂与胺类萃取体系。80 年代以来,萃取界开始用界面化学的观点研究萃取过程,逐步从理论上和实验上证实了萃取有机相可形成 W/O 型反胶团微乳相,水相可形成 O/W 型正胶团微乳相,而萃取体系中的第三相可与表面活性剂体系的中相微乳相类比。傅洵等认为酸性萃取剂、碱性萃取剂、中性膦萃取剂可分别类比于阳离子型表面活性剂、阴离子型表面活性剂、中性表面活性剂。Osseo-Asare 以磷酸三丁酯(TBP)作为模型萃取剂,发展了一种通用型的理论框架,用于解释和预言在溶剂萃取过程中第三相形成时相行为的变化。

一般认为,影响传统溶剂萃取过程中第三相形成的因素有以下几种:①萃合物或水合溶剂化物在溶剂或萃取剂中溶解度较小,存在极限溶解度,萃取中容易达成饱和状态从而形成第三相。②萃取剂或被萃物质形成的水合溶剂化物的自身聚合作用。③矿物酸和水萃取到有机相中引起有机相的介电常数的改变。试验证明如果溶剂化物和溶剂的溶解度参数(σ)相差超过 6.2 时,均质的溶液将会形成两相。溶解度参数的大小取决于溶剂的结构,对于直链和支链烃以及饱和环烷烃而言,随着相对分子质量的增加溶解度参数增加。④萃取温度或体系 pH 对形成第三相有一定影响。两种部分混溶的溶剂在温度较低时容易形成第三相。

水是三相体系形成的决定性因素。第三相的形成可能是由于被萃物质的水合度和可能溶剂化度的降低所致。由于第三相产生一般是在高酸度的初始水相条件下(大于 $8mol \cdot L^{-1}$ HCl),体系中不存在自由水(体系中的水均以水合离子存在),而且与水合溶剂化物相比盐酸起到脱水剂的作用,引起质子水合度的降低,因此不同水合度的水合物形成。这些水合物溶解度不同进而从有机相中分离出第三相。

　　在研究体系中的两个有机相时再次证实了形成第三相时水的重要作用：核磁共振法研究 $AuCl_3$-HCl-H_2O-DIPE 体系。研究发现有机相和第三相有不同的NMR谱，可能是在两相中存在不同组分的 $H^+AuCl_4^-$ 水合溶剂化物。同样，在一些体系中，包含有被萃物质的水合溶剂化物，球体的水是第三相形成的决定性因素。然而，文献中缺少有关此类现象原因的介绍。

　　试验证明如果溶剂化物和溶剂的溶解度参数（σ）相差超过 6.2 时，均质的溶液将会形成两相。溶解度参数的大小取决于溶剂的结构。对于直链和支链烃以及饱和环烷烃而言，随着相对分子质量的增加溶解度参数增加。对于芳香烃则有相反的影响。但此规则仅适用同源系列化合物。上面描述的稀释剂的性质解释与第三相的区域和溶剂碳链的特性和长度的相关性。

　　陈继、张颖等在研究青霉素萃取过程中第三相产生、乳化及有关青霉素流失机理时，发现第三相生成和一些宏观性质随表面活性剂的浓度增加发生了变化，如图5-23所示。

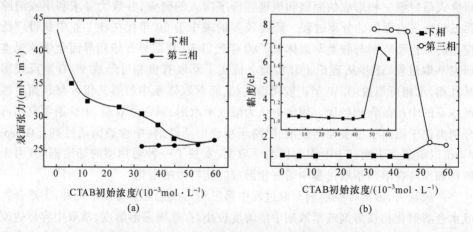

图5-23　表面活性剂的浓度对第三相性质的影响
(a) 表面张力；(b) 黏度

5.4.2　第三相的微观结构模型[11,44~46]

　　通过对多种体系形成的第三相透射电镜观测表明，第三相呈现出典型的片状或层状结构。在第三相形成的过程中，一些萃合物的结构和性质在一定程度上类似于表面活性剂的特点，因此第三相可以形成双连续结构的微乳相逐渐被人们接受（图5-24）。随着现代分析仪器飞速发展，对认识第三相的微观性质和机理将会越来越完善。

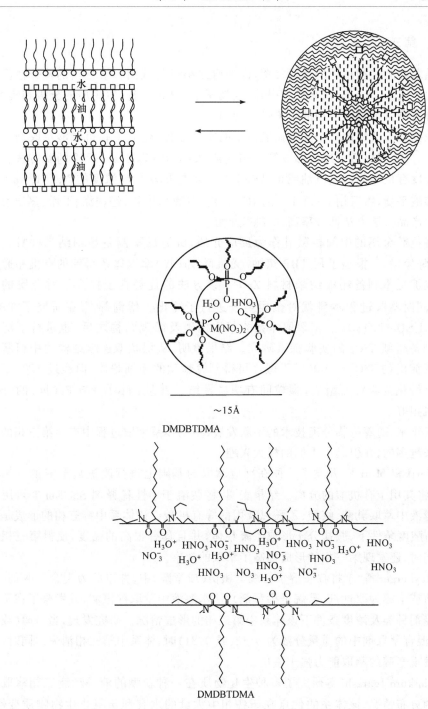

图 5-24　第三相的微观结构

5.4.3　第三相萃取应用

随着对第三相认识的逐渐加深,许多研究小组都试图将第三相的特殊性质应用于生产实践。因此,在有机物提纯、金属萃取、材料制备、生物质的分级和提纯、元素分析测试等领域应用的报道迅速增加。

依据表面活性剂在中间相微乳液中的富集原理,建立了有机磷酸萃取剂的提纯方法。Hu 等报道了通过形成第三相提纯 P204、P507、Cyanex272 的新方法。将一定浓度有机酸的加氢汽油或正己烷溶液与等体积及相应浓度的 NaOH、Na_2SO_4 的水溶液平衡,然后用 $6\,mol \cdot L^{-1}$ 的 HCl 反洗,分离出中相,经洗涤、干燥、蒸出溶剂后即得产品。该方法回收率高、提纯效果好。

将负载金属的中间相微乳作为反应介质,沉淀反萃制备超细纳米材料。杨传芳、陈家镛[18]报道了用 TBP-煤油/无机酸-Zr(Ⅳ)萃取体系得到的有机相通过直接沉淀反萃制备超细纳米材料 ZrO_2。该方法的优势在于提高了对金属的包容量,同时萃取过程本身就对金属离子进行了纯化。傅洵等[13]在研究了 TBP-煤油/H_2SO_4-$TiOSO_4$ 三相萃取体系的萃取机理及微观结构之后,也进行了沉淀反萃制备超细 TiO_2 的实验探索研究。结果表明,从层状双连续结构的中相萃取液中沉淀出的 TiO_2 经 600℃下煅烧可得到锐钛型的超细粉体,但经过 1200℃下煅烧至转化为金红石型后,颗粒间有明显聚结。并且,Ti(Ⅳ)与 Fe(Ⅲ)的分离效果也很好。

近年来,随着生物分离技术的不断发展,生物体系萃取过程中产生第三相的现象越来越多的,并引起了人们的极大兴趣。

Hartl 和 Marr[47]开发了一种在反应萃取的基础上进行改进后形成的三相体系,并将其用于有机酸的分离。结果表明,将胺溶于中性稀释剂 Shellsol T 可用于从发酵液中萃取乳酸、蚁酸、乙酸以及丙酸等有机酸。该体系中第三相的形成是由于在高酸度条件下,胺盐分子形成了聚集体,并且具有很高的黏度,使得第三相形成。同时,还发现第三相的形成提高了萃取的效率。

Heyberger 等[21]将叔胺溶于己烷与氯仿(或辛醇)中,并以此为混合萃取剂(其中氯仿或辛醇为改性剂,己烷是稀释剂),从水溶液中萃取柠檬酸,并考察了在不同的稀释剂种类及浓度条件下该体系中第三相的形成情况。研究发现,当辛醇(或氯仿)在混合萃取剂中的质量分数为 0.13(或 0.21)时,体系中第三相消失。同时,作者还发现辛醇的萃取能力强于氯仿。

Shukuro Igarashi 等研究了多种生化物质在一种新型的液-液-液三相萃取体系中的分布情况,该体系的优点在于各相中大量的水有利于阻止生物物质变性。将戊胺加入全氟辛酸水溶液中,在 pH＝0.8,全氟辛酸与戊胺的浓度比为 0.5 时,液-液-液三相萃取体系便形成了。研究结果表明,在该体系中,维生素 B_{12} 只在水相及第二相分布;结晶紫与 α、β、γ、δ-四甲基吡啶卟吩分别分布在第二相与第三相。同时,α、β、γ、δ-四磺苯基吡啶卟吩与 L-抗坏血酸都不能被萃入与水不相溶的相。另外,来自小牛的四甲基吡啶卟吩与血红蛋白能够分别定量地分布在第二相及第三相。因此,只需一步萃取,L-抗坏血酸、血红蛋白、四甲基吡啶卟吩就能分别进入水相、第二相、第三相。

Dennison 等[48]在用正丁醇和硫酸铵从水溶液中分离大约 25 种酶和蛋白质的过程中,发现了第三相的生成。研究发现,第三相是正丁醇和蛋白质的共聚物,介于正丁醇和硫酸铵水溶液两相之间。作者认为,该共聚物的形成主要是由于硫酸铵的盐析和二碳醇的共溶剂沉淀作用,同时正丁醇由于其相对较低的密度及较大的比体积,在这个过程中扮演了浮选剂的角色。

Nyiredy 等[32]将氯仿-己烷-乙腈-水(5:20:60:20)的饱和三相体系用于茴芹虎耳草固-液浸取后残渣的分离提纯工作。茴芹虎耳草中含有呋喃骈香豆精的 8 种异构体,这些化合物都是非极性的。该液-液-液三相萃取体系中,上相(氯仿-己烷)、中间相(乙腈)、下相(水)的体积比为 1:8:1,茴芹虎耳草浸出残渣被溶于中间相,经过约 40min 的绝对三相逆流萃取,茴芹虎耳草浸出残渣中各组分分离得很好。同样的液-液-液三相萃取体系还被用于极性化合物——黄酮醇配糖的分离提纯。首先使用氯仿浸取相关植物,将极性物质与非极性物质分离,然后将萃余的植物残渣溶于中间相(乙腈),进行绝对三相逆流萃取,其中黄酮醇配糖被分配在下相(水)中。Herbert 使用三种互不相溶的流体进行不连续的逆流分配,并实现了脑油脂的部分分离。

第三相萃取在金属和有机化合物的分离与浓缩方面有较多的报道,可以用来一步分离三种不同的金属或三类不同的金属组[6]。例如,使用含有吡啶或胺衍生物的乙腈溶液与含有一羧酸的己烷溶液为萃取剂,可以从氯化钠、氯化钾或硫酸铵的水溶液中一步萃取分离出以下金属元素:Cr-Cu-Fe;V-Cu-Fe;V-Ni-Co。或者分离出金属元素组。一种含 N235 的三相萃取体系被用于含多种有机化合物的废物的纯化;含有二乙醚、二异丙基醚、二丙基醚的三相体系已用于磷酸工业生产中不纯物的分离。在一步萃取分离几种有机化合物方面主要适合分离下列物质:①芳香族的碳氢化合物(己烷相)、表面活性剂(乙腈相)、染料(水相);②三羟基酚(水相)、非离子型表面活性剂(乙腈相)、高相对分子质量的胺(己烷相);③单羟基酚(乙腈相)、脂肪酸与矿物油(己烷相)、低相对分子质量的胺(水相),如表 5-8 所示。包含吡啶衍生物的三相体系在分析化学方面的应用在表 5-9 中列出。表 5-10 和表 5-11 分别给出了一些体系在分离或浓缩金属以及不同三相体系在分析化学上的实例。

表 5-8　强电解质溶液、极性与非极性有机溶剂形成的体系在分离有机物混合物的应用

有机溶剂	初始水相	混合体系分离	应用领域
乙腈-己烷	$3 mol \cdot L^{-1} NaCl$	三羟基酚、非离子型表面活性剂、高相对分子质量胺及脂肪酸	合成液、废水
乙腈-己烷	$3 mol \cdot L^{-1} NaCl$	三羟基酚、单羟基酚、油类	废水
乙腈-己烷	$2.75 \sim 3.2 mol \cdot L^{-1} NaCl$	三羟基酚、一元羧酸、低相对分子质量胺及润滑油	冶金废水
乙腈-己烷	$pH = 0 \sim 4$ 和 $9 \sim 14$	矿物油、脂肪、三辛胺和染料	合成溶液
乙腈-己烷	$5 mol \cdot L^{-1} NaCl$	胺、阴阳离子型表面活性剂	合成溶液
乙腈-己烷-氯仿	水溶液	有机混合物	氯仿萃取物
苯胺的乙腈溶液、己酸或辛酸的己烷溶液	$NaCl$、KCl 或 Na_2SO_4 水溶液	铁-镍-铬等金属组	冶金废水

表 5-9　吡啶衍生物作为萃取剂的三相体系在分析化学方面的应用

萃取剂	有机溶剂	初始水相组成	萃到水相的金属	被分析物质
二安替比林甲烷	氯仿	$2 mol \cdot L^{-1} HCl$	$0.15 \sim 1.25 \mu g\ Ag(I)$	石油产品
1,1-二安替比林庚烷	二氯乙烷	HCl,HBr,HI,$HSCN$	痕量 Ag	由 Cu,Sn,Bi,Cd,Co,Ni,Mn 作为基体
二安替比林甲烷	氯仿	H_2SO_4 和 KI	痕量 Pt	Fe,Ni,Co,Cr,Zn,Mn
二安替比林甲烷己基-二安替比林甲烷	氯仿苯	HCl 和 KI	痕量 Au	含金矿和含金的废品
二安替比林甲烷	不同溶剂	HCl 和 NH_4SCN HCl 和 KI	痕量 Au,Tl,As,Ge	石油产品
二安替比林甲烷	氯仿	HCl 和 KI	痕量 Y	铝土矿
二安替比林甲烷	氯仿-苯	HCl 和 KI	痕量 Sc	铝土矿
二安替比林甲烷	氯仿-苯氯仿-戊烷	HCl 和 KI	痕量 ^{160}Tb	废水
二安替比林甲烷己基-二安替比林甲烷	氯仿	H_2SO_4	痕量 Sn(IV)	稀的草酸盐溶液

续表

萃取剂	有机溶剂	初始水相组成	萃到水相的金属	被分析物质
二安替比林甲烷和它的同系物	不同的有机溶剂	HNO_3、HI、NH_4SCN	痕量 Sn、Cd、Bi、Zr、Hf、Hg、Sc	高纯材料(Ce 和 La)、Al 和 Mg 合金
二安替比林甲烷 己基-二安替比林甲烷	氯仿	H_2SO_4、NH_4SCN $6\,mol\cdot L^{-1}$ HCl	痕量 V(Ⅳ) 痕量 V(Ⅴ)	钢铁
二安替比林甲烷	氯仿-苯	H_2SO_4、NH_4SCN	痕量 Mo(Ⅵ)	天然水
二安替比林甲烷	氯仿	H_2SO_4 和 KI	痕量 Cu	Ni、Mn、Fe、Co、Mg、Ca、Sr、Cr、Hg、Zn 盐类
二安替比林甲烷	氯仿-苯	H_2SO_4、NH_4SCN	痕量 Fe、Co、Zn、Cu、Pb	电冶炼镍的阴极
己基-二安替比林甲烷	氯仿	HCl	Fe、Co、Cu	Mn 合金
二安替比林甲烷	氯仿-苯	$1\sim6\,mol\cdot L^{-1}$ HNO_3 $2.5\sim5.8\,mol\cdot L^{-1}$ $HClO_4$	Bi、Te	亚硫酸盐的浓缩液
己基-二安替比林甲烷	氯仿 二氯乙烷 硝基苯	HCl	痕量 Zr	Sc、La、Ce、Be、Ti、Th 化合物
己基-二安替比林甲烷	氯仿	$10\,mol\cdot L^{-1}$ H_2SO_4 和 HF	以 BF_4^- 形式存在的痕量 B	Al 和其他金属的合金

表 5-10　强电解质溶液、极性与非极性有机溶剂形成的体系在分离和浓缩金属方面的应用

萃取剂	初始水相溶液组成	被分离或富集元素
戊胺、苯胺或癸胺的乙腈溶液	KCl、NaCl 或($NH_4)_2SO_4$ 的水溶液	Cr-Cu-Fe、V-Ni-Fe V-Ni-Co
己酸、辛酸或十二烷酸的己烷溶液		V-Cu-Fe Fe-Ni-Cr、V-Co-Fe、Fe-Co-Cr 微量的 Cd、Mg、Cr、Zn、Fe、Co、Cu、Ni、Al、V 痕量的稀土元素
3,4-二甲基-4-乙酰基-4-丙基吡啶的乙腈溶液	KCl 或($NH_4)_2SO_4$ 的水溶液	Co、Ni
2-溴丙酸的己烷溶液		Fe、Cu

表 5 - 11　不同三相体系在分析化学上的应用

萃取系统	应用范围	被分析的物质
$14mol \cdot L^{-1}$ H_2SO_4-TBP 的 CCl_4 溶液	Ru(Ⅲ)的浓缩	合成样品
HNO_3-H_2O-MDOA-C_6H_{12}	MDOA 的容量测定	不同溶剂
$HClO_4(H_2SO_4, ZnCl_2)$-TBP 在不同溶剂中溶液	TBP 的容量测定	高相对分子质量的烷烃
HCl-H_2O-脂肪醇的庚烷溶液	醇的容量测定	不同溶剂
Mg-HCl-H_2O-DEE	痕量元素(Pt, Ru, Ir)的分离和浓缩	铜镍原料产品的分析
Mg-HCl-H_2O-$SnCl_2$	痕量元素(Pt, Ru, Ir)的分离和浓缩	合成混合物
KCl-H_2O-α-萘磺酸等	表面活性剂的分离	电厂废水
H_3PO_4-H_2O-DEE, DIPE, DPE	磷酸的提纯	工业级磷酸

　　Frankovskii 等[6,24~28]利用 $3mol \cdot L^{-1}$ NaCl-乙腈-己烷三相体系实现了矿物油、脂肪、三辛胺或表面活性剂和染料多种有机混合物的定向分离富集。油和脂肪分配到己烷相,由于不同分子结构差异,染料在水和乙腈相间分配,而胺类物质在不同的 pH 条件下可以萃取到乙腈相或己烷相。

5.5　液-液-液三水相体系[49~51]

　　在 20 世纪 70 年代初期,Albertsson 将三种不同的高聚物水溶液混合在一定浓度条件下形成了液-液-液三相体系。如把葡聚糖、Ficoll(一种聚蔗糖)、聚乙二醇以及水在高于 6%(质量分数)混合时,可获得三水相系统,其中葡聚糖富集于下相,Ficoll 富集于中间相,而聚乙二醇则富集于上相。Hartman 等于 1974 年在此基础上采用带电荷的 PEG[如三甲胺基-PEG(TMA-PEG)]代替 PEG 在较高的浓度下形成了稳定的三相体系,并给出了三相体系中各相之中聚合物的组成,见表 5-12。TMA-PEG 在相间的不均衡分配使上相与中间相,中间相与下相之间产生电势差,因此将会对带电的物质在相间的分配产生较大的影响。

表 5 - 12　葡聚糖-聚蔗糖-TMA-PEG-PEG 三相体系的组成[1]

相	葡聚糖(质量分数)/%	聚蔗糖(质量分数)/%	TMA-PEG(质量分数)/%	水(质量分数)/%
上	0	4	17	79
中	2	22	2	74
下	26	3	0	71

　　1) 8%(质量分数)葡聚糖 500, 8%(质量分数)聚蔗糖 400, 4%(质量分数)PEG6000, 4%(质量分数)TMA-PEG 和 $5mmol \cdot L^{-1} \cdot kg^{-1}$ K_3PO_4 缓冲液,pH=6.8。

此外,还有其他几种聚合物水溶液可形成液‑液‑液三相系统:葡聚糖‑羟丙基葡聚糖‑聚乙二醇;葡聚糖‑羟丙基葡聚糖‑聚蔗糖;葡聚糖‑聚乙二醇-PPG。其成相机理较复杂,主要涉及高聚物的不相容性、物质分子间的静电相互作用以及待分离物质的表面性质等因素。

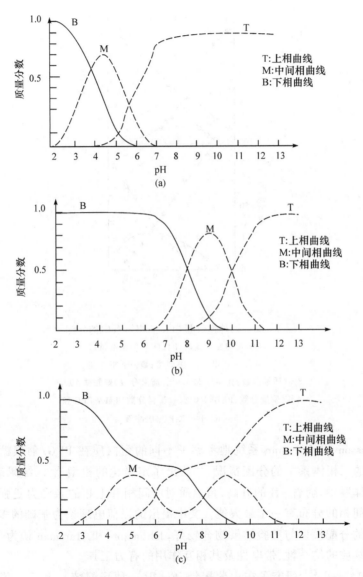

图 5‑25 蛋白质在三相体系中的萃取

(a) 蛋白质 a;(b)蛋白质 b;(c) 两种蛋白质混合物

Hartman 分别考察了单一蛋白质和蛋白质混合物在含有 TMA-PEG 的三相体

系中的分配行为,如图 5‒25 所示。结果表明,当蛋白质在较低 pH 时,蛋白质往往在下相中出现,随着 pH 的升高,蛋白质对其他两相的亲和力将依次增加,先是中间相,然后是上相。图 5‒26 为两种血红蛋白在表 5‒12 所列三相体系中的分配。

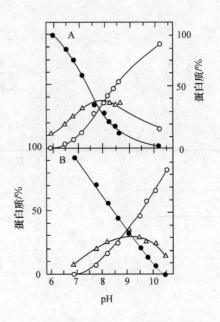

图 5‒26　两种血红蛋白在三相体系中的分配
A:CO‒人的血红蛋白;B:CO‒猪的血红蛋白
○—上相;△—中间相;●—下相
8%(质量分数)葡聚糖 500,8%(质量分数)聚蔗糖 400,
4%(质量分数)PEG6000,4%(质量分数)TMA‒PEG 和
5 mmol·L^{-1} K$_3$PO$_4$ 缓冲液

　　Johansson 和 Hartman 系统地考察了不同的蛋白质在 PEG/葡聚糖/聚蔗糖/水所形成的三相体系中的分配情况,并给出了定量化的模型[50]。结果表明,所形成的三相体系中,随着 pH 的升高,蛋白质对中间相和上相的亲和力更强一些。蛋白质在中间相的分布有一个最大值。文中提出的以荷电理论为基础的多组分在三相体系中的分配模型与实验结果吻合较好,Johansson 和 Hartman 认为,该体系是研究生物物质的均一性、带电性及其相互作用的有力工具。

　　Liu 和 García[51]研究了在由葡聚糖、Ficoll(一种聚蔗糖)、聚乙二醇以及水组成的三水相中双逆流萃取 BSA 的情况,并与 BSA 在葡聚糖—聚乙二醇双水相中的分布情况进行了比较。在三水相体系中 BSA 由下相向中间相及上相移动,并且其分离过程可用高斯方程进行模拟。与传统的单级批处理三相萃取相比,多组分物质进行双逆流萃取分离时能够得到更高的纯度和回收率。

Nandita 等[52]使用温度诱导成相洗涤剂作为配基载体在三水相体系中分离乳酸脱氢酶。使用 Cibacron Blue 对非离子型洗涤剂 Triton X-114 改性,并将改性后的洗涤剂置于聚乙二醇-羟丙基淀粉系统中,当洗涤剂过量时,三相系统便形成。中间相为富含洗涤剂的相,且洗涤剂-染料的聚结物被分配入该相。洗涤剂-染料的聚结物可作为乳酸脱氢酶的亲和配基使用。通过收获富含洗涤剂及染料聚结物的中间相,可以回收乳酸脱氢酶;然后通过温度诱导效应,中间相内的洗涤剂与染料聚结物分相,乳酸脱氢酶便留在水相中,得以分离和提纯。

由于聚合物三水相体系在成相物质回收利用方面没有较好地解决,使分离的成本较高,只能在附加值较高的产品领域如特异性蛋白、酶等方面应用,因此在很大程度上制约着这些体系的研究和应用。随着对体系的不断深入研究及应用,近年来一些新的成相物质如温度、pH 敏感的聚合物不断涌现,有可能会实现在成相物质上的突破[53~55]。

5.6　新型的液-液-液三相萃取技术及应用前景

5.6.1　由双水相与有机相构筑的三相体系[11,56,62]

由双水相与有机相构筑的三相体系是最近发现并逐渐引起人们关注的新型体系,研究基于复杂体系中多种目标产物的分离和提纯。前述的几类三相体系多数是基于传统的两相萃取体系与一定条件下生成的第三相开发的,在目前成相机理不很清楚的条件下,对分离过程难于预测和控制,很难实现工业化。但是由双水相与有机相构筑的三相体系可以人为地控制相界面形成,能够容易地预测相界面的位置与各相比例,既具有双水相萃取条件温和的特点,又具有传统两相萃取的高效、便于连续操作以及适于工业放大的特点,是一类具有良好应用前景的三相体系。

采用双水相与一个不溶于水相的有机相构成的三相萃取体系的研究中,双水相可以由两种互不相容的高聚物的水溶液构成(如葡聚糖-聚乙二醇-水),也可由一种高聚物与一种无机盐的水溶液组成(如聚乙二醇与硫酸盐或磷酸盐的水溶液构成)。考虑到经济与环境保护的要求,目前通常采用的双水相体系是聚合物-硫酸铵-水体系,而有机相可以是乙酸丁酯、高级醇等非极性溶剂。

2002 年,陈继等提出并利用聚乙二醇-硫酸铵-水构成的双水相与乙酸丁酯的组合三相体系对青霉素发酵体系进行了考察研究,达到目标产物和副产物的定向分离。用该方法对青霉素发酵液和发酵滤液三相一步萃取将原来需要多步完成的萃取过程集中在一个萃取过程中完成,即将原来工艺中的絮凝、破乳、脱色、冷冻、脱水等步骤在一次萃取中完成,有效地简化了现行的工艺流程。现行工艺中的色素只在乙酸丁酯与水相中分配,而在滤液中引入高分子聚合物和盐类导致形成双水相,一方面,聚乙二醇可以有效吸附色素,沉降蛋白质,硫酸铵絮凝蛋白质;另一方面,中间相富含聚乙二醇类似一层液体过滤膜,将青霉素萃取到有机相的同时将色素、杂蛋白和有机酸等杂质留在水相中。研究结果表明,三相一步法用于萃取青霉素发酵滤液和全发酵液,一次乙酸丁酯萃取的各相指标均可达到现行滤液萃取后的标准,超过现行的发酵液萃取标准。与现行对滤液体系萃取方法比较,三相萃取一步法主要体现在纯化有机相及破乳性能都得到了提高,如表 5‑13 所示。从表 5‑13 可知,一次乙酸丁酯的主要参数都有所提高,乳化也有所降低。

表 5‑13　三相萃取一步法工艺与现行工艺萃取滤液一些基本指标的比较

工　艺	色度	水含量	污染指数	乳化情况
现行工艺	4~5	1~1.3	0.3~0.4	加入破乳剂,离心破乳
三相萃取一步法工艺	2	<1.03	<0.3	不加破乳剂,中度离心即可破乳

　　与双水相体系比较,例如在 PEG6000(10.8%)-硫酸铵(13.0%)的双水相滤液体系中,青霉素首先在双水相中进行不对称分配,分配系数为 18.7,由于上下相体积比为 0.34,因此,青霉素效价度高的上相的萃取率仅为 42.7%。将上相萃取出,然后用乙酸丁酯在 pH=2 的条件下提取青霉素,收率 62.0%。即使上下相同时用 BA 萃取,因为过程比较多,损失仍然很大。此外,双水相的上相尽管青霉素效价比较高,但由于富含 PEG,黏度比较大,萃取过程传质比较慢。在与上述相同的 PEG 和硫酸铵百分含量的三相体系,采用三相萃取一步法,则一次 BA 的萃取率可达 89.9%,水含量 0.93,污染指数 0.26,色级 2 级。而且,BA 可在萃取过程中有效地降低双水相的黏度,增加萃取过程的传质速度。

　　在全发酵液萃取过程中,过滤是抗生素生产中的长期以来薄弱环节,过滤时由于机械损失及破坏等原因,有时效价损失可达 10%~20%。因此,全发酵液的不过滤提取是抗生素提取的重要发展方向[57~61]。目前国外和国内的某些厂家都采用先进的价格昂贵的 Decantor 倾析器萃取设备,工艺上仍需要选择好的、合适的破乳剂,同时要控制一定的黏度,而且发酵液中要预先加入一定量的溶媒,以便提高萃取率。采用三相萃取一步法除仍具有处理滤液时的特点,并可在全发酵液上进行更为简单的工艺处理,简化絮凝、破乳、脱色等中间环节,而且得到质量更高的产品。三相萃取一步法工艺与现行工艺一些基本过程和参数的比较见表 5‑14。

表 5 - 14　三相萃取一步法工艺与现行工艺萃取全发酵液一些基本过程和参数的比较

工艺	设备	预处理	后处理	一次 BA 质量	萃取率
现行工艺	Decantor 倾析器萃取设备	选择合适的破乳剂,控制一定的黏度	固液混合体积比较大	比从滤液提取的 BA 色级高,污染指数高,水含量也高	萃取率较高
三相萃取一步法	普通的搅拌和离心设备	基本不需要预处理,可直接采用三相萃取一步法进行提取	固体菌丝和色素杂质都集中在体积较小的中间相,便于回收和处理	完全可达到现行滤液工艺萃取后的标准(水含量<1.2%,污染指数<0.28,色级≤5级)	单级萃取高于73%,通过串级萃取可提高萃取率

　　一般利用双水相处理全发酵液得到四种不同的相:顶相、界面相、底相和固相。界面相及固相主要由特定物料组成,相多造成处理上的麻烦,而且后处理过程复杂,损失量也较大。分配系数和萃取率也都略低于同样条件下对滤液的萃取情况。而采用三相萃取一步法(表 5 - 15),青霉素萃取率可达 75% 以上,水含量 1.1%,色级 5⁻,污染指数 0.25。萃取后得到界限分明的三相:上层有机相、中间颜色很深的液固混合相及下部也较为澄清的水相。这样易于分段处理,便于集中回收。

表 5 - 15　三相萃取一步法萃取全发酵液体系

PEG 的相对分子质量	有机相	滤液效价	相比	pH	萃取率/%	色级	一次 BA	全检
6000	BA	52 000	1/2	2	80.1	4⁺	1.10	0.25
6000	BA	50 960	1/2	2	83.2	5⁻	1.10	0.22
1000	BA	52 100	1/2	2	76.1	5⁻	1.06	0.24
2000	BA	52 100	1/2	2	73.0	5⁻	1.06	0.27
4000	BA	52 100	1/2	2	78.0	5⁻	1.23	0.28

注:水相 PEG 总含量为 11.0%,硫酸铵总含量为 13.0%。

5.6.2　三相萃取技术的应用前景

　　三相萃取技术是基于复杂体系中多种目标产物的分离、分级或提纯,对于混合物中物质间或种类间在物理化学性质有明显差异的组分将会起到较好的分离效果。

　　工业废水处理。特别是含有重金属离子的工业废水,选择恰当的萃取剂可以实现一次萃取同时回收多种金属离子。液-液-液三相萃取用于从强碱性废水中分离硝酸铯已有文献报道。

　　从发酵液中提取小分子生化产品,如各种有机酸、氨基酸等生物物质。液-液-液三相萃取一步法用于该类体系可以简化工艺,防止乳化,提高产品纯度。

从天然产物初提液中直接分离多种有效成分。天然产物初提液中成分非常复杂,为了获得多种有效成分,目前所采取的方法是采用多种不同极性的溶剂分步萃取,步骤十分繁琐[63]。如果采用液-液-液三相萃取工艺,就可以同时获得不同极性的产品,大大提高了分离效率。

有机合成产物的分离。有机合成产物中,除了目标产品外,通常还含有多种副产物,液-液-液三相萃取可以有效地将目标产品与副产物分离。

参 考 文 献

1　傅献彩,沈文霞,姚天扬. 物理化学. 上册. 第四版. 北京:高等教育出版社,1990. 306

2　阿尔伯森 P A. 细胞颗粒和大分子的分配. 朱自强,郁士贵,梅乐和等译. 杭州:浙江大学出版社. 1995

3　胡松青,李琳,郭祀远,陈玲,蔡妙颜. 双水相萃取技术研究新进展. 现代化工,2004,24(6):22～25

4　杨善升,陆文聪,包伯荣. 双水相萃取技术及其应用,化学工程师,2004(4):37～40

5　Choi S S, Tuck D G. Third phase phenomena in the Extraction of nitric acid by methyldioctylamine. J. Phys. Chem.,1964,68:2712

6　Mojski M, Gluch I. Characterastics and applications of three-phase extraction systems. Journal of Analytical Chemistry, 1996, 51(4):359～373

7　汪家鼎,陈家镛. 溶剂萃取手册. 北京:化学工业出版社,2001

8　傅洵,胡正水,正德宝,刘欢,胡小鹏. 萃取体系第三相的生成、微观结构与应用研究——三相萃取体系的研究进展. 化学通报,2000,(4):13～17

9　谭显东,常志东,梁向峰,孙兴华,胡欣,刘会洲. 液-液-液三相萃取研究进展及其在生化分离中的应用. 化工进展, 2003, 22(3):244～249

10　徐光宪,王文清,吴瑾光,高宏成,施鼐. 萃取化学原理. 上海:上海科学技术出版社, 1984

11　陈继. 青霉素萃取过程中的第三相形成机理和三相萃取一步法在青霉素萃取过程中的应用:[博士后研究工作报告]. 北京:中国科学院过程工程研究所(原化工冶金研究所),2001

12　Gu G H, Wu Y S, Fu X, Hu X P, Yu W R, Xing Y H. Comparison between three-phase extraction system of TBP-kerosene/HClO$_4$-H$_2$O and two-phase extraction system of TBP/HClO$_4$-H$_2$O. Solvent Extraction and Ion Exchange, 2000,18(5):841～851

13　Hu Z S, Hu X, Cui W, Wang D, Fu X. Three-phase extraction study: II. TBP-kerosene/H$_2$SO$_4$-TiOSO$_4$system and the preparation of ultrafine powder of TiO$_2$. Colloids and Surfaces A: Physicochemical and Engineering Aspects, 1999, 155, (2～3):383～393

14　Fu X, Hu X, Zhang Z, Hu Z, Wang D. Three phase extraction study. I. Tri-butyl phosphate-kerosene/H$_2$SO$_4$-H$_2$O extraction system. Colloids and Surfaces A: Physicochemical and Engineering Aspects, 1999, 152, (3):335～343

15　Fu X, Shi J, Zhu Y, Hu Z. Study on the three-phase extraction system of TBP-kerosene/H$_3$PO$_4$-H$_2$O. Solvent Extraction and Ion Exchange, 2002, 20(2):241～250

16　Liao W, Wang J, Li D. Three-phase extraction study of Cyanex 923-n-heptane/Ce^{4+}-H$_2$SO$_4$ system. Solvent Extraction and Ion Exchange, 2002, 20(2):251～262

17　Liao W, Shang Q, Yu G. Three-phase extraction study of Cyanex 923-n-heptane/H$_2$SO$_4$ system. Talanta, 2002, 51(6):1085～1092

18　杨传芳,陈家镛. ZrO$_2$ 超细粉的微乳液法制备及表征. 化工冶金, 1995, 16(2):128～132

19　Fu X, Liu H, Chen H, Hu Z, Wang D. Three-phase extraction study of the TOA-alkane/HCl (Zn^{2+} or Fe^{3+}) systems. Solvent Extraction and Ion Exchange, 1999, 17,(5):1281~1293

20　Gupta K K, Manchanda V K, Sriram S et al. Third phase formation in the extraction of uranyl nitrate by N, N-dialkyl aliphatic amides. Solvent Extraction and Ion Exchange, 2000,18(3):421~439

21　Ales Heyberger, Jaroslav Procházka, Eva Volaufova. Extraction of citric acid with tertary amine-third phase formation. Chemical Engineering Science, 1998, 53(3):515~521

22　Vidyalakshmi V, Subramanian M S, Srinivasan T G et al. Effect of extractant structure on third phase formation in the extraction of uranium and nitric acid by N,N-dialkyl amides. Solvent Extraction and Ion Exchange, 2001,19(1):37~49

23　Pyatnitskii I V, Frankovskii V A, Aleinova A P, Bondarenko M S. Use of pelargonic and capric acids and benzylamine for extraction of vanadium (Ⅳ) in three-phase system. Soviet Progress in Chemistry (English translation of Ukrainskii Khimicheskii Zhurnal), 1985, 51(4):76~78

24　Frankovskii V A, Pyatnitskii I V, Aksenenko E V, Aleinova A P. Estimation of the energy of reaction of certain CSAM with aqueous and acetonitrile phases of a three-phase extraction system. Soviet Progress in Chemistry (English translation of Ukrainskii Khimicheskii Zhurnal), 1989, 55(6):70~74

25　Frankovskii V A, Pyatnitskii I V, Aleinova A P. Three-phase extraction in analysis of mixtures of mineral oils, fats, amines, and dyes. Soviet Progress in Chemistry (English translation of Ukrainskii Khimicheskii Zhurnal), 1989, 55,(5):41~44

26　Frankovskii V A, Pyatnitskii I V, Aleinova A P et al. Separation and determination of mixtures of oil or grease, dye, and surface-active substances in water by means of three-phase extraction. Soviet Progress in Chemistry (English translation of Ukrainskii Khimicheskii Zhurnal), 1989,11(5):25~27

27　Frankovskii V A, Pyatnitskii I V, Aleinova A P et al. Rapid method of determining a mixture of oils, monohydric phenols and low-molecular-weight amines. Industrial laboratory (USSR) (English translation of Ukrainskii Khimicheskii Zhurnal),1989,54(7):714~716

28　Maljkovic Da, Maljkovic Du, Branica M. Influence of temperature on extraction. Sep. Sci. Technol. 1979, 15(4):975~986

29　Ramirez F de M, Jimenez-Reyes M, Maddock A G. Third phase formation in the solvent extraction system FeCl$_3$-HCl-H$_2$O-DIPE. Solvent Extraction and Ion Exchange, 1987,5(3):561~572

30　Ruiz F, Marcilla A, Ancheta A Ma. Liquid-liquid equilibrium of the three liquid phases at equilibrium system water-phosphoric acid di-isopropyl ether at 25 and 40 degree C. Solvent Extraction and Ion Exchange,1986, 4(4):789~802

31　张颖. 青霉素萃取体系溶剂流失机理研究:[硕士论文]. 北京:中国科学院过程工程研究所(原化工冶金研究所),1999

32　Nyiredy Sz, Botz L, Sticher O. Forced-flow multi-phase liquid extraction. A new separation method based on relative and absolute counter-current distribution: I. Description of the method and basic possibilities. Journal of Chromatography, 1990, 523 : 43~52

33　Yokohashi Go, Igarashi Shukuro. A pH-dependent three—phase separation phenomenon with a perfluorooctanoic acid/dimethylsulfoxide/water System. Journal of colloid and interface science, 1995, 173: 251~253

34　Schubert K V, Strey R, Kahlweit M. New purification technique for alkyl polyglycol ethers and miscibility gaps for water-C$_i$E$_j$. Journal of colloid and interface science, 1991,141(1):21~29

35　Stubenrauch C, Schlaramann J, Sottmann T, Strey R. Purification of nonionic alkyl polyglycolether (C$_i$E$_j$)

surfactants: The "inverse" 3PHEX technique. Journal of colloid and interface science, 2001,244(2):447~449

36　Paatero E, Sjöblom J. Phase behaviour in metal extraction systems. Hydrometallurgy. 1990, 25, 231~256

37　Paatero E, Sjöblom J, Datta S K. Microemulsion formation and metal extraction in the system water/Aerosol OT/extractant/isooctane. J. Colloid Interface Sci. 1990 138, 388~396

38　Paatero E, Ernola P, Lantto T. The effects of trioctylphosphine oxide on phase and extraction equilibria in systems containing bis(2,4,4-trimethylpentyl)phosphinic acid. Solvent Extr. Ion Exchange. 1990, 8, 371~388

39　Paatero E, Ernola P, Sjöblom J, Hummelstedt L. Formation of microemulsion in solvent extraction systems containing Cyanex272, Proc. Int. Solvent Extr. Conf. ISEC'88, Nauka, Moscow, 1988, 2., 124~127

40　Osseo-Asare K. Microemulsions and third phase formation. Proceedings of the international solvent extraction conference, Johannesburg, ISEC 2002, 1: 118~124

41　王笃金, 吴瑾光, 李彦等. 萃取剂流失机理的研究——Ⅰ.皂化酸性有机磷酸酯类萃取剂从有机相向水相的转移及其在水相的聚集状态. 中国科学 B辑, 1995, 25(5): 449

42　姜键准, 周维金, 高宏成, 陈景, 吴瑾光. 萃取体系第三相的产生及其谱学研究. 光谱学与光谱分析, 2002, 22(3):396~398

43　Erlinger C, Belloni L, Zemb Th, Madic C. Attractive interactions between reverse agregates and phase separation in concentrated malonamide extractant solutions. Langmuire, 1999,15:2290~2300

44　Lefrancois L, Delpuech J J, Hébrant M et al. Aggregation and protonation phenomena in third phase formation: an NMR study of the quaternary malonamide/dodecane/nitric acid/water system. J. Phys. Chem. B, 2001, 105, 2551~2564

45　Chiarizia R, Jeensen M P, Ricket P G et al. extraction of Zirconium nitrate by TBP in n-octane: influence of cation type on third phase formation according to the "sticky spheres" model. Langmuir, 2004, 20:10798~10808

46　Mukira G C, Courtney T H. Microconstituent development and coarsening in certain three-phase systems. Acta. Mater., 1996, 44:3321~3329

47　Hartl J, Marr R. Extraction processes for bioproduct separation. Separation science and technology, 1993, 28(1~3): 805~819

48　Dennison C, Lovrien R. Three phase partitioning: concentration and purifaction of proteins. Protein expression and purification. 1997, 11:149~161

49　Albertsson P A. Partition of cell particles and macromolecules: separation and purification of biomolecules,cell organelles, membranes, and cells in aqueous polymer two-phase systems and their use in biochemical analysis and biotechnology , 3rd ed., New York : Wiley, c1986

50　Johansson G, Hartman A. A quantitative model for partition in aqueous multiphase systems. Eur.J.Biochem. 1976, 63:1~8

51　Liu Y and García A. Three phase countercurrent extraction. Chem. Eng. Comm. 2000, 182 : 239~259

52　Nandita Garg, Igor Yu Galaev and Bo Mattiasson. Use of a temperature-induced phase forming detergent (Triton X-114) as ligent carrier for affinity partitioning in an aqueous three—phase system. Biotechnol. Appl. Biochem., 1994, 20 : 199~215

53　Johansson Hans-Olof, Persson Josefine, Tjerneld Folke. Thermoseparating water/polymer system: a novel one-polymer aqueous two-phase system for protein purification. Biotechnology and bioengineering, 1999, 66

(4)：247～257

54　Persson J, Johansson H, Tjerneld F. Purification of protain and recycling of polymers in a new aqueous two-phase system using thermoseparating polymers. J. Chromatogr. A, 1999, 864：31～48

55　Persson J, Kaul A, Tjerneld F. Polymer recycling in aqueous two-phase extractions using thermoseparating ethylene oxide-propylene oxide copolymer, J. Chromatogr. B, 2000, 743：115～126

56　Chen J, Liu H Z, Wang B, An Z T, Liu Q F. Study on the three-phase extraction of penicillin G with a single-step method. Proceedings of the international solvent extraction conference, Johannesburg, ISEC 2002, 1：602～606

57　俞文和. 新编抗生素工艺学. 北京：中国建材工业出版社，1996

58　顾觉奋，王鲁燕，倪孟祥. 抗生素. 第一版. 上海：上海科学技术出版社，2001

59　Adikane H V, Singh R K, Nene S N. Recovery of penicillin G from fermentation broth by microfiltration. Journal of Membrane Science, 1999, 162：119～123

60　Harry Walter, Donald E. Brooks, Derek Fisher. Partitioning in aqueous two-phase systems：theory, methods, uses and application to biotechnology；Orlando：Academic Press, 1985

61　Guan Yixin, Zhu Ziqiang, Mei Lehe. Technical aspects of extractive purification of penicillin fermentation broth by aqueous two-phase partition. Separation science and technology, 1996, 31(18)：2589～2597

62　陈继，王斌，刘庆芬，安震涛，刘会洲，陈家镛. 三相萃取—一步法萃取纯化青霉素. 中国发明专利，CN 1324795A，2000

63　刘成梅，游海. 天然产物有效成分的分离与应用. 北京：化学工业出版社，2003

64　Khalonin A S. Proceeding of International Conference on Solvent Extraction (ISEC'88), Moscow, 1988, 4：9

65　Pyatnitskii I V, Frankovskii V A, Aleinova A P, Izv Vyssh, Uchebn Zaved. Khim. Khim. Tekhnol., 1987, 30：3

66　邓静，吴华昌，赵树进. 双水相技术在酶分离纯化中的运用. 氨基酸和生物资源，2004，26(1)：72～75

67　林金清，董军芳，李夏兰. 乙醇/硫酸铵双水相体系萃取甘草酸钾的研究. 精细化工，2004，21(3)：165～167

68　陆瑾，赵珺，林东强，姚善泾. 金属螯合双水相亲和分配技术分离纳豆激酶的研究. 高校化学工程学报，2004，18(4)：465～470

第 6 章　微乳相技术在制备纳米材料中的应用

6.1　微乳相制备纳米颗粒的原理

6.1.1　引言

　　近年来,纳米技术在许多科学领域引起了广泛的重视,成为材料科学研究的热点。广泛地说,纳米材料是指微观结构至少在一维方向上受纳米尺度(1～100nm)调制的材料,它包括零维的原子团簇和纳米微粒、一维调制的纳米丝或线、二维调制的纳米颗粒膜(涂层),以及三维调制的纳米相材料。

　　大多数纳米粒子呈现为理想单晶,尺寸增大到60nm左右,也有呈非晶态或亚稳态的纳米粒子。纳米粒子的表层结构不同于内部完整的结构,粒子内部原子间距一般比块材小,但也有增大的趋势。纳米粒子只包含有限数目的晶胞,不再具有周期性的条件,其表面振动模式占较大比重,表面原子的热运动比内部原子激烈。纳米微粒的电子能级结构与大块固体不同是由于电中性和电子运动受束缚等原因所致。

　　当小颗粒尺寸进入纳米量级时,其本身和由它构成的纳米固体主要具有如下三个方面的效应,并由此派生出传统固体不具备的许多特殊性质[1]。

1. 小尺度效应

　　当超微粒子的尺寸与光波波长、德布罗意波长以及超导态的相干长度或透射深度等物理特征尺寸相当或更小时,周期性的边界条件将被破坏,声、光、电磁、热力学等特性均会呈现新的尺寸效应。纳米微粒的这些小尺寸效应为实用技术开拓了新领域。

2. 表面与界面效应

　　纳米微粒尺寸小,表面大,位于表面的原子占相当大的比例。随着粒径减少,表面急剧变大,引起表面原子数迅速增加,大大增强了纳米粒子的活性。表面粒子活性高的原因在于它缺少近邻配位的表面原子,极不稳定,很容易与其他原子结合。这种表面原子的活性不仅引起纳米粒子表面原子输运和结构的变化,同时也引起表面电子自旋构象和电子能谱的变化。

3. 量子尺寸效应

量子尺寸效应在微电子学和光电子学中一直占有显赫的地位,根据这一效应已经设计出许多优异特性的器件。这一效应最核心的问题是,材料中电子的能级或能带与组成材料的颗粒尺寸有密切的关系。最近研究表明,随着半导体颗粒尺寸的减少,价导和导带之间的能隙有增大的趋势,这就使即使是同一种材料它的光吸收或者发光带的特征波长也不同。1993 年,美国贝尔实验室在 Cd-Se 中发现,随着颗粒尺寸的减小,发光的颜色由红色→绿色→蓝色,这就是说,发光带的波长由 690nm 移向了 480nm。文献中把这种发光带或者吸收带由长波长移向短波长的现象称为"蓝移",把随着颗粒尺寸减小,能隙加宽发生"蓝移"的现象称为量子尺寸效应。

纳米微粒具有较大的比表面积,表面原子数、表面能和表面张力随粒径的下降急剧增加,表现出与正常粒子不同的性质。纳米微粒的一个重要标志是尺寸与物理的特征量相差很大,大的比表面积使处于表面态的原子、电子与处于小颗粒内部的原子、电子的行为有很大差异。这种表面效应和量子尺寸效应对纳米微粒的光学特性有很大的影响,甚至使纳米微粒具有同质的大块物体所不具备的新的光学特性:宽频带强吸收、"蓝移"现象以及常规材料不出现的新的发光现象。

纳米微粒物性的一个最大特点是与颗粒尺寸有很强的依赖关系。对同一种纳米材料,当颗粒达到纳米级,电阻、电阻温度系数都发生了变化。

纳米微粒的结构也受到尺寸的制约,制备方法对纳米微粒的结构也有影响。纳米微粒在结构、形貌和光谱方面出现的这些异常现象及其与颗粒尺寸的关系都是近年来引起科学家极大的兴趣、需要进行深入研究的重要课题。

纳米材料广泛应用于电子学、光学、机械装置、药物释放、生物材料和催化等方面。表 6-1 列出了纳米材料的主要性能及用途。

表 6-1 纳米材料的性能及用途

性能	用途
磁性	磁记录、磁性液体、永磁材料、吸波材料、磁光元件、磁存储、磁探测器、磁制冷材料
光学性能	吸波隐身材料、光反射材料、光通信、光存储、光开关、光过滤材料、光导电体发光材料、光学非线性元件、红外传感器、光折变材料
电学性能	导电浆料、绝缘浆料、电极、超导体、量子器件、压敏和非线性电阻
敏感特性	湿敏、温敏、气敏、热释电
热学性能	低温烧结材料、热交换材料、耐热材料
显示、记忆特性	显示装置(电光学装置、电泳装置)
力学性能	超硬、高强、高韧、超塑性材料、高性能陶瓷和高韧、高硬涂层

性能	用　途
催化性能	催化剂
燃烧特性	固体火箭和液体燃料的助燃剂、阻燃剂
流动性	固体润滑剂、油墨
悬浮特性	各种高精度抛光液
其他	医用(药物载体、细胞染色、细胞分离、医疗诊断、消毒杀菌)，过滤器，能源材料(电池材料、贮氢材料)，环保材料(污水处理、废物废料处理)

　　纳米微粒的传统制备方法基本上可以分为物理方法和化学方法，或以反应相态分为固相法、液相法、气相法。固相法一般适用机械粉碎和分级，在传统粉末制备方面应用广泛，但这种方法难以控制粉末特性、化学组成不均匀、容易引入杂质、制备纳米粉末十分困难，已不能满足新材料制备的进一步要求。气相法反应过程比较容易控制，可制备高纯度的无硬团聚纳米粉末，特别方便制造薄膜，但气相法要求设备比较复杂，且成本较高。化学液相反应法的突出优点是易于控制粉末的组成，容易实现规模生产，被认为是最有前途的超细粉制备途径之一，目前比较成熟的有溶胶-凝胶法、水热法、有机金属盐水解法、共沉淀法等。

　　1) 溶胶-凝胶法

　　溶胶-凝胶法是一种新兴的材料制备方法[2~4]。其制备过程为：将前驱物(金属醇盐或无机盐)溶解于溶剂中(水或有机溶剂)形成均匀的溶液，溶质与溶剂发生水解或醇解，反应生成物聚集成 1nm 左右的粒子，并形成稳定的溶胶，溶胶溶液经适当处理转变为凝胶。后续处理可以直接制备薄膜或者陶瓷坯体，也可获得超细粉末。溶胶-凝胶法突出的优点是一次颗粒极细，制备单组分样品均匀度可达分子尺度，改变工艺可以获得不同的制品，如纤维、粉末、薄膜等。但这种方法反应过程时间要求较长，反应条件控制严格才能获得均匀稳定的溶胶，用于制备粉末时，干燥条件必须适当才能防止颗粒发生硬团聚。

　　2) 水热法

　　水热反应过程指的是高温高压下，在水、水溶液或蒸汽等流体中所进行的有关化学反应。近年来水热法制备二氧化锆已取得较大进展[5,6]。但水热过程需要在高温高压下进行，设备要求较高，耗能，提高了成本；在制备部分稳定或全稳定二氧化锆时，由于加入的稳定剂浓度相对较低，沉淀过程难以控制，易于发生偏析；另外反应得到的二氧化锆颗粒表面吸附了大量的水，在干燥等后续处理过程中容易引起颗粒间硬团聚。

　　3) 金属有机盐水解法

　　醇盐水解过程由于不需要加入其他阴离子和阳离子，可以获得高纯的生成物。

大量的实验证明醇盐或其他有机盐水解法可以制备无团聚的超细粉末[7,8]。但醇盐水解反应过程要求缓慢进行,因为一般稳定剂浓度较低,在反应速度较慢时容易引起偏析,对于制备部分稳定或完全稳定的掺杂二氧化锆超细粉末比较困难。

4) 共沉淀法

共沉淀法制备粉末技术是一种传统的方法,由于其操作简单、成本低、易于控制粉末的化学组成、容易制备各种不同化学配比粉末、所得粉末化学成分均匀,被广泛用以制备各种粉末。其突出的缺点是难以防止颗粒硬团聚的发生,需要严格地对沉淀处理才能获得松散的超细粉末。

随着纳米技术的不断发展,微乳相纳米反应器的概念也被提出,将化学反应物导入微乳相纳米反应器内核,并使化学反应在这个微环境中发生形成纳米颗粒,有关的研究工作正在成为国内外的研究热点之一。

6.1.2　微乳相纳米反应器[9]

通常所说的化学反应器是指发生一个化学反应所需的特定场所,一般是具体的反应釜和其他化工设备。多年来,对于普通意义上的化学反应器的研究广泛而深入,有关化学反应器的型式、特征、各种参数的选择以及对化学反应过程及产物的影响等基础理论已经形成了一个完整的体系。与常规意义上的化学反应器不同,纳米反应器不是一般具体的机械设备,而是反应所处的受纳米尺度调制的介观环境,具体体现为反应的介质、载体、界面等。纳米反应器通常是纳米材料或具有纳米结构的物质,它们提供了一种纳米尺度的空间,使反应受限于该纳米空间范围内,通过控制纳米反应器的尺寸、材质和其他因素可以获得具有特殊结构和性质的产物,该产物具有如上所述纳米材料的四大效应。

反胶团微反应器是目前研究应用比较多的一类微乳相反应器。溶液中的胶团具有在局部聚集和改变液体性质的本领。利用这一点,可以把反应物限制在一个非常微小的区域里,并在那里发生化学反应。比如,具有合适亲油/亲水比的表面活性剂(AOT)在许多非极性溶剂(如烃)中就能形成反胶团,并能增溶许多水分子。例如,在己烷中的 AOT 反胶团,每分子的表面活性剂能组合 60 个水分子。通常将这个能增溶水分子的极性中心部分称为"微水池",以这个微小空间作为反应场所,使不同胶团中的反应物进行交换就可反应生成纳米粒子,这也就是反胶团微反应器的原理。由于某些胶团具有保持尺寸稳定的能力即自组装特性,用这种反胶团微反应器制备的纳米粒子比用常规方法直接反应得到的微粒的尺寸更为均匀。

反胶团微反应器的"微水池"中所含的水很特殊,其性质与体相水的性质不完全一样。它既有与体相水环境相同的水分子,也有与胶团表面有强相互作用的水分子,还有处于两种状态之间的水分子。这种存在的意义是它能够使被增溶的分子在受限的"微水池"中表现出不同的解离常数、反应能力,进而得到不同的反应产物。

反胶团微反应器的主要特点是反应物以胶团中的微小液滴形式供给,这种高度分散的状态抑制了因局部过饱和而导致的粒子团聚现象,同时又能够保证胶束在碰撞时反应物能进行交换并发生反应。这样,粒子的成核及长大能均匀进行,从而可得到长期稳定储存的纳米粒子。再就微反应器本身而言,通过控制反胶团及"微水池"的形态、结构、极性等条件,可从分子尺度上来控制产物粒子的大小、形态和结构。实验表明,微反应器内部反应空间即"微水池"的体积大小是控制粒径的首要因素。

6.1.3　微乳相纳米反应器内核水的特性[10]

胶团的结构处于动态平衡之中,受布朗运动的影响,胶团不断地碰撞而聚结成二聚体和三聚体,然后再重新分离成新的胶团。对于水‑表面活性剂‑烃体系的碰撞分离次数为 $10^6 \sim 10^7 \ \mathrm{m^{-1} \cdot s^{-1}}$。瞬间二聚体、三聚体的形成很大程度上依赖于所采用的体系。由于二聚体和三聚体的形成会影响胶团粒径的单分散性,进而影响所合成微粒的粒径单分散性,因此选择适宜的微乳相体系是智能微反应器的关键问题之一。

目前在反胶团的结构模型中,较简单且被接受的是两相模型。该模型假设反胶团为球形,胶团中内核水可分为自由水和结合水(受束缚水)两相仅构成双电层而且两种水处于可以迅速交换的状态。结合水处于表面活性剂分子和自由水之间,因此又称结合水界面层,其性质主要由表面活性剂的极性和离子的性质决定。

胶团中水的含量可用 W_0 表示,为体系中水和表面活性剂 S 的物质的量比,即 $W_0=[\mathrm{w}]/[\mathrm{S}]$。$W_0$ 增大,"水池"尺寸增加,胶团也随之膨胀。研究表明,"水池"半径 r 与 W_0 线性相关。从几何模型可作如下解释。假设水滴是单分散性的,其体积与水分子体积有关,其表面积与油水界面覆盖的表面活性剂有关,又假设每个表面活性剂固定且都参与形成油水界面;则 r 可由"水池"体积 V 和表面积 A 计算出

$$r=3V/A$$

设 $V=NV_{\mathrm{aq}}[\mathrm{w}]$,$A=N\sigma[\mathrm{S}]$,其中 N 为 Avogadro 常量,V_{aq} 为水分子的体积,$V_{\mathrm{aq}}=30 \ \text{Å}$。$\sigma$ 是表面活性剂极性基的表面积,当 $W_0 > 10$ 时,σ 为常数。对水/AOT(琥珀酸二异辛酯磺酸)/IOA(异辛烷)体系,$\sigma=60 \ \text{Å}$,则"水池"半径 r 和 W_0 之间有如下近似关系

$$r=1.5W_0$$

Thomas 等用动态光散射法证实,水核的大小直接相关于水油比,区域化的"水池"有利于对微粒生长的控制,并得到在较宽范围内有

$$r = 1.8 W_0 + 15$$

电导法测定了在 25℃、$[AOT] = 0.1 mol \cdot L^{-1}$ 时，水/AOT/IOA 体系的电导-W_0 曲线，曲线显示有 3 个明显的转折点（W_1、W_2、W_3）。在 $W_0 < W_1$（2～6）时，水分子与表面活性剂分子的极性头基结合紧密，水以结合水形式存在。随 W_0 值继续增大，胶束体积膨胀，弹性碰撞频率增加，但膜壁规整，此时胶团中的水多以半自由水形式存在。当 $W_0 > W_2$（8～19），随溶水量增加，胶团膜层出现无规排列，迁移能力下降，胶团形状在球形和椭圆形之间，不同胶团间自由水的渗流增加。W_3（40～60）之后，膜层混乱度增加，直至异构化为双连续结构。

作为微反应场，胶团中水的状态对反应影响甚大。下面以 AOT 为例，讨论反胶团中内核水的特性。AOT 反胶团的平均分子聚集数比其他表面活性剂要大而稳定，为 45～65（环己烷，质量分数 1%～3%）、23（苯、质量分数 1%～3%），较其他更接近生物脂质体的性质，如卵磷脂为 73（苯、质量分数 0.01%～1%）。AOT 形成的胶团溶水量大，分散均匀、稳定，且无需助乳化剂。

内核水的特异性主要是由结合水决定的，能产生水合作用的有钠离子、磺酸基等亲水性基团。因此，W_0 越低，内核水与常态水的性质差异就越大。一般认为，水合作用破坏了常态水的三维结构，而且离子与偶极的相互作用抑制了水的运动性，低 W_0 时，水的运动能力约降低 1/5，类似于浓电解质中水的特性。

内核水的黏性往往很高。如 $W_0 = 10$ 时，可计算出内核水中钠离子的浓度达 $5 mol \cdot L^{-1}$ 之高。其表现黏度在 $W_0 = 6 \sim 8$ 时约是常态水的 50 倍。Hasegawa 证实，在 $W_0 = 10$ 之前黏度随 W_0 值的增大而增大，在 $W_0 > 10$ 之后，黏度随 W_0 值增大而减小。在很低含水量时，水的加入使更多表面活性剂分子参加作用，而水油比达到一定值后，水合作用成为主导因素。W_0 值较高的情况下，内核水流动性增加，界面层柔性增加。

内核水的极性比常态水要低，表现出很大的疏水性。$W_0 = 1 \sim 12$ 时，用甜菜碱试剂测定胶团体系的电容率为 31～44，介于乙醇和甲醇之间。可以利用在"水池"界面溶解的探针分子推知界面的极性。Beletete 等研究了水-二噁烷体系荧光消光时间和极性的关系，在 AOT 浓度为 $0.23 mol \cdot L^{-1}$ 时，"水池"界面的介电常数 ε 和 W_0 关系为

$$\varepsilon = 0.33 W_0 + 2.3$$

由此可知，W_0 增大，"水池"大小增加不多而界面之表面积增加很多，使探针分子容易水合，界面柔性增大，极性也增大。

内核水的酸度对于胶团中的化学反应及酶活性的研究是很重要的。内核水与常态水有不同的 pH。用 pH 试剂法测得内核水 pH 较常态水高，且"水池"界面 pH 更高些。由玻璃电极法测得 $W_0 > 25$ 时内核水与常态水 pH 相等，$W_0 < 25$ 时尚不

能确定。通常利用激发态荧光探针的质子释放速度和再结合速度来测定 pH。

内核水的热性质：由差示扫描量热（DSC）研究可知内核水存在显著的过冷状态，可达$-50\sim-40℃$，特别是自由水含量很小时更为突出。用 NMR 研究发现，处于过冷状态，特别是$-45\sim-25℃$前后时，胶团状态变化很大，AOT 的构象也发生了变化。

内核水的性质可用红外光谱进行研究。在近红外区，由于自由水中碳氢键的剪切振动，会在 1875nm（5333cm^{-1}）处有吸收，水分子与其他极性基团形成氢键后，吸收带会向低能量方向转化。Mansbu 等用近红外观测，找到了表面活性剂增溶水的两个吸收带：一个在 1900～1920nm（5263～5208cm^{-1}）处，为游离水（自由水）；一个在 1920～2020nm（5208～4950cm^{-1}）处，为结合水，且每个吸收带都随表面活性剂捕集水的浓度增加而产生位移。

类似的结论用其他方法也可以得到。O—H 键在 3800～3100cm^{-1} 间的伸缩振动峰体现着胶团中水与表面活性剂分子之间的平均结合程度。在红外光谱图中，$W_0=3\sim10$ 时，峰值向低波数移动，表明总体上水与表面活性剂的结合程度降低，即自由水含量逐渐增多。$W_0=10\sim30$ 时，峰值没有明显移动，表明水量较大情况下，水更多地以自由态存在。Jain 进而将这段谱图进行傅里叶解析，将其拆分成 3290cm^{-1}、3490cm^{-1}、3610cm^{-1} 三重峰，分别代表自由水、半自由水和结合水。并通过考察各峰的相对面积与含水量的变化关系得出：结合水和半自由水在 W_0 较小时，随 W_0 增长而增加，到 $W_0=18$ 时达到极值，此后较少变化。即每个 AOT 的最大控水能力为 12 个水分子。

用核磁共振考察反胶团中水的化学位移，得出每个 AOT 分子可与 3 个水分子通过氢键紧密结合，另与 10 个水分子疏松结合。此外，用光散射法，吸收/发射光谱法和小角中子散射法研究反胶团微反应器，都可得出许多有价值的结论。

6.1.4　微乳相中纳米颗粒的形成机理[9,10]

利用反胶团微反应器进行反应时，反应物加入方式主要有直接加入法和共混法两种。加料方式不同，反应物达到微反应场所的主要途径也就不同。此时的反应主要有渗透反应机理和融合反应机理。

以 A+B ——C↓+D 为模型反应，其中 A、B 为溶于水的反应物质，C 为不溶于水的产物沉淀，D 为副产物。

直接加入法——渗透反应机理：首先制备 A 的 W/O 微乳液，记为 E(A)，再向 E(A)中加入反应物 B，B 在反相微乳液体相中扩散，透过表面活性剂膜层向胶团中渗透，A、B 在"水池"中混合，并在胶团中进行反应。此时反应物的渗透扩散为控制过程。如烷基金属化合物加水分解制备氧化物纳米颗粒及铬盐通硫化氢制备 CdS 纳米颗粒即用此法。

共混法——融合反应机理:混合含有相同水油比的两种反相微乳液 E(A)和 E(B),两种胶团通过碰撞、融和、分离、重组等过程,使反应物 A、B 在胶团中互相交换、传递及混合。反应在胶团中进行,并成核、长大,最后得到纳米颗粒。反应物的加入可分为连续和间歇两种。因为反应发生在混合过程中,所以反应由混合过程控制。如由硝酸银和氯化钠反应制备氯化银纳米颗粒即可采用此法。

在实际过程中,两种机理是同时存在的,其中之一可能占主导地位。以制备 ZnS 纳米颗粒为例,反胶团微乳相法合成 ZnS 纳米颗粒的形成原理如图 6－1 所示,ZnS 纳米颗粒的形成经历了含有反应物 Zn^{2+}、HS^- 的两个反胶团混合、物质交换、化学反应以及 ZnS 纳米颗粒成核和 ZnS 纳米颗粒长大阶段。

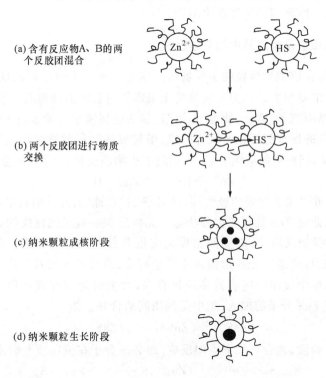

图 6－1　反胶团微乳相法合成纳米颗粒的形成原理示意图
(以制备 ZnS 微粒为例)

另外,利用反应物的光分解或连锁反应特性也可以制备纳米微粒。如用光照射 E(A)时,A 发生分解反应得到纳米产物。如用以 $HAuCl_4$ 光分解制备金的纳米微粒。

反胶团微反应器制备纳米微粒有如下特点:由于反应物是以高度分散状态供给的,可防止反应物局部过饱和现象,从而使纳米微粒的成核及长大过程能均匀进行,且可通过调节影响微反应器的外界因素而制备出较理想的单分散纳米微粒。

另外,生成的纳米微粒可在"水池"中保持稳定状态,不会引起不必要的凝聚,使所制备的纳米微粒可稳定长期保存。再就微反应器本身而言,通过控制胶团及"水池"的形态、结构、极性、疏水性、黏度、酸度等,可期望从分子规模来控制纳米微粒的大小、形态、结构乃至物性特异性。实验表明,以反胶团微乳相法制备纳米微粒,控制粒径的首要因素是微反应器内部反应空间的体积。纳米微粒的成长是复杂的,与其化学反应生成速度、胶束交换速度及不同粒径下的溶解度等因素都有关系。

电解质的加入对胶团有较大影响。原因在于离子对胶团表面的作用,即增加了表面负曲率、阻碍胶团之间的交换、增加表面紧固性。电解质的加入阻碍了电位渗透,并降低了微乳相的黏度和水溶性。

6.1.5 微乳相纳米反应器中的化学反应[10]

"水池"是合成纳米微粒的主要场所。水池内离子个数一般较低,但由于直径较小,因此其浓度很大。作为反应物的无机离子与表面活性剂阴离子(如琥珀酸二异辛酯磺酸基阴离子)结合,使得"水池"边缘的金属离子含量远高于中间。

一般微粒的形成经历化学反应阶段、微粒成核阶段和微粒长大阶段。以制备 ZnS 微粒为例,当两种胶束混合后,胶束间发生物质交换,化学反应立即发生

$$Zn^{2+} + HS^- \longrightarrow ZnS + H^+$$

由于 Zn^{2+} 靠近表面活性剂的极性端,故 ZnS 在"水池"的池壁附近形成。由于反应物浓度很低,此时 ZnS 处于亚饱和状态。无机反应一般是比较快的,因而在 A+B $\longrightarrow$ C↓+D 模型反应中,胶团间物质的交换是控制因素。小微粒有更高的溶解度,一段时间后,溶液中 ZnS 过饱和并产生凝聚,形成较大微粒析出。在微粒成长阶段的初期,单个胶团中应有许多微核存在,大微粒通过凝聚和集中而长大。其中,凝聚是有 ZnS 分子的加入,集中是基团间的合并。如

$$(ZnS)_m + (ZnS)_n \longrightarrow (ZnS)_{m+n}$$

另外,在这个阶段,也会有如下类似反应,即 ZnS 分子在微粒核上形成

$$Zn_mS_m + Zn^{2+} \longrightarrow (Zn_{m+1}S_m)^{2+} \longrightarrow Zn_{m+1}S_{m+1}$$

$$Zn_mS_m + S^{2-} \longrightarrow (Zn_mS_{m+1})^{2-} \longrightarrow Zn_{m+1}S_{m+1}$$

通常反胶团微乳相法合成纳米微粒的粒径不等于单个水池的直径。但与"水池"直径的关系最大。在制备硫化锌、硫化银等半导体微粒时,很多文献中的试验表明:同等条件、制备相同微粒的情况下,产物粒径随 W_0 值的增长作线性递增。但是,在用较低浓度的 NaBH₄ 胶束还原 Cu^{2+} 胶束制备 Cu 微粒时,却得到了相反的结论。

粒径还受化学反应速率、成核速率、胶束碰撞速率、交换速率等多种因素的影响。在反应物浓度相对较大的情况下,每个胶束中可能有多个反应性离子。在反

应初期,由于交换作用,"水池"中出现产物且超过过饱和阈值,同一胶团中会有很多微粒形成,胶团内和胶团间同时发生粒子的凝聚和集中。在反应物浓度相对较小时(如"水池"中的平均离子浓度小于 $10^{-4}\,mol\cdot L^{-1}$),平均每个胶团中不足以形成一个反应性微粒,则胶团碰撞速度和交换速度便成为控制因素。

加入适当的稳定剂有利于在 W_0 值较大时保持胶束的单分散性,可能是它们起到了助表面活性剂的作用。

6.1.6　微乳相中合成纳米颗粒的影响因素[9]

由于在反胶团微乳相中水相是以极小的液滴形式分布在油相中,形成了彼此分离的微区,所以可以防止反应物局部过饱和现象,从而使微粒的成核及长大过程能均匀进行。如果将颗粒的形成空间限定于反胶团内部,那么颗粒的大小、形态、化学组成和结构等均受到影响,这就为实现纳米颗粒的人为控制提供了条件。

反胶团微乳相中反胶团有一个比值 W_0,即水与表面活性剂的物质的量比。W_0 值可以变化,W_0 的极大值决定了反胶团尺寸的极大值。实验表明,胶团的大小随 W_0 的增大而增大,尺寸范围可在数纳米至数十纳米。如以 AOT 为表面活性剂,通过水溶性单体前驱物碱催化反应得到纳米尺寸的聚对苯乙炔(PPV)聚合物,并通过改变 W_0 的值得到不同尺寸的纳米颗粒,激光光散射表明,W_0 由 5 增加到 20 时,纳米颗粒尺寸由 9nm 增加到 74nm。

一旦颗粒保持了最终的尺寸,表面活性剂分子就附着在颗粒表面,抑制了颗粒的生长。因此表面活性剂的选择是一个重要的方面,常用的阴离子表面活性剂是 AOT,由于具有两个烷基疏水链的独特分子结构,所以 AOT 提供了一个可延伸的反胶团微乳相区域,它所形成的反胶团具有增溶量大、分散均匀、稳定、无需助表面活性剂等优点,在反胶团法制备纳米颗粒中具有广泛的应用。不同的表面活性剂形成反胶团的聚集数不同,因而构成的水核大小和形状也不同。对于不同类型的表面活性剂,若碳原子数相同,则所形成的反胶团聚集数大小顺序是非离子型表面活性剂<阳离子型表面活性剂<阴离子型表面活性剂。

研究表明,除此之外的其他参数(如反应物的浓度、水的溶解状态、温度、电解质的加入等)也影响着纳米颗粒的尺寸。

6.2　微乳相中制备无机纳米颗粒

6.2.1　引言[11]

自 Boutonnet 等首次用微乳相法制备出 Pt、Pd、Rh、Zr 等单分散金属纳米颗粒以来,微乳相中制备无机纳米颗粒已经受到了极大的重视,近二三十年以来,已利用微乳相制备了许多颗粒,归纳起来,制备出的纳米颗粒有以下几类:① 金属纳米颗粒,除 Pt、Pd、Rh、Zr 外,还有 Au、Ag、Mg、Cu 等;② 半导体材料 CdS、PbS、CuS、ZnS、SnO$_2$ 等;③ Ni、Co、Fe 等金属硼化物等纳米催化剂;④ SiO$_2$、Fe$_2$O$_3$ 等氧化物;⑤ AgCl、AuCl$_3$ 等胶体颗粒;⑥ CaCO$_3$、BaCO$_3$ 等金属碳酸盐;⑦ 磁性材料 BaFe$_{12}$O$_{19}$;⑧ 发光纳米材料等,其中以氧化物纳米材料研究较多。

1. 金属纳米颗粒[12]

利用 W/O 微乳液体系的特点,制备金属纳米颗粒已有不少报道。

制备硅涂层的纳米铑:采用的微乳相体系是由十六烷基聚氧化乙烯醚-环己烷-水组成的。在 W/O 的微乳相中,待形成铑的纳米微粒后,加入四乙基原硅酸酯,待其水解后,经热处理,可得硅涂层的纳米铑。所得铑位于球形硅粒的中央,平均粒径为 4nm,涂层硅的粒径为 14nm。

在酸性条件下以 NH$_3$、HCl 或 HNO$_3$ 作催化剂用 W/O 的微乳相制备纳米硅:四乙基原硅酸酯在微乳相中反应后,得纳米硅颗粒。实验表明:NH$_3$ 作催化剂时,硅的平均粒径为 10.5nm,增大水的含量,粒径变小,增大 NH$_3$ 的量,粒径则变大;HNO$_3$ 作催化剂与用 HCl 相比,高温下在微乳相有较高的溶解度,且硅的平均粒径也增大;HCl 作催化剂,在 25℃以上所得粒径会逐渐变小,并且比用 HNO$_3$ 的产率要高,在 40℃时,产率可达 100%。

将含 AgNO$_3$ 的微乳液和含硼氢化钠的微乳液混合后,制备纳米 Ag 颗粒。实验表明:改变有机溶剂、表面活性剂(十二烷基磺酸钠 SDS、带 5 个环氧乙烷的壬基酚醚 NP-5)和有机添加剂(苄醇和甲苯),胶束内的物质交换率也随之改变。交换率越高,所得粒径越小,吸收光谱"蓝移"。还有一个新的发现即加入少量的非离子表面活性剂,所得粒径可显著减少。

在异丁烯酸/2-羟乙基丁烯酸/水/交联剂组成 W/O 微乳相体系中用原位聚合制备铋的纳米晶体:在水核周围形成聚合网络后,铋被包覆在聚合物微乳相中,最后所得粒径为 20nm。这种聚合物网络可防止铋在后合成退火过程中被氧化。该法为制备单相的、对空气敏感的金属纳米晶体提供了可行的途径。

在由二(2-乙基己基)磺基琥珀酸钠(AOT)/SDS/环己烷/Na$_2$SiO$_3$ 溶液组成的 W/O 微乳相中,加入 Cu(NO$_3$)$_2$·3H$_2$O、RuCl$_3$,在 28℃与 Na$_2$SiO$_3$ 反应,制备 SiO$_2$ 载体的 Ru-Cu 双颗粒金属催化剂,粒径为 38nm,粒度分布窄且具有较高的表面积(400m^2·g^{-1})。N$_2$O 分解的催化结果表明:在相对低温下(约 400℃),微乳相的催化合成可使 N$_2$O 的转化率提高。

用微乳相合成法在工程方面制备纳米钯:为了反应条件有好的再现性,采用了标准设计的半间歇式反应器。将含有钯盐溶液的 W/O 微乳相以一定的速度投入到含有还原剂的微乳相中,反应后,得单分散的粒径为 5nm 的钯。

最近,Qiu 等[13]报道在十二烷基硫酸钠(SDS)/异丙醇/环己烷/水的 W/O 微乳相制备 Cu 纳米催化剂,水对表面活性剂物质的量比和前驱物盐浓度对粒子大小和单分散性的影响进行了研究。制备方法是:首先制得含 2g SDS、4g 异丙醇和 10mL 环己烷的表面活性剂混合物,加入不同数量 $CuSO_4$ 水溶液到混合物中,搅拌到混合物变清。在微乳相中,水相的体积容量随水对表面活性剂物质的量比而变化。当 $CuSO_4$ 的浓度是 $0.1250mol \cdot L^{-1}$,除了研究水溶反应物浓度对粒子影响外,缓慢地滴加 2.0mL 5%(质量浓度)$NaBH_4$ 水溶液入微乳相中,溶液立即转为深棕色,这意味着 Cu 纳米粒子已产生,放置 7 天结果微乳相是稳定的,离心过滤得 Cu 纳米粒子。

2. 金属卤化物纳米颗粒[14,15]

纳米卤化银的合成在照相乳液中非常重要,但是用通常方法难以得到单分散的纳米级卤化银粒子。用水-AOT-烷烃 W/O 微乳相可以合成 AgCl 和 AgBr 的纳米粒子。两个微乳相有同样组成,但水核内含试剂不同。一个含 $0.1mol \cdot L^{-1}$ $AgNO_3$ 溶液,另一个含 $0.1mol \cdot L^{-1}$ 碱金属或碱土金属的氯化物溶液,分别加入到含 $0.1mol \cdot L^{-1}$ AOT 的烷烃中形成微乳相,在强烈搅拌下或在超声波中把两个微乳相溶液混合。由于水核的不断碰撞、聚结和破裂,两种反应物在水核中生成 AgCl 粒子成长受水核尺寸限制,而且粒子的大小,多分散性和生成粒子数量取决于胶团间的交换速率和表面活性剂的刚性,这些依赖性也能用核化作用和增长现象来说明。

3. 金属硫化物纳米颗粒[11,12]

使用 W/O 微乳相合成超细半导体材料 PbS、CuS 早已有报道。近期,羊亿等[16]以 SDS(十二烷基硫酸钠)为表面活性剂、正戊醇为助表面活性剂、甲苯为有机相、$CdCl_2$ 水溶液为水相配成澄清的微乳液,此时水相被表面活性剂与助表面活性剂分散在有机相中形成一个个独立的水核,通入一定量的 H_2S 气体,数分钟后,即可得到含有 CdS 纳米颗粒的微乳相溶,水核外层的表面活性剂膜既能抑制 CdS 的生长而达到控制粒度的目的,又能防止 CdS 纳米颗粒之间的凝聚。

由 CTAB-正戊醇-正己烷-水的微乳相体系中制备纳米 CdS,所得的 CdS 粒度分布窄,且结晶度高。实验表明:在助表面活性剂正戊醇中加入水,可同时调节水核的大小和动态交换。体系中戊醇的含量不仅决定着平均粒径的大小,而且对 CdS 的稳定性也有一定的影响,当其浓度较高时,便起封端作用。Agostinao 等配制了两份由 CTAB-正戊醇-正己烷-水组成的 W/O 微乳相溶液,一份含有硝酸镉,另一份含有硫化钠,将二者混合反应制备了纳米 CdS,这是制备纳米 CdS 的一条新的途径,同时实验还发现:用适当相对分子质量的有机物进行封端,可以提高纳米 CdS 的稳定性。阎逸等也用微乳相制备了纳米 CdS。在其表面涂上硫化锌后,便形成了涂层的纳米 CdS/ZnS。位于中央的 CdS 直径为 5nm,涂层的纳米 CdS/ZnS 总直径为 8～10nm。用 ZnS 涂层后使纳米 CdS 减少了表面陷阱的发射,增大了发射范围,光谱"蓝移"。

黄宵滨[17]等利用非离子与阳离子混合表面活性剂作为 W/O 乳状液的乳化剂,成功地在常规乳状液中制备出纳米级的 ZnS 粒子。方法是:以甲苯作为乳状液的油相,等物质的量比混合的乙酸锌与硫代乙酰胺(TAA)水溶液($0.5mol \cdot L^{-1}$)作为水相,乳化剂为加或不加阳离子型表面活性剂的 Span 80 与 Tween 80 混合物。阳离子型表面活性剂为氯化十二烷基苄基二甲胺(DDBAC)和溴化十六烷基吡啶(CPB),均为 CP 级产品。混合表面活性剂各组分的比例均经预先的实验调节到水-甲苯体系的最佳 HLB 值(～6)。将甲苯、水和乳化剂混合,在室温下于 CQ-250 型超声波清洗器(上海超声波仪器厂,250W)中超声乳化 10min,然后在 60℃下加热 1h 使 $Zn(Ac)_2$ 与 TAA 反应,生成 ZnS 粒子。乳状液在该温度下仍保持不分层。反应完毕后用旋转蒸发仪蒸走甲苯和水,残余物依次用无水乙醇和水洗,除去乳化剂和未反应的反应物,最后用丙酮洗,在 60℃下干燥,得到白色粉末。X 射线衍射图谱表明产物是纯的 ZnS 晶体。用电镜(JEM-200CX 型透射电镜)观察 ZnS 粒子的大小与形貌。结果表明,DDBAC 和 CPB 的加入均使形成的粒子的粒度显著降低,绝大多数粒子的粒径在 20nm 以下,实现了用常温乳状液制备纳米级 ZnS 粒子。

Gan 和 Liu 等[18]首先报道在反胶团微乳相中,在室温及水热条件下合成 ZnS 掺 Mn 发光纳米材料。用透射电子显微镜测定所得到的 ZnS 掺 Mn 纳米粒子粒径分布在 3～18nm。X 射线衍射结果清楚地证明该材料有晶体的性质。

与传统水溶液反应合成的掺 Mn 的 ZnS 材料相比,在微乳相中制备的纳米粒子在光致发光方面有显著提高。实际上,在微乳相中水热处理下制得的粒子的光致发光效能的提高是室温直接水溶液反应得到的材料的 60 倍,这些光致发光产量戏剧般的增加起因于在微乳相中因吸附表面活性剂,纳米粒子表面钝化作用,生成球形具有立方锌混合结构的粒子且 Mn 迁移至 ZnS 晶核内晶格。

将掺 Mn 的 ZnS 材料合成方法经 4 个步骤进行对比:①在室温下传统反应;②在 120℃用水热处理传统反应;③在室温下反胶团微乳相;④在 120℃用水热处理反胶团微乳相。对于传统过程,把氯化锌($0.1mol \cdot L^{-1}$)和氯化锰($0.1mol \cdot L^{-1}$)水溶液在锥形瓶中混合,该溶液两者物质的量比分别为 99% 和 1%,在恒速搅拌下,再加入硫化钠($0.1mol \cdot L^{-1}$)溶液。把混合溶液放进 60mL 容量的 Teflonliner 压热器,在 120℃加热 15h,冷却后用蒸馏水和丙酮洗净,再在 30℃真空干燥。

在微乳相法中,先制备掺 Mn 的 ZnS 纳米材料的微乳相:用石油醚(沸点 60～80℃)作油相,NP-5(带 5 个环氧乙烷的壬基酚醚)和 NP-9(带 9 个环氧乙烷的壬基酚醚)混合物(质量比 2:1)作表面活性剂相,记作 MA 和 MB 的两种 W/O 微乳相,

MA 和 MB 含有共同的组分即 NP-5 和 NP-9 以质量比 2∶1 的表面活性剂混合物，不同的是 MA 含有 $ZnCl_2$（$0.1mol \cdot L^{-1}$）和 $MnCl_2$（$0.1mol \cdot L^{-1}$）水溶液，而 MB 含有 Na_2S（$0.1mol \cdot L^{-1}$）水溶液。在室温下连续搅拌，将相等量的 MA 和 MB 混合，该微乳相体系放进 6mL 容量的 Teflonliner 压热器在 120℃ 加热 15h，进行水热处理，细小掺杂的硫化锌粒子用离心分离回收，用丙酮洗涤几次，再在 30℃ 真空干燥。

4. 金属氧化物纳米颗粒[11,12]

气敏材料 SnO_2、ZnO 等，其气敏机理属表面控制型，气体灵敏度的高低与材料比表面积有关，通常比表面积越大，气体灵敏度越高。化学沉淀法和溶胶凝胶法是制备氧化锡纳米材料的两种主要方法，前者制备纳米材料，操作简单，掺杂工艺容易实现，粒径能达到 100nm 以下，但是难以保证颗粒的均匀性，粒径大小难以控制，在气敏材料应用中存在着长期稳定性差的缺点；后者的试剂难以购买，且生产成本高。

潘庆谊等[19]用微乳相法通过选择不同的表面活性剂和助表面活性剂，可以控制分散液滴的相对大小，从而得到粒径大小可以控制，从 5～11nm 范围内变化的更细、更匀的纳米材料。方法是：在 $0.1mol \cdot L^{-1}$ 的 $SnCl_4$ 溶液中加入少量 HCl 和 2.5g 阴离子型表面活性剂，在磁力搅拌器上加热搅拌，控制温度为 30℃，然后依此加入醇、双氧水和环己烷，形成乳白色溶液，再加入氨水并控制溶液的 pH＝8～9，制得 SnO_2 沉淀，沉淀经陈化、过滤、烘干、灼烧后，研磨、过 180 目筛备用。其详细制备条件如表 6-2 所示。

表 6-2 　微乳相法纳米 SnO_2 制备条件

微乳液的配制	$0.1mol \cdot L^{-1}$ $SnCl_4$ 150 mL，表面活性剂 2.5g，H_2O_2 15mL，环己烷 20 mL，助表面活性剂 12.5～17.5g
表面活性剂	ABS，AES，K_{12}
助表面活性剂	乙醇，异丙醇，正丁醇，戊醇
沉淀条件	$6.0mol \cdot L^{-1}$ $NH_3 \cdot H_2O$，pH＝8～9
陈化条件	26～35℃，36h
干燥条件	100℃，10h
灼烧条件	600℃，26h

在 AOT-水-环己烷的 W/O 微乳相体系中制备纳米氧化锡。水核作为纳米反应器，限制了制备 SnO 的前驱物氢氧化锡的沉淀反应。在 600℃ 灼烧 2h，所得的 SnO 的表面积为 $86m^2 \cdot g^{-1}$，而用一般沉淀法制备的仅 $19m^2 \cdot g^{-1}$。

采用由无水乙醇/十二烷基苯磺酸钠(SDBS)/甲苯/水、吐温 80/环己烷/水组成的两种 W/O 微乳相溶液,将 $0.5\,mol\cdot L^{-1}$ 的 Zn^{2+} 与其中之一混合,搅拌,加入 $1\,mol\cdot L^{-1}$ 的 OH^-,80℃回流 2h 以除去水,得到含 ZnO 的溶液,分离、洗涤,在 170℃加热,可得纳米 ZnO。结果表明:采用的微乳体系不同,所得纳米 ZnO 的粒径也不同。这对制备其他不同粒径的纳米材料有同样的参考意义。

采用由十六烷基三甲基溴化铵(CTAB)-环己烷-正丁醇-水的微乳相体系制备氧化钇纳米晶体。首先将氧化钇用稀硝酸($V_{水}/V_{硝酸}=3:1$)溶解,配成 0.5 $mol\cdot L^{-1}$ 的水溶液,然后配制第一个微乳体系:将 5g CTAB 溶于 200mL 环己烷中,加入 2mL 硝酸钇水溶液,搅拌,滴加正丁醇至体系由白色乳状液转为无色透明稳定微乳相为止;再配制第二个微乳体系:将 5g CTAB 溶于 200mL 环己烷中,加入 2mL 氨水,搅拌,滴加正丁醇至体系由白色乳状液转为无色透明稳定微乳相为止,将两种微乳相溶液快速混合搅拌,反应后,蒸馏至干,经 500~800℃高温处理 2h,得分散性好、粒度小于 30nm 的氧化钇微晶。

在由 NP-5、NP-9、环己烷、水组成的微乳体系中,通过硝酸钇、硝酸铈与氨水反应,制备掺有铈的发光纳米氧化钇。与常规沉淀法相比,微乳法制得的氧化钇均为球形,粒径为 20~30nm,粒度分布窄,且具有较高的结晶性和强的光致发光性。通过电泳法用氧化锡涂层后,纳米氧化钇表现出强的阴极发光性。研究认为其阴极发光性主要是由于粒径小、发光表面积大和磷光体的晶体结构致密的缘故。Lee 等还在同样的微乳体系中通过同样的反应,再次制备了掺有铈的发光纳米氧化钇。对其发光致光性做了进一步研究,认为纳米氧化钇的强的光致发光性主要是因填充颗粒的间隙较小以及在相对低温下具有极高的结晶度的缘故。

采用聚氧乙烯醚(Triton X-100)-己醇-环己烷-水的 W/O 微乳相,制得平均粒径为 10nm 氢氧化铈,表面积为 $127\,m^2\cdot g^{-1}$。750℃灼烧,氢氧化铈转变为氧化铈,所得氧化铈的粒径为 30nm,表面积高达 $36.5\,m^2\cdot g^{-1}$。

配制油、水质量比相同的两组 W/O 微乳相溶液,一组含有 Zr^{2+},另一组含有氨水溶液,二者混合后,得到氧化锆前驱体的浆料,将其在 650℃加热得到 ZrO_2。所得的 ZrO_2 粉末是球形的,粒径为 5~50nm。同微米 ZrO_2 相比,由无定形转变为四方形结构纳米 ZrO_2 的灼烧温度降低了 100℃。

用由水/Triton X-100/己醇/环己烷组成的微乳体系,在四丁基钛酸盐溶于盐酸或硝酸后,再分散于油相中,通过微乳-水热合成法制备纳米金红石和锐铁矿。水核作为纳米反应器,可限制微乳反应,以此来控制水热条件下 TiO_2 粒子的形成,得到的金红石和锐钛矿都是纳米微粒。采用微乳-水热合成法的优点是能在较温和的条件下形成 TiO_2 晶体粉末,且不需要灼烧后的后处理。

将含氨水的微乳相溶液和含 $TiCl_4$ 的微乳相溶液混合,反应 3h,离心、洗涤、干燥得氢氧化钛。在 650℃和 1000℃燃烧,得纳米 TiO_2。实验表明:在 650℃时为锐铁矿,平均粒径为 24.6nm,表面积为 $53.8m^2 \cdot g^{-1}$;1000℃为金红石,粒径和表面积分别为 53.5nm 和 $20.3m^2 \cdot g^{-1}$。Li 等在由 NP-5、NP-9、环己烷和水组成的 W/O 微乳相中通过 $TiCl_4$ 与氨水反应制备了纳米 TiO_2,平均粒径为 1.4～1.5nm。对其进行结构测定表明:起初得到的 TiO_2 是无定形的,经 200～700℃加热转变为锐铁矿型,当加热温度高于 750℃时转变为金红石型。

用 W/O 的微乳液制备纳米 Cu/ZnO、Pd/ZnO 催化剂。实验表明:水与表面活性剂之比(W_0)不仅决定着水核的大小且影响着产物的性能,采用微乳法,能够控制催化剂的表面积及粒径的大小。通过改变 W_0,可使 CuO/ZnO 的表面积高达 $87m^2 \cdot g^{-1}$,并使所得钯的粒径可有效控制在 10～16nm。制备的 Cu/ZnO、Pd/ZnO 可作甲醇部分氧化的催化剂。

Kishida 和 Hanaoka 等[20]用微乳相制备 Rh/SiO_2 和 Rh/ZrO_2 载体催化剂,获得可控制粒子大小均匀、活性高的催化剂,用 CO_2 加 H_2 转化反应评价活性,结果比浸渍法制得的催化剂转化率大大提高,而且转化温度可降低 50～100℃,采用的微乳相是 NP-5/环己烷/氯化铑水溶液。非离子型表面活性剂 NP-5 在有机相中浓度是 $0.5mol \cdot L^{-1}$,$RhCl_3$ 水溶液浓度为 $0.37mol \cdot L^{-1}$。微乳相中水相的体积分数是 0.11。在 25℃时,向微乳相溶液中加入肼后即形成铑化合物的微粒,然后加入稀氨水使成为乳浊液再加入正丁基醇铝或四乙基硅的环己烷溶液,在强烈搅拌下,加热到 40℃,生成淡黄色沉淀,经离心分离和乙醇洗涤,在 80℃干燥过夜,在 500℃灼烧 3h,接着在 450℃用氢气还原 2h,制得载体催化剂 Rh/ZrO_2 或 Rh/SiO_2。

用十二烷基磺酸钠作表面活性剂的微乳液中合成了磁性纳米 $CoFeO_4$ 尖晶石。结合实验情况,用化学统计模型校正了纳米粒子的大小。结果表明:合成反应器为 1～3nm 的,可预测得到粒径为 5～35nm 的颗粒。反应条件与纳米粒径大小的关系及其定量校正,为控制所需粒子大小、选用适当的微乳相组成提供了理论基础。

钡铁氧体($BaFe_{12}O_{19}$)具有高本征抗磁性和良好的结晶各向异性,常作为永久磁体。用 W/O 微乳相作反应介质可制得大小均匀的超细钡铁氧体的前驱物碳酸盐颗粒。微乳相体系是 CTAB 作表面活性剂(12%),正丁醇作助表面活性剂(10%),正辛烷(44%)作油相以及盐溶液(3.4%)作水相。将不同的盐溶液溶进 CTAB/正丁醇/正辛烷溶液中,制备微乳相溶液。两个微乳相组成相同但水相内含物不同。微乳相Ⅰ中水相是硝酸钡和硝酸铁溶液的混合物。微乳相Ⅱ的水相是沉淀剂碳酸铵。在搅拌下将两个微乳相溶液混合,两个微乳相中液滴不断碰撞,液滴中反应物相互接触,在纳米级水核中生成钡-铁碳酸盐沉淀。用 $5000 r \cdot min^{-1}$ 离心机分离 10 min,再用 1:1 的氯仿甲醇混合液洗涤,接着用甲醇洗涤除去油和表面活性剂,沉淀物在 100℃干燥。在 90℃灼烧 12h,使碳酸盐全部转化成六面铁氧体($BaFe_{12}O_{19}$)。

用 W/O 的微乳相制备钡铁氧体($BaFe_{12}O_{19}$)。W/O 微乳液作为反应介质可产生大小均匀用于合成超细钡铁氧体的前驱物碳酸盐颗粒。水核成了限制碳酸盐颗粒和氢氧化物沉淀反应的纳米反应器,反应的 pH 为 5～12。前驱物在 925℃ 灼烧 12h,转变成六方形的铁素体。用微乳法制备的纳米钡铁氧体颗粒具有较高的本征抗磁性,其饱和磁化值为 60.48 $emu·g^{-1}$。

制备纳米锶铁氧体($SrFe_{12}O_{19}$)采用的微乳体系是由 NP-9/异辛烷/乙醇溶液组成的。将 Sr^{2+} 和 Fe^{3+} 的乙醇溶液加入到微乳相中(Sr^{2+} 和 Fe^{3+} 的物质的量比为 1∶12),在水相中形成预前体氢氧化物后,600～1100℃ 灼烧,形成六方形的锶铁氧体。实验发现:与常规沉淀法相比,微乳法得到的纳米锶铁氧体粒度分布窄且具有更好的磁性。在 900℃ 灼烧,其饱和磁化值为 58.28$emu·g^{-1}$,在 1100℃ 其饱和磁化值为 69.75 $emu·g^{-1}$。

最近发现 Bi-Sr-Ca-Cu-O 和 Ti-Ba-Ca-Cu-O 超导体系具有高超导温度(T_c＞110K),高温氧化物超导体的性能取决于样品的微观结构,要得到需要的结构,控制颗粒大小和分布、前驱物的形态及热处理条件极为重要。由固态反应制备氧化物超导体的常规方法存在均匀性差、颗粒大、重复性差、热处理时间长等缺点,在 W/O 微乳相的水核纳米反应器中实现湿法反应可得到较均匀的、细小的颗粒。

例如,Bi-Pb-Sr-Ca-Cu-O 超导体粉通过微乳相法的制备,用阴离子型表面活性剂 Igepal C-430 或壬基苯聚氧乙烯醚和环己烷作连续油相配制成 W/O 型微乳相。第一个微乳相的水相是 Bi、Pb、Sr、Ca 和 Cu 盐以物质的量比 1.84∶0.34∶1.91∶2.03∶2.06 溶解在 50/50(体积比)乙酸和水混合溶液。该水相溶解的金属盐是 Bi_2O_3、$Pb(CH_3COO)_2$、$SrCO_3$、$CaCO_3$,和 $Cu(CH_3COO)_2$,比例如前述。第二个微乳相的水相是草酸在 50/50(体积比)乙酸和水混合的溶液。两个微乳相由 15g 表面活性剂,50 mL 油和 10 mL 水构成。将两个微乳相溶液混合,在微乳相水核中生成草酸盐前驱体,它们粒径在 2～6nm 范围。将此草酸盐在 800℃ 灼烧 12h,然后压成片状再在 850℃ 空气中烧结 96h,测定表明,在微乳相中沉淀得到的超导体前驱体是均匀的纳米粒子,经加热后能生成微观均匀的高密度超导体,超导体 T_c 是 112K,显示比其他合成的超导体更为优越的性能。

5. 金属碳酸盐纳米颗粒[21]

纳米碳酸钙具有纳米材料所特有的性能,如体积效应、表面效应等,广泛应用于橡胶、塑料、涂料、油墨、医药等行业。纳米碳酸钙的合成方法有多种,主要采用液相法,根据反应机理的不同划分为三种反应系统:$Ca(OH)_2$-H_2O-CO_2 反应系统、Ca^{2+}-H_2O-CO_2 反应系统和 Ca^{2+}-R-CO_3^{2-} 反应系统(R 为有机介质),Ca^{2+}-R-CO_2 反应系统是通过有机介质 R 来调节 Ca^{2+} 和 CO_3^{2-} 的传质,从而达到控制晶体成核生长的目的。由有机介质 R 种类的不同可将 Ca^{2+}-R-CO_3^{2-} 反应系统分为微乳法和凝胶法两类。

微乳法是将可溶性碳酸盐和可溶性钙盐分别溶于组成完全相同的两份微乳相溶液中,然后在一定条件混合反应,在较小区域内控制晶粒成核与生长,再将晶粒与溶剂分离,即得到纳米碳酸钙颗粒。采用微乳法合成的纳米碳酸钙一般为非晶质或霞石型晶体。其控制因素主要有表面活性剂及助表面活性剂的种类和比例、碳酸盐及钙盐的浓度、反应温度等。

在纳米颗粒的各种制备法中,微乳法具有潜在优势,如可利用微乳颗粒来控制微粒尺寸。但在一般的制备过程中,主要靠微乳颗粒的碰撞进行物质交换,从而进行反应。由于碰撞存在概率分布,因此对纳米颗粒的均匀性将产生一定影响。文献中还用了一些改进的方法。例如,在以 AOT 为表面活性剂的微乳相制备 CdS 纳米颗粒时,如果在微乳相溶液中加入六甲基磷酸酯作为保护剂,纳米颗粒的大小分布更均一。同样在用 AOT 微乳制备 CdS 纳米颗粒时,如果一份微乳相溶液的“水池”中溶入 S^{2-},而另一份并不是直接将 Cd^{2+} 溶入“水池”中,而是以少量的表面活性剂 $(AOT)_2Cd$（即以 Cd 取代 AOT 中的 Na）与 AOT 混合使用时,得到的纳米颗粒的大小也变得更加均一。辐射技术等也被引入纳米颗粒的微乳制备法中。采用辐射技术后,反应直接在“水池”进行,无需进行物质交换。这对纳米颗粒的均匀性是十分有利的。在离子水溶液中加入适量表面活性剂,如 SDS,再经 γ 辐照还原,可制备出纳米颗粒。此后 Kurihara 等尝试对微乳相溶液进行辐照,成功地制备了 Au 微粒。Barnickel 等对含 $AgNO_3$ 的微乳相溶液进行紫外线照射,也制得了 Ag 微粒。

稳定性和抗光腐蚀性也是反映纳米颗粒质量的重要标准。近年来,在制备 CdS 纳米颗粒时,首先以甲烷或乙烯等轻碳氢化合物气体对微乳相加压,使“水池”中形成笼型化合物。增大压力时,笼型化合物从“水池”中析出。此时,微乳相含水量下降,而纳米颗粒仍存在于“水池”中。经过上述过程后,纳米颗粒的稳定性和抗光腐蚀性明显提高。

微乳制备法还是一种刚起步不久的方法,有很多的基础研究工作要做,如微乳相的种类、微结构与颗粒制备的选择性之间的规律尚需探索,更多的用于超细颗粒合成的微乳相体系需要寻找等。

6.2.2　SiO_2 纳米颗粒的制备[22]

单分散颗粒是指组成、形状相同,而且粒度分布均匀的颗粒。在涂料、催化剂、色谱柱填料及高性能陶瓷等方面,单分散颗粒都得到了广泛应用。

通过控制醇盐水解制备单分散颗粒的方法已经在许多方面得到了成功应用,如单分散二氧化硅颗粒可由硅酸酯在碱催化下于醇溶液中水解-缩合反应合成。

Kolbe 于 1956 年首先根据这种方法制备了单分散二氧化硅颗粒[23]。1968 年，Stober 和 Fink 重复了 Kolbe 的结果[24]，首次进行了较为系统的条件实验研究。由于正硅酸乙酯(TEOS)能与水发生强烈的水解反应，所以必须对反应加以控制，以避免颗粒尺度多分散性及团聚现象的产生，为此 Stober 提出在乙醇介质中氨催化 TEOS 发生水解缩合反应

水解　　　　$Si(OC_2H_5)_4 + 4H_2O \longrightarrow Si(OH)_4 + 4C_2H_5OH$　　　　(1)

缩合　　　　$Si(OH)_4 \longrightarrow SiO_2 \downarrow + 2H_2O$　　　　(2)

总　　　　$Si(OC_2H_5)_4 + 2H_2O \longrightarrow SiO_2 \downarrow + 4C_2H_5OH$　　　　(3)

其中在缩合反应中又可分为晶核形成和晶核成长两个阶段。晶核是在水解产物的缩合度和浓度达到某一临界值后自发产生的。在不同反应环境下制备的 SiO_2 颗粒粒径不同，实际上是反映了在自发成核阶段体系所形成的稳定晶核数密度不同。在相同初始 TEOS 浓度下，晶核数密度低者生长后的粒径大，密度高者粒径小。Stober 方法中 SiO_2 成核过程十分迅速且对反应条件非常敏感，这使得生产过程中最终颗粒粒径不易控制。

近年来发展起来的反胶团微乳相法在控制超细颗粒形貌和粒径方面具有较大的优越性。反胶团的结构从根本上限制了颗粒的生长，使超细颗粒的制备变得容易。在 W/O 微乳相中的水核被表面活性剂和助表面活性剂所组成的单分子层界面所包围，可以看作是一个"微型反应器"，其大小可控制在十几埃到几百埃之间，尺度小且彼此分离，是理想的反应介质。将无机盐水溶液导入胶团内核，并使沉淀反应在这个微环境中发生形成颗粒，颗粒的大小和形貌将受到水核大小以及表面活性剂膜的限制，同时有机物可使颗粒分散良好，不易形成硬团聚。

将 3 种 $0.1 mol \cdot L^{-1}$ 的表面活性剂 AOT、Triton X-100 和 TOMAC(三辛基甲基氯化铵)溶解在环己烷中形成反胶团体系，室温下依次加入氨水及蒸馏水，同时将 TEOS 缓缓加入，持续搅拌 20h，制备单分散二氧化硅颗粒，确定了颗粒粒径、粒度分布与制备条件的相关性，并与传统的 Stober 方法进行了对比。

1. 单分散 SiO_2 颗粒的形貌特征

不同体系中 SiO_2 颗粒的制备条件见表 6-3、表 6-4 及表 6-5。

表 6-3　Stober 过程中 SiO_2 颗粒的制备条件

$[NH_3]/(mol \cdot L^{-1})$	0.8	1.0	1.1	1.2	1.3	1.4	1.5	3.25
$[H_2O]/(mol \cdot L^{-1})$	3.13	3.91	4.72	4.84	4.96	5.13	5.46	12.70
$[TEOS]/(mol \cdot L^{-1})$	0.1	0.1	0.1	0.1	0.1	0.1	0.1	0.26
D/nm	90	140	180	200	250	300	400	1000

表 6－4　Triton X-100 体系中 SiO₂ 颗粒的制备条件

W_0	25.20	12.25	8.30	6.24	5.71	2.85	1.72
D/nm	20	54	57	76	78	89	93

表 6－5　AOT 体系中 SiO₂ 颗粒的制备条件

W_0	2.65	4	6	8	10	12	13.3	14	16	20	25
D/nm	8	25	45	57	75	84	90	93	95	140	145

由 TEM 电镜照片可以看出,在非离子型表面活性剂体系 Triton X-100/Hexanol/环己烷/NH₃·H₂O 中制备的 SiO₂ 颗粒[图 6－2(a)],形貌最好,基本上是球形的,粒度分布均匀,并且由于 Triton X-100 为非离子型表面活性剂,使得颗粒表面不带净电荷,排列整齐有序。相比之下,阴离子型表面活性剂体系 AOT-环己烷/NH₃·H₂O 中制备的 SiO₂ 颗粒[图 6－2(b)] 有一定的粒度分布,单分散性明显不如前者。另外,阴离子型表面活性剂 AOT 吸附在粒子表面,使颗粒之间产生了静电排斥力,因而颗粒排列不很整齐。实验中用阳离子表面活性剂 TOMAC 形成的反胶团体系没有得到 SiO₂ 颗粒,图 6－2(c)为在 TOMAC 体系中反应 20h 时拍下的电镜照片,其中类似颗粒的物质是不稳定体,在电子束照射下迅速消失,当继续延长搅拌时间至 60h 时,发现这些不稳定体已不存在。

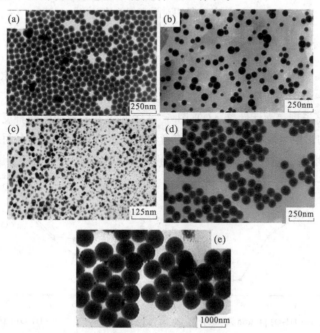

图 6.2　二氧化硅颗粒透射电镜照片

利用 Stober 方法制备的 SiO_2 颗粒[图 6 - 2 中(d)、(e)]较大,基本上是球形的,单分散性也比较好。

2. 反胶团微乳相法与 Stober 方法制备颗粒粒径分布的对比

对反胶团微乳相法及 Stober 方法制备的 SiO_2 颗粒粒径标准偏差进行对比(图 6 - 3)发现,反胶团微乳相法中 AOT 体系标准偏差随粒径的增大而增大,Triton X-100 体系中标准偏差随粒径的增大略有上升,幅度较小;Stober 方法中标准偏差随粒径的增大反而减小。这说明在制备小于 100nm 的 SiO_2 颗粒时,反胶团微乳相法具有较大的优势;而制备亚微米或者更大颗粒时,Stober 提供了一种更好的方法。

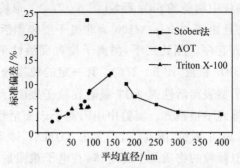

图 6 - 3　反胶团法和 Stober 方法制备的 SiO_2
颗粒粒径相对标准偏差的对比

3. 体系水含量对 SiO_2 粒径的影响

实验结果表明,无论是反胶团微乳相法还是 Stober 方法,体系水含量都是影响颗粒粒径的一个至关重要的因素。其中在非离子表面活性剂 Triton X-100 (图 6 - 4 中曲线 a)和阴离子型表面活性剂 AOT(图 6 - 4 中曲线 b、c)形成的两种反胶团体系中,水含量对粒径的影响呈现相反的趋势。前者粒径随水含量 w_0 的增大而减小,而后者随 w_0 的增大而增大。这种现象可以从水含量对 TEOS 水解-缩合反应的影响得到解释。

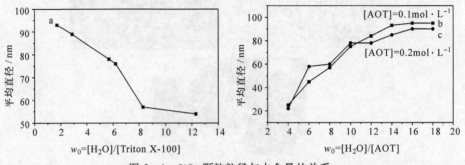

图 6 - 4　SiO_2 颗粒粒径与水含量的关系

TEOS 在碱性条件下发生水解反应,其中 OH⁻对硅原子进行攻击,发生亲核取代,如下面方程所示

$$HO^- + \underset{RO}{\overset{OR}{\underset{|}{Si}}}OR \rightleftharpoons HO-\underset{OR}{\overset{RO}{\underset{|}{Si}}}OR \rightleftharpoons RO^- + \underset{HO}{\overset{OR}{\underset{|}{Si}}}OR \tag{4}$$

一般认为,存在于溶液中的反胶团粒径基本上不受 TEOS 的加入及后续反应的影响[25],仅为表面活性剂浓度和水含量的函数。而实验中体系水含量大大超过了完全转化 TEOS 所需水量,故 W_0 (控制着表面活性剂聚集情况)基本上是一个常数。TEOS 的水解反应是一个发生在胶团内部的过程,而硅烷醇基团的缩合反应(成核及颗粒生长阶段)可能发生在反胶团内部,也可能通过胶团间的相互接触完成。同时,TEOS 水解程度越高,分子中存在的极性硅烷醇基团越多,其亲水性就越强。TEOS 的部分水解产物还具有一定的表面活性,它们一旦形成就会与表面活性剂聚集体相连[26,27]。在 TEOS 分子与表面活性剂聚集体相互作用下,水解程度及速率、起始缩合过程(成核阶段)和解聚过程可能依赖于以下几个因素：① 溶解水分子在反胶团中的状态,即水的反应性能;② 反胶团的结构,即是否具备较好的水环境;③ 与某给定反胶团相连的 TEOS 分子数(即部分水解的 TEOS 分子数);④ 在水核内 OH⁻的离子浓度。

在 Triton X-100 反胶团体系中,当 W_0 值较小时,每个胶束所含有的自由水分子数(N_w)和所接触的 TEOS 分子数(N_t)都很小,不利于反胶团中的水解反应和成核作用。因为大部分水束缚在表面活性剂分子处,致使 OH⁻离子流动性大大降低,水解反应受到抑制,过小的 N_t 值又使胶团内的成核概率极低。另外,低 W_0 值下水解反应也会受到空间效应的限制,即高度水解单体的形成受到表面活性剂尾链的空间排挤抑制,导致 TEOS 分子流动性下降,降低了其释放所有乙氧基的能力。上述原因使得较低 W_0 值下,TEOS 的水解反应和 SiO_2 的成核作用均受到抑制,仅生成少量核心,最终长成较大的颗粒。相反的,当 W_0 值较高时,大部分水分子是自由的,良好的水环境有利于生成高水解度的 TEOS 产物,已水解 TEOS 物种及 OH⁻离子的流动性大大提高,碱催化作用增强。另外,高 W_0 值下,N_t 值增加,邻近硅烷醇基团相互作用形成 Si—O—Si 键(成核过程)概率提高,每个反胶团都可能产生一个核心,致使大量核心生成,最终长成较小的颗粒。

在阴离子表面活性剂 AOT 形成的反胶团体系中,因朝向内水核的极性头带有负电荷,阻碍了水核内 OH⁻进攻 TEOS 分子,使得 TEOS 的水解反应和 SiO_2 的成核过程受到抑制,难以生成临界晶核。要使 TEOS 的水解反应能够进行,就必须提高 AOT 体系中的水含量。但是在较高 W_0 值范围内,OH⁻流动性增强的同时,胶团间相互作用也大大加强,彼此物质交换速率增大,致使 v_E (胶团交换速率)

＞v_G（晶核成长速率）＞v_F（晶核形成速率）。由于水核之间交换物质变得容易，导致颗粒易于团聚，最终生成较大颗粒，同时粒度分布变宽。

实验中用阳离子表面活性剂形成的反胶团体系没有得到 SiO_2 颗粒，形成 TOMAC 反胶团区域内的水含量都不足以使 TEOS 发生水解作用，继续提高水含量仍然不能得到 SiO_2 结晶体。其原因可能是阳离子表面活性剂的极性头基带有正电荷，对 OH^- 离子产生了屏蔽作用，破坏了 TEOS 的正常水解过程；另外，TOMAC 还有可能与部分水解的 TEOS 分子发生强化学作用形成结合产物，从而阻止其进一步水解甚至完全阻止了缩合反应，导致得不到 SiO_2 晶体颗粒。

4. 氨浓度对 SiO_2 颗粒粒度的影响

用反胶团微乳相法制备 SiO_2 颗粒过程中，氨作为催化剂，为 TEOS 的水解缩合反应提供了一种碱性环境，使 TEOS 能够迅速发生水解反应，产生硅酸沉淀。另外，碱性条件也有利于硅酸单体之间的缩聚反应及其本身的脱水反应。

AOT 体系中 W_0 值相对较高。固定某 W_0 值，发现颗粒粒径随氨浓度的增加而增大（图 6-5），这可能是由于碱催化的缩聚反应加剧，稳定核心数密度下降，导致最终生成较大颗粒。另外，在高碱溶液中硅氧烷键的断裂比较容易发生，氨浓度的增加也使胶团间交换速率增大，促使各反胶团内已生成的临界晶核聚集在一起生成较大颗粒。

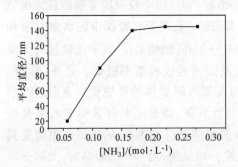 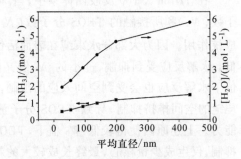

图 6-5　在 AOT-环己烷-$NH_3 \cdot H_2O$ 体系中　　图 6-6　在 Stober 制备过程中颗粒粒径
颗粒粒径与氨浓度的关系　　　　　　与氨及水浓度的关系

在 Stober 过程中，一般情形下 SiO_2 颗粒粒径随氨及水浓度的增加而逐渐增大（图 6-6），但有一个限度，当水及氨的浓度分别超过 $8mol \cdot L^{-1}$ 和 $2mol \cdot L^{-1}$ 时，情况就会恰恰相反。从试剂浓度对 TEOS 水解缩合相对速率的影响进行考虑，颗粒生长是通过已水解 TEOS 单体向缩合物（晶种）上聚集完成的，那么缩合反应速率的提高必然导致生成较少核心。这样，粒径随氨浓度的增加而增大就可归因于较高的缩合速率，即粒子表面的硅烷醇基团去质子作用加快的结果。另外，高水含量和高氨浓度也会促进颗粒团聚现象的发生[28]。

Stober 方法中颗粒的生长环境主要是指氨和水的浓度及反应温度。这三个因素对 TEOS 的水解速度都有明显的影响。当用不同的氨、水浓度和温度组合成相同水解初速度环境进行自发成核的 Stober 反应时,所得颗粒粒径大不相同。这说明反应环境对成核数密度有着非常灵敏的影响,而且这种影响并不是单纯改变了 TEOS 水解速度的结果。

5. 正硅酸乙酯(TEOS)浓度对颗粒粒径的影响

对于反胶团微乳相法,增大 TEOS 浓度将不利于大颗粒的生成。图 6－7 表明,在 AOT 体系中颗粒粒径随 TEOS 浓度的增大而逐渐减小,这与醇介质中 TEOS 浓度效应类似,过高的 TEOS 浓度使水核中瞬间形成的晶核数目大增,导致最终粒径降低。

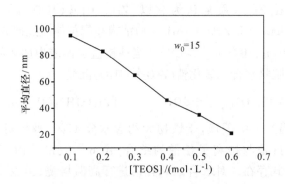

图 6－7　AOT-环己烷-NH₃·H₂O 体系中
TEOS 浓度对颗粒粒径的影响

6.2.3　ZrO₂ 纳米颗粒的制备[29~35]

早期二氧化锆主要用作耐火材料,随着现代工程技术的发展,二氧化锆及其复合材料被广泛的用于新型陶瓷和催化领域。作为新型陶瓷材料,二氧化锆尤其受到重视。在功能方面,比较成熟的应用有氧传感器和燃料电池;其他重要应用有介电陶瓷、压电陶瓷、光电陶瓷等。部分稳定二氧化锆陶瓷(PSZ)在外力作用下可发生相变,从而消除内应力,阻止裂纹的产生和扩展,即所谓的相变增韧二氧化锆陶瓷[36],是有很高利用价值的高强度工程材料。

随着对新材料越来越高的要求,特别是在精密陶瓷方面,对原料粉末的尺寸、粒度分布、形貌和分散性也提出了更高的要求。粉末的性质对最终获得材料性能有决定性的影响。理想的精密陶瓷材料粉末要求是球形、粒度分布窄、无硬团聚、化学组成均匀。

　　掺 Y_2O_3 的二氧化锆陶瓷材料由于其突出的力学性能或良好的离子导电性能,是一种极有发展前途和应用前景的新型陶瓷材料。制备高纯度、粒度分布窄、纳米级、形貌良好、组成可控性好、化学组成均匀的理想二氧化锆粉末一直是粉末材料制备的一个前沿课题。通过利用反胶团微乳相法制备 $ZrO_2(Y_2O_3)$ 纳米颗粒,从而了解反胶团制备方法控制团聚的机理,以及制备过程对粉末形貌、尺寸、物相、化学组成等性能的影响,为进一步用该方法制备氧化物纳米粉末提供依据,探索其工业应用的可能性。

1. 二氧化锆的物理化学特性

　　锆的原子序数为 40,其外层电子排布为 $4s^2 4p^6 4d^2 5s^2$,4d 和 5s 的 4 个电子能量相近,所以锆离子在大多数时候表现为 +4 价。$Zr(\text{IV})$ 离子有较高的配位数,在水溶液中并不存在 Zr^{4+},通常认为它以 $[Zr_4(OH)_8(H_2O)_{16}]^{8+}$ 的形式存在。Clearfield 和 Vanghan 曾对 $ZrOCl_2 \cdot 8H_2O$ 的结构和配位体做过研究,认为其分子式可表示为 $[Zr^{4+}(OH)_8(H_2O)_{16}]^{8+} \cdot Cl^{8-}$。当往锆盐水溶液中加入氨或其他碱性物质时,将析出白色胶状水合二氧化锆($ZrO_2 \cdot xH_2O$)沉淀

$$[Zr_4(OH)_8(H_2O)_{16}]^{8+} + 8OH^- \longrightarrow [Zr_4(OH)_8(H_2O)_{16}](OH)_8$$

　　沉淀物在常温空气中干燥,干燥物大约含水分 47%,即相对于 $ZrO_2 \cdot 6H_2O$。一般认为水分子只是与锆离子松散的结合[图 6-8(b)],而不是以氢氧化物[图 6-8(a)]的形式存在。对水合二氧化锆进行高温焙烧、当温度超过一定界限时,无定形二氧化锆将转化为单斜相的晶体二氧化锆。

$$
\begin{array}{ccc}
& OH & \\
HO - Zr & - & OH \\
& OH & \\
& (a) &
\end{array}
\qquad
\begin{array}{ccc}
& O & \\
H_2O \rightarrow Zr & \leftarrow & OH_2 \\
& (b) &
\end{array}
$$

图 6-8　氢氧化锆和水合二氧化锆分子结构示意图
(a) 水分子与锆离子的氢氧化物的形成结合;
(b) 水分子与锆离子松散的结合

　　二氧化锆(ZrO_2)的熔点为 2677℃,密度为 $5.6\text{g} \cdot \text{cm}^{-3}$,莫氏硬度为 7。纯的二氧化锆在不同温度下有三种晶型:立方相(cubic)、四方相(tetragonal)和单斜相(monoclinic)。随温度的变化,晶型之间发生相互转变

$$单斜相 \underset{}{\overset{1170℃}{\longleftrightarrow}} 四方相 \overset{2370℃}{\longrightarrow} 立方相$$

　　立方相只在高温下稳定存在,四方相与立方相的点阵结构很相近,用 XRD 分析方法往往难以分辨开,两种相态发生转变时体积发生约 3% 的变化,淬冷并不能使立方相和四方相保持到常温。当四方相与单斜相之间发生相转变时,体积发生

约 7% 的变化,引起二氧化锆陶瓷自身的破坏,因而纯的二氧化锆一般不能用于制备致密陶瓷。为了使二氧化锆陶瓷在温度发生变化时不发生破坏性的体积变化,根据不同的用途,常加入百分之几到百分之十几的 CaO、MgO、Y_2O_3 或其他一些稀土氧化物作为稳定剂。根据加入稳定剂量的大小,常温下可以得到全稳定或部分稳定的二氧化锆。

ZrO$_2$ 陶瓷的导热系数是所有结构陶瓷中最小的($0.016\ J\cdot cm^{-1}\cdot s^{-1}\cdot ℃^{-1}$),而热膨胀系数比较大($10\times10^{-6}℃^{-1}$),与金属材料接近。所以,用部分稳定二氧化锆陶瓷作为高性能发动机的隔热件。PSZ 相变体积变化的现象被应用到工程陶瓷方面,可制备成为一种强度和断裂韧性都非常优异的 PSZ 陶瓷,被称作"陶瓷钢"。二氧化锆相变引起的剧烈体积变化会导致材料本身的开裂破坏,但如果二氧化锆颗粒弥散在陶瓷基中,情况就不同了。高温烧结时这部分二氧化锆颗粒以四方相存在,而烧结致密后冷却至 1100℃ 附近时,由于其周围致密陶瓷基体束缚它的膨胀,四方相二氧化锆颗粒转变成为单斜相的趋势受到抑制。实验证明这种抑制作用使相变温度降低,下降的幅度与二氧化锆的颗粒尺寸、基体的热膨胀系数等因素有关。当颗粒足够小时,甚至可使相变温度低于室温。由于二氧化锆仍然以四方相存在于基体中,它始终有力图膨胀而转变为单斜相的自发趋势。人们发现,在稳定立方相 ZrO$_2$、Al$_2$O$_3$、莫来石、Si$_3$N$_4$、SiC 等许多陶瓷基体中,分散了这种亚稳态的二氧化锆颗粒,可使陶瓷的断裂韧性有很大的提高,这是因为四方相二氧化锆颗粒是处于压应力状态,基体沿颗粒连线方向也是受压应力的。在外力作用下,材料产生裂纹,在裂纹尖端附近存在张应力场,从而减轻了对四方相颗粒的束缚,于是发生相变,并产生体积膨胀,这样就消耗了一部分能量,只有增加外力做功,才能使裂纹扩展。另一种相变增韧的机理为微裂纹增韧,如果弥散的二氧化锆颗粒比较小,或是经过一定的热处理,那么基体中的四方相将转变为单斜相,同时,因体积膨胀而使其周围的基体产生分布均匀的微裂纹。当受力时,微裂纹会使主裂纹扩展时分枝和改变方向而吸收一部分能量,从而减缓和阻碍主裂纹扩展达到增韧的目的。

稳定的二氧化锆陶瓷是一种用途十分广泛的功能陶瓷,其中一大用途是利用其氧空穴传导现象来作为固体电解质或气敏元件。通常采用 ZrO$_2$-CaO、ZrO$_2$-Y$_2$O$_3$、ZrO$_2$-MgO 系陶瓷作固体电解质。在一定温度下,当 ZrO$_2$ 固体两侧附有多孔性金属 Pt 电极而且两侧氧浓度不同时,会出现高浓度侧氧离子通过固体电解质氧空穴位移,向低浓度氧离子侧迁移,形成氧离子导电,在固体电解质两侧形成氧浓差电动势(E),因此成为浓差电池。

2. 水合二氧化锆纳米颗粒的制备

无机锆盐与氨水反应的沉淀物(前驱物)携有大量的水,而且锆也是以水合二氧化锆的形式存在。即使经过 100℃干燥的沉淀物,仍然含有配位水和吸附水,水分子与颗粒结合的形式有多种,其结合强度也略有不同,随着煅烧温度的不同,水分逐渐脱除,一般需要超过 800℃,才能完全去除水。

前驱物中水分的存在是引起颗粒团聚的一个主要原因。预先对这部分水分子进行处理,防止其在干燥过程中引起毛细管力和在颗粒之间形成键合,可以减轻颗粒的团聚。无水乙醇超声洗涤可以有效地去除前驱物中的吸附水和部分配位水,以乙氧基取代羟基,使得颗粒之间无法通过氢键架桥团聚在一起,此外乙醇挥发性比较强,可以降低干燥过程由于毛细管效应而引起的团聚。

反胶团微乳相法制备超细二氧化锆粉末的工艺,其沉淀反应同样是在无机水溶液即微水核中进行,虽然同时表面活性剂以及有机相分子也可能吸附在颗粒上,沉淀物还是要携带大量的水分。用无水乙醇超声洗涤可以同时去除以上物质,也可将反应物带入的其他杂质离子(如氯离子)洗净,以提高粉末的纯度和其他性质。

水合二氧化锆是无定形的非晶态物质,必须经过高温煅烧才能得到晶体二氧化锆粉末。二氧化锆晶体颗粒在煅烧过程中的形成与水溶液或熔融液不完全一样,它的晶核是通过物质转相形成的,没有长距离的物质迁移,晶体颗粒的大小与形貌与原来无定形的前驱物颗粒大小、形状和组成有密切的关系,而且前驱物颗粒间的结合状态也将影响烧结粉末的团聚体大小、形状和强度。所以,研究前驱物的特性对于控制粉末团聚十分重要。

利用反胶团微乳相法制备水合二氧化锆前驱物的实验条件为:混合含 0.4 mol·L^{-1}锆盐(其中[Y(Ⅲ)]/[Zr(Ⅳ)]＝6/94)和 12.5%氨水的两种反胶团溶液,在室温下搅拌 4min,产生沉淀体系变混浊,离心分离得到沉淀物。用无水乙醇超声洗涤 3 次,洗余液用硝酸银溶液检测未出现沉淀,据此判断氯离子已基本去除。洗涤完的前驱物呈胶状,直接进行干燥。

水相沉淀过程中,沉淀物含有大量的水,包括物理吸附、化学吸附和配位水。一般认为,金属锆盐的水相沉淀物是以水合二氧化锆($ZrO_2 \cdot xH_2O$)的形式存在,水分子与金属离子之间结合的强度不完全相同,存在多种形态,而且水的存在正是引起颗粒硬团聚的一个主要原因。为了减轻硬团聚,人们试图用其他物质特别是有机物来取代这些水分子。仇海波等将共沉淀法所得的沉淀物洗涤去除氯离子后,在剧烈搅拌下与正丁醇混合,混合后的上层悬浮液转入烧瓶中进行共沸蒸馏脱水,获得良好的控制团聚效果。Haberko 等首先利用无水乙醇等醇类溶剂洗涤共沉淀物以移除水,他认为乙氧基可以取代羟基与锆离子结合,在颗粒表面形成保护层,起到分散的作用。有时也在反应过程中加入其他一些有机物特别是各类表面活性剂[如聚乙二醇(PEG)或聚丙烯酸铵等],使其吸附在颗粒表面,以加强颗粒的位阻效应或增加颗粒所带电荷,提高颗粒间静电斥力作用,以使颗粒稳定的分散。

图 6-9 和图 6-10 是共沉淀法制备的沉淀物分别用水洗涤或用无水乙醇超

声洗涤,并在室温下真空干燥后,进行的差热和热失重分析结果。水洗样品在整个加热过程中只表现出一个失重阶段,即水分的逐步脱除,总失重约 30.4%。升温初期,50℃处出现一个尖锐的吸热峰,对应的失重十分迅速,这部分失重应该为前驱物物理吸附的水分挥发。经过无水乙醇超声洗涤的样品在 55℃处没有明显的吸热峰,而在 55～120℃之间有一个较宽的吸热峰,这是因为无水乙醇超声洗涤基本将粉末的物理吸附水分去除,而物理吸附的乙醇在较低温度下干燥已挥发干净,所以这个区域的吸热过程不明显。醇洗样品还在 276℃处出现较强的放热峰,对应 TG 曲线上出现一个新的失重阶段,相对水洗样品在相当宽的一段区域里的DTA 曲线却很平缓,TG 曲线也无新的拐点。这说明无水乙醇超声洗涤,不仅能脱除沉淀物表面携带的物理吸附水,而且能取代与颗粒结合紧密的部分化学吸附水或配位水。醇洗样品总失重 41.6%,约比水洗样品多 11%,这也证明有大量的—OH 基团被—OC$_2$H$_5$ 基团所取代。这部分物质在升温过程中分解燃烧,从而使前驱物总失重百分比增加。

从以上两种前驱物的红外谱图(图 6-11)也可发现,经过无水乙醇超声洗涤的前驱物 ν_{O-H} 吸收谱带比水洗样品"紫移"了将近 39cm^{-1}(由 3383.7cm^{-1} 到3422.2cm^{-1}),而—OH 的平面变角振动特征峰发生"红移"(由 1350.2cm^{-1} 到1342.1cm^{-1}),这是由于颗粒表面松散结合的物理吸附水被大量洗去,形成较多氢键的水分减少所致。金属氧键的吸收谱带也发生 24cm^{-1}(由 455.8cm^{-1} 到431.2cm^{-1})的"红移",这表明与锆原子结合的羟基团被乙氧基所取代,即化学吸附水经无水乙醇洗涤也能被部分去除。在 3000～2800cm^{-1} 之间饱和 C—H 的伸缩振动特征吸收也进一步证明,无水乙醇超声洗涤已经使乙氧基吸附到颗粒表面了。水洗样品在此区域也有微弱的吸收,疑为由于前驱物吸附了空气中的二氧化碳在颗粒表面形成 Lewis 酸,从而导致微弱的 ν_{C-H} 特征吸收。实际上,二氧化锆确实有很强的吸附能力。

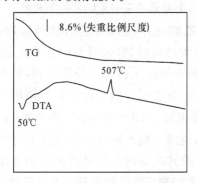

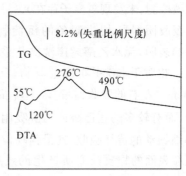

图 6-9　水洗共沉淀二氧化锆前驱物的　　图 6-10　无水乙醇超声洗涤共沉淀二氧化锆
　　TG-DTA 曲线(25℃真空干燥)　　　　前驱物的 TG-DTA 曲线(25℃真空干燥)

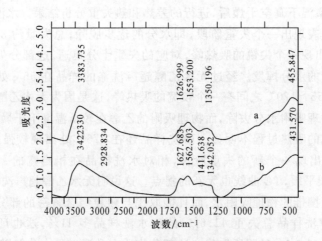

图 6‑11　共沉淀前驱物的红外谱图
a. 水洗共沉淀前驱物(25℃真空干燥);
b. 无水乙醇超声洗涤共沉淀前驱物(25℃真空干燥)

　　反胶团微乳相法制备颗粒过程中,沉淀反应也是在水相中进行的,当颗粒在微水核中形成并长大时,除携带水以外,表面活性剂和有机相物质也将吸附在颗粒上。CH$_3$(C$_{15}$H$_{31}$)(CH$_3$)$_3$N—和 C$_6$H$_{13}$O—两种基团都可能与锆原子结合,或松散地吸附在颗粒表面形成一层保护膜。实验过程中观察到,如果将反胶团法获得的沉淀物直接用水洗涤,颗粒将非常均匀地分散在水中,形成稳定的溶胶,简单的加入絮凝剂或较低转速离心(4000~5000r·min^{-1})都无法将固体颗粒从液相中分离出来。这一方面是由于颗粒太细,另一方面是由于颗粒表面吸附的表面活性剂或其他有机物的分散作用所致。无水乙醇超声洗涤除了要除掉沉淀物携带的各种离子特别是氯氧化锆所带入的氯离子外(实验过程中,经 3 次无水乙醇超声洗涤后,分离液用硝酸银溶液检测,未发现氯离子存在),另一目的就是去除水分子,减少粉末的团聚。

　　反胶团微乳相法制备的沉淀物经无水乙醇超声洗涤前后的红外谱图(图6‑12)表明,无水乙醇超声洗涤几乎将全部吸附的有机物(包括 CTAB 和正己醇)除去。相对于水洗共沉淀前驱物,反胶团法制备的前驱物无论醇洗与否,羟基在3400cm^{-1}左右的吸收谱带 ν_{O-H} 峰都发生紫移,这说明反胶团前驱物吸附的水分较少,而有较多的正己醇或乙醇吸附在前驱物表面。430~460cm^{-1}谱带为 Zr—O键伸缩振动的特征吸收,其最强峰位也随制备洗涤方法不同而移动,这是由于吸附在颗粒表面的物质改变所产生的效应。水洗的共沉淀前驱物吸附的主要为水分子,而经无水乙醇超声洗涤的则可能为乙醇,未经洗涤的反胶团制备的前驱物可能吸附了大量的正己醇。ν_{Zr-OX} 红外特征吸收随 X 基团的推电子能力增强而向高频位移,这是由于其推电子能力越强,Zr—O 键的成键电子密度越向键的几何中心靠近,键强提高,红外吸收紫移。H 原子、乙氧基、己氧基的推电子能力依次减弱,而以上三种前驱物的金属氧键最强吸收也依次"红移",证明反胶团法制备、无水乙醇超声洗涤可以使颗粒表面的水分被有机物取代,防止颗粒之间因氢键作用而团聚在一起。

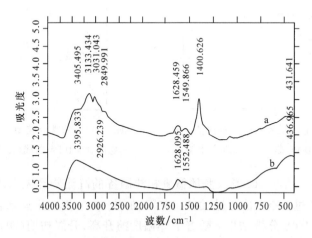

图 6⁻12　反胶团微乳相法制备前驱物的红外谱图
a. 未经洗涤(25℃真空干燥);
b. 无水乙醇超声洗涤(25℃真空干燥)

图 6⁻13 是反胶团法微乳相法制备的前驱物用无水乙醇超声洗涤、25℃真空干燥后的 TG-DTA 曲线,其 TG 曲线存在两个阶段。第一阶段失重迅速,在 155℃以前约失重 23.7%,对应 DTA 曲线在 45～172℃之间有一个较宽的吸热峰,这与醇洗共沉淀样品(26.5%)相差不远,两者在这个阶段的失重百分比也基本相近。同时在 275℃前后也有一个比较大的放热峰,失重百分比则为 9.3%,与醇洗共沉淀样品(14.9%)相比减少 5.6%,这说明反胶团法制备的前驱物含水量比共沉淀法大大减少。

对照水洗共沉淀,醇洗共沉淀和醇洗反胶团法制备的三个前驱物(25℃真空干燥)的 TG-DTA 行为,在 120～350℃区域都出现比较尖锐的放热峰,但水洗共沉淀样品的差热曲线则为一平缓宽峰。这说明无水乙醇超声洗涤已把绝大部分的物理吸附水和部分紧密结合水分洗净,代之以乙醇分子作为配合物,所以在升温过程中,乙醇配合物分解燃烧出现急剧放热;水洗共沉淀样品携带的水分因结合强度不同,随温度升高逐渐挥发分解,中间不出现突变过程。无水乙醇超声洗涤的共沉淀法样品在此阶段有两个放热峰,除 276℃的峰以外,紧接着还有一个稍矮一点的肩峰;而在无水乙醇超声洗涤的反胶团法样品中则只在 275℃出现一个放热峰,这表明共沉淀法制备的前驱物即使经过无水乙醇超声洗涤,它所携带的水分和乙醇与前驱物的结合与反胶团微乳相法制备的前驱物相比,其结合强度和方式还是存在差别。

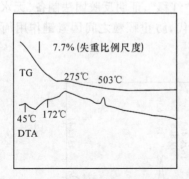

图 6-13　醇洗反胶团法二氧化锆前驱
物的 TG-DAT 曲线（25℃真空干燥）

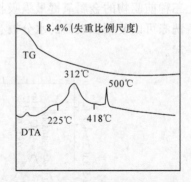

图 6-14　醇洗反胶团法二氧化锆前驱
物的 TG-DTA 曲线（冷冻真空干燥）

图 6-14～图 6-16 是反胶团微乳相法制备的沉淀物经无水乙醇超声洗涤两次后分别再经过真空冷冻干燥、加热 100℃、加热 200℃真空干燥水合二氧化锆前驱物样品的 TG-DTA 分析结果。随着干燥温度的升高，升温初期（200℃以前）的失重速度和失重比例明显减小。对于 200℃真空干燥样品，在 210℃以前有约 7.6％的失重，这应该是干燥后的前驱物在保存期间吸附的大量空气中的水分及其他物质。3 个样品在此前的差热曲线也很平滑，只有真空冷干燥样品出现一个比较宽而平缓的吸热峰，其他两个样品在此阶段基本不能判别峰的存在，这说明结合比较松散的物理吸附水和乙醇绝大部分在干燥过程中已基本去除。3 个样品的总失质量分别为 34.57％、36.7％、38.8％，随干燥温度升高略有增加，这可能是因为经过较高温度干燥的前驱物具有更强的吸附力，保存期间吸附了大量空气中的水分或其他物质，而且这部分新吸附的物质与前驱物结合比从沉淀过程携带的水分等结合更紧密。

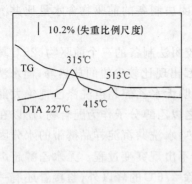

图 6-15　醇洗反胶团微乳相法二氧化锆前
驱物的 TG-DTA 曲线（100℃真空干燥）

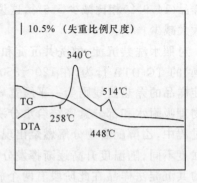

图 6-16　醇洗反胶团微乳相法二氧化锆
前驱物的 TG-DTA 曲线（200℃真空干燥）

四个反胶团微乳相法制备的前驱物样品在 300～440℃之间都有较强的放热峰,对应在 TG 曲线上出现一个拐点。这部分失重应包括配位水及醇的继续脱除、吸附的有机物分解燃烧,所以引起较强的放热。在较低温度下干燥的样品此阶段失重比较平缓,随着干燥温度的升高,逐渐变得明显了。前 3 个样品在这个阶段失重都在 8%～9%(质量分数)之间,而 200℃真空干燥的样品则为 16.7%(质量分数),而且其放热峰也变得更强。究其原因,可能是当前驱物在较高温度干燥时,虽然有一部分结合比较松散的物质挥发掉,但同时也有一部分获得能量使其与颗粒的结合力增强,经冷却后重新升温必须达到更高的温度,才能使其分解,所以失重和放热同时增加;也有可能经较高温度干燥的前驱物与低温下干燥相比具有不同的表面吸附特性,干燥完后在室温保存期间吸附的水分或空气中其他物质与颗粒结合更加难以在低温下脱除。这和反胶团前驱物总失重随干燥温度上升而增加的原因一致,都是由二氧化锆较强的吸附能力所致。

所有的二氧化锆前驱物,在升温到 500℃前后出现一个尖锐的放热峰,即从无定形向晶体转化的过程。随制备工艺、洗涤方法和干燥条件的不同,晶化放热峰的形状和出现的温度点稍有差别。这可能与前驱物内各种不同的化学配位有关。

图 6-17(a)～(f)分别是以上 6 种样品经过 600℃煅烧后的粉末 TEM 照片。共沉淀法沉淀物经过无水乙醇超声洗涤后,颗粒的分散性能比只经过水洗所制备的粉末分散性大大改善,团聚体尺寸较小,但两种粉末的颗粒形貌都不理想,如图 6-17(a)、(b)所示。

真空冷冻干燥的前驱物具有很好的流动性,而较高温度真空干燥后前驱物往往呈半透明块状物。煅烧后的粉末颗粒在分散程度和颗粒形貌上都有很大的区别。从透射电子显微镜照片[图 6-17(c)]可以大致看到,冷冻干燥法得到的颗粒为完全的球形,颗粒分散性非常好。由于前驱物在低温下干燥时,水分等挥发性物质直接从固体升华离去,并没有毛细管作用力,颗粒骨架不发生任何移动,干燥物的团聚体大大减少,从而煅烧粉末的性能也得到改善。

前驱物的干燥温度越高,粉末的颗粒团聚现象就越严重。经室温[图 6-17(d)]和 100℃真空干燥[图 6-17(e)]的样品虽然也得到球形纳米颗粒,但其分散性比冷冻干燥差,而 200℃干燥的样品[图 6-17(f)],虽然还可发现一些极细的球形颗粒,但大部分以较大的团聚体形式存在。

在实际工业生产中,真空冷冻干燥由于成本太高,一般不用这种方法处理前驱物。为了加快干燥过程,在较高温度下干燥是非常必要的,但传统的静态床式加热干燥很容易引起粉末的团聚,严重影响粉末性能。如果能使用流态化床或喷雾干燥等技术,将是十分有利的。

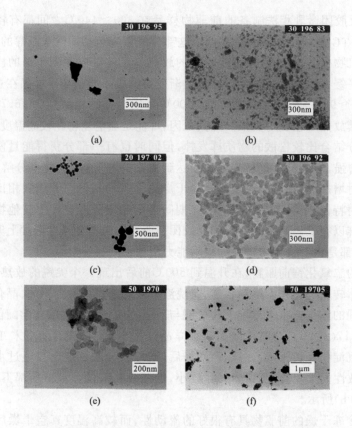

图 6-17　$ZrO_2(Y_2O_3)$粉末的 TEM 照片(600℃煅烧 2h)

(a) 水洗共沉淀法(25℃真空干燥);(b) 醇洗共沉淀法(25℃真空干燥);

(c) 醇洗反胶团法(冷冻真空干燥);(d) 醇洗反胶团法(25℃真空干燥);

(e) 醇洗反胶团法(100℃真空干燥);(f) 醇洗反胶团法(200℃真空干燥)

反胶团微乳相法制备过程中,己氧基能紧密地吸附在沉淀物表面,从而使颗粒的分散性能增强,而且相对于共沉淀制备法,其前驱物吸附水较少。无水乙醇超声洗涤能够将共沉淀前驱物颗粒表面吸附的水分基本脱除,而且也能取代部分与颗粒结合比较紧密的化学吸附水分,从而使颗粒的分散性能更好。无水乙醇超声洗涤还可以将沉淀物携带的电解质离子、有机物分子以及其他杂质洗净。前驱物经冷冻真空干燥所得粉末颗粒的形貌和分散性能都非常好,但随着干燥温度升高,颗粒的团聚现象变得更加严重。

3. $ZrO_2(Y_2O_3)$粉末特性与微乳体系性质的关系

为了得到 Y_2O_3 分布均匀的二氧化锆粉末,沉淀反应过程必须是过饱和的,沉淀在瞬间完成,具有不同平衡常数的各组分几乎同时沉淀下来,这就要求过量的

OH^- 存在。由于沉淀反应本身极快,因而反胶团溶液中胶团内反应物的扩散过程成为控制粉末粒度及粒度分布的关键。只有包含有两种反应物的胶团碰撞在一起并发生物质交换,形核和晶核生长才可能进行。由于形核速度远比生长速度快,在初次接触到另一种反应物的胶团里锆离子迅速形成临界晶核而不是使晶核长大,这样胶团内的金属离子量成为决定晶核数目的因素,并影响到颗粒的粒度和粒度分布。一旦某个胶团内已经含有晶核,再次经过扩散进入这个胶团的金属离子重新成核的机会远比沉积到已有晶核上的概率少,这部分离子主要是使已有的晶核长大。此外胶团的大小将影响最终颗粒的尺寸,因为在颗粒长大过程中,表面活性剂膜可能吸附在颗粒表面从而阻止其他离子继续沉积在它上面,反胶团起到"笼子"的作用。反胶团体系的溶盐量、胶团的粒度及粒度分布、重排速度、反应物水溶液的浓度等因素对合成的颗粒特性均有影响。

反胶团体系本身的组成是决定其自身特性的主要因素,同时温度、混合方式和搅拌过程对反胶团内的沉淀反应也有着重要的作用。因此,研究反胶团溶液的化学组成对合成的 $ZrO_2(Y_2O_3)$ 粉末颗粒特性的影响规律,探讨高浓度表面活性剂、高浓度反应物浓度条件下生产理想的纳米 $ZrO_2(Y_2O_3)$ 粉末具有重要意义。

将混合均匀的 $ZrOCl_2 \cdot 8H_2O$ 和 $Y(NO_3)_3 \cdot 6H_2O([Y(Ⅲ)]/[Zr(Ⅳ)]=6/94)$ 溶液或氨水溶液分别加入 CTAB/正己醇混合物中,在 30℃恒温水浴振荡 1h,获得澄清透明的反胶团微乳相溶液。将两种反胶团溶液在室温(25℃左右)下混合搅拌 4min。反应完毕离心分离($4500 \sim 5000 r \cdot min^{-1}$),沉淀物用无水乙醇超声洗涤两次,并于真空烘箱 85℃下干燥 6h。干燥后转入马弗炉在 600℃煅烧 2h,获得白色疏松的粉末。

1)$ZrO_2(Y_2O_3)$的晶相与煅烧温度

水合二氧化锆必须经过较高温度煅烧才能从无定形态转化为晶态,从对前驱物的 TG-DTA 分析可以看到,煅烧的最低温度约为 500℃。纯的二氧化锆粉末随温度的变化具有三种相态:单斜相、四方相和立方相,常温下一般为单斜相。当掺入 Y_2O_3 等稳定剂时,有可能使高温相保留到常温,即形成稳定或部分稳定的二氧化锆。根据稳定剂的类型和所加入的量,可以控制粉末的物相。电子能谱法(EDAX)以及 X 射线荧光光谱分析都表明,各种条件下制备的 $ZrO_2(Y_2O_3)$ 粉末中 Y_2O_3 的含量与金属盐溶液中设定的比例基本一致,钇锆原子比约为 6%。

图 6-18 为经过不同温度煅烧 2h 的同一粉

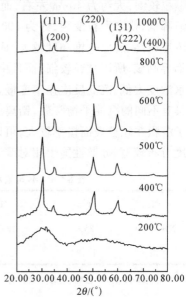

图 6-18　不同煅烧温度
$ZrO_2(Y_2O_3)$粉末 XRD 谱图

末的 XRD 谱图。低于 300℃的热处理前驱物完全为无定形态,400℃煅烧,水合二氧化锆开始晶化,主衍射峰开始变得突出。但还不能完全判断其晶型,似乎四方相和立方相都存在,单斜相的主峰($D=3.16$)没有出现,由此基本可以断定不存在单斜相。500℃以上温度煅烧,所有衍射峰越来越尖锐,基线平整,主要表现为四方相。其晶粒尺寸也逐步增大,如图 6-19 所示。

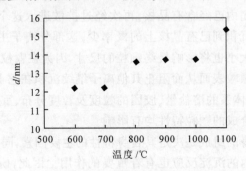

图 6-19　$ZrO_2(Y_2O_3)$晶粒尺寸
与煅烧温度的关系

2) 微乳性质对粉末特性的影响

(1) 氨水浓度。图 6-20(a)～(e)为表 6-6 所列的不同氨水浓度条件反胶团制备所得的 $ZrO_2(Y_2O_3)$粉末颗粒的 TEM 照片。在氨水浓度高时[图 6-20(a)],颗粒较细,大约为 40nm 左右,而且粒度均匀,颗粒基本呈球形。随着氨水浓度逐渐降低,粉末颗粒变粗,约为 100nm,分散性能也有改善,但粒度分布比较宽。氨水浓度越高,反应过饱和度越大,成核速度远远大于晶核生长速度,瞬时形成大量的临界晶核,所以颗粒较细,而且由于颗粒长大机会较少,粒度分布也比较均匀。氨水浓度太低,沉淀反应速率变慢,由于钇离子浓度比锆离子浓度低,而且两种离子具有不同的沉淀平衡常数,锆离子首先沉淀,发生偏析。当反应条件接近平衡,离子沉积在颗粒表面概率较大,可以使沉淀颗粒的形貌比较好,颗粒尺寸也较大,粒度分布较宽,分散性能也相对改善。

表 6-6　不同氨水浓度的各反胶团溶液物质组成与 pH

项目	(a)	(b)	(c)	(d)	(e)
$NH_3 \cdot H_2O$	25%	12.5%	8.3%	6.3%	5.0%
pH	11.26	10.82	10.32	10.29	10.27

注:水/CTAB/正己醇(质量分数)/% = 15.24/22.26/62.50,[$Zr(IV)$] = 0.4mol·L^{-1},$W=14$。

(2) $Zr(IV)$-$Y(III)$水溶液的离子浓度。在各种金属盐浓度条件下得到的 $ZrO_2(Y_2O_3)$颗粒基本都为球形,平均颗粒直径为 40～60nm。在较高浓度条件下

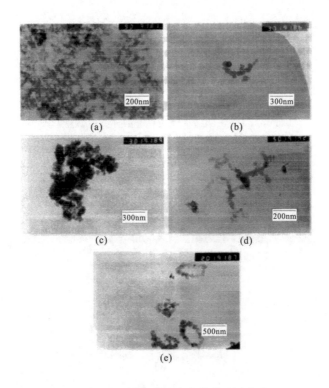

图 6-20　不同氨水浓度条件反胶团合成
ZrO₂(Y₂O₃)粉末 TEM 照片

得到的粉末颗粒粒度分布比较窄,较低锆盐浓度所制备的颗粒粒度分布比较宽,但颗粒粒径没有显著变化,如图 6-21 所示。这是因为锆离子浓度对反胶团溶盐量影响很小,对其微观结构的影响也不明显,而合成颗粒的尺寸主要决定于胶团的尺寸和粒度分布,所以反胶团体系中金属盐水溶液的离子浓度对颗粒的粒度和形貌影响不大。同时由于锆盐浓度对胶团粒度影响较小,所以胶团浓度随锆盐浓度变化也比较小,随着锆盐浓度升高,每个微水核所包含的锆离子量增加。当一个微水核内含有超过形成一个临界晶核所需离子个数时,由于 pH 较高,成核在瞬间完成,生成多个晶核,水相中剩下的游离锆离子也迅速在各晶核上沉积,所以颗粒的粒度分布较窄。

表 6-7　不同锆离子浓度的各反胶团溶液物质组成

类　别	a	b	c	d	e
$[Zr(\text{IV})]/(\text{mol} \cdot \text{L}^{-1})$	0.2	0.4	0.8	1.0	1.2

注:水/CTAB/正己醇(质量分数)/%=11.9/23.1/65.0,$[NH_3 \cdot H_2O]$=12.5%,W=10.4。

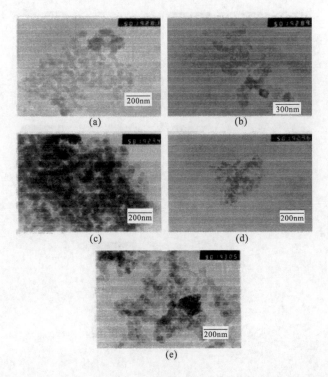

图 6 - 21　不同锆盐浓度反胶团合成的 $ZrO_2(Y_2O_3)$ 粉末 TEM 照片

　　联系锆盐浓度对反胶团体系的影响规律,胶团的粒径随锆盐浓度增加并不出现明显的变化,而且各浓度条件下所制备的粉末颗粒粒径变化也很小,这说明胶团的尺寸才可能是决定粉末颗粒尺寸的主要因素。

　　(3) 表面活性剂浓度。如图 6 - 22 所示,三个较低表面活性剂浓度反胶团体系(条件见表 5.3)制备的粉末(a)、(b)、(c)都有严重的团聚现象,在高倍放大时发现其一次颗粒极细,大约只有几纳米,在其他两个粉末中也有少量这种团聚体存在。当表面活性剂浓度较高时,得到的粉末 e、f 的颗粒粒径增大,为 30～40nm,颗粒基本分散,呈较完善的球形。从表面活性剂浓度对反胶团微观结构的影响规律了解到,当 $W_0([H_2O]/[CTAB])$ 一定时,在较低的表面活性剂浓度条件下,胶团颗粒非常细小,反胶团体系制备的粉末颗粒极细,分散非常困难。由于水和表面活性剂在体系中的百分比同时升高,体系的黏度并不一定随表面活性剂的浓度增加而增大,所以体系胶团的重排速率也不一定变小。当表面活性剂和水溶液百分比达到一定值时,胶团颗粒粒径随着表面活性剂浓度增大而减小,胶团浓度也升高,胶团相互碰撞的概率更加频繁,所以总的来说,胶团之间交换物质的速度将加快。由于在不含有晶核的胶团里,成核速度远高于晶核生长速度,第一次接触到另一种反应物的胶团内的金属离子迅速沉淀下来,产生大量的临界晶核,当含有晶核的胶团再次接触到包含金属离子的其他胶团时,离子则首先沉积在已有的晶核上。表面活性剂浓度高时,在简单的搅拌条件下(实验使用磁力搅拌),胶团在体系中运动速度越慢,整个反胶团体系的微观混合就越均匀,各胶团就有较长的一段时间来等待另一种反应物到达从而发生一次成核。一次成核以后,没有参与反应的胶团相对就少了,晶核生长的机会也就少了;相反,胶团运动速度越快,一次成核以后有相对更多的未反应胶团,当这些胶团与其他已包含晶核的胶团发生物质重排时,其内部包含的离子就沉积在已存在的晶核上,使颗粒粒径增大,粒度分布也相对较宽。总之,随着水和表面活性剂浓度同时增大,胶团形貌更加完整胶团内的物质交换速度加快,将使颗粒粒径增大,粒度分布变宽。

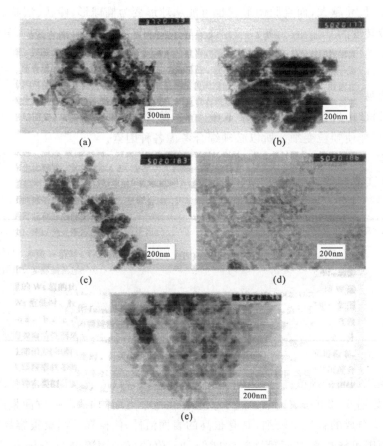

图 6-22　不同 CTAB 浓度反胶团合成的 $ZrO_2(Y_2O_3)$ 粉末 TEM 照片

表 6-8　不同 CTAB 浓度的反胶团物质组成

	水(质量分数)/%	CTAB(质量分数)/%	正己醇(质量分数)/%	[CTAB]/(mol·L^{-1})	W_0
a	2.3	5.6	92.1	0.137	8.1
b	4.2	10.4	85.4	0.274	8.1
c	7.3	18.2	74.5	0.549	8.1
d	9.7	24.2	66.1	0.823	8.1
e	11.6	29.0	59.4	1.097	8.1

注：[Zr(Ⅳ)]=0.4 mol·L^{-1}，[NH$_3$·H$_2$O]=12.5%。

(4) 水含量 W_0([H$_2$O]/[CTAB])。反胶团体系中水与表面活性剂含量的比例是表征体系性质的主要参数。体系的微观结构与 W_0 值有密切的关系。W_0 值越高，胶团尺寸越大，而且胶团形状也可能从球形变为椭球形、棒状、层状甚至由反胶团溶液转变为其他相态，如双水相或其他伪晶相。同时表面活性剂膜更加薄，反胶团体系的电导率上升，有利于胶团之间的物质交换，单个胶团内部金属离子量增大，有利于颗粒的生长。然而，由于表面活性剂膜比较容易破裂，不同胶团内的晶核更加容易突破表面活性剂膜而结合到一起，造成颗粒长大，粒度分布变宽。但由于一次成核时，形核速度比晶核生长速度快，单个胶团内盐容量越高，一次晶核越多，也有可能使颗粒变细。所以必须综合考虑各种因素。

表 6-9 列出合成粉末的各反胶团组成以及其他一些参数，图 6-22 分别为对应以上 4 个表中各种组成的反胶团合成的粉末 TEM 照片。

表 6-9　不同 W_0 反胶团物质的组成

	水(质量分数)/%	CTAB(质量分数)/%	正己醇(质量分数)/%	W_0	[CTAB]/(mol·L^{-1})
a	10	36	54	5.6	1.50
b	14	34	52	8.3	1.47
c	18	32	50	11.4	1.44
d	22	30	48	14.8	1.41
e	26	28	46	18.8	1.37

注：[Zr(Ⅳ)]=0.4 mol·L^{-1}，[NH$_3$·H$_2$O]=12.5%。

在高表面活性剂浓度时，低 W_0 值反胶团溶液合成的粉末颗粒，都有比较严重的团聚，如图 6-23(a)、(b)、(c)所示。这存在两个方面的原因：一方面是反胶团胶团极细，所合成的颗粒也较细，具有很高的表面活性，使得颗粒团聚很容易发生；另一方面原因可能是高表面活性剂浓度低 W_0 值的反胶团溶液具有较高的体系黏度，吸附在颗粒之间的有机质使小颗粒结合在一起，而这些有机质又不容易被洗涤干净，造成颗粒黏结团聚。实验过程中观察到，沉淀物虽然经过洗涤，前驱物干燥后仍形成坚硬的胶状物。当 W_0 较高时，合成的粉末颗粒形貌都比较好，基本被分散开,颗粒粒度分布也比较宽,如图 6‐23(d)、(e)所示,粒径在 30～100nm 之间,而且随着 W_0 值的增大,颗粒粒径也逐渐增大。由于表面活性剂浓度高,表面活性剂膜较结实,胶团的球形形状能保持稳定,这样合成的颗粒形貌受胶团形貌约束比较严格,所以颗粒的形貌和分散性能都比较好。但同时由于 W_0 值增大,胶团变大,胶团的重排速度加快,所以粉末颗粒也变粗。

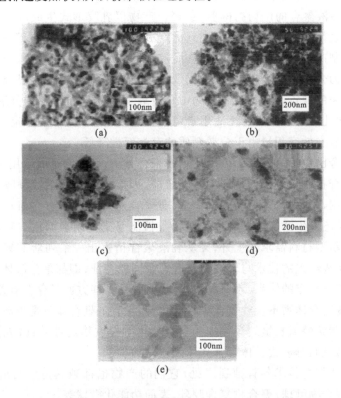

图 6‐23　不同 W 反胶团合成的 $ZrO_2(Y_2O_3)$ 粉末 TEM 照片

反胶团法制备的 $ZrO_2(Y_2O_3)$ 粉末物质组成与金属盐溶液中设定基本一致。焙烧后粉末为四方相,晶粒尺寸为 10～16nm。反胶团溶液的微观特性是决定颗粒粒径、形貌和团聚状态主要因素。高浓度金属盐制备 $ZrO_2(Y_2O_3)$ 时,较高的表面活性剂浓度允许有较高的 W_0 值,甚至可以接近饱和溶水量。以此合成的颗粒为球形,粒径在 30～100nm 之间,基本无团聚。

6.3　微乳相中合成聚合物纳米颗粒

6.3.1　引言[37]

乳液聚合是制备聚合物的一种重要技术。最早的关于乳液聚合方法的报道出现在 1932 年。其后,在经历了 1930～1950 年的初步发展之后,才成为目前在聚合物制备中举足轻重的工业方法。

　　乳液聚合与其他聚合方法相比具有一些突出的优点:①由于聚合体系在聚合过程中始终处于流动性良好的状态,因此,自由基聚合放出的反应热很容易通过水相传递出去;②聚合速率比通常的本体平衡聚合高得多;③聚合产物的相对分子质量比本体或溶液聚合的产物高得多;④聚合产物以乳胶形式生成,因而操作容易,而且若产物直接以乳胶形式使用,则其优点更是显而易见了;⑤很容易通过加入链转移剂来控制产物的相对分子质量,从而控制最终产物的性质;⑥聚合过程和产物乳胶均以水为介质,因此安全和环境问题较少。乳液聚合方法及聚合产物也有着一些与生俱来的缺点:例如,由于产物中含有表面活性剂和引发剂分解产物,且很难除去,因此乳液聚合的产物无法用于需要高纯度的领域;与本体聚合相比,乳液聚合的反应器有效容积量由于分散介质的存在而被降低。

　　乳液聚合已经成为工业上广泛使用的聚合方法,其产物也被应用于许多领域。

　　乳液聚合技术最重要的特征为分隔效应,即聚合增长中心被分隔在为数众多的聚合场所内,这一特征也使乳液聚合具有聚合速率高及产物的相对分子质量高等优点,同时还使生产工艺乃至产品结构及性能易于控制和调整。随着人们对精细聚合物和新型材料需求的上升,又从乳液聚合衍生出一系列新的聚合技术。从本质上看,这些新兴的技术与乳液聚合有着共同的特征,即都是分散体系的聚合反应、体系为胶态稳定的体系、不易凝聚等。然而,在某些方面又存在着差异,具体来说,无皂乳液聚合体系不含或仅含少量乳化剂;细乳液聚合体系是由离子型表面活性剂和长短脂肪醇或长链烷烃组成的复合乳化剂提供稳定性的;微乳液聚合体系是热力学稳定的;分散聚合体系是立体稳定化的。

　　由于这些聚合技术各有独到之处,它们的产物也都独具特色且应用广泛,例如,单分散聚合物微球、聚合物复合胶乳、表面功能化微球等。

　　上面提到的各种聚合技术和具有特色的聚合产物将在本文中分别介绍。

6.3.2　无皂乳液聚合[37]

　　无皂乳液聚合是一种没有外加乳化剂的乳液聚合技术,体系从下列反应物获得胶态稳定性:①离子型引发剂;②亲水性共聚单体;③离子型共聚单体。这些体系的动力学和聚合机理各不相同。在无皂乳液聚合中,成核的机理和胶态稳定性是了解聚合机理的关键部分。

　　Goodall 等研究了苯乙烯-过硫酸钾-水体系的无皂乳液聚合的成核机理。从聚合物胶粒的 GPC 分析结果发现在成核阶段体系中存在着大量的苯乙烯齐聚物,因此,他们提出了一种胶束成核机理。带有离子链端的齐聚物先在水相形成胶束,引发剂分解产生的初级自由基扩散进入胶束而引发聚合。然后,随着聚合的进行,可以观察到由于胶粒表面积增大而导致的表面电荷密度下降,此时,早期产生的初级胶粒通过凝聚重新获得胶态稳定性。一旦稳定的胶粒生成之后,聚合主要在单体膨胀的胶粒中进行,其后的胶粒增长类似于常规乳液聚合。由于这类体系中的胶粒稳定性来自引发剂的离子碎片,胶粒表面的电荷密度通常较低,因此体系的固含量一般限制在 10% 以下。体系中典型的胶粒数目为 10^{12} 个·cm^{-3},与常规体系中的 10^{15} 个·cm^{-3} 相比低得多,所以无皂体系的聚合速率较低。另外,还发现体系的搅拌通过影响单体从单体液滴向胶粒的扩散而影响聚合速率。

含有非离子型亲水共聚单体并由过硫酸钾引发的苯乙烯无皂乳液聚合已有不少报道,共聚单体有甲基丙烯酸缩水甘油酯和甲基丙烯酸羟乙酯。人们认为这类体系中的成核机理为均相成核机理。引发剂分解产生的初级自由基在水相中引发苯乙烯与亲水共聚单体的共聚合,生成共聚自由基,当该自由基达到一定的聚合度时,就变得不溶于水而沉淀形成初级胶粒。然后,由于表面电荷密度不足以及水溶性较好的分子链伸展到水相中而导致的链缠结,初级胶粒将发生凝聚。胶粒成核过程在转化率达到 1% 之前就结束了,此后胶粒数目保持恒定,聚合在胶粒中进行。在此类体系的胶粒成核过程中,过硫酸钾(KSP)起着决定作用,而亲水的共聚单体只是对已生成的胶粒产生额外的稳定作用。亲水共聚单体的用量会影响壳层厚度和物理性质,从而也影响单体的溶胀能力、单体的扩散速率和体系的聚合速率。这种体系的固含量可提高到 45%,是迄今报道的无皂体系中最高的。

当无皂乳液聚合体系中有离子型共聚单体存在时,胶粒的成核机理随共聚单体的亲水性和相对聚合活性的不同而有显著差异。对于一种比主单体活泼得多的共聚单体,如当苯乙烯为主单体而甲基烯丙基磺酸钠(NaMS)为共聚单体时。在聚合的最初阶段大多数共聚单体聚合生成多聚 NaMS 或富含 NaMS 的共聚物。两者均为水溶性很好的聚合物,在不同的溶解度和浓度下,它们可能溶解在水相中从而降低胶粒的稳定性,也有可能吸附在胶粒表面而提高胶粒的稳定性。胶粒的产生主要遵循胶束成核机理,就像 Goodall 等根据聚合初期的相对分子质量分布得出的机理。相反,当共聚单体的聚合活性与主单体相近时,则是通过均相成核机理形成初级胶粒然后通过凝聚或增长形成稳定的胶粒。另一种无皂乳液聚合体系是采用具有表面活性的离子型单体作为共聚单体,如以十一碳烯羟乙磺酸钠或 2-磺乙基甲基丙烯酸钠作为共聚单体。胶粒成核机理与常规乳液聚合体系相似,即当共聚单体的浓度低于 CMC(临界胶束浓度)时,胶粒遵循均相成核机理;当共聚单体浓度高于 CMC 时,主要按胶束成核机理成核。

无皂乳液聚合产生的胶乳粒径分布比常规乳液聚合要窄得多。这是因为无皂体系的胶粒成核阶段较短,而且体系中的胶粒数目比常规体系小,这两者均有利于生成窄分布的胶乳。无皂乳液聚合产生的胶乳粒径取决于一系列参数,具体来说,有体系的离子强度、引发剂浓度、共聚单体类型和浓度以及反应温度。无皂乳液聚合产物的另一个特点是单分散胶粒的表面较为纯净。胶粒表面所带的电荷及基团可通过选择引发剂、共聚单体来控制，并且胶乳不含小分子乳化剂。这一优点对生产黏合剂和涂料尤为重要，因为这能增强产物的耐水性和耐候性。

　　无皂乳液聚合的另一个应用为生产含有无机填料和聚合物的复合材料。以前，无机填料通常是通过机械共混加入聚合物的，但是所得复合材料的均一性始终很成问题。同时，由于聚合物与填料的界面没有化学键，在外界应力作用下的断裂往往出现在界面有缺陷的位置。然而，对无机填料存在下的无皂乳液聚合来说，在适当的条件下能够获得均一性良好的复合材料，而且，在某些条件下可以在聚合物与填料的界面生成化学键，从而使所得复合材料的强度大为改善。

6.3.3　细乳液聚合[38]

　　1973 年，Ugelstad 等首次提出了"细乳液"的概念，他们发现单体液滴有可能成为聚合的主要场所。在传统乳液聚合中，单体溶胀的胶束被认为是颗粒成核的主要场所，单体液滴充当的是一种"单体库"的作用。另外一种均相成核机理认为液相是聚合物产生的主要场所，当在液相中产生的自由基生长到一定程度时，就不再溶于水相而沉淀出来，沉淀的齐聚物自由基吸收单体而形成聚合物颗粒。在乳化剂(十二烷基硫酸钠，SLS)和助乳化剂(十六烷，HD 或十六醇，CA)的共同作用下，形成稳定的亚微米粒子(50～500nm)，使单体液滴的表面积大大增加，从而大部分的乳化剂都被吸附到这些液滴的表面，致使无足够的游离乳化剂形成胶束或稳定均相成核。此时，液滴成为成核的主要场所。

　　细乳液聚合兼具了常规乳液聚合的大部分优点：例如，由于聚合体系在聚合过程中始终处于流动状态，自由基聚合放出的反应热很容易通过水相传递出去；聚合过程和产物均以水为介质，生产过程安全和环境问题较少等。但在某些方面也存在着差异，使细乳液聚合也有着其独特的优点：①体系稳定性高，有利于工业生产的实施；②产物胶乳的粒径较大，且通过助乳化剂的用量易于控制；③聚合速率适中，生产易于控制，此外，细乳液聚合在制备具有较好微相分离的复合胶乳和互穿聚合物网络胶乳方面也有较大的潜力。

　　正因如此，近几年对细乳液聚合的研究日益受到重视。目前，对细乳液聚合的研究着眼于体系稳定性、聚合反应动力学、共聚研究，对于高固含量胶乳的合成也有报道。

　　细乳液的制备通常包括三个步骤：①预乳化。将乳化剂(如 SLS)和助乳化剂(如 HD 或 CA)溶于水。②乳化。将油相(单体或单体混合物)加入上述水溶液，并通过搅拌使之混合均匀。③细乳化。将上述混合物通过超声振荡进一步均化。

　　Delgado 等发现，对十六烷基硫酸钠／十六烷／乙酸乙烯酯／丙烯酸丁酯(SHS／HD／VAC／BA)共聚体系，可采用 A 法(先将 SHS 和碳酸氢钠(NaHCO₃)溶于水，再加入 HD 和单体的混合物,然后进行超声振荡)得到细乳液;也可采用 B 法(将 SHS 和 NaHCO₃ 溶于水再加入 HD,超声振荡后在搅拌作用下加入单体)得细乳液。其结果 B 法制得的细乳液液滴分布较窄且离心稳定性好。对十二烷基硫酸钠-十六醇-苯乙烯 (SLS-CA-St)体系的不同加料顺序进行的研究也发现将乳化剂和助乳化剂先溶于水中,再加入单体的方法较好。

将所得的细乳液加引发剂进行聚合即可得常规细乳液聚合的产品。为获得高固含量的丙烯酸丁酯胶乳,通过种子半连续聚合制得颗粒尺寸分布宽的种子胶乳,然后以该种子以间歇或半连续方式进一步聚合,获得了固含量大于 50%(质量分数)的胶乳。细乳液中的单体液滴尺寸用透射电子显微镜测定,结果发现其直径在 100～400nm 范围,与乳液聚合体系相比,其尺寸大于溶胀胶团(10～50mn)而小于单体液滴(10^3～10^4nm)。也有人用透射电子显微镜对细乳液中单体液滴的形态进行研究。结果显示,当没有油相存在时,乳化剂(SDS)和助乳化剂(CA)(物质的量比为 1:3)在较稀的水溶液中生成长度为 100～200nm 的棒状粒子,其长度随 CA浓度的减小而减小,最终生成球状粒子;当加入油相(苯乙烯)时,棒状粒子聚集形成星形的聚集体,进一步加入苯乙烯时,星形聚集体逐渐变圆,最终生成球状液滴。

6.3.4　微乳液聚合[37]

微乳液可以定义为油分散在水的连续相中或水分散在油的连续相中的由表面活性别界面层提供稳定作用的热力学稳定体系。测试结果表明,微乳液体系的分散相液滴直径为 5～80nm,因而是透明或半透明的。这类体系与动力学稳定的常规乳液或细乳液有显著的差异。造成这一差异的原因在于,分散体系中液滴之间的范德华吸引力是随着液滴尺寸增加的,而且在某个临界值以上才变得重要。微乳液的液滴尺寸小于该临界值,因此是稳定的。体系的光学透明性有利于进行光化学实验。常规乳液体系的光引发聚合也有可能进行,但由于体系不透明,因此,光源只能照到反应器壁以内很短的距离而不能有效地引发聚合,除非采用特制的反应器。对于微乳液来说,就不必如此麻烦。在普通的反应器内也能够进行光引发聚合。

O/W 微乳液只有在较高的表面活性剂/单体比例下和很窄的表面活性剂浓度范围内才能形成,并且通常需要使用助乳化剂;W/O 微乳液则较容易形成。因为单体在体系中往往充当助乳化剂,存在于油-水界面,所以在加入单体后相图中形成微乳液的相区会变大。微乳液与常规乳液的区别还在于,常规乳液只能分为 O/W 和 W/O 两种,而微乳液却还能采取许多其他结构形式。微乳液的分散相尺寸较小,在富水或富油的区域,体系由纳米级尺寸均一的球状油滴分散在水连续相中(正相微乳液)或水滴分散在油连续相中(反相微乳液)。在相翻转区域,即体系中油和水的含量相当时,通常认为体系是由无规相连的油微区和水微区构成的双连续结构。微乳液的另一个特点是它在从 W/O 型向 O/W 转变时没有明显的不连续性。在表面活性剂含量较低的体系中还观察到片层结构。

微乳液聚合的研究始于 19 世纪 80 年代,是石油危机中对微乳液进行深入研究的结果。由于在多次采油中对高相对分子质量水溶性聚合物的需求以及水溶性聚合物在水处理、造纸工业和采矿业中的应用,而在通过常规反相乳液聚合生产这类聚合物的尝试遇到困难,如反相胶乳的粒径分布很宽且容易凝聚,人们转向了微乳液聚合。近来对在微乳液体系中合成高相对分子质量水溶性聚合物的研究表明,该体系能够克服存在于常规体系中的一些问题。此外,微乳液体系还有可能在控制相对分子质量和相对分子质量分布方面具有潜在的优势。

微乳液聚合的研究着眼于单体和助乳化剂在各相中的分配、微乳液聚合动力学、胶粒成核机理、光引发聚合以及生成的微胶乳的粒径分布和相对分子质量分布等。在含有 SDS 和 1-戊醇的苯乙烯 O/W 微乳液中,用 ^{13}C-NMS 化学屏蔽法研究了单体和助乳化剂在各相中的分配,结果发现 60% 以上的戊醇存在于界面层中,而且水相和界面层的戊醇浓度随着苯乙烯的加入而下降,因为油性液滴中需要更多的戊醇来保证苯乙烯的增溶。仅有很小部分(约 5%)的苯乙烯存在于界面层,而绝大部分则存在于油性液滴内。曾报道过一个用来模拟微乳液分配行为的热力学模型,它对各相组成的预测与核磁共振的实验结果相当吻合。

微乳液聚合产生的微胶乳的粒径分布在文献中颇多争议。在有些体系中,微胶乳是单分散的,而粒径比微乳液的液滴大。在另外一些体系中,粒径分布存在双峰,出现双峰的原因尚不清楚,但相信与多阶段的动力学行为有关。

微乳液聚合的一个重要的也许又是最为突出的特点是,产生的微乳胶粒子中通常只有几个,甚至一个聚合物分子,每个胶粒中的聚合物分子数 N,可以从胶粒体积和聚合物相对分子质量来估算,在丙烯酰胺的反相微乳液聚合中,发现 N 与单体/乳化剂的质量比直接有关,在使用 AOT 作为乳化剂时,可以达到每个胶粒含一个聚合物分子的极限情况。在仅含有单链或稀链的聚合物微球中,每条分子链都只能采取极易塌缩或紧密缠绕的构象,因而也必然决定了这种微球将具有非常特殊的性质。

6.3.5　反相微乳液聚合

具有各向同性、粒径为 8～80m 且分布均匀、热力学稳定的聚合物分散体系可称为聚合物微乳液或微胶乳,而将制备聚合物微乳液或微胶乳的聚合过程称为微乳液聚合。人们常根据单体的性质将微乳液聚合分为正相(O/W)微乳液聚合和反相(W/O)微乳液聚合。关于反相微乳液的研究,起因于聚丙烯酰胺及其衍生物、聚丙烯酸及其盐类等水溶性聚合物在现代工业、生活等各方面起着越来越重要的作用,特别是高相对分子质量聚合物被广泛应用于污水处理、黏合剂、涂料、造纸以及石油钻采工业中作为絮凝剂、增稠剂和增强剂等。为了便于储存与使用,目前人们通常把这类聚合物制成油包水型的乳液(胶乳),它可以在用水稀释时迅速溶在水中。但采用一般反相乳液聚合方法仍存在胶乳不稳定而易有聚合物絮沉、凝胶和粒子大小分布过宽等问题,在反相微乳液中进行的这类单体的聚合可以从根本上解决上述问题,从而引起科研工作者的广泛关注。

反相微乳液具有以下一些主要特点:①分散相(水相)比较均匀;②液滴小,呈透明或半透明状;③具有很低的界面张力,能发生自动乳化;④处于热力学稳定状态,离心沉降不分层;⑤在一定范围内,可与水或有机溶剂互溶。

反相微乳液一般是由水相、油相、乳化剂和助乳化剂四个部分构成。其中乳化剂尤为重要,在微乳液体系中所用乳化剂既有离子型也有非离子型。阳离子型乳化剂主要有十六烷基三甲基溴化铵、十二烷基三甲基氯化铵等;阴离子型乳化剂则主要有二(2-乙基己基)琥珀磺酸钠、十二烷基硫酸钠、十二烷基磺酸钠等;Span 系列和Tween 系列等非离子型乳化剂也是制备微乳液体系时所常用的。当使用离子型乳化剂制备微乳液时,体系中大多同时使用了助乳化剂,这是制备普通乳液所必需的。助乳化剂可使界面张力降到很低的值或负值,以便能使乳化自发进行且所形成的微乳液比较稳定,常选用长链烷烃、长链脂肪族醇或醚,如十六烷、戊醇、乙醇等。

反相微乳液聚合,首先应将单体、分散介质、乳化剂及各种辅助剂等配制成微乳液,然后再采用热引发、辐射、光照等适当的方法引发单体聚合。单体一般为丙烯酰胺、N-异丙基丙烯酰胺、丙烯酸、甲基丙烯酸、丙烯酸钠、N-乙烯基吡啶等。

6.4　微乳相中合成磁性聚合物复合颗粒[39~41]

6.4.1　引言

磁性分离技术在生物化学和生物医学工程领域中的应用是 20 世纪 70 年代后期发展起来的。由于生物体系中的绝大多数生物分子都是无磁性的,为了给欲分离的目标生物分子赋予磁性,需要预先制备一种磁性载体颗粒作为运载工具,借助于磁性分离装置,对目标生物分子进行负载、运载和卸载等分离操作,从而实现目标生物分子的磁性分离过程。特别是生物分子特异性亲和作用原理的运用,将亲和配基(affinity ligand)偶联在磁性分离载体表面,在外加磁场的定向控制下,通过亲和吸附、清洗和解吸等操作,可以一步从复杂的原始生物体系中直接分离出目标生物分子,具有磁性分离的简单方便和亲和分离的高选择性双重优势,因而使这一技术从它产生起就引起人们的广泛关注。

磁性 Fe_3O_4 颗粒-有机聚合物复合颗粒作为一种分离载体,在固定化酶、细胞分类、免疫检测、靶向药物及亲和分离等生物化学和生物医学工程领域展现出重要的应用前景。特别是纳米尺寸的磁性聚合物颗粒,具有巨大的比表面积,在生物分子磁性亲和分离方面的应用很有可能使其由当前的分析规模发展到制备规模。

1. 磁性载体的特点

在生物技术领域,随着欲分离的目标生物分子和其所赋存的生物体系不同,对磁性分离载体的性能要求和评价标准也不一样,一般来说,理想的磁性分离载体应当满足以下几个方面的条件:

(1) 具有尽可能高的比饱和磁化强度和低的剩余磁化强度,比饱和磁化强度大有利于提高磁性分离的可操作性,剩余磁化强度低可以避免使用过程中的磁性团聚,剩余磁化强度为零的超顺磁性载体颗粒可以完全消除磁性团聚;不同的磁性载体颗粒应该具有均一的磁性能,以保持相似的磁性分离条件。

(2) 表面含有丰富的有机活性功能基团,如—OH、—CHO、—COOH、—NH$_2$等,易与亲和配基共价键合;生物相容性好,亲水性表面能够减少与目标生物分子的非特异性结合;载体粒度在可磁性分离的前提下应尽可能小,以使其具有大的比表面;颗粒粒度分布相对较窄,形状和密度均匀,流体力学行为一致。

(3) 具有较高的机械强度和化学稳定性,能够抵抗机械摩擦、酸碱腐蚀和微生物降解,无毒性泄漏和污染等。

(4) 制备工艺简单,价格便宜。

2. 磁性载体的结构类型

磁性分离载体一方面要求具有较强的磁性,另一方面需要表面携带能与亲和配基共价键合的有机活性功能基团,生物来源的磁性分离载体一般很难获得,有机化合物磁性材料尚处在实验室探索阶段,目前普遍采用的是无机磁性超微颗粒与有机高分子化合物形成的复合材料。

磁性颗粒的种类很多,较常用的有金属合金(Fe、Co、Ni)、氧化铁(γ-Fe$_2$O$_3$、Fe$_3$O$_4$)、铁氧体(CoFe$_2$O$_4$、BaFe$_{12}$O$_{19}$)、氧化铬(CrO$_2$)和氮化铁(Fe$_4$N)等,其中Fe$_3$O$_4$(magnetite)是应用最多的磁性颗粒,它很容易在水溶液中沉淀制备,亚铁盐溶液在碱性条件下氧化沉淀可以获得大粒径(>100 nm)Fe$_3$O$_4$颗粒,亚铁盐溶液与高铁盐溶液按一定比例在碱性条件下共沉淀合成的纳米级(<10 nm)Fe$_3$O$_4$具有超顺磁性。

与磁性颗粒复合并提供活性功能基团的有机高分子化合物分天然的和合成的两种,常用的天然高分子有蛋白质、纤维素、壳多糖、葡聚糖和磷脂类等,合成亲水性高分子有聚乙二醇、聚丙烯醛、聚丙烯酰胺等,疏水性高分子有聚苯乙烯、聚丙烯酸酯等,此外,硅烷衍生物也是包裹磁性颗粒的一类重要有机硅化合物。

磁性颗粒与有机高分子形成的复合结构与磁性分离载体的制备方法有关,图6-24表示出了三种常见的磁性分离载体结构类型。

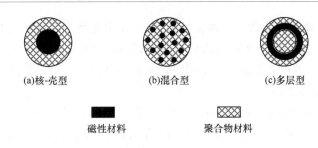

(a)核-壳型　　　　　(b)混合型　　　　　(c)多层型

■ 磁性材料　　　　　▨ 聚合物材料

图 6‑24　磁性载体颗粒的结构类型

3. 磁性载体的制备方法

合成磁性聚合物复合颗粒的方法虽然已经有较多的文献报道,如共混包埋法、活化溶胀法、界面沉积法和单体聚合法等,但是,每一种方法都存在这样或那样的缺点和不足,工艺简单、性能优异的制备方法有待进一步探索。

在磁性 Fe_3O_4 颗粒存在下,通过烯类单体的乳液(无皂乳液)聚合[42~45]、悬浮聚合[46,47]、分散聚合[48~50]、种子乳液聚合[51]、微乳液聚合[52,53]、细乳液聚合[54]和核壳乳液聚合[55]等技术,能够合成出粒径可控、分布较窄的磁性聚合物复合颗粒,采用此类方法合成磁性聚合物复合颗粒性能优劣的关键是如何解决无机亲水性磁性 Fe_3O_4 颗粒与有机疏水性烯类单体的不相容性问题。

1) 亲水性单体

亲水性烯类单体如丙烯醛、丙烯酸、丙烯酰胺等,与亲水性磁性 Fe_3O_4 或 γ-Fe_2O_3 颗粒相容性较好,可以在单体聚合成球的过程中直接掺入磁性颗粒,使两者复合成磁性聚合物微球。Rembaum[56] 和 Margel 等[57] 在碱性 Fe_3O_4 水溶液中合成了 $0.04\sim40\mu m$ 的聚戊二醛(PGL)和聚丙烯醛(PA)磁性微球,Cocker 等[58] 则在磁性 Fe_3O_4 微粒存在下,采用反相悬浮聚合技术合成了 $60\sim600\mu m$ 的聚丙烯酰胺(PAM)磁性微球,最近,Dresco[59] 和 Zaitsev 等[60] 分别采用反相微乳液聚合和种子沉淀聚合技术合成了 $80\sim320nm$ 的聚甲基丙烯酸(PMAA)磁性聚合物纳米颗粒。

亲水性单体聚合法由于不能使较多的磁性颗粒集中在微球内部,形成的微球磁性一般较弱,化学和机械稳定性也不好,优点是表面含有—NH_2、—CHO、—COOH等功能基团,可以通过双功能试剂或直接与生物配基偶联。

2) 疏水性单体

有机亲油性烯类单体(如苯乙烯、丙烯酸酯类等)与无机亲水性磁性颗粒相容性较差,聚合过程中容易发生相分离,致使合成的微球磁性颗粒含量低,分布也不均一,解决这一问题的办法很多。

Tricot 等[61] 把磁性 Fe_3O_4 颗粒分散在部分聚合的苯乙烯黏稠溶液中,进行 O/W 型悬浮液聚合,合成出 $0.2\sim1.0mm$ 的磁性聚苯乙烯微球,Daniel 等[62] 用烃油

对磁性 Fe_3O_4 颗粒表面做了亲油化处理,在水相中进行苯乙烯乳液聚合,制备出粒径在 $0.15\sim1.0\mu m$ 的磁性聚苯乙烯乳胶粒,但由于复合效果不好,磁性微球在性能上存在一些缺陷,如磁性 Fe_3O_4 颗粒含量低($0.8\%\sim2.7\%$)且聚集在球周边、不同球磁含量变化大等。

将表面活性剂稳定的水基磁流体引入聚合体系,使水相中的磁性胶体粒子成为引发亲油性烯类单体聚合的中心,以合成磁性聚合物乳胶粒的方法首先由 Molday 等[63]做了报道,继而很多研究者 Kondo[64]、Khng 等[65]使用了这一方法。Yanase[66]和 Noguchi 等[67]对商业铁磁流体存在下的乳液聚合机理和磁性聚苯乙烯乳胶粒的特征做了比较详细的研究,结果发现,苯乙烯单体的聚合反应并不能有效地围绕磁性颗粒发生,合成的磁性聚苯乙烯乳胶粒产率较低,磁性 Fe_3O_4 含量少而且在不同颗粒之间分布不均一。孙宗华[68]和邱广明等[69]对这一方法做了适当的改进,将过硫酸钾引发剂和苯乙烯单体预先吸附在聚乙二醇稳定的磁性 Fe_3O_4 颗粒表面,采用分散聚合法合成了 $50\sim500\mu m$ 的核-壳结构型磁性聚苯乙烯微球,但 Fe_3O_4 含量只有 $0.5\%\sim2.5\%$。Lee 等[70]采用磁流体存在下的种子乳液聚合法制备了 $2.95\mu m$ 的单分散磁性聚苯乙烯微球。

磁性载体的制备方法虽然很多,但性能优异、工艺简单、价格便宜的制备方法尚有待进一步探索。

我们已经建立一种合成超顺磁性聚合物纳米/微米颗粒的新方法。首先,在微乳体系中用化学共沉淀法制备平均直径为 8nm 的磁性 Fe_3O_4 颗粒,也就是在制备过程中以非离子形式引入油酸,可以在 Fe_3O_4 颗粒表面形成一个具有双层结构的疏水外壳,并通过疏水相互作用凝聚成磁性 Fe_3O_4 凝胶,它能够以单分子层结构形式溶解在非极性溶剂中,形成稳定的超顺磁性 Fe_3O_4 溶胶。然后以疏水性烯类单体为基液的磁性 Fe_3O_4 溶胶引入 O/W 型细乳液聚合体系,合成出了四种粒径在 $100\sim400$ nm 之间的单分散超顺磁性聚合物颗粒[71]。

与此同时,把同样的方法用于 O/W 型悬浮聚合体系[72~75],合成出了四种微米尺寸的超顺磁性聚合物颗粒,还将含有亲水性烯类单体的水基磁性 Fe_3O_4 溶胶引入 W/O 型悬浮聚合体系,合成出了两种微米尺寸的亲水性超顺磁性聚合物颗粒。

6.4.2　细乳液聚合法合成磁性聚合物纳米球

1. 颗粒结构和尺寸

图 6-25 示出了细乳液聚合法制备的磁性聚甲基丙烯酸甲酯(PMMA)纳米颗粒的透射电子显微镜(TEM)照片,四张照片是同一样品在同一位置按不同放大倍数拍摄的。从照片中可以看出,磁性 PMMA 纳米颗粒的形态接近于完整的球形,内部衬度颜色很深磁性 Fe_3O_4 颗粒平均直径约 8nm,与磁性 Fe_3O_4 溶胶表征的结果一致,磁

性 Fe_3O_4 颗粒比较均匀地分散于聚甲基丙烯酸甲酯(PMMA)交联网络中,形成纳米尺度的无机磁性 Fe_3O_4 颗粒/有机聚合物复合结构,而且在不同复合颗粒之间,磁性 Fe_3O_4 颗粒含量基本相同,说明磁性 PMMA 纳米颗粒具有一致的磁学性质。

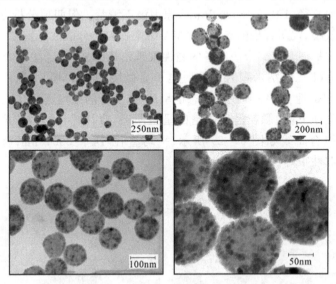

图 6‑25　细乳液聚合法制备的磁性聚甲基丙烯酸甲酯(PMMA)
纳米颗粒的透射电子显微镜(TEM)照片(不同的放大倍数)

在不同的透射电镜(TEM)照片中,统计了大约 200 个颗粒,获得了磁性 PMMA 纳米颗粒的粒度分布直方图,并用对数正态分布函数进行了曲线拟合,图 6‑26 示出了粒度分布直方图和曲线拟合结果,其中,平均直径 $D_m = 101.5nm$,标

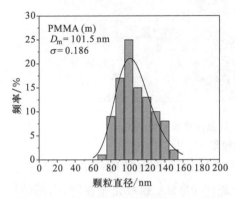

图 6‑26　由透射电子显微镜(TEM)照片
统计的磁性聚甲基丙烯酸甲酯(PMMA)
纳米颗粒尺寸分布与对数正态分布拟合
曲线($D_m = 101.5nm, \sigma = 0.186$)的比较

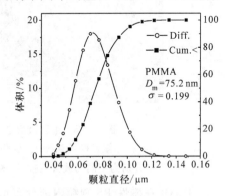

图 6‑27　COULTER 粒度分析仪测量的
磁性聚甲基丙烯酸甲酯(PMMA)纳米
颗粒尺寸分布($D_m = 75.2nm, \sigma = 0.199$)

准偏差 $\sigma=0.186$。图 6－27 用 LS230 型 COULTER 粒度分析仪测量的磁性 PMMA 纳米颗粒体积频度分布和累积分布曲线,得到平均直径 $D_m=75.2\text{nm}$,标准偏差 $\sigma=0.199$。COULTER 粒度分析仪测量的平均直径(75.2nm)比透射电镜照片统计的平均直径(101.5nm)小 16nm,原因尚不清楚。但两种分析方法得到的标准偏差都比较小,说明合成的磁性 PMMA 纳米颗粒单分散性好。

图 6－28 是细乳液聚合法制备的磁性聚苯乙烯(PS)、聚乙酸乙烯酯(PVAc)和聚丙烯酸甲酯(PMA)纳米颗粒的透射电子显微镜(TEM)照片,从照片中可以看出,磁性 PS 和磁性 PVAc 颗粒的形态也呈球形,统计的平均直径 D_m 分别为 92nm 和 280nm。磁性 PMA 颗粒呈现中空的星型形态,照片统计的颗粒尺寸分布与对数正态分布拟合曲线如图 6－29 所示,平均直径 $D_m=390.6\text{nm}$,标准偏差 $\sigma=0.103$,单分散性很好。

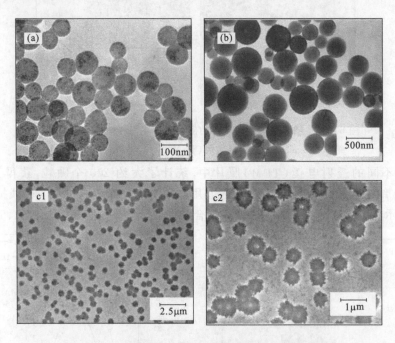

图 6－28　细乳液聚合法制备的磁性聚苯乙烯 PS(a)、
聚乙酸乙烯酯 PVAc(b)和聚丙烯酸甲酯 PMA(c1、c2
分别为不同的放大倍数)纳米颗粒的透射电子显微镜(TEM)照片

Fe_3O_4 在磁性 PS 颗粒内部分布情况与磁性 PMMA 颗粒完全相同,内部结构显示的比较清楚,而 Fe_3O_4 在磁性 PVAc 和磁性 PMA 颗粒内部的分布情况没有清楚地显示出来,这种照片上的差别主要是由于磁性 PS 和磁性 PMMA 颗粒的直径比磁性 PVAc 和磁性 PMA 颗粒的直径小得多,透射电子显微镜(TEM)在同样加速电压(200kV)下,电子束容易穿透前两者而不能穿透后两者造成的。

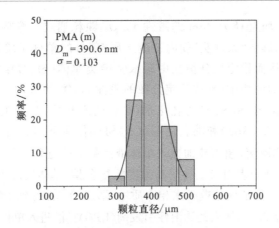

图 6-29　由透射电子显微镜(TEM)照片统计的
磁性聚丙烯酸甲酯(PMA)纳米颗粒
尺寸分布与对数正态分布拟合曲线
(D_m＝390.6nm,σ＝0.103)的比较

细乳液聚合与常规乳液聚合的原理不同,常规乳液聚合体系中的单体液滴尺寸很大($10\sim20\mu m$),与胶团($5\sim10nm$)的数目相比可以忽略不计,因而溶胀胶团是聚合反应的中心场所[76]。细乳液聚合由于使用了与乳化剂匹配的助乳化剂,油–水界面张力急剧下降,单体液滴尺寸变得很小($100\sim400nm$),乳化剂向单体液滴表面的转移使胶团近于消失,在采用油溶性引发剂的情况下,单体液滴成为引发聚合反应的中心[77]。

按照上述细乳液聚合原理,采用细乳液聚合法制备磁性 Fe_3O_4/聚合物复合纳米颗粒的过程可以用图 6-30 示意性地表示。

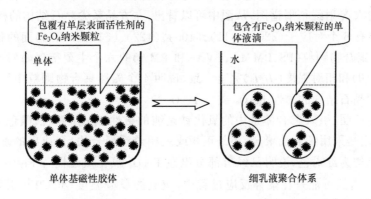

图 6-30　细乳液聚合法合成超顺磁性聚合物纳米颗粒的过程示意图

如前所述,平均直径为 8nm 的磁性 Fe_3O_4 颗粒通过化学吸附将油酸根离子"钉扎"在其表面,形成"亲水头"朝内、"疏水尾"朝外的单分子层结构,它能够凭借彼此间的位阻排斥而稳定地分散在由疏水性烯类单体(St、MMA、VAc、MA)和交联剂(DVB)组成的油相中,形成稳定分散的磁性 Fe_3O_4 溶胶。

在溶解有乳化剂(SDS)和助乳化剂(CA)的水相中,加入的烯类单体基磁性 Fe_3O_4 溶胶在乳化剂(SDS)和助乳化剂(CA)协同作用下,被分散成细小的(100~400 nm)磁性单体液滴,超声波加速了单体液滴的细化过程。乳化剂(SDS)和助乳化剂(CA)在单体液滴表面形成一层高强度的复合膜,单体液滴之间借助于复合膜的静电排斥作用而稳定地分散于水相介质中,形成 O/W 型细乳状液。

在聚合反应温度下,加入的油溶性引发剂(BPO)扩散进入单体液滴,热分解成自由基,在磁性 Fe_3O_4 纳米颗粒的间隙中引发交联高分子链反应,使单体液滴固化成刚性球体,Fe_3O_4 被包裹在聚合物交联网络中,形成磁性 Fe_3O_4/聚合物复合颗粒。

单分子层油酸包覆的磁性 Fe_3O_4 纳米颗粒具有完全疏水的外表面,与疏水性烯类单体相溶性较好,而不与水相溶,在上述聚合过程中,磁性 Fe_3O_4 纳米颗粒被严格地限制在单体液滴内部;烯类单体基磁性 Fe_3O_4 溶胶是一种均匀结构的液体,其分散形成的单体液滴内部及不同单体液滴之间的 Fe_3O_4 分布也是均匀的,因此,合成出的磁性聚合物颗粒具有 Fe_3O_4 含量高、磁性均匀性好等优点。

磁性聚合物颗粒的大小和粒度分布取决于单体液滴的大小和粒度分布,调节乳化剂和助乳化剂的比例,改进乳化处理方法,可以在一定范围内控制颗粒的大小、提高颗粒单分散性。

2. X 射线衍射分析

图 6-31 和图 6-32 比较了标准 Fe_3O_4、磁性 PS、PMMA、PVAc 和 PMA 纳米颗粒的粉末 X 射线衍射谱图,从图中可以看出,立方晶系尖晶石结构的标准 Fe_3O_4 晶体主要有 6 个对应于(220)、(311)、(400)、(422)、(511)和(440)面的衍射峰,与 4 个磁性聚合物颗粒(PS、PMMA、PVAc 和 PMA)的六个主要衍射峰对比,它们的峰位置(2θ)和相对强度(I/I_0)完全一致,说明 4 个磁性聚合物颗粒中所含氧化铁主要是尖晶石结构的磁性 Fe_3O_4 或 γ-Fe_2O_3。

已经证明,引入聚合体系中的氧化铁是纯的磁性 Fe_3O_4 颗粒,颜色为黑褐色。但是,无论是采用细乳液聚合,还是正相或反相悬浮聚合法,合成出的磁性聚合物颗粒颜色均为红褐色,说明已经有部分磁性 Fe_3O_4 氧化成磁性 γ-Fe_2O_3 或非磁性 α-Fe_2O_3[78],这可能是在聚合反应过程中,较高的反应温度(80℃)和引发剂(BPO 或 KPS)的氧化作用造成的。

仔细考察四个磁性聚合物纳米颗粒(PS、PMMA、PVAc 和 PMA)主要衍射峰(311)的峰形结构,发现在主峰两侧有几个小肩峰。依据测量的粉末 X 射线衍射

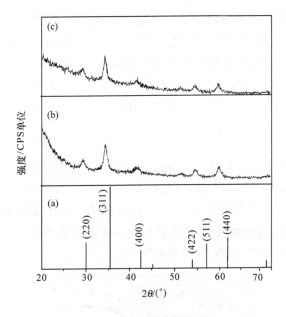

图 6‒31　X 射线衍射谱图

(a) 标准 Fe₃O₄；(b) 磁性聚苯乙苯 (PS) 纳米颗粒；

(c) 磁性聚甲基丙烯酸甲酯 (PMMA) 纳米颗粒

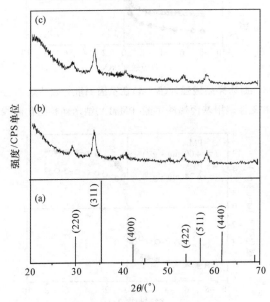

图 6‒32　X 射线衍射谱图

(a) 标准 Fe₃O₄；(b) 磁性聚乙酸乙烯酯 (PVAc) 纳米颗粒；

(c) 磁性聚丙烯酸甲酯 (PMA) 纳米颗粒

数据,对(311)最强峰和次强峰的晶胞参数进行了计算,得到四个样品最强峰对应的晶胞参数 a 介于 $8.38\sim8.42\text{Å}$ 之间,与 Fe_3O_4 的晶胞参数 $a=8.396\text{Å}$ 比较接近,说明磁性聚合物颗粒中的氧化铁主体是磁性 Fe_3O_4。次强峰对应的晶胞参数 a 介于 $8.34\sim8.35\text{Å}$ 之间,与 $\gamma\text{-}Fe_2O_3$ 的晶胞参数 $a=8.33\text{Å}$ 比较接近,可以认为是部分氧化的磁性 $\gamma\text{-}Fe_2O_3$。其他的小肩峰可能与非磁性 $\alpha\text{-}Fe_2O_3$ 有关。

3. 磁性能和 Fe_3O_4 含量

图 6−33 和图 6−34 示出了用振动样品磁强计(VSM)在室温条件下测量的磁性 PS、PMMA、PVAc 和 PMA 纳米颗粒的磁化曲线。由图可知,四个磁性聚合物纳米颗粒的磁化曲线均无磁滞现象,在外加磁场 $H=0$ 时,剩余磁化强度 $M_r=0$,矫顽力 $H_c=0$,其磁化曲线形式可以用 Langevin 函数来拟合[79],表现出超顺磁性行为,与油基磁性 Fe_3O_4 溶胶表征的结果一致。

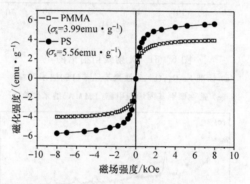

图 6−33 振动样品磁强计(VSM)在室温测量的磁性聚苯乙烯(PS)和磁性聚甲基丙烯酸甲酯(PMMA)纳米颗粒磁化曲线

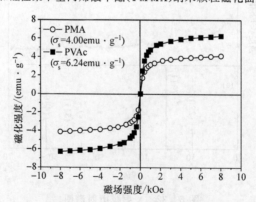

图 6−34 振动样品磁强计(VSM)在室温测量的磁性聚乙酸乙烯酯(PVAc)和磁性聚丙烯酸甲酯(PMA)纳米颗粒磁化曲线

事实上,合成的磁性聚合物纳米颗粒与油基磁性 Fe_3O_4 溶胶具有类似的内部结构,是其固化的产物,其中的 Fe_3O_4 颗粒直径(8nm)小于单畴超顺磁性 Fe_3O_4 颗粒的理论临界尺寸(25nm),两者具有相同的磁化行为,符合颗粒的合成原理。但是,两者产生超顺磁性的机理不完全相同,在无外磁场($H=0$)时,溶胶中的 Fe_3O_4 颗粒主要是由于布朗运动使磁化方向随机分布;磁性聚合物颗粒中的 Fe_3O_4 颗粒固定不动,主要是由于异向能(kV)小于热涨落能(kT)使磁化方向随机分布;从而使总磁化强度 $M=0$ 。具有超顺磁性的聚合物颗粒不会因为磁性颗粒之间的相互吸引而造成使用过程中的分散困难。

磁性聚合物颗粒的比饱和磁化强度(σ_s)与其中氧化铁的含量大小和晶相结构有关,磁性 PS、PMMA、PVAc 和 PMA 纳米颗粒的比饱和磁化强度(σ_s)在图 6-33 和图 6-34 中已经标出。为了确定颗粒中的氧化铁含量,对其中的磁性 PVAc 颗粒进行了热分析,图 6-35 表示出了磁性 PVAc 颗粒在空气中的差热(DTA)和热重(TG)分析图。从图中可以看出,磁性 PVAc 颗粒在 600℃以后,差热和失重曲线趋于平稳,可以认为有机物已经彻底分解、燃烧,剩余 12.5%(质量分数)的残留物全部是 Fe_2O_3 。

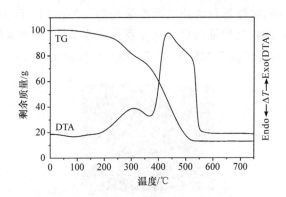

图 6-35　磁性聚乙酸乙烯酯(PVAc)纳米
颗粒热分析(TG 和 DTA)谱图

假定原始磁性 PVAc 颗粒内部的铁全部是以 Fe_3O_4 形式存在,扣除在加热过程中由于 Fe_3O_4 氧化形成 Fe_2O_3 而引起的质量增加,磁性 PVAc 颗粒中 Fe_3O_4 的原始质量含量应当为 12%,根据其与颗粒比饱和磁化强度($\sigma_s=6.24\text{emu}\cdot\text{g}^{-1}$)的比例关系,可以由磁性 PS、PMMA 和 PMA 颗粒的比饱和磁化强度 σ_s 计算出各自的 Fe_3O_4 含量,计算结果如表 6-10 所示。

从磁性 PVAc 颗粒的 Fe_3O_4 含量与其比饱和磁化强度 σ_s 的比例关系中,还可以进一步推算出磁性 PVAc 颗粒内部 Fe_3O_4 的比饱和磁化强度 $\sigma_s=52\text{emu}\cdot\text{g}^{-1}$,比计算的磁性 Fe_3O_4 溶胶中的 Fe_3O_4 比饱和磁化强度($\sigma_s=69\text{emu}\cdot\text{g}^{-1}$)小,说明在合成磁性聚合物颗粒的聚合反应过程中,有部分磁性 Fe_3O_4 氧化形成磁性稍弱

的 γ-Fe_2O_3 和非磁性的 α-Fe_2O_3，与 X 射线衍射分析的结果一致。

表 6 - 10　合成磁性聚合物纳米颗粒的比饱和磁化强度
σ_s（测量的）和 Fe_3O_4 含量（计算的）

项　目	Fe_3O_4/PSt	Fe_3O_4/PMMA	Fe_3O_4/PVAc	Fe_3O_4/PMA
比饱和磁化强度 σ_s/(emu·g^{-1})	5.56	3.99	6.24	4.0
Fe_3O_4 含量（质量分数）/%	10.73[2]	7.70[2]	12[1]	7.72[2]

注：1) 热失重测量的数据；2) 依据磁化曲线计算的数据。

6.4.3　正相悬浮聚合法合成磁性聚合物微球

采用正相悬浮聚合方法，可以制备出大粒径的磁性聚合物微球，其制备原理与细乳液聚合法类似。在溶解有聚乙烯醇（PVA）的水相介质中，烯类单体基磁性 Fe_3O_4 溶胶在搅拌桨的机械剪切作用下，一方面破碎成细小的液滴，另一方面又相互碰撞凝聚成较大的液滴，在一定条件下，破碎和凝聚达到动态平衡，此时液滴的尺寸和尺寸分布决定了最终合成颗粒的粒度和粒度分布，聚乙烯醇除了能够降低油-水界面张力之外，主要是起防止液滴凝聚的稳定剂作用。因此，悬浮聚合法合成磁性聚合物微球的粒度特征与聚合反应器的水流条件、搅拌桨的形状和搅拌速度、聚乙烯醇的相对分子质量和醇解度，以及油/水体积比等因素有关。

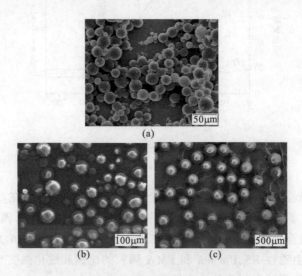

图 6 - 36　在不同搅拌速度条件下悬浮聚合法制备
的磁性聚苯乙烯（PS）微球扫描电子显微镜（SEM）照片
(a) 700r·min^{-1}；(b) 400r·min^{-1}；(c) 200r·min^{-1}

在圆柱形悬浮聚合反应器中，等间距设置四个垂直挡流板，并采用垂直四叶片搅拌桨，可以有效地改善水流条件，促进单体液滴均匀化。图 6 - 36 是在此改进的反应器中以不同搅拌速度制备的磁性聚苯乙烯(PS)微球扫描电子显微镜(SEM)照片,照片显示合成的颗粒具有较好的单分散性,其颗粒平均粒径随搅拌速度增加而减小的关系如表 6-11 所示。

表 6-11　搅拌速率对磁性聚苯乙烯微球平均粒径的影响

搅拌速率/$(r \cdot min^{-1})$	200	400	700
平均粒径/μm	180	45	18

图 6-37 也表示出了在类似条件下合成的磁性 PMMA(a)、PVAc(b)和 PMA(c)微球的扫描电子显微镜(SEM)照片,其平均直径依次为 $25\mu m$、$35\mu m$ 和 $40\mu m$。

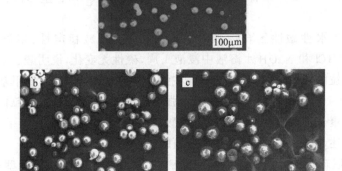

图 6-37　悬浮聚合法制备的磁性聚甲基丙烯酸甲酯 PMMA(a)、
聚乙酸乙烯酯 PVAc(b)和聚丙烯酸甲酯 PMA(c)
微球的扫描电子显微镜(SEM)照片

6.4.4　反相悬浮聚合法合成磁性聚合物微球

图 6-38 表示出了油包水型反相悬浮聚合法制备的磁性聚丙烯酸钠(PAA)和聚丙烯酰胺(PAM)微球的扫描电子显微镜(SEM)照片,微球的吸水溶胀性与交联剂 Bis 的加入量有关,平均直径随含水量的增多而增大,照片中的磁性 PAA 和 PAM 微球是未经干燥直接拍摄的,其平均直径分别为 $45\mu m$ 和 $10\mu m$。

亲水性磁性聚合物微球的合成原理与上述正相悬浮聚合法相反,它以溶解有单体 AA、AM 和交联剂 Bis 的水基磁性 Fe_3O_4 溶胶为水相,采用亲水亲油平衡值

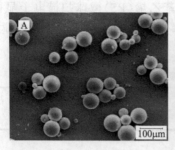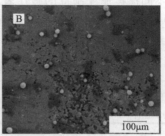

图 6‑38　反相悬浮聚合法制备的磁性聚丙烯酸钠 PAA(A)
和聚丙烯酰胺 PAM(B)微球的扫描电子显微镜(SEM)照片

HLB＝4.3 的 Span 80 为分散剂,将水相分散于有机溶剂中,制成油包水型悬浮液,用水溶性引发剂 KPS 引发单体水滴的聚合反应,形成磁性聚合物微球。

　　在单体 AA、AM 和交联剂 Bis 的水溶液中,磁性 Fe_3O_4 凝胶的溶解量有一定限度,因此,亲水性磁性聚合物微球中的 Fe_3O_4 或 $\gamma\text{-}Fe_2O_3$ 含量难以提高,磁性一般较弱。

　　合成的疏水性磁性聚合物颗粒具有较好的酸、碱稳定性,室温条件下,在 $1\text{mol}\cdot\text{L}^{-1}$ 的 HCl 和 NaOH 水溶液中浸泡 1 周,磁性无变化,说明酸、碱水溶液不能扩散进入颗粒内部的疏水环境。但是,在强酸性有机溶剂中,如氯甲基醚、氯乙酰氯等,磁性 Fe_3O_4 被迅速分解,这是由于强有机酸能够溶胀进入颗粒内部的缘故。亲水性磁性聚合物颗粒在两种情况下的酸、碱稳定性均较差。

　　综上所述,主要获得了以下几个方面的结论:

　　(1) 将以疏水性烯类单体为基液的磁性 Fe_3O_4 溶胶引入 O/W 型细乳液聚合体系,采用油溶性引发剂使烯类单体油滴成为引发聚合反应的中心,合成出产率高、单分散性好、粒径在 $100\sim400\text{nm}$ 之间的超顺磁性聚合物颗粒,其中,磁性 Fe_3O_4 及由其氧化形成的磁性 $\gamma\text{-}Fe_2O_3$ 纳米颗粒含量可控制在 10% 左右,在不同颗粒之间分布比较均一,并且在同一颗粒内部均匀地分散于聚合物交联网络中,具有纳米尺度的无机磁性 Fe_3O_4 颗粒/有机聚合物复合结构。

　　(2) 把与上述类似的合成方法应用于 O/W 型正相悬浮聚合体系,可以合成出微米尺寸的超顺磁性聚合物颗粒,调节搅拌速度,可以控制颗粒大小,改进反应器结构,能够使颗粒粒度分布变窄。

　　(3) 将含有亲水性烯类单体的水基磁溶胶引入 W/O 型反相悬浮聚合体系,可以合成出微米尺寸的亲水性超顺磁性聚合物颗粒。但 Fe_3O_4 或 $\gamma\text{-}Fe_2O_3$ 含量难以提高,磁性较弱。

6.5　微乳相技术的应用和展望[9]

　　纳米材料具有普通材料所无法比拟的优点,是各国科学家研究的热门课题,在微电子、环境、化工、生物等领域的应用有着举足轻重的地位。

　　目前,借助反胶团微乳相法制备的无机纳米颗粒种类很多,有单质金属纳米颗粒如 Cu、Ag、Fe 等,合金纳米颗粒如 FeNi、FeCu 等,无机化合物纳米颗粒如 $CaCO_3$、CdS、PbSi、ZnS 等,氧化物纳米颗粒如 Fe_2O_3、TiO_2、SiO_2 等,高温超导纳米颗粒如 Y-Ba-Cu-O 等。这些颗粒粒径分布窄、粒径大小可控、分布均匀,广泛应用于制备陶瓷、半导体、超导体、金属和各种光电功能器件等。

　　微乳相具有超长的稳定性,因此用微乳相聚合可获得高稳定度的超微粒子聚合物胶乳,而该乳液由于具有渗透性、润湿性、成膜性好、比表面积大、表面活性高、粒径小等特点,可应用于油墨、黏结剂、高分子催化、酶固定等方面。

　　微乳相作为一种新的反应介质,为光化学反应的研究也提供了一个非常便利的条件。一旦人们掌握了微乳相聚合过程中粒径的控制方法,必将会极大地推动化学、物理、生物和医药等学科及其交叉学科的发展,这是一个十分有价值且前景广阔的研究课题。

　　实践证明,用微乳相为纳米反应器制备纳米颗粒是一条简单、便利、有效的方法,但是对微乳相中纳米颗粒形成机理、纳米反应器反应性能、动力学过程、化学工程问题及其微乳相组成与结构还需更深一步的研究。研究工作中常会遇到微乳相中生成比微乳粒子本身大出许多的微粒,这说明反应过程有时未能完全受限于微乳相液滴的内部,又如反应物浓度较低以及纳米颗粒如何以微乳相形式直接应用等问题还需要进一步的研究。

参 考 文 献

1　严东生,冯瑞主编.材料新星——纳米材料科学.湖南长沙:湖南科学技术出版社,1997

2　舒中俊,马良.钛酸钡纳米粉的 Sol-Gel 法制备.96 中国材料研讨会论文集.北京:化学工业出版社,1997,13

3　顾达,胡黎明.溶胶-沉淀法制备超细 ZnO.96 中国材料研讨会论文集.北京:化学工业出版社,1997,36

4　冯改山.超细粉末生产技术的新发展.硅酸盐通报,1993,2:43

5　殷澎,毛铭华.水热分解锆英石的物理化学研究.化工冶金,1992,13(3):238

6　马剑华.水热法制备超细氧化锆粉末的研究.北京:化学工业出版社,1991

7　Ye W. Hydrothermal Precipitation of ZrO_2 Powders from Zr(Ⅳ) Carboxylate Solutions:[Ph.D. Thesis]. Berkley: University of California,1990

8　Johnson D W. Advance in Ceramics Processing. New York: Pergamon Press,1987,3

9　李艳,张明侠,赵斌,张世民,阳明书.纳米反应器的研究进展.高分子通报,2002(1):24～33

10　成国祥,沈锋,张仁柏,姚康德,薛致远,张耀,季相国.反相胶束微反应器及其制备纳米微粒的研究进

展.化学通报,1997,3：14～19

11　吴根华.微乳液法制备纳米材料的研究进展.安庆师范学院学报(自然科学版),2002,8(4)：59～63

12　徐冬梅,张可达,王平,朱秀林.微乳液法制备纳米粒子.化学研究与应用,2002,14(5)：501～506

13　Qiu S Q,Dong J X et al.Preparation of Cu nanoparticles from water-in-oil Microemulsions.J. Colloid Interface Sci.,1999,216：230～234

14　崔正刚,殷福珊.微乳化技术及应用.北京：中国轻工业出版社,1999,377～378,414～420

15　Rahul P B,Kartic C K.Effect of the Intermicellar Exchanee Rate and Cations on the Size of Silver Chloride Nanoparticles Formed in Reverse Micelles of AOT.Langmuir,1997,13：6432～6438

16　羊亿,申得振,于广友,张吉英,杨宝均,范希武.NDS/ZnS 包覆结构纳米微粒的微乳液合成及光学特性,发光学报,1999,3：251～253

17　黄宵滨,马季铭,程虎民,赵振国,齐利民.乳状液法制备 ZnS 纳米粒子.应用化学,1997,14(1)：117～118

18　Gan L M,Liu B et al.Enhanced Photoluminescence and Characterization of Mn Doped ZnS Nanocrystallite Synthesized in Microemulsions,Langmuir,1997,13：6427～6431

19　潘庆谊,徐甲强,刘宏民,安春仙,贾婷.微乳法纳米 SnO₂ 材料的合成、结构与气敏性能.无机材料学报,1999,1：83～89

20　Kishida M,Hanaoka T et al.Novel Prepsration Method for Supported Metal Catalysts Using Microemulsion Control of Catalyst Surface Area.Stud.Surf.Sci.Catal.,1998,118：265～268

21　张士成,韩跃新,蒋军华,诸葛烂剑.纳米碳酸钙的合成方法.矿产保护与利用,1998,3：11～15

22　王玲玲.超细 SiO₂ 颗粒的制备及其用于酶的吸附固定化研究：[硕士论文].北京：中国科学院化工冶金研究所,2000

23　Kobel G.Das Komplexchemische verhalten der kieselsaure.Dissertation Jena,1956

24　Stober W,and Fink A.Controlled growth of monodisperse silica spheres in the micron size range.J.Colloid Interface Sci.,1968,26：62～69

25　Guizard C,Stitou M,Larbot A et al.Better ceramics through chemistry.Third edition.Mareatials Research Society,1988,115

26　Osses-Asare K,Arriagada F J.Preparation of SiO₂ nanoparticles in a non-ionic reverse micellar system.Colloid and surfaces.,1990,50：321～339

27　Arriagada F J,Osseo-Asare K.Synthesis of nanosize silica in a nonionic water-in-oil microemulsion：Effects of the water/surfactant molar ratio and ammonia concentration.J.Colloid Interface Sci.,1999,211：210～220

28　赵瑞玉,董鹏,梁文杰.单分散二氧化硅体系制备中 TEOS 水解动力学研究.物理化学学报,1995,11(70)：612～616

29　杨传芳.从溶剂萃取反胶团研究制备二氧化锆超细粉：[博士后研究工作总结汇报].北京：中科院化工冶金研究所,1994

30　杨传芳,陈家镛.从溶剂萃取反向胶团合成优质 ZrO₂ 超细粉.金属学报,1994,30(12)：527～531

31　杨传芳,陈家镛.从溶剂萃取反胶团合成优质二氧化锆超细粉.金属学报,1996,30(12)：527

32　杨传芳,陈家镛.用反向胶团制备稳定 ZrO₂ 超细粉的研究.无机材料学报,1997,12(5)：749～754

33　方小龙.用 CTAB/Hexanol/Water 反胶团合成纳米 ZrO₂[Y₂O₃]纳米粉末研究：[硕士论文].北京：中国科学院化工冶金研究所,1997

34　方小龙,杨传芳,陈家镛.湿化学工艺条件对 ZrO₂[Y₂O₃]超细颗粒团聚的影响.硅酸盐学报,1998,26(6)：732～739

35　方小龙,杨传芳,陈家镛.用 CTAB/正己醇/水/盐反胶团体系制备纳米 ZrO₂ 超细粉.化工冶金,1997,18

(1)：67～71

36　田增英,苗赫,李龙土,黄勇,崔国文,冯春祥.来自西方的知识：精密陶瓷及应用.北京：科普出版社,
　　1993,126

37　王群,府寿宽,于同隐.乳液聚合的最新进展(上).高分子通报,1996,3：141～151

38　余樟清,李洁爱,倪沛红,朱秀林.细乳液聚合研究进展.高分子材料科学与工程,2002,18(5)：36～40

39　官月平.超顺磁性聚合物纳米载体的制备、表征及生物亲和分离应用研究：[博士论文].北京：中国科学
　　院化工冶金研究所,2000

40　官月平,姜波,朱星华,刘会洲.生物磁性分离研究进展(Ⅰ)磁性载体制备和表面化学修饰.化工学报
　　(增刊),2000,51：315～319

41　官月平,姜波,朱星华,刘会洲.生物磁性分离研究进展(Ⅱ)磁性分离装置与生物技术应用.化工学报
　　(增刊),2000,51：320～324

42　谢钢,张秋禹,罗正平,吴昊,张军平.单分散磁性 $P(St/BA/MMA)$ 微球的制备.高分子学报,2002,3：
　　314～318

43　Xie G, Zhang Q Y, Luo Z P, Wu M, Li T H. Preparation and characterization of monodisperse magnetic
　　poly(styrene butyl acrylate methacrylic acid) microspheres in the presence of a polar solvent. J. Appl. Polym.
　　Sci., 2003, 87(11)：1733～1738

44　邓建国,贺传兰,龙新平,彭宇行,李蓓,陈新滋.磁性 Fe_3O_4-聚吡咯纳米微球的合成与表征.高分子学
　　报,2003,3：393～397

45　Deng J G, He C L, Peng Y X, Wang J H, Long X P, Li P, Chan A S. Magnetic and conductive Fe_3O_4-
　　polyaniline nanoparticles with core-shell structure. Synthetic Met., 2003,139：295～301

46　Xue B, Sun Y. Fabrication and characterization of a rigid magnetic matrix for protein adsorption. J. Chro-
　　matogr., A 2002, 947：185～193

47　Lee Y, Rho J, Jung B. Preparation of magnetic ion-exchange resins by the suspension polymerization of
　　styrene with magnetite. J. Appl. Polym. Sci., 2003, 89(8)：2058～2067

48　罗正平,张秋禹,吴昊,谢钢,张军平.微米级 PSt, $P(St/MMA)$ 磁性高分子微球的合成Ⅰ.温度、引发剂、
　　介质极性、稳定剂量的影响.功能高分子学报,2002,15(2)：147～151

49　Liu X Y, Ding X B, Zheng Z H, Peng Y X, Long X P, Wang X C, Chan A S, Yip C W. Synthesis of novel
　　magnetic polymer microspheres with amphiphilic structure. J. Appl. Polym. Sci., 2003, 90(7)：1879～
　　1884

50　Zhang J, Ding X, Peng Y, Wang M. Magnetic polymer microsphere with photoconductivity：preparation and
　　characterization of iron(Ⅲ) phthalocyanine covalently bonded on to polystyrene microsphere surface. Polym.
　　Int., 2002, 51：617～621

51　程彬,朱玉瑞,江万权,李玉芝,陈祖耀,王翠英,周刚毅,张培强.无机－高分子磁性复合粒子的制备与
　　表征.化学物理学报,2000,13(3)：359～362

52　Dresco P A, Zaitsev V S, Gambino R J, Chu B. Preparation and properties of magnetite and polymer mag-
　　netite nanoparticles. Langmuir, 1999, 15：1945～1951

53　Liu Z L, Ding Z H, Yao K L, Tao J, Du G H, Lu Q H, Wang X, Gong F L, Chen X. Preparation and
　　characterization of polymer-coated core-shell structured magnetic microbeads. J. Magn. Magn. Mater.,
　　2003, 256(1)：98～105

54　Ramírez L P, Landfester K. Magnetic polystyrene nanoparticles with a high magnetite content obtained by
　　miniemulsion processes. Macromol. Chem. Phys., 2003, 204：22～31

55　张心亚,翟金清,蓝仁华,涂伟萍,陈焕钦. 核壳聚合与核壳结构聚合物乳液. 现代化工,2002,22(9):58～61

56　Rembaum A. Polyglutaraldehyde synthesis and protein bonding substrates. US Patent 4,267,234. 1981

57　Margel S. Polyaldehyde microspheres as probes for cell membranes. Ind. Eng. Chem. Prod. Res. Dev., 1982,21;343～348

58　Cocker T M, Fee C J and Evans R A. Preparation of magnetically susceptible polyacrylamide/magnetite beads for use in magnetically stabilized fluidized bed chromatography. Biotechnology and Bioengineering, 1997,53: 79～87

59　Dresco P A, Zaitsev V S, Gambino R J and Chu B. Preparation and properties of magnetite nanoparticles. Langmuir, 1999,15;1945～1951

60　Zaitsev V S, Filimonov D S, Presnyakov I A, Gambino R J and Chu, B. Physical and chemical properties of magnetite and magnetite-polymer nanoparticles and their colloidal dispersions. Journal of Colloid and Interface Science, 1999,212;49～57

61　Tricot M and Daniel J C. Process for the preparation of magnetic beads of vinylaromatic polymers. US Patent 4,339,337. 1982

62　Daniel J C, Schuppiser J L and Tricot M. Magnetic polymer latex and preparation process. US Patent 4,358, 388. 1982

63　Molday R S. Application of magnetic microspheres in labeling and separation. Nature, 1977,268;437～438

64　Kondo A, Kamura H and Higashitani K. Development and application of thermosenstive magnetic immunomicrospheres for antibody purification. Applied Microbiology and Biotechnology, 1994, 41;99～105

65　Khng H P, Cunliffe D, Davies S and Turner N A. The synthesis of sub-micron magnetic particles and their use for preparative purification of proteins. Biotechnology and Bioengineering, 1998,60;419～424

66　Yanase N, Noguchi H, Asakura H and Suzuta, T. Preparation of magnetic latex particles by emulsion polymerization of styrene in the presence of a ferrofluid. Journal of Applied Polymer Science, 1993,50;765～776

67　Noguchi H, Yanase N, Uchida Y and Suzuta T. Preparation and characterization by thermal analysis of magnetic latex particles. Journal of Applied Polymer Science, 1993, 48;1539～1547

68　李孝红,丁小斌,孙宗华.含羟基的磁性高分子微球的合成和表征.功能高分子学报,1995,1;73～78

69　邱广明,邱广亮.大粒径磁性高分子微球的制备.应用化学, 1997,14;74～76

70　Lee J, Isobe T and Senna M. Preparation of ultrafine Fe_3O_4 particles by precipitation in the presence of PVA at high pH. Journal of Colloid and Interface Science, 1996,177;490～494

71　Liu X Q, Guan Y P, Ma Z Y and Liu H Z. Surface Modification and Characterization of Magnetic Polymer Nanospheres Prepared by Miniemulsion Polymerization. Langmuir, 2004, 20(23);10278～10282

72　Liu X Q, Guan Y P, Yang Y, Ma Z Y, Wu X B and Liu H Z Preparation of Superparamagnetic Immunomicrospheres and Application for Antibody Purification. Journal of Applied Polymer Science, 2004, 94(5): 2205～2211

73　Liu X Q, Guan Y P, Xing J M, Ma Z Y and Liu H Z. Synthesis and Properties of Micron-size Magnetic Polymer Spheres With Epoxy Groups. Chinese Journal of Chemical Engineering,2003, 11(6): 731～735

74　Liu X Q, Liu H Z, Xing J M, Guan Y P, Ma Z Y, Shan G B and Yang C L. Preparation and characterization of superparamagnetic functional polymeric microparticles. China Particuology,2003, 1(2);76～79

75　Yang C L, Guan Y P, Xing J M, Liu J G, An Z T and Liu H Z. Preparation and surface modification of magnetic poly(methyl methacrylate) microspheres, Science in China,Series B, 2004, 47; 349～354

76　曹同玉,刘庆普,胡金生.聚合物乳液合成原理、性能及应用. 北京:化学工业出版社,1997

77　Delgado J, El-Aasser M S and Vanderhoff J W. Miniemulsion copolymerization of vinyl acetate and butyl acrylate. Journal of Polymer Science, Part A: Polymer Chemistry,1986, 24:861~874

78　都有为,罗合烈.磁记录材料. 北京:电子工业出版社,1992

79　Shen L F, Labinis P E and Hatton T A. Bilayer surfactant stabilized magnetic fluids: Synthesis and interactions at interfaces. Langmuir , 1999,15:447~453

关键词索引（按汉语拼音排序）